机工IT

产品经理实用手册

Axure RP原型设计实践（Web+App）

谢星星　李应玲　编著

PRODUCT MANAGER

PRACTICAL MANUAL

机械工业出版社
CHINA MACHINE PRESS

本书是一本介绍 Axure RP 原型设计的教程。全书分为三篇，分别为 Axure RP 基础、Axure RP 高级功能和 Axure RP 原型设计实践。包括产品原型设计、Axure RP 概述、基础元件、高级元件、元件交互、母版、Axure Share 共享原型、团队项目、输出文档、Web 原型设计实践、App 原型设计实践、菜单原型设计实践、整站原型设计——默趣书城共 13 章内容。

本书内容系统全面，注重实践，配套资源丰富，主要面向产品经理、需求分析师、架构师、用户体验设计师、网站策划师、交互设计师等，以及高校计算机及相关专业师生。

图书在版编目（CIP）数据

产品经理实用手册：Axure RP 原型设计实践：Web+App / 谢星星，李应玲编著. —北京：机械工业出版社，2021.10

ISBN 978-7-111-69681-0

Ⅰ. ①产… Ⅱ. ①谢… ②李… Ⅲ. ①网页制作工具-教材 Ⅳ. ①TP393.092.2

中国版本图书馆 CIP 数据核字（2021）第 244375 号

机械工业出版社（北京市百万庄大街 22 号　邮政编码 100037）

策划编辑：王　斌　　责任编辑：王　斌

责任校对：张艳霞　　责任印制：张　博

中教科（保定）印刷股份有限公司印刷

2022 年 1 月第 1 版 • 第 1 次印刷

184mm×240mm • 18.5 印张 • 456 千字

标准书号：ISBN 978-7-111-69681-0

定价：109.00 元

电话服务

客服电话：010-88361066

010-88379833

010-68326294

网络服务

机　工　官　网：www.cmpbook.com

机　工　官　博：weibo.com/cmp1952

金　　书　　网：www.golden-book.com

机工教育服务网：www.cmpedu.com

前　言

PREFACE

岁月如白驹过隙，大学毕业后，我在 IT 领域摸爬滚打已有十五年，曾先后从事过开发、项目管理、架构设计、产品设计和售前等工作，近几年则主要专注产品设计和软件架构设计。在产品设计方面接触过很多产品原型设计工具，Axure RP 这款产品原型设计工具，让我感觉使用起来最为得心应手。

一、写作初衷

接触并开始使用 Axure RP 后，我就迅速成为一名“布道者”，不遗余力地把这个好用的原型设计工具介绍给大家，出版过有关 Axure RP 7 和 Axure RP 8 的图书，写过相关的博客，在 51CTO 学院（http://edu.51cto.com/lecturer/10087349.html）发布了 Axure RP 7 的线上课程，在不到 3 年的时间内，积累了接近 4 万的用户访问量，受到了大家的一致好评。

写作本书的初衷很简单。

- ✓ Axure RP 对于产品原型设计来说有更多有趣、有用的“玩法”。
- ✓ 通过这几年的培训和工作积累，我又有了很多想讲解给大家的案例，而且，通过这几年来对培训学员的了解，针对大家在哪些方面存在疑问有了更深刻的了解。

二、Axure RP——产品原型设计利器

Axure RP 是一款当之无愧的产品原型设计利器。Axure RP 在业界深受产品经理们的喜爱，笔者觉得主要有以下四个方面的原因。

- ✓ 酷炫设计不费吹灰之力：结合基础元件以及高级元件，如动态面板元件、内联框架元件和中继器元件等，利用事件交互，可以很容易地实现看似复杂、酷炫的动态设计效果。
- ✓ 高级功能锦上添花：Axure RP 提供了许多高级功能，如母版、Axure Share 共享原型、团队项目支持和输出多种格式文档等，切合实际设计场景，更让其变得不可替代。
- ✓ 为 App 原型设计提供良好支持：在移动互联网飞速发展的今天，Axure RP 对基于移动互联网的 App 原型设计的良好支持也是大家喜爱它的一大原因。Axure RP 可以很轻松地进行场景模拟和真实模拟，并允许用户定义自适应视图，以适应不同的屏幕大小。

✓ 原型十分逼真：使用 Axure RP 设计出来的产品高保真原型十分逼真，甚至可以达到“以假乱真”的程度，视觉的元素和逼真的效果能很快抓住大家的眼球，让设计的原型脱颖而出。

三、本书主要内容

本书分为三篇，分别为 Axure RP 基础、Axure RP 高级功能和 Axure RP 原型设计实践。

✓ Axure RP 基础：本篇首先简要介绍产品原型设计的概念和常用的工具，然后详细讲解 Axure RP 的基础知识，如安装和汉化、工作界面介绍、基础元件、高级元件和元件交互等内容。

✓ Axure RP 高级功能：在基础篇的基础上更上一层楼，详细讲解 Axure RP 的高级应用知识，如母版、Axure Share 共享原型、团队项目和输出文档等内容。

✓ Axure RP 原型设计实践：这部分内容为案例集锦篇，详细讲解百度、天猫商城、京东、微信、QQ 等知名网站或 App 的酷炫或实用案例，并通过一个综合案例将所有知识点融会贯通，将 Axure RP 的知识点应用到实践中去。

四、本书特色

✓ 系统全面：覆盖 Axure RP 的各个知识点，如基础元件、高级元件、页面事件、元件事件、用例、函数、动作和变量等知识，以及母版、Axure Share 共享原型、团队合作开发和输出文档等高级应用知识。

✓ 注重实践：数十个 Web 和 App 案例精讲，覆盖各大知名互联网公司案例，注重工程实践，满足不同读者对 Web 和 App 产品原型设计的需求。

✓ 配套资源丰富：本书配备所有案例的原型文件，方便读者学用。扫描关注机械工业出版社计算机分社官方微信订阅号——IT 有得聊，回复 69681 即可获取本书配套资源下载链接。

五、读者对象

本书主要面向产品经理、需求分析师、架构师、用户体验设计师、网站策划师、交互设计师等，以及高校计算机及相关专业师生。

阅读本书，读者不但能掌握 Axure RP 的用法，更重要的是能够通过诸多 Web 和 App 原型设计实践案例将各知识点用于实际产品设计过程，从而快速成为产品原型设计方面的高手。

六、前路漫漫长相伴

产品设计是一条曲折而漫长的道路，仅从 Axure RP 的高级使用来说就永无止境，而且，产品原型设计工具的使用也只是产品设计领域中的一小部分。不过值得庆幸的是，有那么多小伙伴一路同行。

希望有更多的小伙伴们，能成为优秀的产品经理，在当今的移动互联网时代能够有所作为。

七、勘误和支持

由于水平有限，书中难免会出现一些错误或不准确的地方，不妥之处恳请读者批评指正。

本书的修订信息会发布在笔者的技术博客中，地址为 http://www.blogjava.net/amigoxie。该博客会不定期更新书中的遗漏之处，当然，也欢迎读者将遇到的疑惑或书中的错误在博客留言中提出。如果您有更多的宝贵意见，也欢迎发送邮件至笔者的邮箱（xiexingxing1121@126.com），期待得到您的真挚反馈。

本书基于 Axure RP 9。需要说明的是，Axure RP 发展到现在，产品已基本成型，版本并不重要，重要的是学习其思路和方法，让工具发挥其应有的作用。

八、致谢

首先要感谢我的家人，感谢他们不断给我信心和力量，是他们的鼓励和背后默默的支持，让我坚持写完了本书。

感谢我的朋友李应玲和我一起完成了本书第 10 章、第 11 章和第 13 章的案例，以及这 3 章的部分书稿，本书的成功出版离不开你们的默默耕耘与支持。

感谢机械工业出版社的王斌等编辑，他们也是本书出版的幕后功臣。总之，本书的出版离不开众多小伙伴的辛苦付出。

感谢关注我 51CTO 学院的学员朋友，技术博客的众多 IT 朋友，阅读我所编著的所有 IT 图书的读者，以及鼓励过我的各位 IT 同仁，你们的肯定是我持续写下去的动力。

谢星星（阿蜜果）

目录 CONTENTS

第 7 章 Axure Share 共享原型 / 77

第 8 章 团队项目 / 82

第 9 章 输出文档 / 88

第三篇 Axure RP 原型设计实践

第 10 章 Web 原型设计实践 / 94

第一篇　Axure RP 基础

本篇将为大家介绍 Axure RP 基础知识，主要包括如下五章内容。

1）**产品原型设计**：优秀的产品原型设计工具非常多，Axure RP 是其中比较常用的一款，本章将对墨刀、Mockplus、Tustinmind、Balsamiq、Mockups 这几款产品原型设计工具进行简要介绍。

2）**Axure RP 概述**：讲解 Axure RP 的入门知识，包括 Axure RP 软件的安装和汉化，Axure RP 工作界面的七大区域。

3）**基础元件**：讲解 Axure RP 的基础元件，如矩形元件、图片元件、占位符元件、按钮元件、标签元件、热区元件、表单元件、表格元件和流程图元件等，以及组合元件、元件形状和元件操作等基本功能。

4）**高级元件**：Axure RP 的强大之处在于其功能强大、方便易用的高级元件，本章讲解三款高级元件：动态面板元件、内联框架元件和中继器元件，以及讲解如何下载、自定义和使用第三方元件库。

5）**元件交互**：要完成动态效果，需要依赖交互功能，Axure RP 提供页面事件和元件事件实现交互功能。事件可以包含多个用例、动作、变量和函数，本章将一一为读者讲解。

第 1 章

产品原型设计

产品原型设计是产品经理的一把利剑，也是产品团队各角色之间沟通交流的润滑剂，本书重点核心内容是为读者详细讲解 Axure RP 这款功能强大的原型设计工具，在介绍 Axure RP 之前，本章先为大家介绍什么是产品原型设计？有哪些好用的原型设计工具可供选择。

1.1 什么是原型设计

原型设计是产品或者创意的最初模型，可以让用户提前体验产品，供开发团队之间交流设计构想、展示复杂交互的方式。原型设计是产品经理、交互设计师、项目经理、开发工程师和测试工程师沟通的最好工具。

可建立三种基本原型。

1）在纸张上手绘的图纸，可简易可复杂。

2）使用绘图软件如 Photoshop 创建的位图。

3）带有交互的可执行文件。

在很多项目或产品中，需要按上述顺序使用全部三种原型，有的项目或产品只需要生成位图和带有交互式的可执行文件。

在本书中，讲解的是如何通过 Axure RP 快速设计流程图、低保真线框图和高保真原型，低保真线框图如图 1–1 所示。

高保真原型带有逼真的显示效果和界面交互效果，除了一般不能进行后台数据存储和查询外，几乎可以与真实的最终产品完全相同，达到以假乱真的效果，高保真原型案例图如图 1–2 所示。

1.2 原型设计工具一览

产品原型设计工具林林总总有数十种之多，比较知名的如 Axure RP、墨刀、Mockplus、

Justinmind 和 Balsamiq Mockups 等，它们各有千秋。其中，Axure RP 针对大中型团队建设项目的产品原型设计特别方便，墨刀支持在线原型设计，Justinmind 专为移动应用而生，具有很多方便移动应用设计的功能。“工欲善其事，必先利其器”，大家可以选择使用一种或两种原型设计工具，而 Axure RP 作为原型设计工具中功能最强大的一款，应当重点掌握。

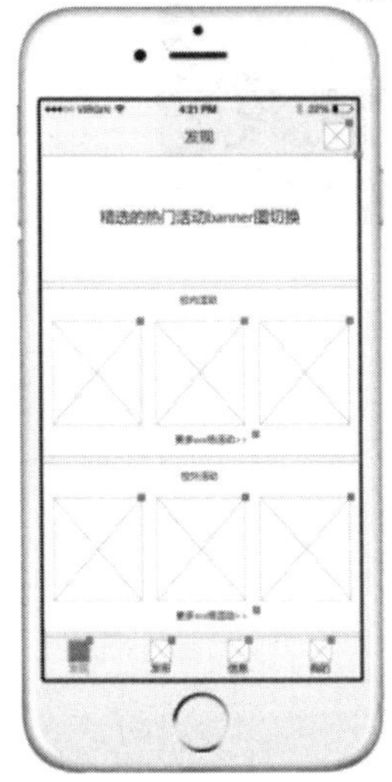

图 1–1　Axure RP 设计的低保真线框图

图 1–2　Axure RP 设计的高保真原型案例图

1.2.1　Axure RP

Axure RP 是美国 Axure Software Solution 公司的旗舰产品，是一款专业的快速原型设计工具，让负责定义需求和规格、设计功能和界面的产品设计人员能够快速地创建应用软件或 Web 网站的线框图、流程图、原型和需求规格说明文档。作为专业的原型设计工具，它能快速、高效地创建原型，同时支持多人协作设计和版本控制管理。Axure（发音：Ack–sure），代表美国 Axure 公司，RP 则是 Rapid Prototyping（快速原型）的缩写。

Axure RP 的使用者主要包括商业分析师、信息架构师、产品经理、IT 咨询师、用户体验设计师、交互设计师和UI 设计师等。另外，架构师和开发工程师也可以使用 Axure RP。Axure RP 是一款付费软件，提供试用版，其官方网站为 https://www.axure.com/，如图 1–3 所示。Axure RP 9 的设计界面如图 1–4 所示。

1.2.2　墨刀

墨刀是一款在线原型设计工具。借助于墨刀，创业者、产品经理及 UI/UX设计师能够快速构建移动应用产品原型，并向他人演示。

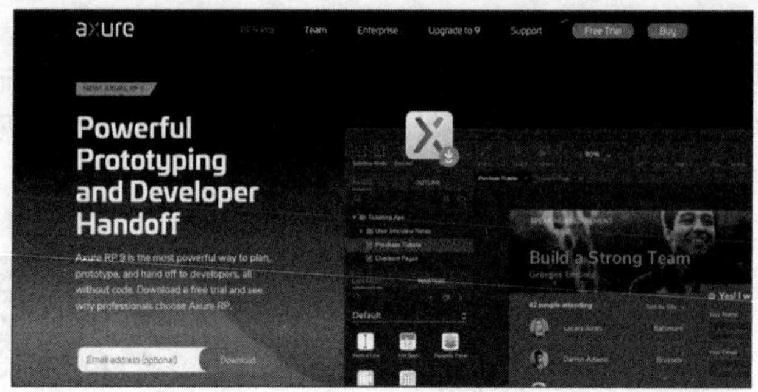

图 1-3　Axure RP 官方网站

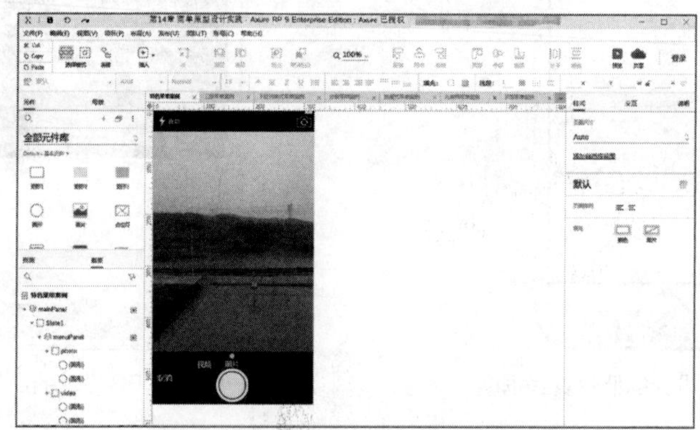

图 1-4　Axure RP 9 的设计界面

作为一款专注移动应用的原型工具，墨刀对全部功能都进行了模块化，用户也能选择页面切换特效及主题，操作方式也相对简便，大部分操作都可通过鼠标拖动来完成。现在，墨刀已实现了云端保存、手机实时预览和在线评论等功能。墨刀的官方网站为 https://modao.cc，如图 1-5 所示。

图 1-5　墨刀官方网站

墨刀提供免费版、个人版、协同版、团队版和企业版几个软件版本，其年费如图 1-6 所示。

免费版	个人版	协同版	团队版	企业版
¥0	¥149	¥199	¥999	
	年省 ¥79　合 ¥13/月	限时 4 折	年省 ¥789　合 ¥83/月	
免费使用	立即升级	马上抢购	立即升级	邮箱 support@mockingbot.com
1 名成员	1 名成员	2 名成员	5 名成员	
功能	功能	功能	功能	功能
3 个项目	不限项目及页面数量	个人版全部功能	协同版全部功能	企业定制组件
20 页面/项目	5GB 图片存储	20GB 图片存储	150GB 图片存储	个性服务定制
100MB 图片存储	去除广告	PNG/HTML/APK 下载	20 人团队版可下载 IPA	AWS/阿里云/腾讯云
Sketch 插件支持	开发者标注模式	项目描述成员查看	PNG/HTML/APK 下载	企业私有部署
	PNG 文件下载	协同打点评论	成员协作管理	无限图片存储
			协同打点评论	
服务	服务	服务	服务	服务
AWS 云安全加密	专享高配 AWS 云安全加密	5×8 小时在线支持	5×8 小时在线支持	专属技术支持
		推荐下游开发服务商	客服快速响应通道	专属客户经理
			推荐下游开发服务商	推荐下游开发服务商

图 1-6　墨刀年费

墨刀的在线编辑设计页面如图 1-7 所示。

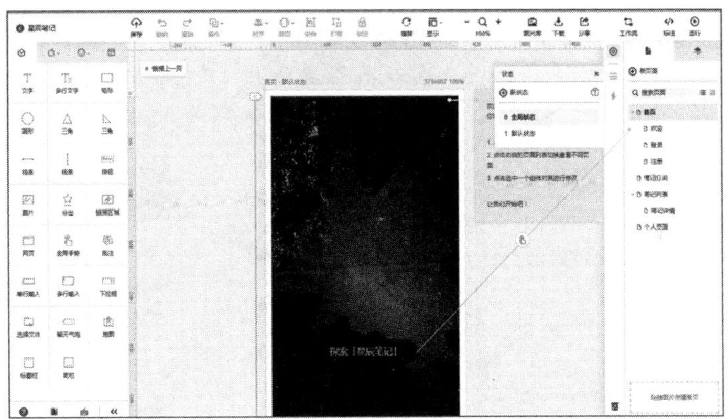

图 1-7　墨刀设计界面

1.2.3　Mockplus

Mockplus（摩客）是一款简洁快速的原型设计工具。适合软件团队、个人在软件开发的设计阶段使用。Mockplus 低保真、无须学习、快速上手、功能够用，并能够很好地表达自己的设计。“关注设计，而非工具”是它的设计理念，拿来就上手，上手就设计，设计就可以表达创意。

从设计上，Mockplus 采取了隐藏、堆叠、组合等方式，把原本复杂的功能进行了精心安排。Mockplus 上手很容易，但随着使用，用户会发现更多适合自己的、有用的功能。新手不会迷惑，熟手可以够用，达・芬奇说，“至简即至繁”，这一原则易说难做，但 Mockplus 始终贯彻了这一理念。

Mockplus 的官方网站地址为 https://www.mockplus.cn/，首页如图 1–8 所示。

图 1–8　Mockplus 官方网站

Mockplus 3.7 版本的设计界面如图 1–9 所示。

图 1–9　Mockplus 3.7 设计界面

1.2.4　Justinmind

Justinmind 是由西班牙 Justinmind 公司出品的原型制作工具，可以输出 HTML 页面。与目前主流的交互设计工具 Axure、Balsamiq Mockups 等相比，Justinmind 更为专注于设计移动终端上的 App 应用。

Justinmind 的可视化工作环境，可以让使用者轻松快捷地创建带有注释的高保真原型。不用进行编程，就可以在原型上定义简单连接和高级交互。Justinmind 的口号是“为移动设计而生”，官方网站地址为：https://www.justinmind. com/，如图 1–10 所示。

图 1–10　Justinmind 官方网站

Justinmind 设计界面如图 1–11 所示。

图 1–11　Justinmind 设计界面

1.2.5　Balsamiq Mockups

Balsamiq Mockups 是一种软件工程中快速原型设计软件，可以作为与用户交互的一个界面草图，一旦客户认可，可以作为美工开发 HTML 的原型使用。

Balsamiq Mockups 由美国加利福尼亚的 Balsamiq 工作室（2008 年 3 月创建）推出，于 2008 年 6 月发行了第一个版本，它的使命是帮助人们更好、更容易地设计软件产品。

Balsamiq Mockups 官方网站地址：https://balsamiq.com/，首页如图 1–12 所示。

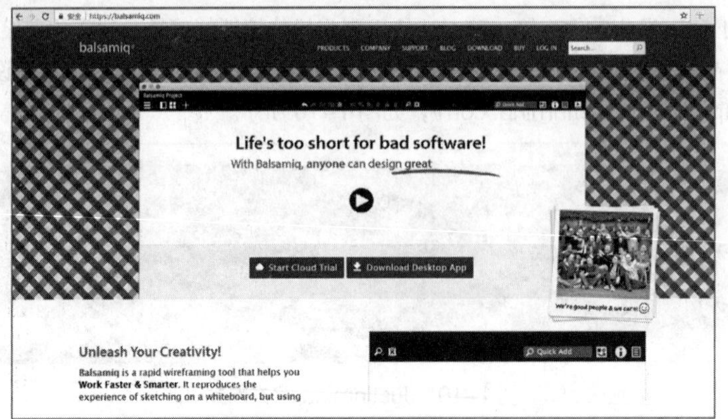

图 1–12　Balsamiq Mockups 官方网站

Balsamiq Mockups 的设计界面如图 1–13 所示。

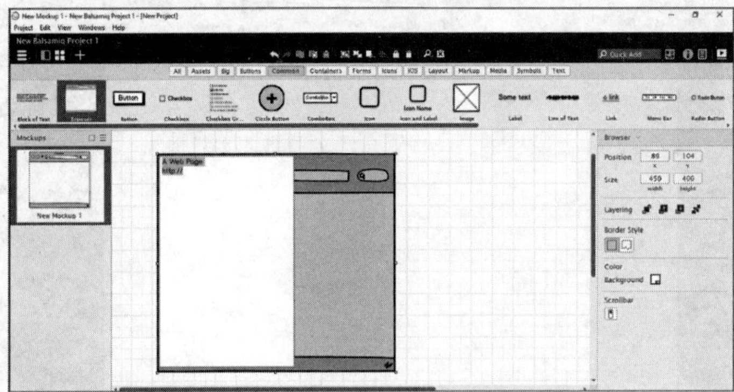

图 1–13　Balsamiq Mockups 设计界面

1.3　本章小结

本章简要介绍了什么是原型设计，并介绍了主要的产品原型设计工具。主要内容如下。

1）**什么是原型设计**：原型设计是指产品或者创意的最初模型，可以通过产品原型让用户提前体验产品、交流设计构想、展示复杂交互的方式。也是团队各角色，以及与团队外相关角色交流的利器。因为与实际开发产品相比，所耗费时间少，而且成本低廉。因此，产品原型设计被广泛应用在产品开发过程中。

2）**原型设计工具一览**："工欲善其事，必先利其器"，有多种方便易用的产品原型设计工具，各有千秋，有的功能全面和强大，有的支持在线设计，有的为移动应用而生。本章介绍了 Axure RP、墨刀、Mockplus、Justinmind 和 Balsamiq Mockups 这五款原型设计工具。

第 2 章

Axure RP 概述

本章将简要介绍 Axure RP 这款专业的原型设计工具，并讲解如何安装 Axure RP 9。为了方便读者理解，本书采用的是 Axure RP 9 的汉化版，所以，本章将讲解如何在 Windows 和 Mac 操作系统下实现 Axure RP 9 的汉化。另外，还将重点讲解 Axure RP 9 工作界面的 7 大设计区域：菜单栏和工具栏、元件库面板、母版面板、页面面板、概要面板、页面设计面板，以及样式和交互面板。

2.1 Axure RP 9 介绍

Axure RP 是一款专业的快速原型设计工具。到目前为止 Axure RP 有 9 个主要版本。其中，于 2019 年 4 月发布的 Axure RP 9，软件界面简洁大方，功能更加易用，交互效果能更加简单地实现。

与 Axure RP 8 相比，Axure RP 9 的功能变化主要体现在如下四个方面。

1）主界面改变：Axure RP 9 版本界面简洁大方，面板分为可移动的 7 个面板：“元件库”面板、“母版”面板、“页面”面板、“概要”面板、“样式”面板、“交互”面板和“说明”面板。同时，“页面设计”面板新增了“负坐标”的展示区域。

2）表单元件可设置交互样式。

3）元件设置事件和动作时的界面也相对改变很大，能够清楚的展示出设计逻辑。

4）Axure RP 8 的“检视”面板，对应着 Axure RP 9 的“样式”面板、“交互”面板和“说明”面板，该面板的“样式”面板设置都是部分元件共有的设置属性，针对部分元件的特殊属性，都可以右击选择相应的选项设计实现。

2.2 Axure RP 9 新特性

Axure RP 9 企业版的设计界面如图 2-1 所示。

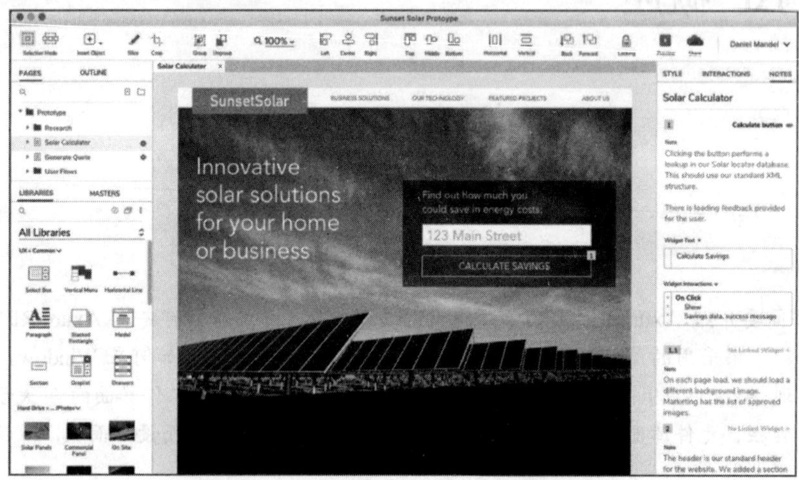

图 2-1　Axure RP 9 设计界面

与 Axure RP 8 相比，Axure RP 9 具有如下新功能或新特性：

1．更快的加载速度

基于对包含 100 页文档的 RP 文件进行的测试，Axure RP 9 加载文件与元件库的速度是 Axure RP 8 的两倍。

2．提升效率，聚焦交互

新的 Axure RP 9 的交互生成器已被全面重新设计和优化，能够帮助设计人员在更短的时间内让产品原型面世。新的交互面板如图 2-2 所示。

3．功能优化，细节面面俱到

1）**文字排版的优化**：可设置字符间距、删除线和上标。

2）**新型颜色拾取器**：具有辐射状和 HSV 拾取器的新型颜色选择器，如图 2-3 所示。

3）**图像滤波器**：增加了图像滤波器，图像可作为形状背景，可以在原型中保持更好的图像质量。

4）**其他优化功能**：更智能地捕捉和引导元素之间的距离，单键绘制快捷方式，以及更精确的矢量编辑。

4．便捷呈现原型全貌

Axure RP 9 采用最新的原型播放器展示设计出来的产品原型，为浏览器进行了优化，并为现代工作流程设计提供了更为丰富的交互效果，同时为业务解决方案提供全面的文档。呈现原型全貌的特性如图 2–4 所示。

图 2–2　Axure RP 9 新的交互面板

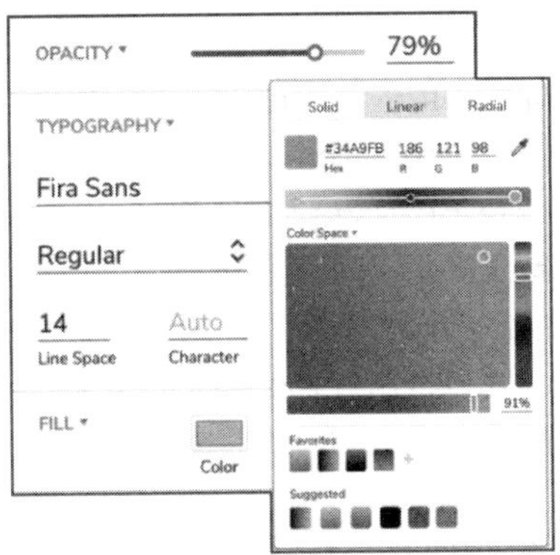

图 2–3　Axure RP 9 新型颜色拾取器

5. 控制文档

Axure RP 9 可以确保解决方案被正确和完整地创建。可以为原型添加说明信息，可将说明信息分配给某个元件，并在屏幕上加以体现。随着解决方案的进展，更新文档变得更加容易。准备好后可以向开发者提供一个全面的、基于浏览器的规范页面。控制文档参考页面如图 2–5 所示。

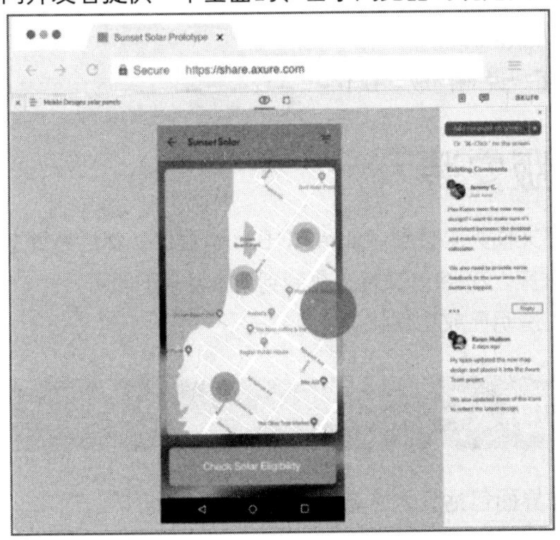

图 2–4　Axure RP 9 呈现原型全貌

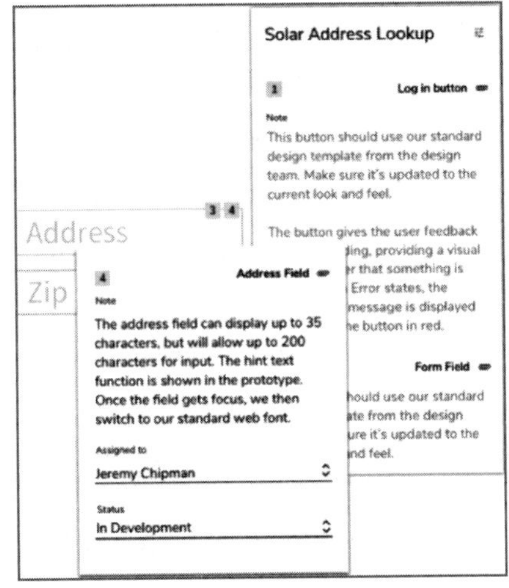

图 2–5　控制文档优化

6. 更高效地工作

Axure RP 9 通过改进的元件库管理、简化的自适应视图、更灵活的和可重用的母版及动态面板元件的编辑，能够更高效地工作。

2.3 Axure RP 9 安装和汉化

本书采用的是经过汉化的 Axure RP 9 企业版，Axure RP 的官方网站下载地址为：https://www.axure.com/。

Axure RP 的安装非常简单，只需要按照安装向导逐步进行即可。需要注意的是，安装后是英文版本，实现汉化需要安装汉化包。

首先退出正在运行中的 Axure RP 9（如果正在使用），将汉化包.rar 文件解压，得到 lang 文件夹，然后将其复制到 Axure RP 9 安装目录。默认安装 Axure RP 9 后没有 lang 文件夹，需要复制进去。

2.3.1 Windows 操作系统下汉化版安装

将 lang 文件夹复制到 Axure RP 9 安装目录下，不同版本 Windows 操作系统下汉化后的 Axure RP 9 安装目录结构类似。

如果是 32 位操作系统，默认安装目录为：

C://Program Files/Axure/Axure RP 9/lang/default

如果是 64 位操作系统，默认安装目录为：

C://Program Files (x86)/Axure/Axure RP 9/lang/default

启动 Axure RP 9 后如果可看到简体中文界面，说明已成功汉化。

2.3.2 Mac 操作系统下汉化版安装

如果采用的是 Mac 版操作系统，在应用程序文件夹里找到 Axure RP 9.app 程序，然后右键选择"显示包内容"，依次打开 Contents/Resources 文件夹，将 lang 文件夹复制到这个目录下即可。

启动 Axure RP 9 如果可看到简体中文界面，说明已成功汉化。

2.4 Axure RP 9 工作界面

打开经过汉化的 Axure RP 9 企业版，其工作界面包括 5 大区域，如图 2-6 所示。

2.4.1 菜单栏和工具栏

Axure RP 9 菜单栏的"文件"和"编辑"菜单比较直观，与 Office 系列软件的操作类似，具有自解释的特点，所以，在此只重点讲解一下 Axure RP 9 特有的菜单。

图 2-6　Axure RP 9 团队汉化版工作界面

1. “布局”菜单

该菜单项主要用于进行页面元件的布局。

1）将多个元件变成一个组：选择多个元件后，在菜单栏选择“布局”→“组合”命令，或者使用〈Ctrl+G〉快捷键，取消组合可使用“布局”→“取消组合”命令，或者使用〈Ctrl+Shift+G〉快捷键。

2）将某个元件置为顶层/底层：选择某个元件后，在菜单栏选择“布局”→“置为顶层”命令，或使用〈Ctrl + Shift +]〉快捷键。

如当前有三个不同颜色原型元件，其中绿色圆形元件位于最下方，如图 2-7 所示。

选择图 2-7 最下方的绿色圆形，在菜单栏选择“布局”→“置为顶层”命令，或使用〈Ctrl + Shift +]〉快捷键，可将绿色圆形的元件放置在最上方，操作后效果如图 2-8 所示。

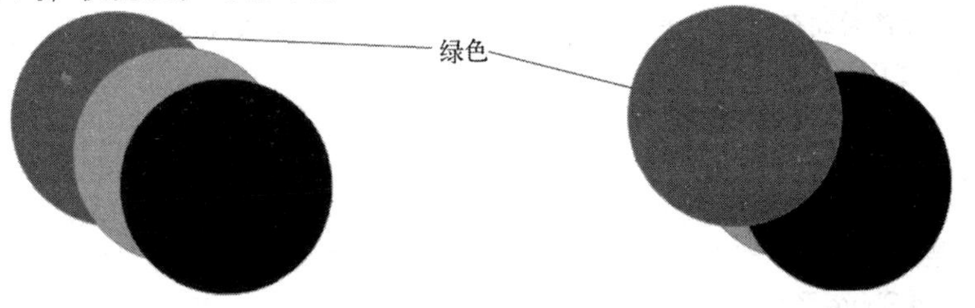

图 2-7　三个圆形元件　　图 2-8　将绿色圆形置为顶层

将某个元件置为底层的方法与此类似，不过选择的是“布局”→“置为底层”命令，或使用〈Ctrl + Shift + [〉快捷键。

3）将某个元件上移/下移一层：选择某个元件后，在菜单栏选择“布局”→“上移一层”命令，或使用〈Ctrl +]〉快捷键。例如选择图 2-7 绿色圆形元件进行该操作，可将该元件上移一层，此时它位于灰色和蓝色圆形的元件之间，操作后如图 2-9 所示。

将某个元件下移一层的方法与此类似，不过选择的是菜单栏的“布局”→“下移一层”命令，或使用〈Ctrl + [〉快捷键。

4）设置元件对齐方式：选择多个元件后，在菜单栏可选择“布局”→“对齐”命令，Axure RP 9 提供 6 种对齐方式，在选择多个元件后按照想要的方式进行对齐操作，如图 2-10 所示。

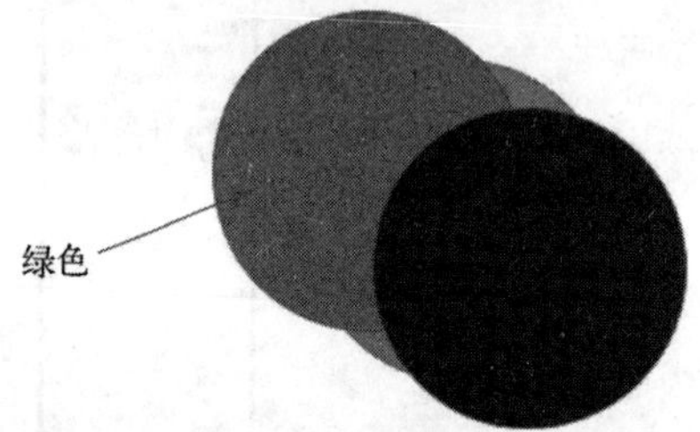

图 2-9　将绿色圆形元件上移一层

对齐方式	快捷键
左对齐	Ctrl+Alt+L
左右居中	Ctrl+Alt+C
右对齐	Ctrl+Alt+R
顶部对齐	Ctrl+Alt+T
上下居中	Ctrl+Alt+M
底部对齐	Ctrl+Alt+B

图 2-10　Axure RP 的 6 种对齐方式

5）设置元件分布方式：包括水平方向平均分布和垂直方向平均分布方式，选中多个元件后，在菜单栏可分别选择“布局”→“分布”→“水平分布”命令和“布局”→“分布”→“垂直分布”命令进行操作。当垂直方向的多个元件进行垂直分布操作后，元件之间的垂直距离相同。当水平方向的多个元件进行水平分布操作后，元件之间的水平距离相同。

6）锁定/解锁元件的位置和大小：为了在操作其他元件时不影响某个元件，可将该元件设置为锁定状态，在菜单栏选择“布局”→“锁定”→“锁定位置和尺寸”命令，或使用〈Ctrl + K〉快捷键操作，锁定后的元件暂时不能移动位置。解除锁定状态的操作，可在菜单栏使用“布局”→“锁定”→“解除锁定位置和尺寸”命令，或使用〈Ctrl + Shift + K〉快捷键。

7）将元件设置为母版：若某个或多个元件需要多次被使用，为了一次修改，处处更新，可将它们设置为母版。可在选择某个元件后，在菜单栏选择“布局”→“转换为母版”命令，母版内容将在后续章节详细讲解。

8）将元件设置为动态面板：若某个元件创建后发现有多种不同状态，需要根据不同的事件切换不同状态或调整面板大小，可将该元件设置为动态面板。可在选择某个元件后，在菜单栏选择“布局”→“转换为动态面板”命令，动态面板内容将在后续章节详细讲解。

2.“发布”菜单

该菜单主要用于预览、设置预览参数、生成 HTML 文件、将工程发布到 Axure Share 和生成 Word 说明书等操作。

下面对“发布”菜单下的常用操作进行介绍。

1）设置预览参数：在菜单栏选择“发布”→“预览选项”命令，或者使用〈Ctrl + F5〉快捷键，打开“预览选项”对话框，如图 2-11 所示。其中：

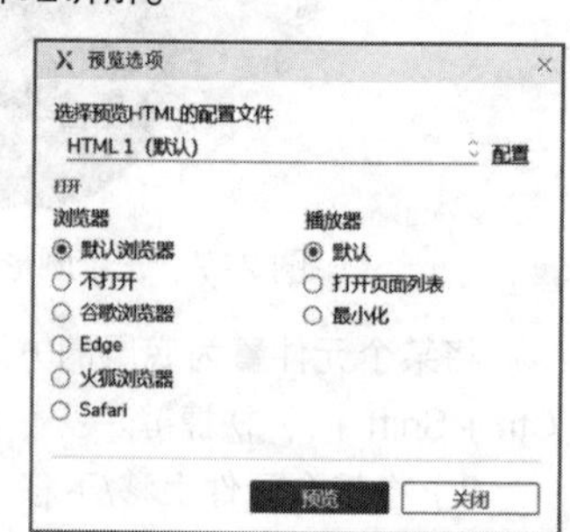

图 2-11　预览选项对话框

● 选择预览 HTML 的配置文件：设置预览的 HTML 配置器，

可单击“配置”按钮，配置更多高级选项，如手机终端设备的配置。

- “打开”→“浏览器”：用于设置浏览器，可使用默认的浏览器，也可选择不打开浏览器，还可从本系统安装的浏览器中选择，如 IE 浏览器、火狐浏览器或谷歌浏览器等，建议使用谷歌或火狐浏览器。若选择的是“默认浏览器”时，使用〈F5〉快捷键预览时将使用默认浏览器打开。
- “打开”→“工具栏”：用于设置预览时，有开启、关闭、最小化、不加载工具栏。

2）预览：在菜单栏选择“发布”→“预览”命令，或者使用〈F5〉快捷键，可按照设置的预览参数预览原型，预览效果如图 2-12 所示。

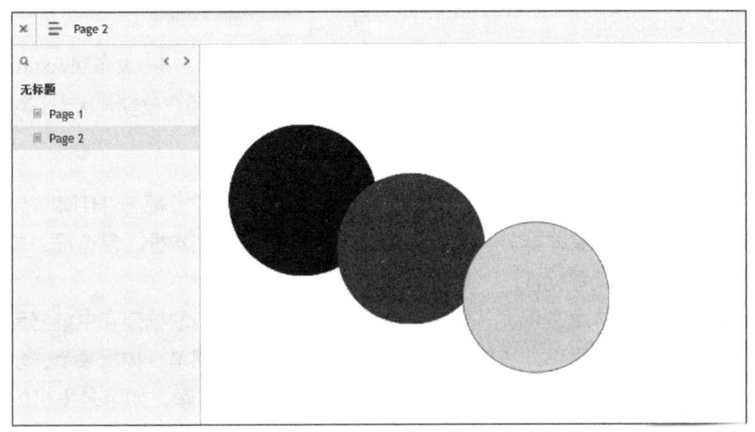

图 2-12　预览原型

3）生成 HTML 文件：在菜单栏选择“发布”→“生成 HTML 页面”命令，或者使用〈F8〉快捷键，打开“生成 HTML”对话框，如图 2-13 所示。

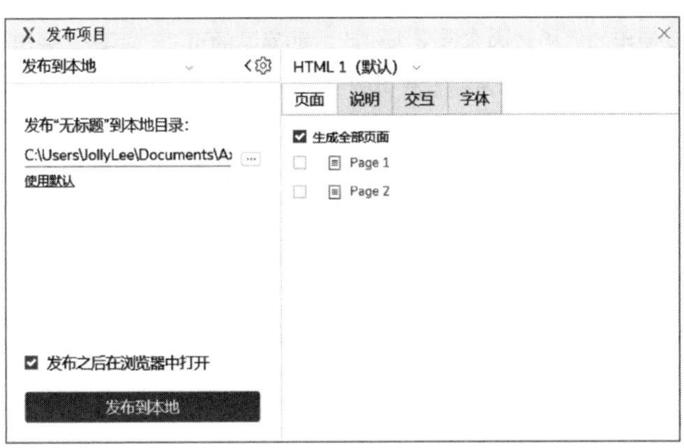

图 2-13　生成 HTML 页面对话框

生成 HTML 文件的内容后续将会有专门的章节进行讲解，在此不再赘述。

4）发布项目到 Axure Share：Axure RP 提供 Axure 的共享官网，可将本地的原型项目上传。在菜单栏选择“发布”→“发布到 Axure Share”命令，或者使用〈F6〉快捷键，“发布到 Axure Share”对话框如图 2–14 所示。

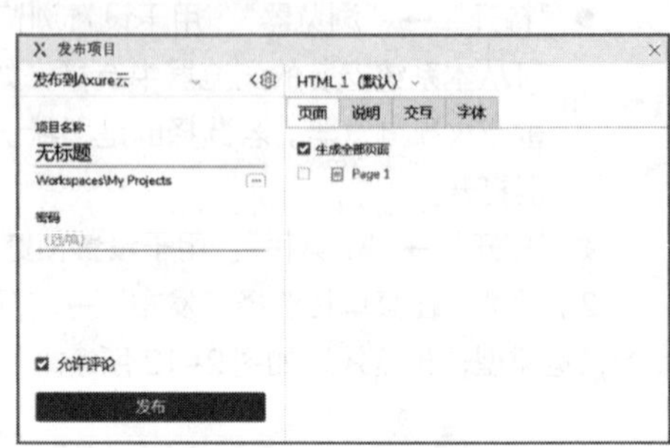

图 2–14　发布到 Axure Share（用户已登录状态）对话框

单击图 2–14 的“发布”按钮，开始将项目的文件上传到 Axure 共享发布服务器，上传成功后会提示访问地址。发布到 Axure Share 的内容后续将会有专门章节进行讲解。

2.4.2　元件库面板

Axure RP 9 跟 AxureRP 8 一样，也提供丰富的元件库，大部分都与 HTML 元素对应，如图片、按钮、表格、下拉列表、文本标签、文本段落、文本框、多行文本框、复选框、单选按钮、提交按钮、标题、表格和内联框架等元件。

最能体现 Axure RP 强大之处的元件包括：热区、动态面板、内联框架和中继器元件。其他特有的元件包括：矩形元件、椭圆元件、占位符元件、垂直菜单、水平菜单、树状菜单、水平线、垂直线元件和标记元件等。另外，Axure RP 还可加载官方或第三方的元件库，如苹果手机的诸多元件，提供良好的扩展功能。

元件的内容将会在第 3 章和第 4 章详细讲解，在此不再展开讲解。

2.4.3　母版面板

一般将需要重复使用的模板或内容定义为母版，如网站的页头、页尾、弹出框或导航等。通过使用母版，如果母版行为元件不是设置为“脱离母版”，在需要进行修改时，只需要对母版进行修改，所有使用该母版的地方都会被同步修改，从而减少重复工作量。

某个模块定义好后，选中所需要的一到多个元件，右击选择“转换为母版”菜单，或者使用菜单栏的“布局”→“转换为母版”命令，打开创建母版对话框输入母版名称后，该模块将转换为母版。也可在母版面板单击（添加母版）图标添加母版。

母版的内容将会在第 6 章详细进行讲解，在此不做过多展开。

2.4.4　页面面板

“页面”面板使用树形结构显示整个项目的页面列表，如图 2–15 所示。

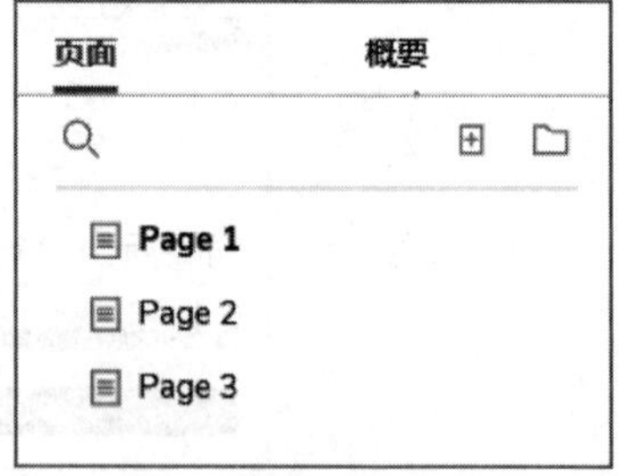

图 2–15　页面面板

“页面”面板的常用操作如下。

1. 新建页面

单击“页面”面板工具栏的“⊞”（添加页面）图标，可在所选择的页面后添加同级页面。也可选择某个页面后，选择“添加”菜单，可选择“上方添加”（在上方添加一个同级页面）、“下方添加”（在下方添加一个同级页面），或者选择“子页面”（创建一个下级页面）三种方式创建页面。

2. 新建文件夹

单击页面面板区域工具栏的“🗀”（添加文件夹）图标，可在所选择的节点后添加同级文件夹。也可选择某个页面后单击右键，选择“添加”→“文件夹”命令创建一个新的文件夹。

3. 编辑页面

在“页面”面板的树形菜单双击某页面，就会在“页面设计”面板显示该页面，并为可编辑状态。

4. 重命名页面/文件夹

选择某个页面或文件后，接着单击左键进入重命名状态，或者选择后单击右键，选择“重命名”命令。

5. 删除页面/文件夹

选择某个页面或文件夹后，单击“删除”键，如果带有子页面，将弹出删除提示框，在该提示框中单击“是”按钮后，会将当前页面以及其子页面全部删除。

6. 调整页面/文件夹顺序

若想改变同级页面或文件夹的先后顺序，或者将某个页面以及其子页面上升或下降一级，选中某页面或文件夹后右击，在出现的快捷菜单中选择“移动”，可进行上移、下移、降级和升级操作。

2.4.5　概要面板

可在如图 2–16 所示的“概要”面板中对动态面板元件（如“State1”）进行管理，包括设置面板状态、编辑全部状态、设为隐藏、自动调整为内容尺寸等操作。选择某个动态面板后，右击显示操作菜单项可执行相应操作，如图 2–17 所示。

还可对某个动态面板元件进行状态操作，选择某个状态如 State1 后，右击进行添加、重复、上移、下移和删除操作，如图 2–18 所示。

可单击如图 2–16 所示的“概要”面板中操作栏的（排序与筛选）图标对显示元件进行过滤，如图 2–19 所示。用户可根据具体要求选择对应的子菜单项，如选择“母版”后将只显示所有的母版。

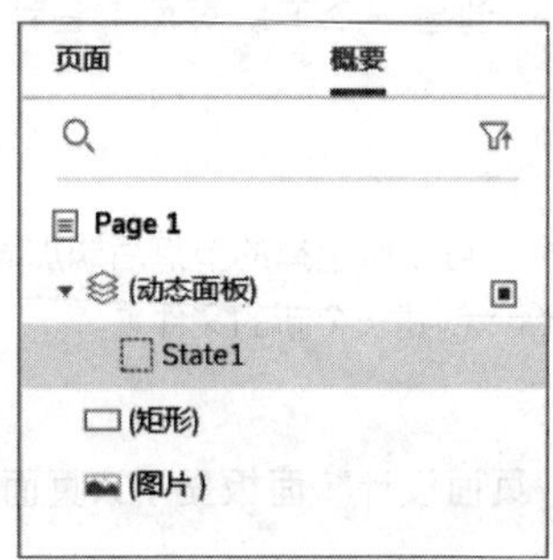

图 2–16　概要面板

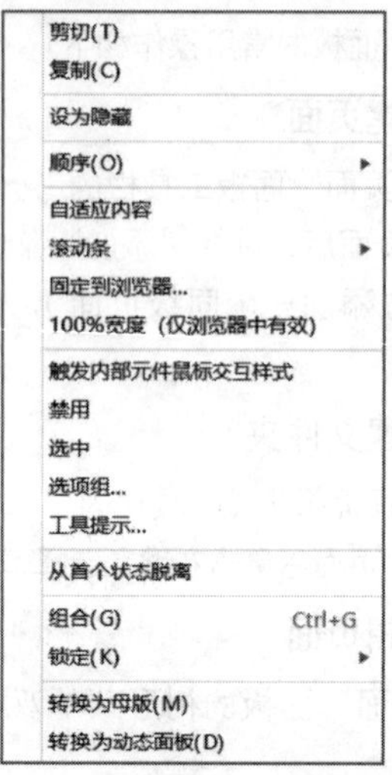

图 2–17　概要面板的动态面板快捷操作

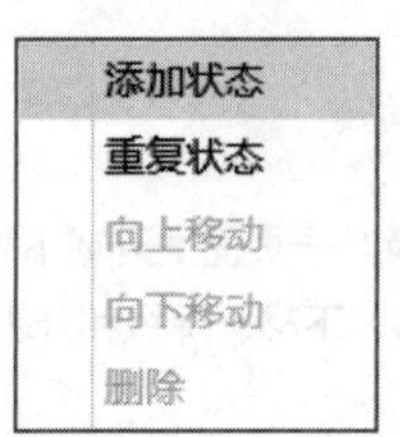

图 2–18　概要面板的动态面板元件状态操作

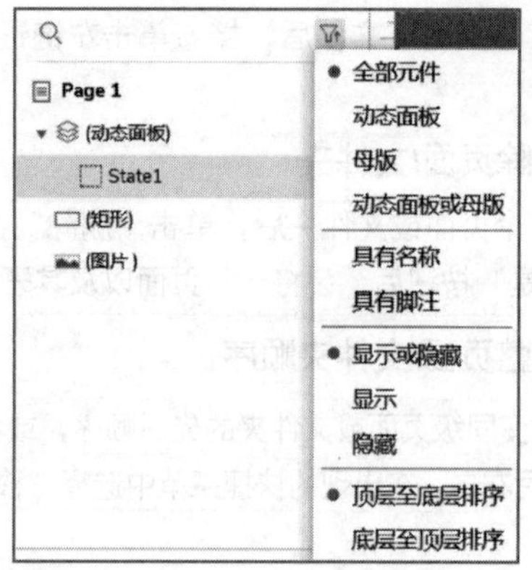

图 2–19　概要面板的排序和筛选操作

2.4.6 页面设计面板

“页面设计”面板区域是用于显示页面内容的区域，这些内容也被用于生成 HTML 文件或 PRD 文档。在默认情况下，不显示网格，只显示标尺，可在“页面设计”面板区域右击，选择“栅格和辅助线”→“显示网格”可将网格显示出来，该区域如图 2–20 所示。

在页面设计面板区域右击后，可看到“栅格和辅助线”菜单下有多个选项，如图 2–21 所示。

单击“网格设置”选项可设置网格间距（默认为 10 个像素）。

在页面设计面板区域，需要重点掌握 3 个要点。

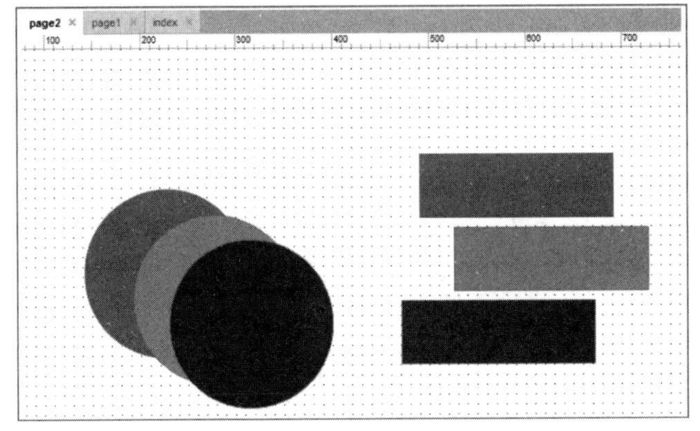

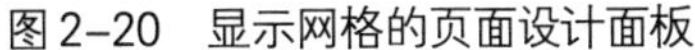
图 2-20　显示网格的页面设计面板

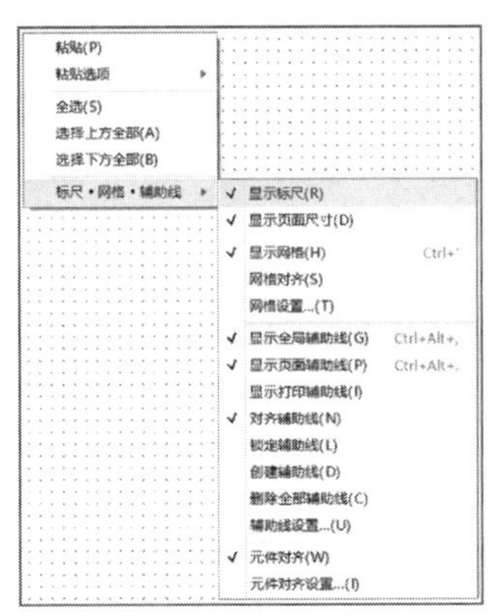

图 2-21　“栅格和辅助线”子菜单项

1. 页面辅助线

辅助线主要用于对齐元件，也可设置编辑区域，例如可设置 640×480 的编辑区域，要求设计人员在此区域内进行设计。辅助线又分为页面辅助线和全局辅助线。

按住鼠标左键，在横向标尺区域往内容区域拖动，将会拉出一条水平辅助线，在纵向标尺区域往内容区域拖动，拉出一条垂直辅助线。页面辅助线默认为绿色，如图 2-22 所示。

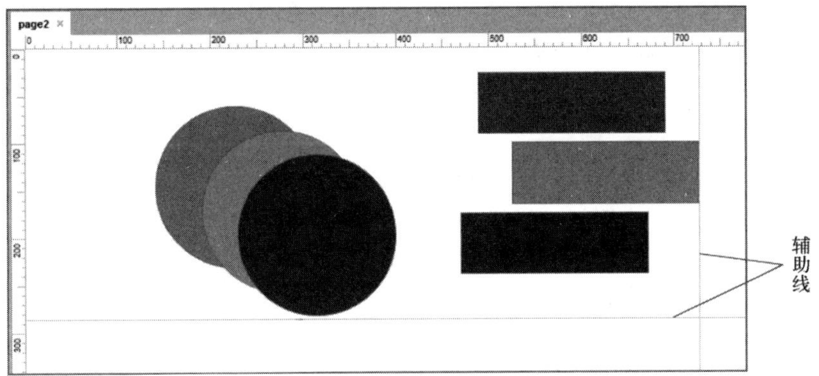

图 2-22　创建页面辅助线

2. 全局辅助线

通过在横向和纵向标尺处拉出的是页面辅助线，只会在当前页面显示，若想在所有页面显示某些辅助线，可采用全局辅助线，全局辅助线默认为玫红色，有两种创建方法。

1）横向和纵向标尺按住〈Ctrl〉键拉出全局辅助线：该方法与页面辅助线创建方法类似，按住鼠标左键进行拖动时需要同时按住〈Ctrl〉键，这是创建单条全局辅助线的好方法。

2）使用创建辅助线对话框：该方法常被用于同时创建多条全局辅助线，可在某个页面设计区域右击，在菜单栏选择“栅格和辅助线”→“创建辅助线”命令，打开的创建辅助线对话框如图 2-23 所示，在该对话框中选中“创建为全局辅助线”选项，创建的辅助线即为在该原型所有页面显示的全局辅助线。

设置后的全局辅助线如图 2-24 所示，可看到“页面设计”面板区域被分为两列，每列的宽度为 60 像素，每列的间距宽度为 20 像素，边距 10 像素。

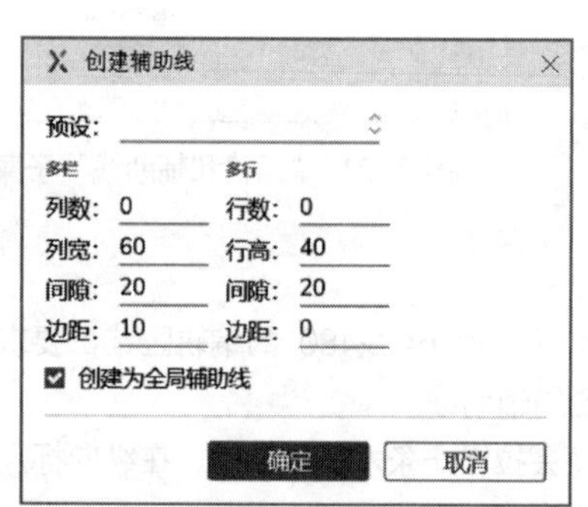

图 2-23　创建全局辅助线对话框

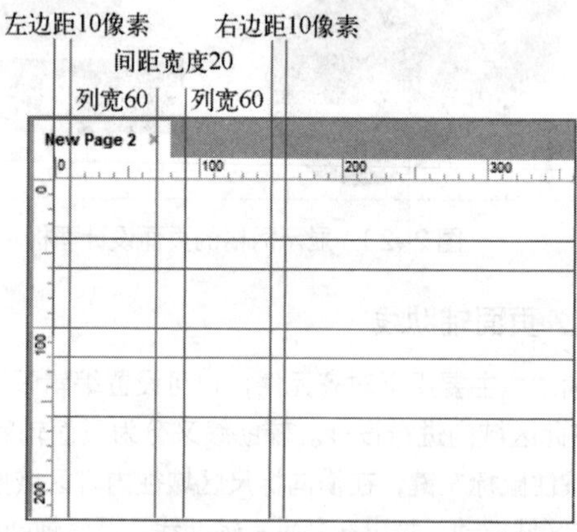

图 2-24　创建全局辅助线效果图

“行”的设置与此类似，不过辅助线为水平线。可在任何页面选择全局辅助线后，按〈Delete〉删除键，或右击选择“删除”命令将其删除。

3. 元件坐标

“页面设计”面板其余的 100、200、300 等刻度都是像素，左上角的坐标为 X0;Y0（注：本书统一采用此种方式表示横纵坐标），在进行原型设计时，左上角相当于浏览器的左上角，为了尽可能贴近真实，设计人员在进行设计时需要注意网站和 App 的宽度和高度。

“页面设计”面板中的元件坐标是在“样式”面板→位置尺寸中显示的“X 轴坐标”和“Y 轴坐标”，其数值分别是元件横向标尺和纵向标尺的像素值（以元件的左上角坐标为基点进行计算）。

2.4.7　样式、交互和说明面板

“样式”面板、“交互”面板和“说明”面板对应 Axure RP 8 的“检视”面板。“样式”面板默认显示样式属性相关设置，当选择某个元件时，该面板将显示元件属性相关设置。

在默认情况下，属性和样式都是针对页面进行设置的，如图 2-25 所示。

例如选择某个图片元件时，“样式”面板将切换为该元件的属性，可对其样式如尺寸、填充、阴影、圆角半径等进行设置，还可设置图片、交互用例等属性信息，如图 2-26 所示。

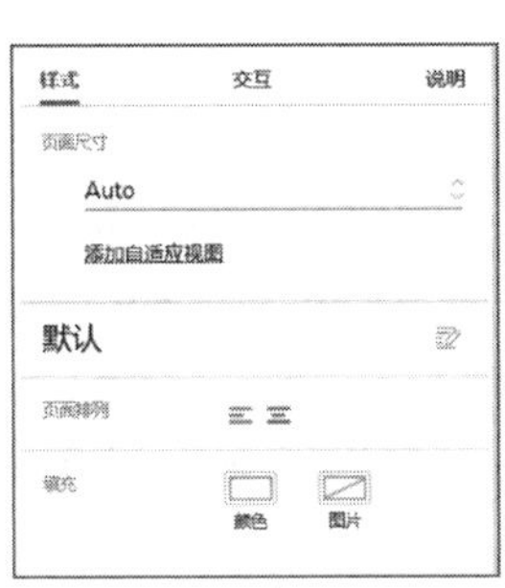

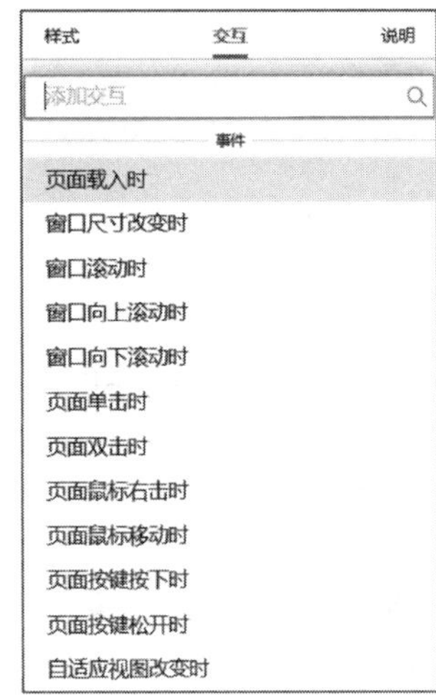

a)　　b)

图 2–25　默认样式和交互面板

a) 样式选项卡　b) 交互选项卡

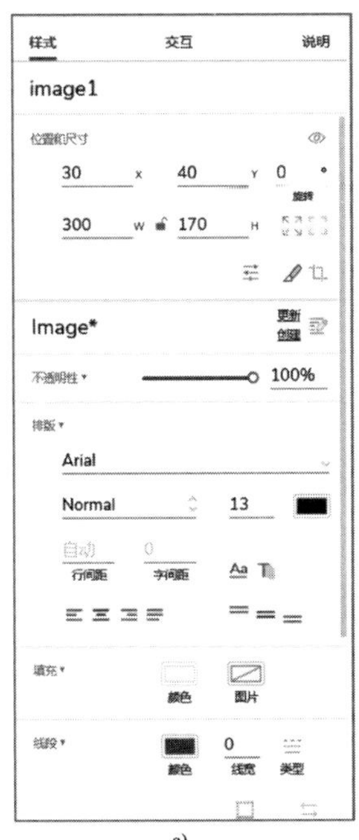

a)　　b)

图 2–26　图片元件的样式和交互面板

a) 图片元件样式　b) 图片元件交互

2.5 本章小结

本章主要介绍 Axure RP 的基本概况，包括以下几方面内容。

1）**Axure RP 9 介绍**：Axure RP 是一款专业的快速原型设计工具，能快速、高效地创建原型，同时支持多人协作设计和版本控制管理。

2）**Axure RP 9 新特性**：介绍 Axure RP 9 的新特性。

3）**Axure RP 9 安装和汉化**：本书采用的是经过汉化的 Axure RP 9 企业版，汉化包由小楼老师原创发布，Axure 中文网站根据大家的使用习惯在小楼老师版本基础上进行了一些优化。

4）**Axure RP 9 工作界面**：Axure RP 9 的工作界面更加简洁明了，分为工具栏和菜单栏、“元件库”面板、“母版”面板、“页面”面板、“概要”面板、“页面设计”面板、“样式”面板、“交互”面板和“说明”面板 9 个设计区域。

第 3 章

基础元件

本章给大家详细讲解常用基础元件，如矩形元件、图片元件、占位符元件和热区元件等，以及与 HTML 页面中的表单元素对应的文本框元件、多行文本框元件和下拉列表元件等。另外，还将详细讲解水平菜单元件、垂直菜单元件、树状菜单元件、表格元件和流程图元件等相对复杂的元件，并讲解如何组合多个元件，以及设置元件形状和进行元件操作等知识。

3.1 常用基础元件

Axure RP 提供了很多基础元件，其中，矩形元件、占位符元件、图片元件、按钮元件、文本标签元件和热区元件等，都是非常简单并且使用非常广泛的元件。本节对这些常用基础元件进行详细讲解。

1. 矩形元件

矩形元件是原型设计中最基础的一个元件，矩形元件一般用于表示一整块区域。在 Axure RP 9 中的“元件”面板将三种元件拖到“页面设计”面板，如图 3-1 所示。

图 3-1　三种矩形元件

在 Axure RP 9 中，矩形元件并不只是用来表示矩形的，在“页面设计”面板区域加入矩形元件后，可以选中该元件，右击选择“选择形状”，可将其转换为别的形状。例如选择图 3-1 中的左侧矩形元件，之后右击选择“选择形状”，可选择将长方形切换为圆形、心型、箭头、星星型、三角形等形状，也可以转换为自定义形状，如图 3-2 所示。

可通过“样式”面板、“交互”面板和“说明”面板设置矩形元件的如下信息。

1）**元件名称**：在面板顶部设置。

2）**元件属性**：可在“交互”面板选项卡设置事件（鼠标单击时、鼠标移入时、鼠标移出时等）、文本链接、交互样式（鼠标悬停时样式、鼠标按下时样式、选中时样式、禁用时样式）、元件提示等。

3）**元件样式**：可在“样式”面板设置矩形元件的 X 轴坐标、Y 轴坐标、宽度、高度、圆角角度、自动适合文本宽度、自动适合文本高度、填充颜色、边框颜色和字体等样式信息。

4）**元件说明**：可在“说明”面板设置元件的说明信息。

2. 图片元件

在 Axure RP 9 中，能导入任意尺寸的 JPG、GIF 和 PNG 图片，并且 Axure RP 软件还提供切图功能，能对大图片进行切图。

在“元件”面板选择图片元件拖动到“页面设计”面板后，双击“页面设计”面板的图片元件图标，打开图片选择对话框，选择某个图片后单击“打开”按钮，在 Axure RP 8 中，对于较大的图片，会有如图 3-3 所示的提示图片是否优化的对话框。

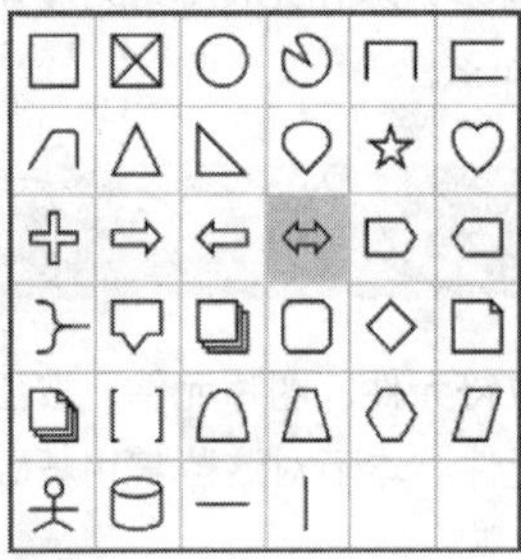

图 3-2　修改矩形元件形状

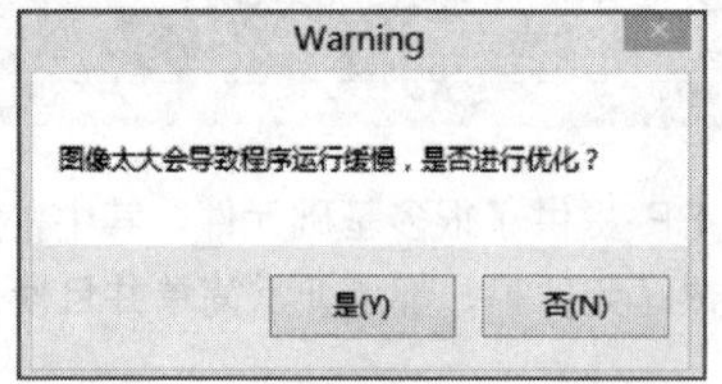

图 3-3　大图是否优化的提示对话框

在图 3-3 中选择“是”按钮后将对图片进行压缩优化，并在“页面设计”面板缩放图片大小。如果是 GIF 图片，不要选择优化图片，否则优化后将变成静态图片。在 Axure RP 9 中，将不会再出现此提醒。

可通过“样式”面板、“说明”面板设置图片元件的如下信息。

1）**元件名称**：在面板顶部设置。

2）**元件属性**：与矩形元件类似，不同之处是可在这里设置图片元件的导入图片，或清空图片信息。

3）**元件样式**：与矩形元件类似。

4）**元件说明**：可通过“说明”面板设置。

可在“样式”面板设置图片的大小，也可直接在“页面设计”面板选择某个图片元件后，将鼠标移动到图形元件的 8 个小方块某一个，调整图片的宽度和高度。如果想宽度和高度等比缩小，可将鼠标移动到左上角、右上角、左下角或右下角的 4 个小方块，当鼠标改变形状时，在拖动时同时按住〈Shift〉键进行等比缩小操作。进行等比缩小时，所选择的点的对角位置保持不变。

3. 占位符元件

占位符元件一般用在低保真线框图设计时。如果暂时没想好放置什么元件，或者图片区域暂时没有设计好图片时，使用占位符元件占位。可以对占位符元件的大小、位置等信息进行调整。事件、属性和样式设置与矩形元件无异。可以从“元件库”面板按住鼠标拖动一个占位符元件到“页面设计”面板，占位符元件如图 3–4 所示。

通过“样式”面板设置的占位符元件的信息与矩形元件类似，在此不再赘述。

4. 按钮元件

按钮元件与矩形元件类似，不过默认带有圆角和文本。在 Axure RP 9 的“元件库”面板中，有 3 个按钮元件，分别为：（按钮元件）、（主要按钮元件）和（链接按钮元件）。将按钮元件、主要按钮元件和链接按钮元件从左往右拖动到“页面设计”面板后，如图 3–5 所示。

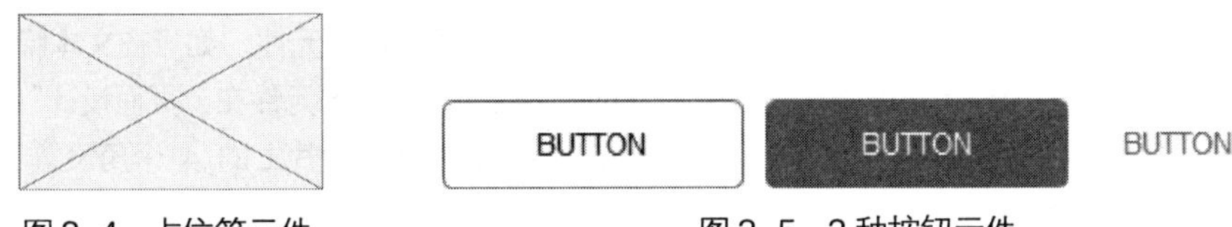

图 3–4　占位符元件　　图 3–5　3 种按钮元件

按钮元件的“样式”面板与矩形元件类似，也不再赘述。

5. 一级/二级/三级标题元件

拖动“元件库”面板的一级标题元件、二级标题元件和三级标题元件到“页面设计”面板后，双击相应标题元件可设置该元件的文本内容，如图 3–6 所示。

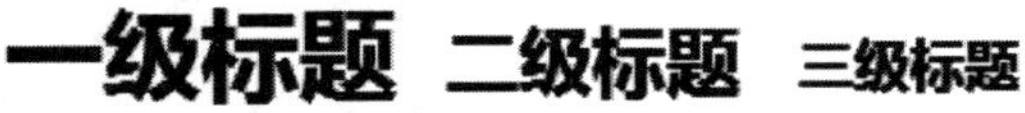

一级标题　二级标题　三级标题

图 3–6　一级、二级和三级标题元件

6. 文本标签元件

在“元件库”面板拖动文本标签元件到“页面设计”面板后，双击可设置文本标签元件的文字内容。图 3–7 所示为文本标签元件默认字体、颜色和字号。

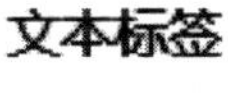

文本标签

图 3–7　文本标签元件

一般需要设置文本标签元件字号、字体颜色、字体、加粗、斜体和下划线等信息，可在“样式”面板进行设置，也可在工具栏进行设置，该部分工具栏如图 3–8 所示。

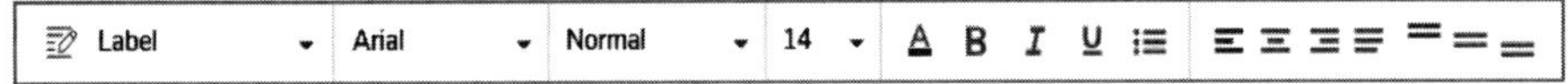

图 3–8　使用工具栏快速设置文本标签的样式

7．文本段落元件

在“元件库”面板拖动文本段落元件到“页面设计”面板后，双击可设置文本段落元件的文字内容。如图 3-9 所示，文本段落元件更改了默认文字，使用的是默认字体、颜色和字号。

这是一个文本段落,这是一个文本段落,这是一个文本段落,这是一个文本段落,这是一个文本段落,这是一个文本段落,这是一个文本段落,这是一个文本段落,这是一个文本段落,这是一个文本段落,这是一个文本段落,这是一个文本段落,这是一个文本段落

图 3-9　文本段落元件

8．水平线/垂直线元件

水平线元件用于绘制水平线，常用来做上下分隔线，如页头、内容区域和页尾。可设置线条颜色、粗细、宽度和坐标等信息。

垂直线元件用于绘制垂直线，常用来做纵向的分隔线，如左侧、内容区域和右侧的分栏，可设置线条颜色、粗细、高度和坐标等信息。

在“元件库”面板拖动一个水平线元件和垂直线元件到“页面设计”面板，效果如图 3-10 所示。

9．热区元件

可在页面任何一个区域，也可在某个元件上方放置一到多个热区元件，如可在文本标签元件、按钮元件、矩形元件、图片元件等的某个区域上方添加热区元件。热区元件在“页面设计”面板呈淡黄色，但是在实际页面中并不显示，主要用于设置交互事件。例如在图片上的 4 个角设置了 4 个热区元件，如图 3-11 所示。

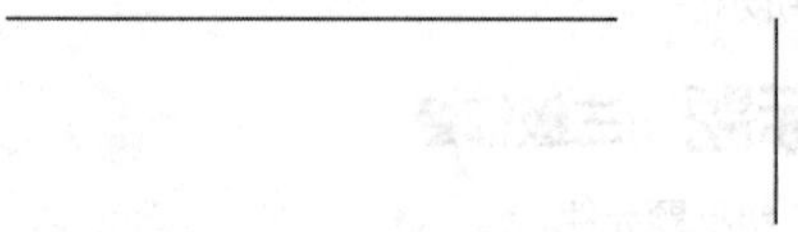

图 3-10　水平线/垂直线元件

图 3-11　热区元件案例

选中某个热区元件后，可在右侧“交互”面板设置该元件的鼠标单击时、鼠标移入时、鼠标移出时、鼠标双击时、尺寸改变时、显示时和隐藏时等交互事件，来实现相对复杂的产品原型设计效果。

3.2　表单元件

Axure RP 9 中的表单元件与 HTML 页面非常类似，例如文本框元件对应 input 元素，多行文本框元件对应 textarea 元素等。

1．文本框元件

与 HTML 页面的 input 元素相对应，文本框元件有多种文本类型，包括：Text（普通文本）、密

码、邮箱、Number（数字）、Phone Number（电话号码）、Url（URL 地址）、查找、文件、日期、Month（月份）和 Time（时间）。

有些文本类型在网页浏览器中并没有明显的不同之处，如 Email、Number、Phone Number、Url 等，通过手机终端浏览时会有所不同。

选择文本框元件后，输入文字内容，可编辑文本输入框的默认内容，并能通过右侧“样式”面板设置文本的颜色、字体和字号等信息。并可如 HTML 的 input 元件一样，设置是否为“只读”或“禁用”。

在“元件库”面板拖动多个文本框元件到“页面设计”面板，并在“样式”面板选项卡中设置不同的文本类型，如图 3-12 所示。

文本框元件的“样式”面板与矩形元件大同小异，如果需要设置文本的提示信息，例如图 3-12 中“请输入邮箱”的提示信息，当用户没有输入内容时，该文本框显示“请输入邮箱”，当用户开始输入内容（默认设置），或者文本框获得焦点后，“请输入邮箱”的提示信息将被清除。

在 Axure RP 9 中，可通过“交互”面板中的“:提示”属性设置提示文本，并可通过提示文本样式设置对话框设置提示文本，例如设置字体颜色和字体尺寸等信息，设置信息如图 3-13 所示。

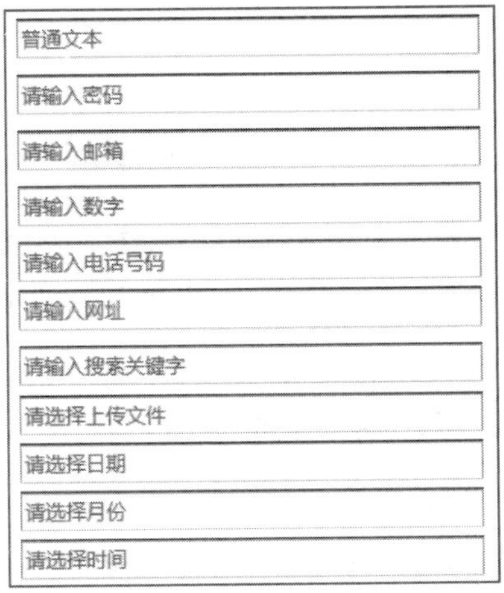

普通文本
请输入密码
请输入邮箱
请输入数字
请输入电话号码
请输入网址
请输入搜索关键字
请选择上传文件
请选择日期
请选择月份
请选择时间

图 3-12　不同文本类型的文本框元件

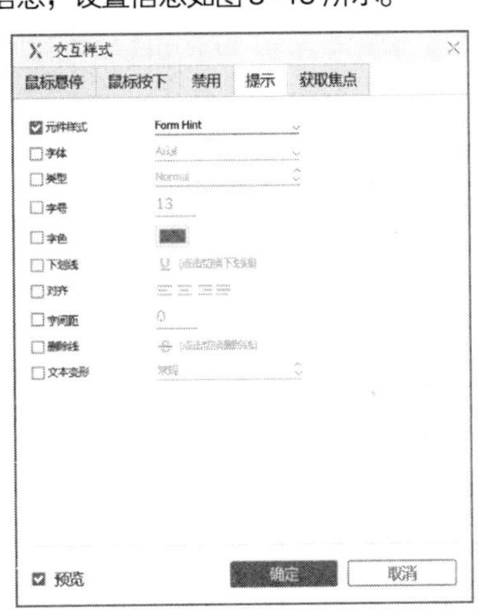

图 3-13　设置文本框元件提示文本样式

2. 多行文本框元件

多行文本框元件与 HTML 的 textarea 元素对应，与文本框元件不同之处在于它可以输入多行文本，其余设置与文本框元件类似。从“元件库”面板拖动一个多行文本框元件到“页面设计”面板，并设置其默认文本内容后，如图 3-14 所示。

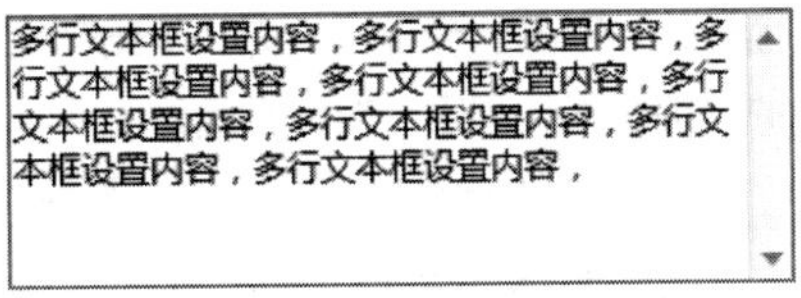

多行文本框设置内容，多行文本框设置内容，多行文本框设置内容，多行文本框设置内容，多行文本框设置内容，多行文本框设置内容，多行文本框设置内容，多行文本框设置内容，

图 3-14　多行文本框元件

同样可以设置多行文本框元件的提示文本、提示文本样式、隐藏提示触发时机（输入文本或获取焦点时）和最大长度等信息，方法与文本框元件类似，不再赘述。

3. 下拉列表框元件

下拉列表框元件只允许用户从下拉列表中选择，不允许用户输入，与 HTML 的 select 元素类似。从“元件库”面板拖动一个下拉列表框元件到“页面设计”面板，并双击该元件，打开“编辑下拉列表”对话框，可设置下拉列表选项，如图 3–15 所示。

在“编辑列表选项”对话框中，单击“+”按钮可单个添加下拉列表选项，单击“编辑多项”按钮，打开“编辑多项”对话框，如图 3–16 所示。在图 3–16 中单击“确定”按钮，此时，“编辑下拉列表”对话框如图 3–17 所示。

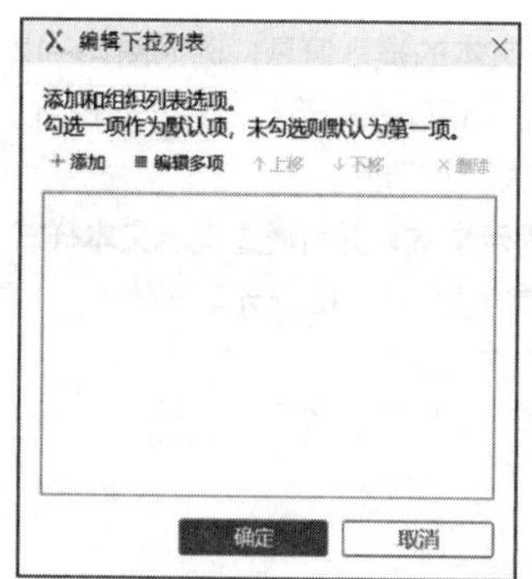

图 3–15　编辑列表选项对话框

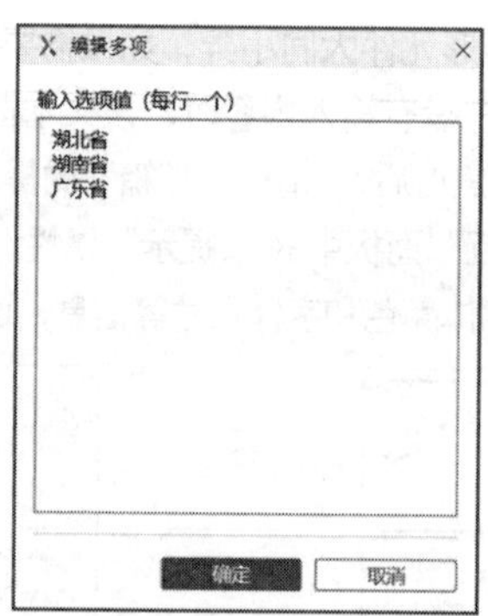

图 3–16　为下拉列表添加多个选项

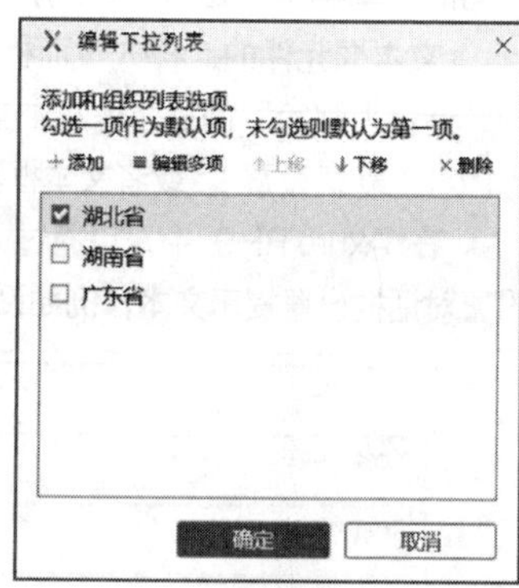

图 3–17　编辑列表选项对话框（设置了下拉选项）

在图 3–17 中，选择某个选项（如“湖南省”）后，可单击工具栏的“⬆”（上移）、“⬇”（下移）、“✖”（删除单个选项），并可勾选某个选项将其设置为默认选项。单击“编辑下拉列表”对话框的“确定”按钮，选项设置完毕，此时，“页面设计”面板区域的下拉列表框元件如图 3–18 所示。

湖北省 ▼

图 3–18　下拉列表框元件

可在“交互”面板设置下拉列表框元件的事件（选项改变时、获取焦点时或失去焦点时等）等信息，如图 3–19 所示。

4. 列表框元件

列表框元件用于提供用户多选的选项，一般用在想让用户看到所有的选项，或者多个选项允许同时选择时，例如用户选择旅游过的省份等。从“元件库”面板拖动一个列表框元件到“页面设计”面板，并双击该元件，打开“编辑列表框”对话框可设置下拉列表选项，该对话框与下拉列表框元件的“编辑下拉列表”对话框类似。

在“页面设计”面板区域设置列表框元件，如图 3–20 所示。

5. 复选框元件

复选框元件也可以用于用户选择多个内容，达到列表框元件类似的效果。从“元件库”面板拖动多个元件到“页面设计”面板区域后，双击可编辑内容。如图 3-21 所示，拖动了 7 个复选框元件到“页面设计”面板，并将文本内容分别设置为：湖北省、湖南省、广东省、四川省、北京市、重庆市和天津市。

图 3-19　设置下拉列表框元件事件

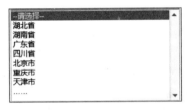

图 3-20　列表框元件

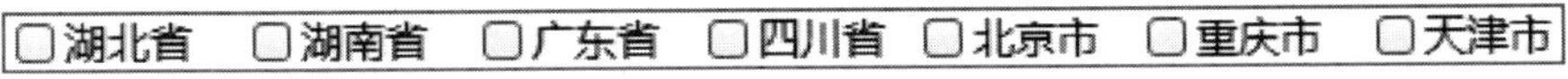

图 3-21　复选框元件

复选框元件的基本操作如下。

1）**选中复选框**：若想设置某个选项默认为选中状态，可选择某个选项后，右击选择“选中”，将复选框设置为选中状态。

2）**取消选中复选框**：若想设置某个选项默认为取消选中状态，可选择某个选项后，右击选择“选中”取消，将复选框设置为未选中状态。

3）**启用复选框**：默认时，复选框元件是启用状态。如果该复选框为禁用状态，可选择该选项，右击选择“禁用”取消，将复选框设置为启用状态。

4）**禁用复选框**：默认时，复选框元件是启用状态，若想设置为禁用，可选择某个选项后，右击选择“禁用”，将复选框设置为禁用状态。

5）**调整复选框靠左或靠右对齐**：设置复选框在文字左侧还是右侧，默认时在左侧。可选择某个选项后右击，选择“复选框居右”。将复选框设置到文字的右侧，右击选择“复选框居左”，可将复选框设置到文字的左侧。

6．单选按钮元件

单选按钮元件只允许用户从多个选项中选择一个，对应 HTML 页面中的 radio 元素。如选择性别，以及在购买商品后选择收货地址等。

例如，从“元件库”面板区域拖动 3 个单选按钮元件到“页面设计”面板，并双击设置其文字分别为：保密、男和女，如图 3-22 所示。

在默认情况下，所有单选按钮元件都无分组，因此不同的单选按钮元件都是可以选中的，如图 3-23 所示。因为 Axure RP 9 并不知道哪些单选按钮元件是一组的，因此，需要手动将一个组的单选框组件设置为同一个单选按钮组。

图 3-22　单选按钮元件案例

图 3-23　未设置分组的单选按钮元件

同时选中多个单选按钮元件，例如选中图 3-22 所示的 3 个单选按钮元件，右击选择“指定单选按钮的组”，设置“组名称”为“genderGroup”，如图 3-24 所示。

双击勾选“保密”单选按钮元件为选中状态，此时，使用〈F5〉键查看预览效果，可看到默认选项为“保密”，并且，当更改选项为“男”时，可看到原选项“保密”自动被设置为取消选择状态。

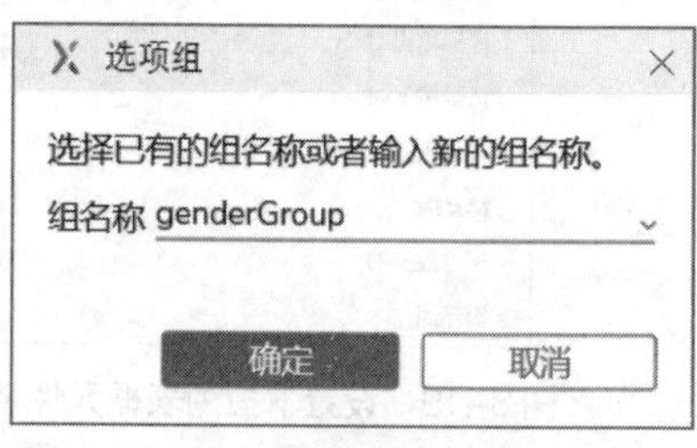

图 3-24　设置单选按钮组

3.3　水平/垂直菜单元件

水平菜单元件用于创建一个多级别的水平菜单。水平菜单一般用于一级导航菜单，从“元件库”面板拖动一个水平菜单元件到“页面设计”面板，如图 3-25 所示。

选择图 3-25 的水平菜单元件的第一列“文件”后，可在“交互”面板中对其进行事件设置，如图 3-26 所示。

在该选项卡中，可设置该元件的“鼠标单击时”“获得焦点时”“失去焦点时”“选中改变时”“选中时”“取消选中时”和“载入时”事件。选择该水平菜单，右击可进行“编辑菜单填充”“后方添加菜单项”“前方添加菜单项”“删除菜单项”和“添加子菜单”操作。例如通过使用这些操作按钮可设置如图 3-27 所示的水平菜单。

图 3–25　水平菜单元件

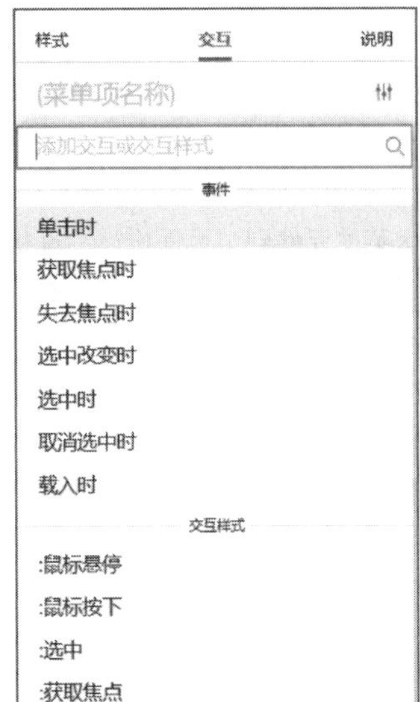

图 3–26　设置水平菜单元件事件

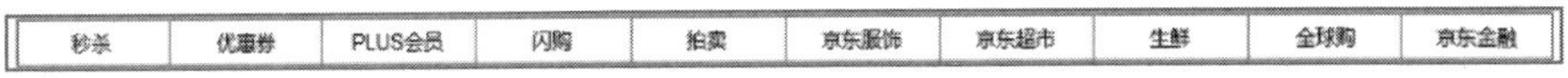

图 3–27　使用水平菜单元件设置水平菜单

垂直菜单元件用于创建一个多级别的垂直菜单。垂直菜单一般用在二级、三级导航菜单中，从“元件库”面板拖动一个垂直菜单元件到“页面设计”面板，如图 3–28 所示，选择第一行“Item 1”后，可在“交互”面板中设置其事件信息，右击可进行添加菜单项、添加子菜单项和删除子菜单项等操作，并可选中某行后，输入文字信息设置菜单项名称。

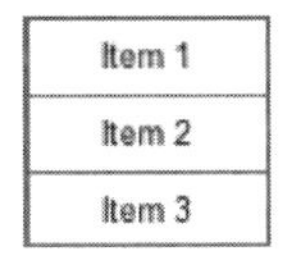

图 3–28　垂直菜单元件（默认）

通过以上相应操作设置可生成如图 3–29 所示的垂直菜单。

水平菜单元件和垂直菜单元件操作起来相对不便，在此仅做功能性的介绍，后续在实现一级菜单或二级、三级菜单时，采用的是另外的方式实现设计。

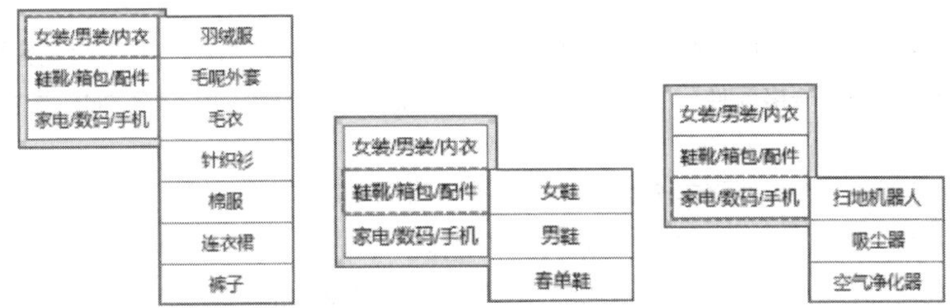

图 3–29　使用垂直菜单元件设置垂直菜单

3.4 树状菜单元件

树状菜单元件常用来表示带有树状形状的图，例如项目的组织结构图。从“元件库”面板拖动一个树状菜单元件到“页面设计”面板，如图 3–30 所示。

选中树状菜单元件的某个节点，例如“Item 1”，此时的“交互”面板如图 3–31 所示。

可设置树状菜单元件的“鼠标单击时”“获取焦点时”“失去焦点时”“选中改变时”“选中时”“取消选中时”和“载入时”事件，右击可进行“编辑树属性”“添加”“移动”“删除节点”和“编辑图标”操作。

可通过如上操作设置图 3–32 所示的树状菜单元件。

图 3–30　树状菜单元件（默认）

图 3–31　设置树状菜单元件事件

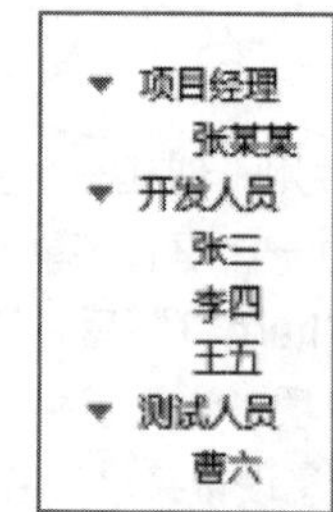

图 3–32　树状菜单元件

3.5 表格元件

表格元件用于定义表格化数据，与 HTML 的 table 元素对应。表格一般带有表头和数据行。从“元件库”面板拖动一个表格元件到“页面设计”面板，默认创建一个 3 行 3 列的表格，如图 3–33 所示。

可在“页面设计”面板选择某个单元格后右击，选择快捷菜单，可进行图 3–34 所示的“上方插入行”“下方插入行”“删除行”和“删除列”等操作。可在“样式”面板设置填充颜色、字体、文字颜色和字号等信息，例如可以添加一个如图 3–35 所示的表格元件。

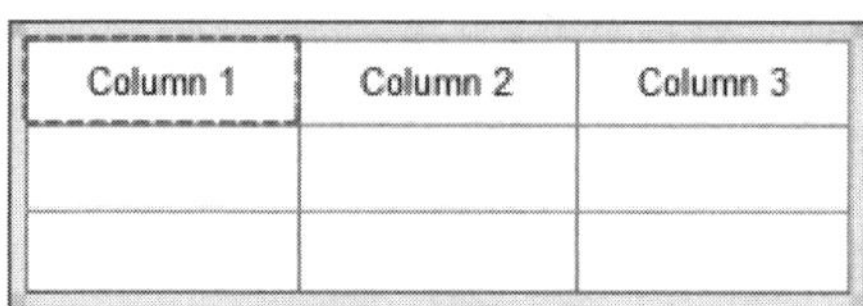

图 3–33　表格元件

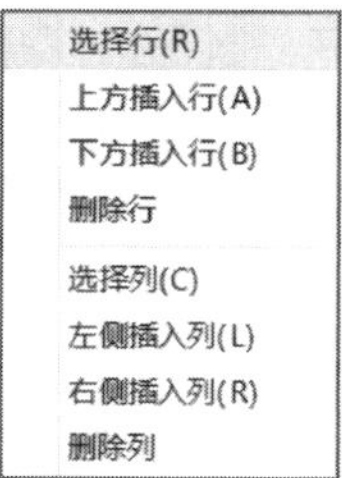

图 3–34　表格操作快捷菜单

登录名	昵称	姓名	性别	邮箱
aaa	amigoxie	阿蜜果	女	amigoxie@126.com
bbb	xxx	谢星星	女	xxx@126.com

图 3–35　表格元件

3.6　标记元件

标记元件包括页面快照、水平箭头、垂直箭头、便签等元件，如图 3–36 所示。标记元件在原型设计中起辅助作用，页面快照元件可以理解为页面内容的一个缩略显示，水平箭头和垂直箭头元件与基础元件中的水平线元件和垂直线元件相比，默认带有箭头，便签 1、便签 2、便签 3 和便签 4 元件针对原型设计进行说明或备注使用，这 4 种背景色的便签其实就是 4 个正方形矩形元件，只是预留了背景颜色等属性。

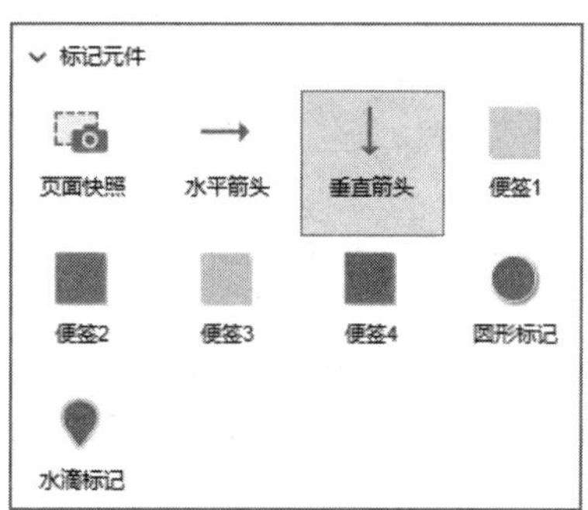

图 3–36　所有标记元件

3.7　流程图元件

通过软件需求分析，按照业务实际操作步骤用图形的方式直观地表现出来的图就是流程图，流程图元件用于绘制业务流程图，在“元件库”面板上方的下拉列表中选择“Flow”，可显示流程图元件的图标，如图 3-37 所示。常见的流程图元件有矩形（表示动作）、菱形（表示条件）、圆角矩形（表示结束节点）、斜角矩形（表示开始节点）、角色、数据库和文件等。

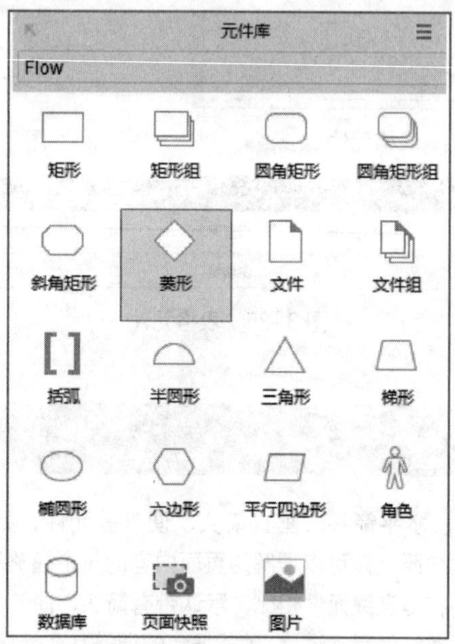

图 3-37　所有流程图元件

3.8　组合元件

将多个元件组合在一起叫作组合元件，在主界面的“概要”面板可显示组合元件，组合元件的好处在于可以将多个元件当作一个元件来进行操作。在“概要面板”中可以修改组合名称、隐藏组合、显示组合操作，还可以在整个组合上添加交互动作。

在“页面设计”面板，拖入按钮元件和两个文本标签元件，之后选中这三个元件，右击选择“组合”选项，并设置该组合的名称为“组合案例”，如图 3-38 所示。

此时，在“概要”面板可看到该组合信息，如图 3-39 所示。勾选该组合的右侧勾选框，表示显示该组合，取消勾选表示隐藏该组合。

选中该组合，在“样式”和“交互”面板可设置该组合的名称、交互事件等信息，如图 3-40 所示。

图 3-38　组合元件

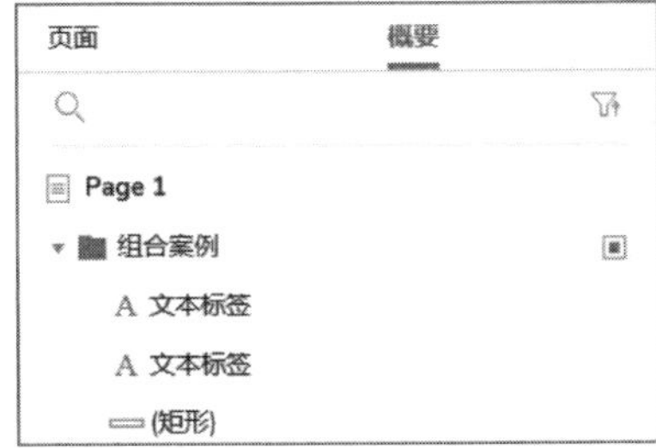

图 3-39　概要面板中的组合元件

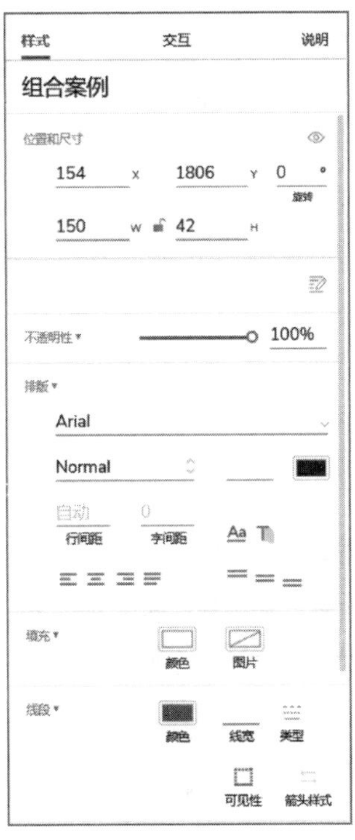

图 3-40　设置组合元件设计

3.9　自定义元件形状

在“元件库”面板中，将矩形元件拖动到“页面设计”面板，可右击选择“选择形状”对矩形元件形状进行设置。

1. 将元件转换为自定义形状

从“元件库”面板拖入一个椭圆形元件到“页面设计”面板，之后选中该元件，可右击选择“选择形状”，对该元件的形状进行编辑。

单击工具栏内的图标 ，在该元件上可增加、移动、删除节点，拖动节点就可以改变形状，操作参考如图 3-41 所示。

2. 水平翻转

从“元件库”面板拖动两个文件元件到“页面设计”面板，选择右侧的文件元件后，右击选择“改变形状”→“水平翻转”命令，进行水平翻转操作，如图 3-42 所示。

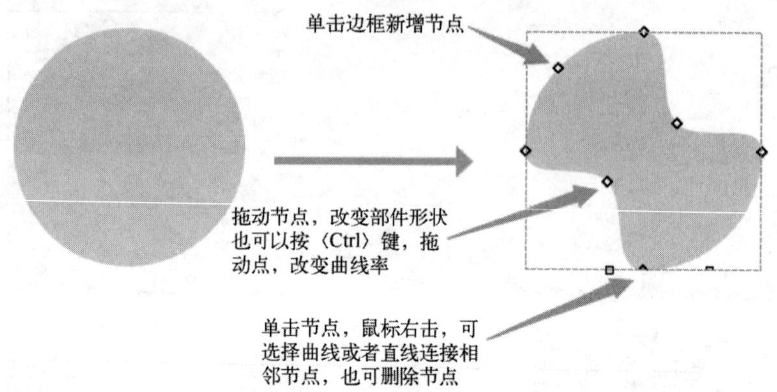

图 3–41　将元件设置为自定义形状

3. 垂直翻转

从“元件库”面板拖动两个文件元件到“页面设计”面板，选择右侧的文件元件后，右击选择“改变形状”→“垂直翻转”命令，进行垂直翻转操作，如图 3–43 所示。

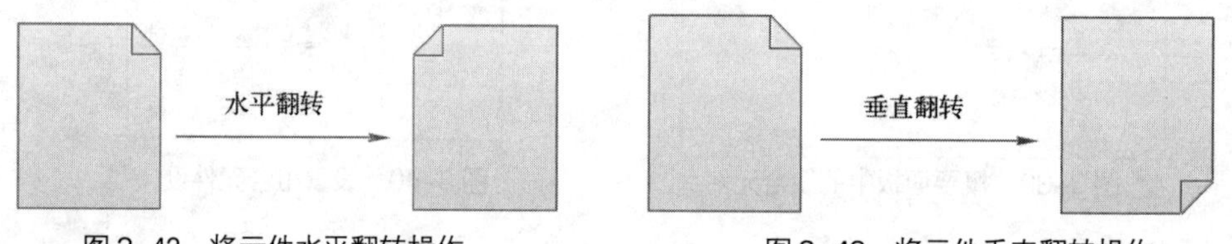

图 3–42　将元件水平翻转操作　　图 3–43　将元件垂直翻转操作

4. 合并

从“元件库”面板拖动 4 个椭圆形元件到“页面设计”面板，将右侧的黄色椭圆形元件（在下方）和绿色椭圆形元件（在上方）选中后右击选择“改变形状”→“合并”命令，操作结果如图 3–44 所示。

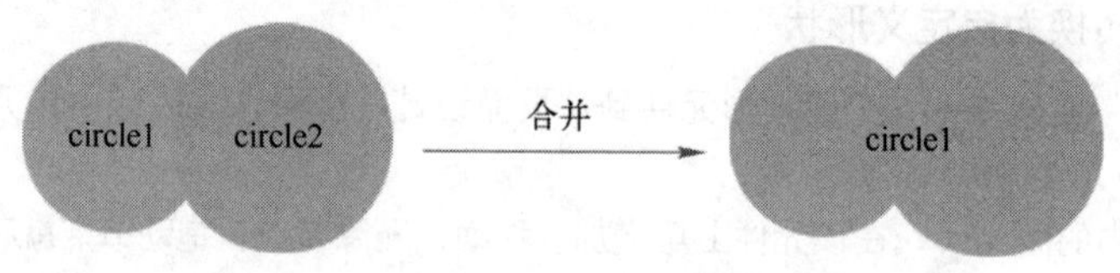

图 3–44　元件合并

5. 去除

操作方式与合并类似，去除操作选择的是“改变形状”→“去除”命令，去除操作结果如图 3–45 所示。

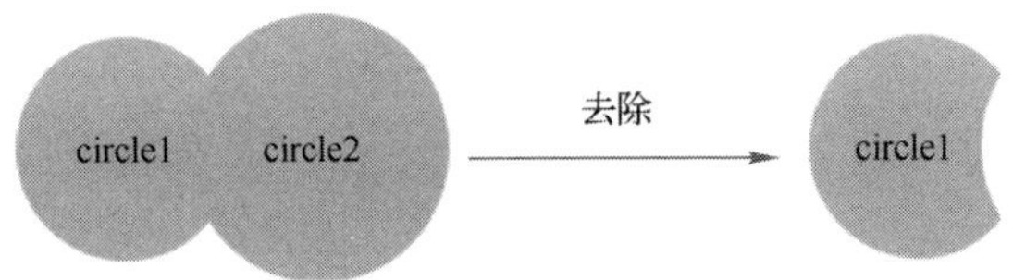

图 3-45　元件去除

6. 相交

操作方式与合并类似，去除操作选择的是“改变形状”→“相交”命令，相交操作结果如图 3-46 所示。

图 3-46　元件相交

7. 排除

操作方式与合并类似，去除操作选择的是“改变形状”→“排除”命令，排除操作结果如图 3-47 所示。

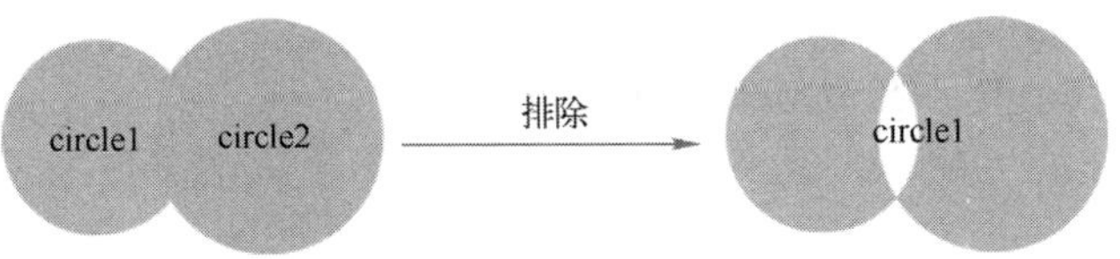

图 3-47　元件排除

8. 结合

操作方式与合并类似，去除操作选择的是“改变形状”→“结合”命令，结合操作结果如图 3-48 所示。

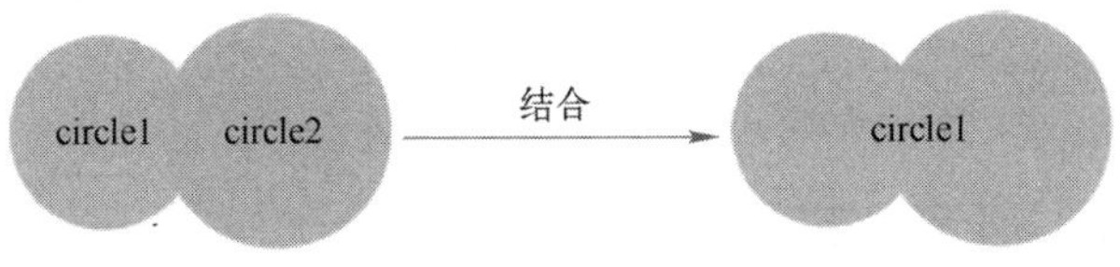

图 3-48　元件结合

9. 分开

在图 3-48 的基础上再进行分开操作，结合所形成的形状与合并基本相同但又略有不同，因为分开是针对结合所形成的形状而言的，分开结果如图 3-49 所示。

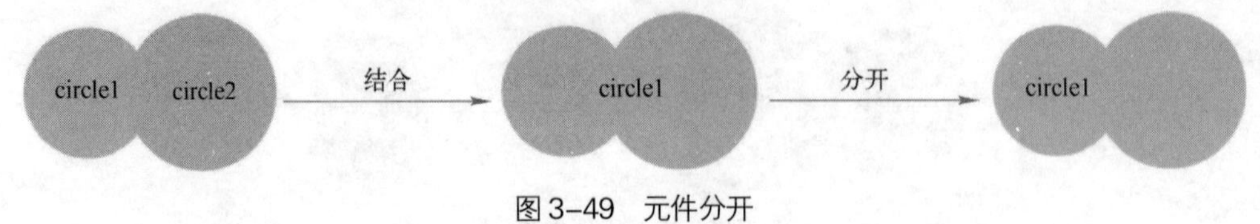

图 3-49　元件分开

3.10　元件操作

选中元件后，元件一般都在各个角带有 8 个小矩形方块，一个黄色倒三角形和一个灰色小圆点，如选中一个矩形元件选中后，效果如图 3-50 所示。

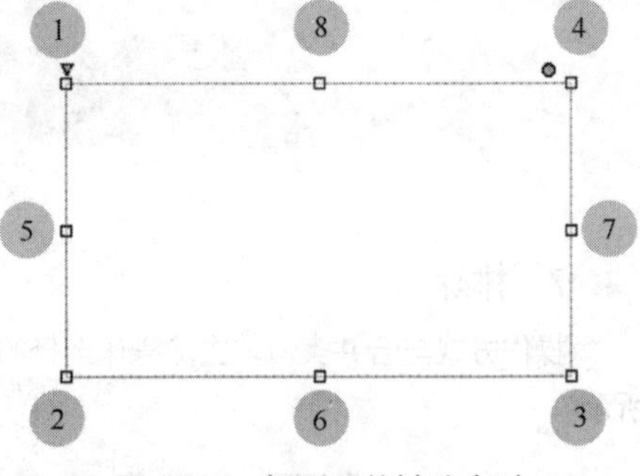

图 3-50　矩形元件被选中时

1. 左上角黄色倒三角形

选择左上角的“▼”（黄色倒三角形）图标，并进行拖动，可设置该矩形元件的圆角弧度，也可通过“样式”面板的“圆角半径”属性进行设置。

2. 1~4 号小矩形

可将鼠标移动到1~4号的小矩形位置，当鼠标变成双向箭头，并显示元件的 X 轴坐标、Y 轴坐标、高度和宽度时进行拖动，可缩放矩形元件的高度和宽度。双击这 4 个小矩形，可将矩形缩放到适应当前文本大小。

3. 5 号和 7 号小矩形

可将鼠标移动到5和7号的小矩形位置，并显示元件的 X 轴坐标、Y 轴坐标、高度和宽度时进行拖动，可缩放矩形元件的宽度。双击这两个小矩形，可将矩形缩放到适应当前文本宽度。

4. 6 号和 8 号小矩形

可将鼠标移动到6和8号的小矩形位置，并显示元件的 X 轴坐标、Y 轴坐标、高度和宽度时进行拖动，可缩放矩形元件的高度。双击这两个小矩形，可将矩形缩放或者到适应当前文本高度。

5.〈Shift〉键和 1~4 号小矩形

可将鼠标移动到1~4号的任何小矩形位置，待鼠标变成双向箭头后，同时按住〈Shift〉键进行操作，可对矩形、图片等元件进行等比例缩小或放大，操作时对角矩形的位置将保持不变。

6.〈Ctrl〉键和 1~4 号小矩形

可将鼠标移动到1~4号的小矩形位置后，待鼠标变成旋转形状后，同时按住〈Ctrl〉键，可对矩形和图片等元件进行旋转操作。

3.11　本章小结

本章详细讲解了 Axure RP 9 中的基础元件。

1）**常用基础元件**：包括：矩形元件、图片元件、占位符元件、按钮元件、标题元件、文本标签元件、文本段落元件、水平线元件、垂直线元件和热区元件。

2）**表单元件**：该类表单元件与 HTML 页面的表单的各个要素对应，包括：文本框元件、多行文本框元件、下拉列表框元件、列表框元件、复选框元件、单选按钮元件和提交按钮元件。

3）**相对复杂的元件**：包括水平菜单元件、垂直菜单元件、树状菜单元件、表格元件、标记元件和流程图元件等相对复杂的元件。

4）**组合元件**：可以将多个元件进行组合操作，并可在“概要”面板进行隐藏和显示组合元件操作。

5）**自定义元件形状**：可以将元件设置为默认形状，也可以转换为自定义形状，还可以进行水平翻转、垂直翻转、合并、去除、相交、排除、结合和分开这几种改变形状操作。

6）**元件操作**：选中矩形元件等元件后，将会看到 8 个小矩形和 1 个黄色倒三角形。可以通过这 9 个点改变元件宽度、高度、圆角弧度和旋转操作，在改变元件宽度和高度时，可进行等比例放大或缩小操作。

第 4 章
高级元件

本章将介绍高级元件的基础知识。Axure RP 9 的强大之处就在于提供了动态面板元件、内联框架元件和中继器元件等功能强大、应用灵活的高级元件，后续章节讲解的诸多案例有 80%都与这些高级元件有关。另外，Axure RP 9 还允许载入已有的第三方元件库，甚至可以允许用户自定义元件库，可将这些自定义元件应用在日常的原型设计中。

4.1 动态面板元件

动态面板元件之所以强大，是因为它可以定义诸多状态，并可设置默认状态，而且可以通过交互事件动态切换状态和调整大小，所以很多的动态交互效果都可以通过动态面板元件实现。动态面板元件的不同状态可以定义不同内容，默认显示的是动态面板元件的第一个状态的内容，也可在“概要”面板将某个动态面板元件置为不可见。

图 4–1 动态面板元件案例（默认）

从“元件库”面板将动态面板元件拖入“页面设计”面板，如图 4–1 所示。

在 Axure RP 9 的“页面设计”面板中，动态面板元件显示为淡蓝色背景，双击该元件，“页面设计”面板所呈现的就是当前动态面板的设计界面，如图 4–2 所示。

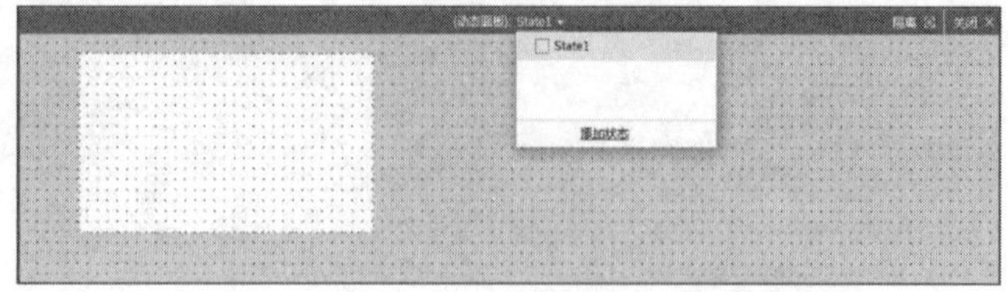

图 4–2 动态面板设计界面

可以看到，该编辑界面有一个蓝色虚线方框，表示的是动态面板元件的宽度和高度，即该状态可以显示的区域都在蓝色虚线方框内部。如果该动态面板元件在“样式”面板中选中“自适应内容”属性，此时，蓝色虚线方框将会去掉，而且，动态面板元件的尺寸将自动根据所选择状态内部内容的宽度和高度进行调整。

可单击“添加状态”为元件添加新状态，直接拖动状态可改变其排列顺序。单击状态名后的“🗑”按钮可删除该状态，单击“⧉”则可以复制该状态。单击状态名切换状态，就可进入该状态的设计界面，可在“样式”面板修改动态面板的名称等信息，如图 4–3 所示。

选择刚创建的动态面板元件，在“样式”面板头部将名称设置为：imgPanel，在“样式”面板将宽度和高度分别设置为 370 像素和 240 像素。通过双击动态面板元件进入“面板状态管理”对话框，设置 img1、img2 和 img3 三个状态，其中 img1 为第一个状态。接着，在右下方的“概要”面板单击 img1 状态进入状态编辑界面，在其中复制一张宽度为 370 像素和 240 像素的图片，左上角坐标在状态编辑界面为 X0:Y0。按照同样的方法将另外两张同样大小的图片复制到 img2 和 img3 状态。

设计完成后，切换到主页面，此时，在“概要”面板该元件信息如图 4–4 所示。

“样式”面板中该元件的右上角有一个按钮“👁”，可将 imgPanel 元件设置为显示或隐藏，默认是显示状态，如果想隐藏，可单击该按钮。也可在“概要”面板中选择某个动态面板元件的某个状态（如 State1）后，单击进行重命名操作，或者右击选择快捷菜单中的菜单项，进行添加、复制、删除、上移和下移状态，选中某个状态后右击可选择快捷菜单，如图 4–5 所示。

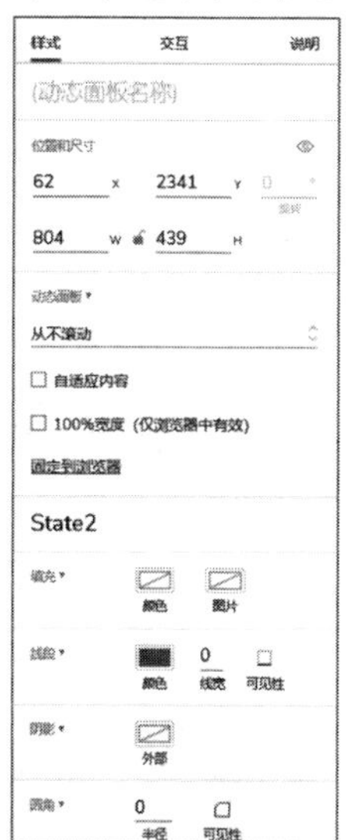

图 4–3　动态面板“设计”界面

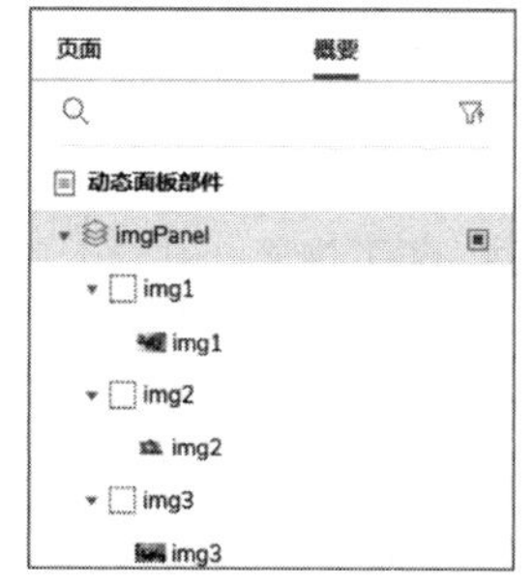

图 4–4　设计完成的 imgPanel 动态面板元件

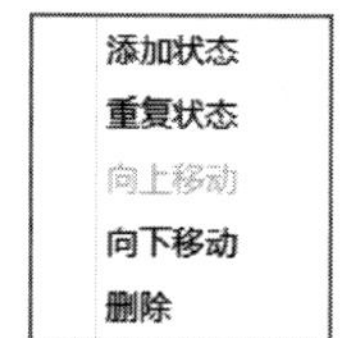

图 4–5　元件快捷菜单

4.2 内联框架元件

与 HTML 页面中的 iFrame 元素对应，内联框架元件用于在一个页面中嵌入另一个页面。在 Axure RP 9 中，可以使用内联框架元件引入任何一个 http://开头的地址，如网站地址、图片地址和 Flash 地址等，也可引用本工程或本地计算机中的某个页面。

在“元件库”面板拖动一个内联框架元件到“页面设计”面板，如图 4-6 所示。

双击图 4-6 所示的内联框架元件，或者选择该元件后，右击选择“框架目标”菜单项，可在“链接属性”对话框设置该内联框架元件所指向的地址，也可指定本项目内文件，还可指定外部 URL 地址和本地计算机内文件。如图 4-7 所示，在此指定的是一个外部地址：http://jd.com/，即京东的首页访问地址，单击“确定”按钮完成设置。

图 4-6　内联框架元件（默认）

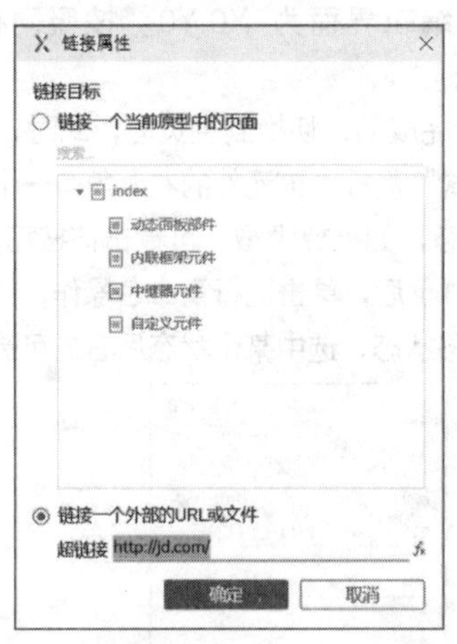

图 4-7　设置内联框架元件链接属性

设置完成后，选择菜单栏的“发布”→“预览”命令，或者使用〈F5〉快捷键，可查看预览效果，设置外部地址为 http://jd.com/，并在“样式”面板将“宽度”和“高度”都设置为 600 像素，预览效果如图 4-8 所示。

与 HTML 页面中的 iFrame 框架元素类似，内联框架元件也能设置是否显示边框，在默认情况下显示边框，选择该元件后，右击选择“切换边框”，可设置隐藏/显示边框。也可以在选中内联框架元件后，在“样式”面板，通过勾选或取消勾选“隐藏边框”属性，设置隐藏或显示边框。

图 4-8　内联框架元件设置为外部地址

还需注意的是，内联框架元件还可设置滚动条属性。可右击该元件，然后选择“滚动条”菜单项进行设置，有 3 个选项：“按需滚动”（默认选项，根据实际情况确定是否显示滚动条）、“始终滚动”（不管引用的内容如何，总是显示滚动条）和“从不滚动”。也可在“样式”面板，在“框架滚动条”属性的下拉列表的 3 个选项中任选其一。

4.3　中继器元件

中继器元件与动态面板元件一样经常被用于实现复杂的交互功能。中继器操作相对复杂，创建后需要编辑内部每一组数据项的内部布局，可设置包括多少数据列（一般与内部布局的可设置的动态元素个数对应），也可设置中继器包括的数据行的内容；并可通过每项载入时事件，将数据行的内容赋值给每一组数据项内部的元件，还可设置每行显示多少组数据项。

当然，中继器的强大之处还在于，在各事件中，可设置中继器的动作（添加排序、移除排序、添加筛选、移除筛选、设置当前显示数量、设置每页项目数量、设置数据集，例如添加行、标记行、取消标记、更新行和删除行）对中继器进行内部操作。因为这些强大的功能，中继器元件完全可以替代表格元件实现更复杂的操作。

1. 创建中继器元件

从“元件库”面板拖动一个中继器元件到“页面设计”面板，并在“样式”面板将该元件命名为 productRepeater，如图 4–9 所示。

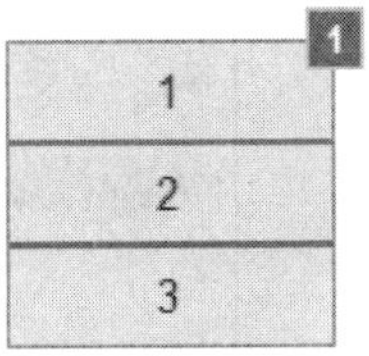

图 4–9　中继器元件（默认）

2. 编辑中继器元件内部内容

双击创建的 productRepeater 中继器元件，可进入中继器元件的内部设计界面，默认其内部有一个矩形元件，可以自行创建内容。可以从“元件库”面板拖动 1 个矩形元件、1 个图片元件、1 个文本框元件到中继器内部界面，并分别命名为：rect1、dressImg 和 nameLabel，3 个元件的位置分别为：X0;Y0、X0;Y1 和 X10;Y304，3 个元件的大小分别为：W228;H342、W226;H293 和 W164:H20（注：W 表示宽度，单位为像素，H 表示高度，单位也是像素，本书后续表示元件大小时，皆为这种表示方式）。编辑完成后，中继器内部如图 4–10 所示。

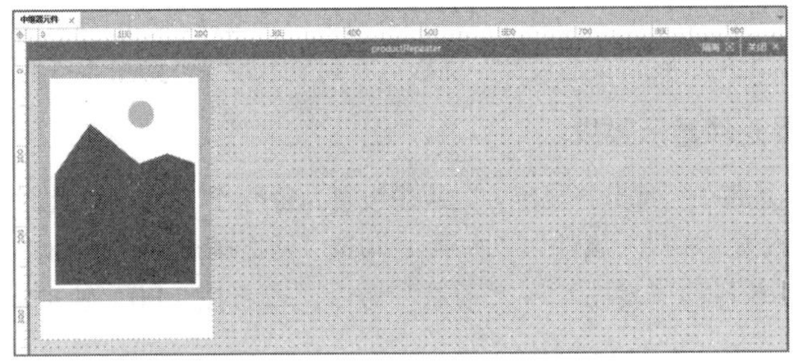

图 4–10　中继器元件编辑页面

3. 设置中继器元件数据行和数据列

切换回主页面，选择 productRepeater 中继器，在“样式”面板可看到中继器元件数据行和数据列的设置页面，如图 4–11 所示。

因为 productRepeater 中继器内部有两个需要动态复制的元件，1 个图片元件（商品图片）和 1 个文本框元件（商品名称），所以，给这个中继器设置两列，分别为 productImg 和 productName。准备 6 张图书图片作为商品图片，尺寸为宽度 226 像素，高度为 293 像素。

将第一列 productImg 所有行的文字内容清空，之后单击第一行的第一列的单元格后，右击选择“导入图片”命令，选择已经准备好的图片“商品图片 1”，之后选择第一行第二列的 productName，设置该行的商品名称为“快速阅读术”。其余数据行和数据列的内容设置完成后，中继器元件数据行和数据列的界面如图 4–12 所示。

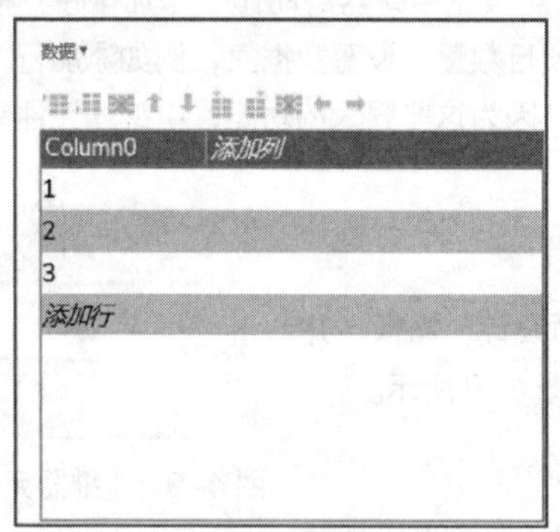

图 4–11　中继器元件数据行和数据列的设置界面（默认）

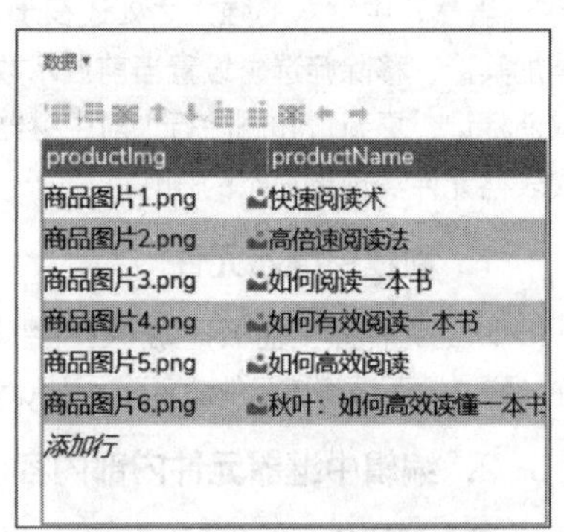

图 4–12　中继器元件数据行和数据列界面

4. 设置中继器的每项加载时事件

为了让设置的 6 行 2 列的数据作用于 productRepeater 中继器元件，需要设置“每项加载时”事件。在主页面选中 productRepeater 中继器元件，之后在“交互”面板设置“每项加载时”事件（事件内容后续章节会有详细讲解），将数据项的内容赋值给中继器内部的 dressImg 和 nameLabel 元件，如图 4–13 所示。此时，在“页面设计”面板可看到显示效果，如图 4–14 所示。

5. 设置中继器元件显示效果

中继器元件默认是每一行都分行显示，如果想设置为每行 3 个商品，此时，可以选中中继器元件，在“样式”面板设置“布局”属性为“水平”，勾选“网格排布”，并设置“每排项目数”为 3，设置完成后，使用菜单栏的“发布”→“预览”命令，或者按〈F5〉快捷键查看预览效果，如图 4–15 所示。

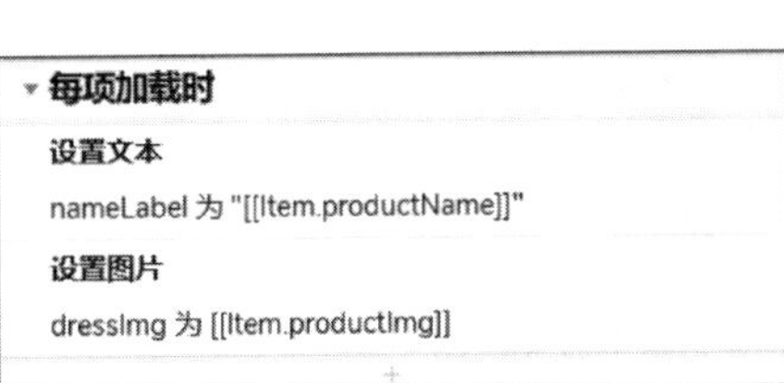

图 4–13　设置中继器元件每项加载时事件

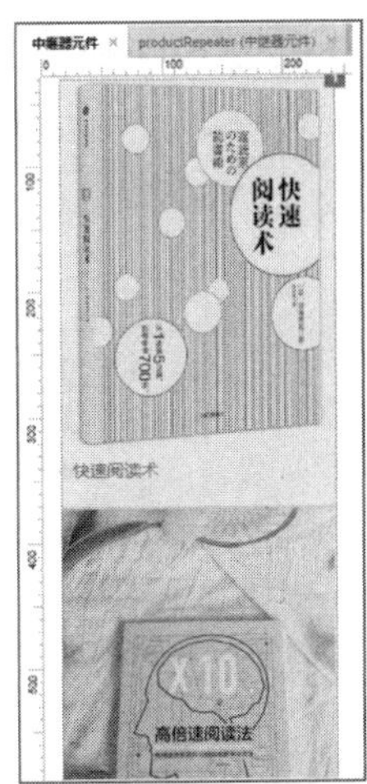

图 4–14　中继器元件显示效果

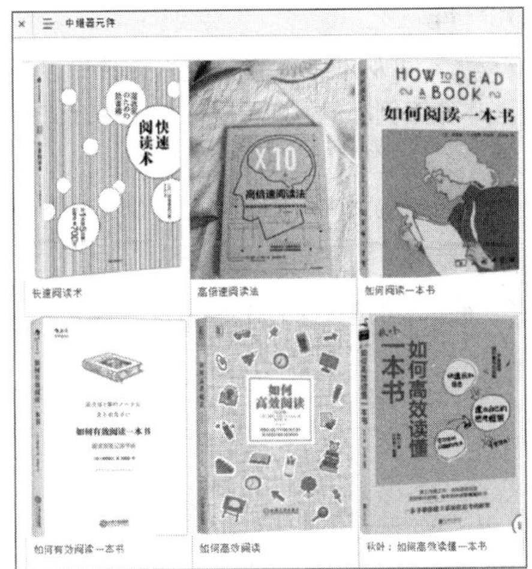

图 4–15　中继器元件案例预览效果

4.4　第三方元件库

Axure RP 9 允许从官方下载第三方元件库，允许本地计算机载入 Axure RP 的元件库（.rplib 或.rplibprj 扩展名文件），允许从 Axure Share 共享原型库选择目录导入元件库，也允许用户自定义元件库。

1．从官网下载元件库

在“元件库”面板单击“获取元件库”可下载元件库，会通过 Axure RP 9 自动打开浏览器访问官网地址：https://www.axure.com/download-widget-libraries，也可直接去 Axure RP 官网 https://www.axure.com/support/download-widget-libraries 下载元件库，如图 4-16 所示。

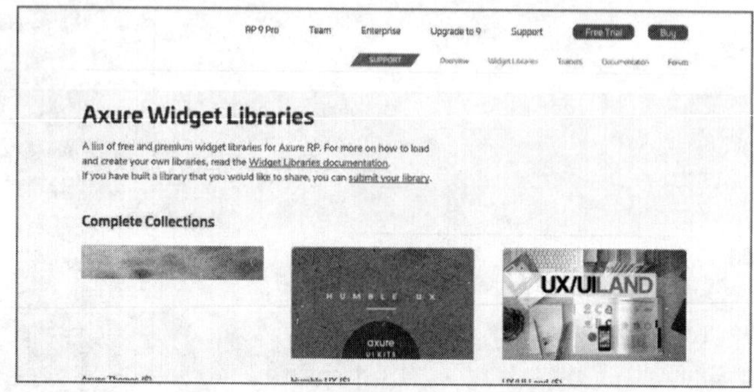

图 4-16　从 Axure 官网下载元件库

有些元件库是付费的，读者可以根据自己需要进行下载操作。

2. 从本地计算机载入元件库

在“元件库”面板单击“＋”可从本地计算机载入元件库，载入文件的扩展名必须为.rplib 或.rplibprj。例如，读者可以导入本章案例库的“三星 S5 元件库.rplib”。导入成功后效果如图 4-17 所示。

可以像使用默认元件库一样从导入的元件库中拖动元件到“页面设计”面板。

3. 从本地计算机导入图片库

在“元件库”面板单击“ ”，可选择本地的图片文件夹，然后导入该文件夹下面的所有图片，如图 4-18 所示。

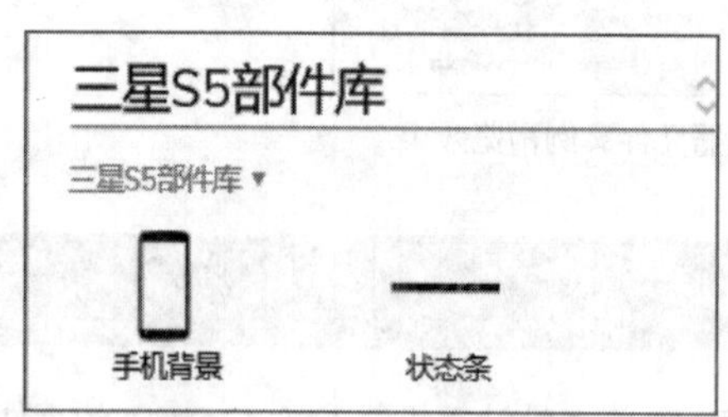

图 4-17　导入本地元件库

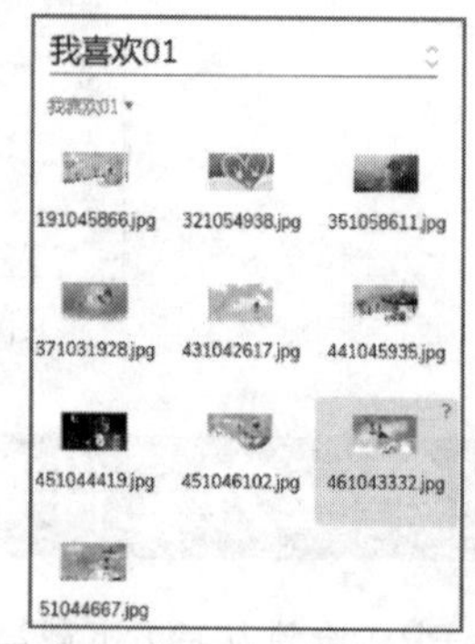

图 4-18　导入本地图片库

4. 自定义元件库

如果默认的元件库和网上的元件库不满足要求，用户也可自定义元件库，可以将一些常用功能设置为自定义元件，如手机背景、状态条、按钮、分享等，并将自定义元件设置到自定义元件库。

（1）创建自定义元件库

以创建三星 S5 元件库为例，首先准备手机背景和状态条，在 Axure RP 9 的菜单“文件”中选择“新建元件库”菜单项，此时，Axure RP 9 会打开设计界面，用于编辑自定义元件库，如图 4-19 所示。

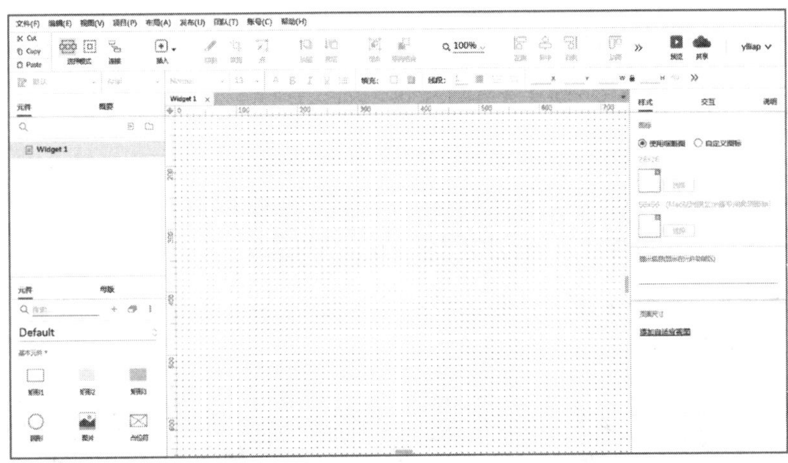

图 4-19　编辑自定义元件库（默认）

（2）添加和编辑自定义元件

在左上角的“元件库页面”面板创建两个页面，分别为手机背景和手机状态条。这两个页面的编辑和之前的设计页面类似，可以将基础元件拖入到“页面设计”面板，例如，可在这两个页面分别将前期准备好的两张图片放置其中，设置完成后效果如图 4-20 所示。

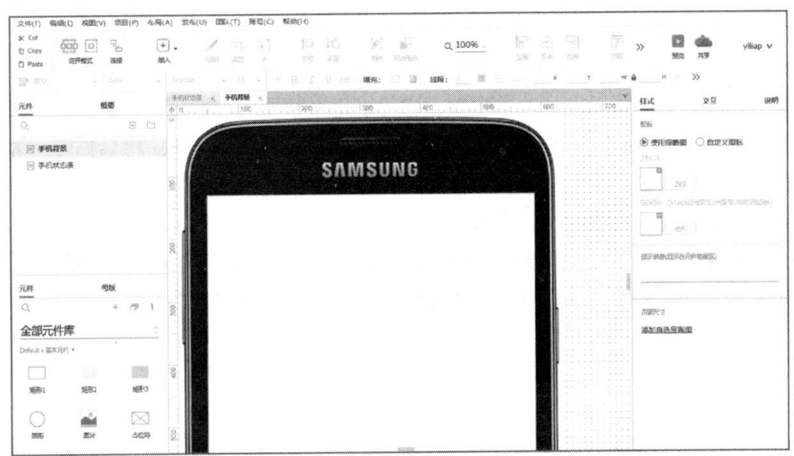

图 4-20　编辑自定义元件库

（3）使用自定义元件

编辑完成后单击“保存”，再进入之前的 Axure RP 9 的设计页面，在“元件库”面板添加该元件库即可，如图 4–21 所示。

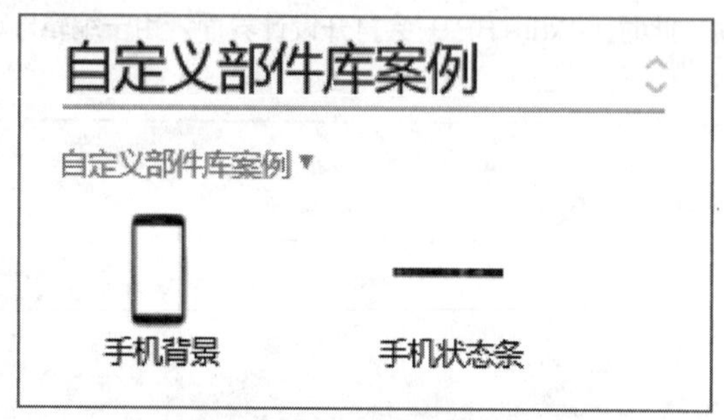

图 4–21　使用自定义元件库

可以像操作基础元件一样操作自定义元件库中的元件，例如将元件从“元件库”面板拖动到“页面设计”面板，并设置样式和属性等信息。

4.5　本章小结

本章详细讲解了 Axure RP 9 中的高级元件，主要包括以下内容。

1）**动态面板元件**：动态面板元件之所以好用，是因为它除了具有默认的显示状态外，还允许定义多个状态，配合后续讲解的元件交互，是实现诸多动态交互功能的不二之选。例如，用来设计首页幻灯、二三级导航等功能。

2）**内联框架元件**：内联框架元件允许在原型设计过程中引用外部 URL 地址（如优酷的某个视频地址），也允许引入本地计算机的某个文件（如 D 盘的某个报表案例的 HTML 文件），还允许引用本项目的页面。

3）**中继器元件**：中继器元件也非常强大，它可以定义数据行和数据列，也可定义每行显示的数据项数量，Axure RP 9 针对中继器元件提供了很多动作，包括添加排序、移除排序、添加筛选、移除筛选、设置当前显示数量、设置每页项目数量和设置数据集。因此，中继器元件可用来设置动态的表格，例如商品信息列表、活动信息列表等。

4）**第三方元件库**：当基础元件无法满足要求时，Axure RP 9 还提供从官网下载元件库、从本地计算机载入元件库、从本地计算机导入图片库和设置自定义元件库等功能。

第 5 章

元件交互

Axure RP 具有强大的元件交互功能。提供了几十种乃至上百种页面事件和元件事件，而且，不同元件的事件还根据元件的特点稍有不同。事件与用例、动作、变量和函数等息息相关，本章重点讲解页面事件、元件事件，以及与之相关的用例、动作、变量和函数等知识，并通过一个“简易时钟”案例将这些知识点融会贯通。

5.1 页面事件

当在“页面设计”面板未选中任何元件时，在“交互”面板显示的是页面事件。

若想定义某个页面事件，如“页面载入时”事件，可在“交互”面板下单击“新建交互”，选择“页面载入时”事件，默认添加一个用例。双击该事件，打开“交互编辑器”，可为某一个事件添加多个不同的用例。

设置页面事件的步骤如下。

5.1.1 打开交互编辑器

首先，在“页面设计”面板单击空白区域，不选中任何元件，在“交互”面板中选择需要设置的页面事件，例如，双击“页面载入时”事件，打开“交互编辑器”对话框，如图 5–1 所示。

“交互编辑器”对话框包括三大部分，分别如下。

❶ 添加事件和动作，单击某个事件或者动作类型，会在组织动作区域中有所体现。

❷ 组织动作，在此处可显示用例的触发条件，以及在“添加事件”区域为该页面或者元件添加的所有事件列表和“添加动作”区域为该页面或者元件添加的所有动作列表。

❸ 设置动作，配置在“组织动作”区域选择的某个动作的详细信息。

5.1.2 选择页面事件的触发条件

在“交互编辑器”对话框单击“添加条件”按钮，进入该用例的“情形编辑”对话框，如定义该用例在全局变量 OnLoadVariable 等于 0，椭圆形元件上文字的值等于“4”时触发，“情形编辑”对话框如图 5-2 所示。

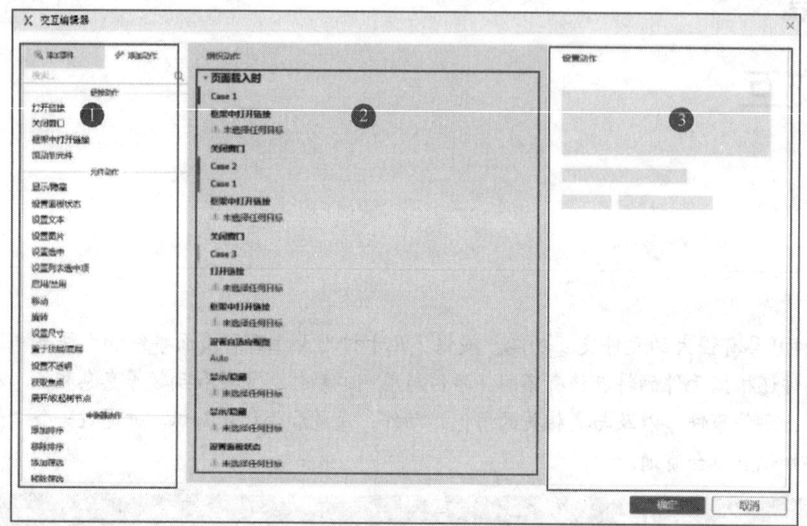

图 5-1 “交互编辑器”对话框

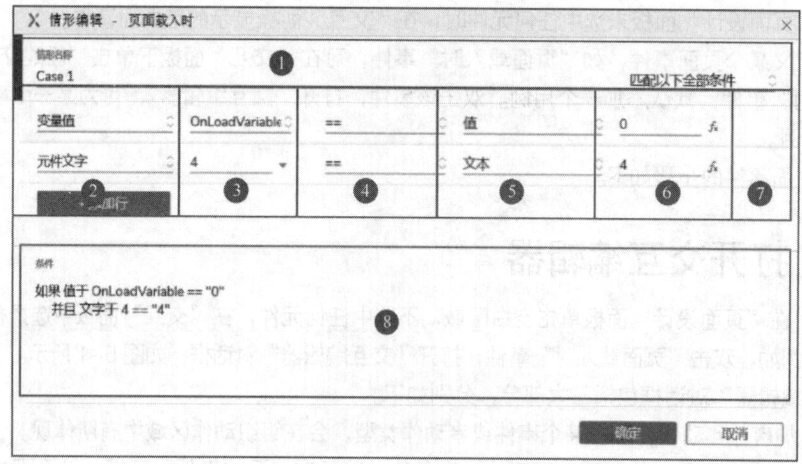

图 5-2 “情形编辑”对话框

图 5-2 共分为 8 个区域，内容如下。

❶ 表示多个条件之间的逻辑关系，包括“全部”和“任何”两个选项，分别对应 and（和）和 or（或）两种关系。“全部”表示条件全部要满足才触发用例，“任何”表示条件中只要满足任意一个就触发用例，左侧可以修改用例名称。

❷ 进行判断逻辑关系的值，包括 15 个选项，内容如下。

1）**值**：根据常量值进行逻辑判断。

2）**变量值**：根据某个变量的值进行逻辑判断。

3）**变量值长度**：根据某个变量值的长度进行逻辑判断。

4）**元件文字**：某个元件文本的值，如根据输入的用户名做特殊处理。

5）**焦点文字长度**：当前焦点所在元件文本的值，一般用于进行当前输入值的提示。

6）**元件文字长度**：某个元件文本值的长度，这个比较常用，例如，注册页面验证用户名、密码和邮箱等的字符个数是否符合长度要求。

7）**被选项**：对下拉列表或列表选择项的值进行逻辑判断。

8）**禁用状态**：对元件的启用或者禁用状态进行逻辑判断，值为 true 或 false。

9）**选中状态**：根据某个元件是否被选中进行逻辑判断，值为 true 或 false。

10）**面板状态**：根据某个动态面板元件的状态进行逻辑判断。

11）**元件可见**：根据某个元件为可见或不可见状态进行逻辑判断，值为 true 或 false。

12）**按下的键**：根据当前按键的值进行响应，如对按〈Enter〉键做出响应。

13）**指针**：根据指针进入、离开某个元件，接触、未接触某个元件进行逻辑判断。

14）**元件范围**：根据某个元件所在的区域进行逻辑判断。

15）**自适应视图**：从下拉列表中选择需要设置动作的自适应视图。

❸ 选择变量名称或元件名称，根据第二个区域的选项产生联动，如选择的是“变量值”或“变量值长度”时，该部分显示变量下拉列表。当选择的是“元件名称”“元件文字长度”等选项时，下拉列表提供元件名称供大家选择。

❹ 选择逻辑判断的运算符，包括“==”（等于）、“!=”（不等于）、“<”（小于）、“>”（大于）、“<=”（小于等于）、“>=”（大于等于）、“包含”“不包含”“是”和“不是”选项。其中，“包含”和“不包含”常用于判断一个字符型值包含和不包含某个字符，如用户输入的网址中是否包含“http://”符号，邮箱地址是否包含“@”等。

❺ 选择被比较的值，将第二个区域中的值与该值比较，包括 10 个选项：值、变量值、变量值长度、元件文字、焦点元件文字、元件文字长度、被选项、禁用状态、选中状态和面板状态。

❻ 设置具体值、变量名称或元件名称，会与第 5 个区域的选项产生联动，如选择的是“值”或“变量值”时，该部分显示变量下拉列表。当选择的是“元件文字”“元件文字长度”等选项时，下拉列表提供元件名称供选择。当“被比较的值”选择的是“值”时，单击该区域的“fx”可设置变量和函数值。

❼ 触发条件的编辑区域，可进行新增或删除条件操作。

❽ 逻辑描述，该部分不允许编辑，系统会自动根据在第 1 和第 7 个区域配置的条件来生成。

5.1.3　选择页面事件的动作

页面事件和元件事件支持的动作基本一样，详见本章的“动作”章节。

5.1.4 页面事件

Axure RP 9 中，包括的页面事件如表 5–1 所示。

表 5–1 Axure RP 9 页面事件列表

事件名称	事件说明
页面载入时事件	页面载入时的事件
窗口尺寸改变时事件	浏览器窗口改变大小时的事件。在调整浏览器窗口时发生，可多次发生
窗口滚动时事件	浏览器窗口滚动时的事件
窗口向上滚动时事件	浏览器窗口向上滚动时的事件
窗口向下滚动时事件	浏览器窗口向下滚动时的事件
页面鼠标单击时事件	页面单击时的事件。在空白区域，或者在没有添加“鼠标单击时”事件的元件上进行鼠标单击操作时，将会发生该事件
页面鼠标双击时事件	页面鼠标双击时的事件。在空白区域，或者在没有添加“鼠标双击时”事件的元件上进行鼠标双击操作时，将会发生该事件
页面鼠标右击时事件	页面右击时的事件。在空白区域，或者在没有添加“鼠标右击时”事件的元件上，进行右击操作，将会发生该事件
页面鼠标移动时事件	鼠标移动时的事件。在空白区域，或者在没有添加“鼠标移动时”事件的元件上，进行鼠标移动操作，将会发生该事件
页面按键按下时事件	键盘按键按下时的事件。在空白区域，或者在没有添加“键盘按下时”事件的元件上，进行键盘按下操作，将会发生该事件
页面按键松开时事件	键盘按键松开时的事件。在空白区域，或者在没有添加“键盘松开时”事件的元件上，进行键盘弹起操作，将会发生该事件
自适应视图改变时事件	自适应视图更改时的事件。当切换到另一个视图时，发生一次该事件，可以多次发生。

5.2 元件事件

为元件添加事件的方法与为页面添加事件的步骤一样，针对不同类型的元件，事件类型也有所不同。常用元件事件如表 5–2 所示。

表 5–2 Axure RP 9 元件事件列表

事件名称	事件说明
鼠标单击时事件	内联框架元件、中继器元件不包括该事件
鼠标移入时事件	内联框架元件、中继器元件、提交按钮元件、树、表格、菜单元件不包括该事件
鼠标移出时事件	内联框架元件、中继器元件、提交按钮元件、树、表格、菜单元件不包括该事件
鼠标双击时事件	内联框架元件、中继器元件、提交按钮元件、树、表格、菜单元件不包括该事件

（续）

事件名称	事件说明
鼠标右击时事件	内联框架元件、中继器元件、提交按钮元件、树、表格、菜单元件不包括该事件
按键按下时事件	鼠标按键按下并且没有释放时的事件，内联框架元件、中继器元件、提交按钮元件、树、表格、菜单元件不包括该事件
按键松开时事件	鼠标按键释放时的事件，内联框架元件、中继器元件、提交按钮元件、树、表格、菜单元件不包括该事件
移动时事件	中继器、树、表格、菜单元件不包括该事件
显示时事件	显示元件时的事件，中继器、树、表格、菜单元件不包括该事件
隐藏时事件	隐藏元件时的事件，中继器、树、表格、菜单元件不包括该事件
获取焦点时事件	元件获得焦点时的事件，中继器、提交按钮、内联框架元件不包括该事件
失去焦点时事件	元件失去焦点时的事件，中继器、提交按钮、内联框架元件不包括该事件
文本改变时事件	文本框元件和多行文本框元件包括该事件
选项改变时事件	下拉列表和列表元件包括该事件
选中改变时事件	选中状态改变时的事件，复选框和单选按钮元件包括该事件
状态改变时事件	只有动态面板元件包括该事件
拖动开始时事件	只有动态面板元件包括该事件
拖动时事件	只有动态面板元件包括该事件，在一次“拖动开始时”和“拖动结束时”事件中，可能发生多次拖动时事件
拖动结束时事件	只有动态面板元件包括该事件
向左拖动时事件	只有动态面板元件包括该事件，在 App 中比较常用
向右拖动时事件	只有动态面板元件包括该事件
向上拖动时事件	只有动态面板元件包括该事件
向下拖动时事件	只有动态面板元件包括该事件
载入时事件	加载元件时发生的事件
滚动时事件	动态面板元件发生水平或垂直滚动时的事件，只有动态面板元件包括该事件，类似的事件还有“向上滚动时”和“向下滚动时”事件
尺寸改变时事件	调整元件的大小时发生的事件，或者设置为自适应内容属性的动态面板元件更换状态导致尺寸改变时发生

5.3 用例和动作

事件是通过不同的用例和动作来对外界输入做出的一种反映，包含一个或多个用例。

用例通过判断各自的条件来执行具体动作，不同的用例不会同时发生。就相当于写 if()语句时，if(条件 1) { 执行用例 1 中所有动作; } else if(条件 2) { 执行用例 2 中所有动作; }。

例如，在页面加载时的事件中，需要设置当全局变量 testValue 等于 1 时，testPanel 动态面板元件为 State1 状态；当全局变量 testValue 等于 2 时，testPanel 动态面板元件的状态为 State2 状态。此时，需要对应添加两个用例，其中，Case 1 用例的触发条件为：testValue ==1，对应的动作为：切换 testPanel 面板状态为 Sate1 状态；Case 2 用例的触发条件为：testValue==2，对应的动作为：切换 testPanel 面板状态为 State2 状态。

一个用例可以包含多个动作，动作可理解为具体的操作，Axure RP 9 包括数以百计的动作来完成页面交互效果。切换面板状态、打开链接、设置选中状态等都属于不同的动作，例如在页面加载时事件的 Case 1 用例，触发条件为：testValue 全局变量等于 1，执行两个动作：更改 testPanel 面板状态为 State1，将某个元件的选中状态设置为 true。

5.3.1 用例

在“交互”面板下面，选择某个事件后，单击“添加情形（用例）”，可添加一个新的用例。

如果两个用例类似，可在“交互”面板选择该用例后，使用〈Ctrl + C〉快捷键复制该用例，然后单击选择某个事件（可以是本页面事件、其他页面事件或元件事件）后，使用〈Ctrl+V〉快捷键复制用例，复制成功后，双击即可对该用例进行修改，非常方便。

双击某个用例，即可对该用例进行修改操作。若想删除某个用例，可选择某个用例后，右击选择“删除”菜单项进行删除，也可使用〈Delete〉键直接删除。

5.3.2 动作

Axure RP 9 支持的动作如下。

1. 链接

Axure RP 9 支持 4 种方式的链接。

1）打开链接：直接打开链接，包括 4 种情况。支持直接在当前窗口打开页面或外部链接（“链接”→“当前窗口”），以新窗口或新标签打开页面或外部链接（“链接”→“新窗口/新标签”），在弹出的窗口中打开页面或外部链接（“链接”→“弹出窗口”），以及在父级窗口打开页面或外部链接（“链接”→“父级窗口”）。

2）关闭窗口：关闭当前窗口。

3）框架中打开链接：支持在内联框架中加载页面或外部链接，或者在父级框架中打开页面或外部链接。

4）滚动到元件：滚动到页面的某个元件（锚点链接）。

2. 元件

“组织动作”区域“元件”下包括的动作如下。

1）显示/隐藏：可对元件进行显示或隐藏操作，单击“设置动作”区域，效果如图 5-3 所示。

在图 5-3 中，“可见性”可选择“显示”“隐藏”或“切换”（当前为显示状态的修改成隐藏状态，反之亦然）。

- 动画：表示进入这个状态的动态效果，若有动态效果，还需要设置切换到最终效果的毫秒数。可设置为：无、逐渐、向右滑动、向左滑动、向上滑动、向下滑动、向右翻转、向左翻转、向上翻转和向下翻转。
- 更多选项：用于设置更多的选项，“灯箱效果”表示除元件区域外其余都为被遮盖状态，单击遮盖区域当前元件被隐藏，“弹出效果”表示将该元件作为弹出式视窗，“推动元件”表示将该元件推出。

2）设置面板状态：设置某个动态面板元件的状态，并能设置状态切换的动态效果。当单击“设置面板状态”动作时，“配置动作”区域会显示该页面所有的动态面板元件，勾选某个动态面板元件，如 imgPanel，效果如图 5-4 所示。

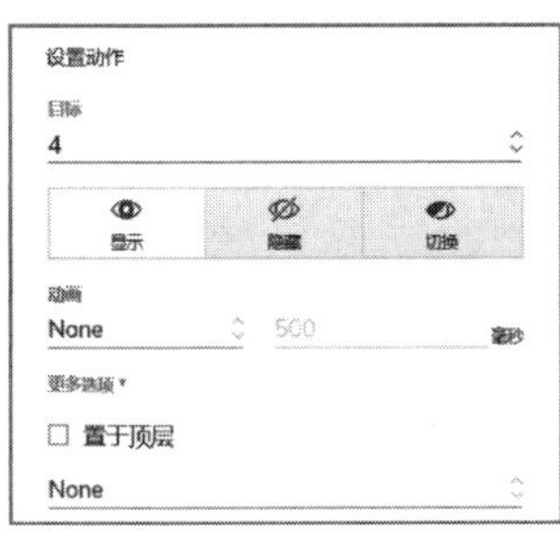

图 5-3　显示和隐藏元件

图 5-4　设置动态面板状态

图 5-4 中各选项说明如下。

- 选择状态：下拉列表提供该动态面板元件的所有状态，以及 Next（下一个状态）、Previous（上一个状态）、“停止循环”和 Value（指定设置为第几个状态或指定状态名称，可以是常量，也可以是函数值）供选择。
- 进入动画：表示进入这个状态的动态效果，若有动态效果，还需要设置切换到最终效果的毫秒数。可设置：无（没有进入的效果）、逐渐、向右滑动、向左滑动、向上滑动、向下滑动、向右翻转、向左翻转、向上翻转和向下翻转。
- 退出动画：表示离开这个状态的动态效果，若有动态效果，还需要设置切换到最终效果的毫秒数。下拉选项与“进入动画”一样。
- 如果隐藏则显示面板：勾选时表示如果动态面板元件没有显示时进行显示。
- 推动/拉动元件：勾选时表示推/拉下方或右侧元件。

3）设置文本：可指定当前获得焦点的某个元件，或页面的某个元件的文本值，可设置为：值、变量值、变量值长度、元件文字、焦点元件文字、元件文字长度、被选项和面板状态等。

4）设置图片：可设置某个图片元件各种情况下的动态效果，如图 5-5 所示。Default 用于设置默认的图片和值，“鼠标悬停”用于设置鼠标悬停时的图片和值，“鼠标按下”用于设置鼠标按下时的图片和值，“选中”用于设置图片元件被选中时的图片和值，“禁用”用于设置图片元件为不可用状态时的图片和值。

5）设置选中：设置矩形元件、单选按钮元件、复选框元件、图片元件、动态面板元件等为选中、取消选中或切换选中状态。

6）设置列表选中项：设置下拉列表元件和列表元件的选项值。

7）启用/禁用：将各种元件置为启用、禁用状态。

8）移动：在 X 轴或 Y 轴上将某个元件相对当前位置移动若干像素，或者将某个元件移动到绝对的 X 坐标或 Y 坐标，如图 5-6 所示。

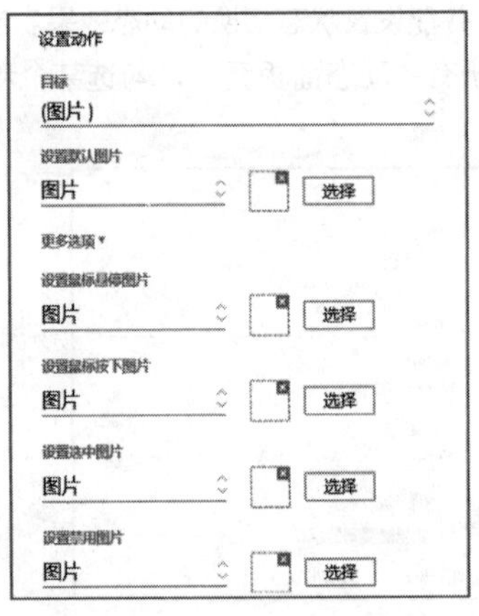

图 5-5　设置图片元件

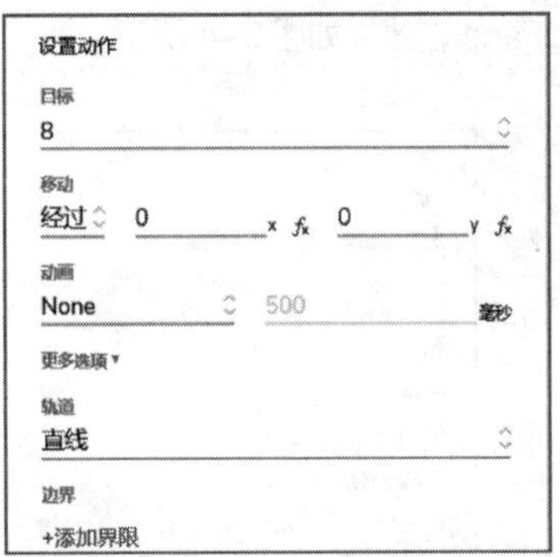

图 5-6　移动元件到绝对坐标

- 移动方式：有“绝对位置（到达）”和“相对位置（经过）”两个选项，前者表示移动某个元件到绝对的 X 坐标和 Y 坐标。后者表示当前位置在 X 坐标和 Y 坐标相对移动多少像素。
- 动画：表示移动时的动画效果，包括：无、摇摆、线性、缓慢进入、缓慢退出、缓进缓出、弹跳和弹性几个选项。
- 轨道：表示移动时的轨迹效果，包括：直线、顺时针弧线和逆时针弧线三个选项。

9）旋转：Axure RP 8 版本之后新增的一个动作，用于对元件进行旋转操作，后面的案例篇有专门的案例详细讲解该动作的使用。

10）设置尺寸：设置元件的宽度和高度，并能设置动画效果，如图 5-7 所示。可以指定所选择的动态面板元件的宽度和高度（单位：像素），可为常量也可指定函数或变量。“动画”用于指定调整尺寸大小时的动画效果，包括：无、摇摆、线性、缓慢进入、缓慢退出、缓进缓出、弹跳和弹性。

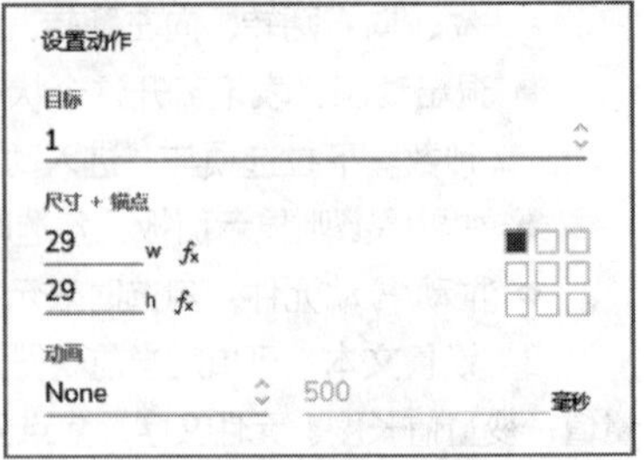

图 5-7　设置元件尺寸

11）置为顶层/底层：设置元件的放置顺序，“置于顶层”表示将某个元件置为最上方，“置于底层”表示将该元件放到最下方。

12）设置不透明：设置元件透明度，并可带有动画效果，包括：无、摇摆、线性、缓慢进入、缓慢退出、缓进缓出、弹跳和弹性。

13）获得焦点：将焦点放到某个指定元件。

14）展开/折叠树节点：将某个树状菜单元件设置为展开或收缩状态。

3. 中继器

“配置动作”区域的“中继器”提供如下动作供选择。

1）添加排序：添加排序条件，可添加多个。单击“添加排序”动作后，“设置动作”区域如图 5–8 所示。

- 名称：给此次排序命名。
- 属性：用于指定数据集的列。
- 排序类型：用于指定将列当作什么形式排序，包括 Number（数字）、Text（文本，默认不区分大小写）、Text（文本，区分大小写）、Date –YYYY–MM–DD（作为年–月–日格式的日期排序）和 Date –MM/DD/YYY（作为月/日/年格式的日期进行排序）。
- 顺序：指定排序方式，包括“升序”“降序”和“切换”（切换升/降序）三个选项。

2）移除排序：可用于删除某个中继器的一个排序或全部排序。

3）添加筛选：添加过滤条件，可添加多个筛选条件。

4）移除筛选：删除过滤条件，可选择删除其中一个或删除全部。

5）设置当前显示页面：选择当前的页是中继器的第几页。

6）设置每页项目数量：设置每页多少个项目。

7）数据集：对中继器的数据集进行设置，可进行“添加行”“标记行”“取消标记”“更新行”和“删除行”操作。

4. 其他

“配置动作”区域的“其他”包括如下动作供选择。

1）设置自适应视图：设置为自定义视图。

2）设置变量值：可以选择默认全局变量、已创建的全局变量，也可在“设置动作”区域使用“添加全局变量”创建新的全局变量。

单击“设置动作”区域的“添加全部变量”按钮进入“全局变量”对话框，也可在菜单栏选择“项目”→“全部变量”菜单项进入“全局变量”对话框，如图 5–8 所示。

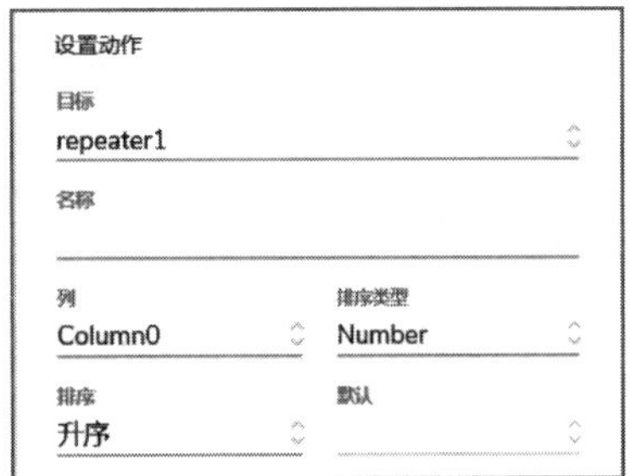

图 5–8　中继器–添加排序动作

在“全局变量”对话框中可进行添加、上移、下移、删除、重命名和设置默认值操作（如图 5–9 所示）。单击“确定”按钮，回到“用例编辑器”对话框的“配置动作”区域，勾选全局变量后，设置它的值为某个常量，或单击“fx”按钮通过函数为其设置值。

3）等待：页面等待多少毫秒，常用于模拟操作过程，或者使用在时钟中。

4）其他：定义弹出窗口显示的文字。

5）触发事件：定义自定义事件。

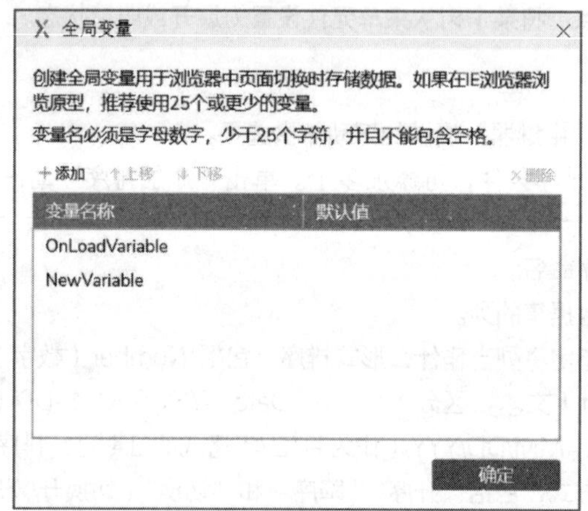

图 5-9 “全局变量”对话框

5.4 变量

在 Axure RP 9 中，变量被用于实现多种交互效果。Axure RP 9 有两种变量：全局变量和局部变量。

5.4.1 全局变量

默认的全局变量为 OnLoadVariable，作用范围为整个项目内的所有页面。在“添加动作”区域选择“设置变量值”动作给变量赋值。全局变量可以直接赋值，支持 10 种变量赋值方式，如图 5-10 所示。

图 5-10 全局变量的赋值方式

1）**值**：可以直接赋值一个常量、数值或者字符串，也可单击“fx”按钮赋值一个变量、函数、局部变量等作为值。

2）**变量值**：可从下拉列表中选择某个全局变量，也可新增全局变量。

3）**变量值长度**：获取某个全局变量的值的长度进行赋值。

4）**元件文字**：获取当前焦点元件或所选择的某个元件，如文本框、多行文本框、矩形元件等值进行赋值。

5）**焦点元件文字**：获取当前焦点所在的元件，如文本框、多行文本框、矩形元件等的值进行赋值。

6）**元件文字长度**：获取当前焦点元件或所选择的某个元件，如文本框、多行文本框、列表框、下拉列表框、矩形元件等值的长度。

7）**被选项**：获取列表、下拉列表框元件等里面的选中值，列表元件只能获得一个选择项的值。

8）**禁用状态**：获取当前焦点元件或指定的某个元件，值为 true 或 false。

9）**选中状态**：获取当前焦点元件或指定的某个元件，如文本框、多行文本框、单选按钮、复选框元件是否选中，值为 true 或 false。

10）**面板状态**：获取某个动态面板元件的当前状态。

5.4.2　局部变量

局部变量默认显示名称 LVAR1、LVAR2 和 LVAR3 等，作用范围为一个用例里面的一个动作，一个事件里面可包含多个用例，一个用例里面可包含多个动作，可见局部变量的作用范围非常小。

在“交互编辑器”对话框中，单击某个动作，例如“设置文本”，然后在“设置动作”区域选择某个元件，然后单击下方的“fx”按钮，打开“编辑文本”对话框，如图 5–11 所示。

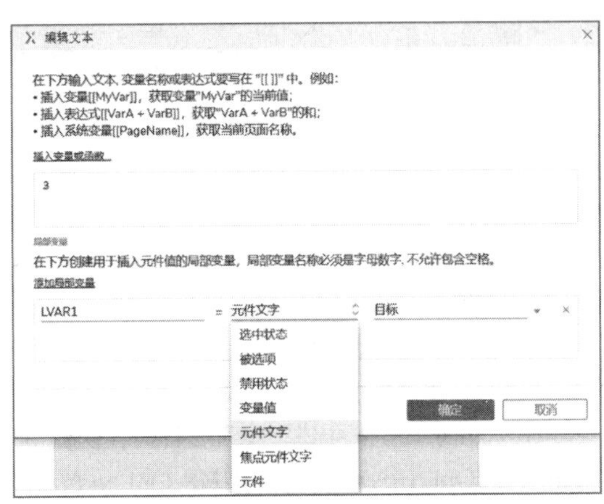

图 5–11　“编辑文本”对话框

在该对话框中，可以单击“添加局部变量”命令添加一个局部变量，局部变量有 7 种赋值方式。

1）**选中状态**：获取当前焦点元件或指定的某个元件，如文本框、多行文本框、单选按钮、复选框元件是否选中，值为 true 或 false。

2）**被选项**：获取下拉列表框、列表框元件里面的选中值，列表元件只能获得一个选择项的值。

3）**禁用状态**：获取当前焦点元件或指定的某个元件，值为 true 或 false。

4）**变量值**：可从下拉列表框中选择某个全局变量，也可新增全局变量。

5）**元件文字**：获取当前焦点元件或所选择的某个元件，如文本框、多行文本框、矩形元件等的值进行赋值。

6）**焦点元件文字**：获取当前焦点所在的元件，如文本框、多行文本框、矩形元件等的值进行赋值。

7）**元件**：获取当前获得焦点的元件或指定某个元件。

5.4.3　变量应用场合

变量的应用场合丰富多样，关键还是看设计人员如何使用，用得好就是神来之笔，用得不好反而会使原型设计复杂化。以下两种应用场景最为常见。

1）赋值载体：简单来说就是发挥中间人的作用，因为全局变量支持多达 10 种赋值方法，其中有 7 种是获取元件值的，因此，其可以作为页面间值的传递媒介。局部变量是在内部做赋值载体，或者在此基础上进行二次运算。

2）条件判断载体：全局变量的赋值方式很多，当获取到值并直接使用时，就是用来做条件判断。如在某个页面中根据登录用户的不同登录名，确定是否显示某部分内容时，可以直接将全局变量作为条件判断载体。

5.5 函数

Axure RP 9 中提供了非常丰富的函数，例如，元件函数、中继器/数据集函数、页面函数、字符串函数和数字函数等，在“交互编辑器”对话框所有具有“fx”按钮之处，都可以设置函数。

例如，给定一个数集 A，假设其中的元素为 x。现对 A 中的元素 x 施加对应法则 f，记作 f(x)，得到另一数集 B。假设 B 中的元素为 y，则 y 与 x 之间的等量关系可以用 y=f(x)表示，这个关系式就叫函数关系式，简称函数。例如，针对某个值求绝对值的函数 y=abs(x)，调用该函数求数值“-5”的绝对值时，得到数值 5。

在 Axure RP 9 中进行交互设计时，函数可以用在条件公式中和需要赋值的场合。例如，使用[[Math.abs(OnLoadVariable)+1]]获得 OnLoadVariable 全局变量的绝对值加 1 的值，得到该值后可以放在用例的触发条件中，也可放在赋值语句中。

5.5.1 常用函数

Axure RP 9 的常用函数如表 5-3 所示。

表 5-3 Axure RP 9 的常用函数

函数名称	函数说明	分类	备注
x	获取元件的 X 坐标	元件函数	单位：像素
y	获取元件的 Y 坐标		单位：像素
This	获取当前元件		单位：像素
width	获取元件的宽度		单位：像素
height	获取元件的高度		单位：像素
Window.width	获取窗口的宽度	窗口函数	单位：像素
Window.height	获取窗口的高度		单位：像素
Window.scrollX	窗口在 X 轴滚动的距离		单位：像素
Window.scrollY	窗口在 Y 轴滚动的距离		单位：像素
Cursor.x	鼠标光标的 X 坐标	鼠标指针函数	单位：像素
Cursor.y	鼠标光标的 Y 坐标		单位：像素
DragX	本次拖动事件元件沿 X 轴拖动的距离		每发生一次“拖动时”事件

（续）

函数名称	函数说明	分类	备注
DragY	本次拖动事件元件沿 Y 轴拖动的距离	鼠标指针函数	每发生一次拖动时事件
TotalDragX	元件沿 X 轴拖动的总距离		在一次“拖动开始时”和“拖动结束时”事件之间
TotalDragY	元件沿 Y 轴拖动的总距离		在一次“拖动开始时”和“拖动结束时”事件之间
toFixed	将数字转换为小数点后有指定位数的字符串	数字函数	
toPrecision	将数字格式化为指定的长度		
length	返回指定字符串的字符长度	字符串函数	
concat	连接两个或多个字符串		
replace	将字符串中的某些字符替换为另外的字符		
split	将字符串按照一定规则分割成字符串组		
substr、substing	字符串截取函数		
trim	删除字符串的首尾空格		
abs	返回数值的绝对值	数学函数	
random	返回 0 到 1 的随机数		
now	返回计算机系统设定的日期时间的当前值	日期函数	
getHours	返回 Date 对象的小时数		可为 0~23
getMinutes	返回 Date 对象的分钟数		可为 0~59
getSeconds	返回 Date 对象的秒数		可为 0~59
getMonth	返回 Date 对象的月份		可为 1~12

5.5.2　中继器/数据集函数

单击“fx”按钮进入“编辑文本”对话框，然后单击“插入变量或函数”按钮，在函数下拉列表“中继器/数据集”下方的是中继器/数据集函数。中继器/数据集函数的说明如表 5-4 所示。

表 5-4　中继器/数据集函数

函数名称	函数说明
Repeater	获得当前项的父中继器
visibleItemCount	返回当前页面中所有可见项的数量
itemCount	当前中继器中项的数量
dataCount	当前中继器中行的个数
pageCount	中继器对象中页的数量
pageIndex	中继器对象当前的页数

5.5.3 元件函数

单击“fx”按钮进入“编辑文本”对话框，然后单击“插入变量或函数”按钮，在函数下拉列表“元件”下方的是 Axure RP 9 的元件函数。元件函数的说明如表 5-5 所示。

表 5-5 元件函数

函数名称	函数说明
x	获得元件的 X 坐标
y	获得元件的 Y 坐标
This	获得当前元件
width	获得元件的宽度
height	获得元件的高度
scrollX	动态面板元件在 X 轴滚动的距离，单位：像素
scrollY	动态面板元件在 Y 轴滚动的距离，单位：像素
text	元件的文本值
name	元件的名称
top	获得元件的 Y 坐标，即顶部 Y 坐标的值
left	获得元件的 X 坐标，即左侧 X 坐标的值
right	获得元件右侧的 X 坐标，right-left=元件的宽度
bottom	获得元件底部的 Y 坐标，bottom-top=元件的高度

5.5.4 页面函数

单击“fx”按钮进入“编辑文本”对话框，然后单击“插入变量或函数”按钮，在函数下拉列表“页面”下方的是 Axure RP 9 的页面函数。页面函数的说明如表 5-6 所示。

表 5-6 页面函数

函数名称	函数说明
PageName	获得当前页面的名称

5.5.5 窗口函数

单击“fx”按钮进入“编辑文本”对话框，然后单击“插入变量或函数”按钮，在函数下拉列表“窗口”下方的是 Axure RP 9 的窗口函数。窗口函数的说明如表 5–7 所示。

表 5–7　窗口函数

函数名称	函数说明
Window.width	窗口的宽度，单位：像素
Window.height	窗口的高度，单位：像素
Window.scrollX	窗口在 X 轴滚动的距离，单位：像素
Window.scrollY	窗口在 Y 轴滚动的距离，单位：像素

5.5.6　鼠标指针函数

单击“fx”进入“编辑文本”对话框，然后单击“插入变量或函数”按钮，在函数下拉列表“鼠标指针”下方的是 Axure RP 9 的鼠标指针函数。鼠标指针函数的说明如表 5–8 所示。

表 5–8　鼠标指针函数

函数名称	函数说明
Cursor.x	鼠标指针所在的 X 坐标
Cursor.y	鼠标指针所在的 Y 坐标
DragX	本次拖动事件元件沿 X 轴拖动的距离
DragY	本次拖动事件元件沿 Y 轴拖动的距离
TotalDragX	元件沿 X 轴拖动的总距离（在一次“拖动开始时”和“拖动结束时”事件之间）
TotalDragY	元件沿 Y 轴拖动的总距离（在一次“拖动开始时”和“拖动结束时”事件之间）
DragTime	元件拖动的总时间

5.5.7　数字函数

单击“fx”进入“编辑文本”对话框，然后单击“插入变量或函数”按钮，在函数下拉列表“Number”下方的是 Axure RP 9 的数字函数。数字函数的说明如表 5–9 所示。

表 5–9　数字函数

函数名称	函数说明
toExponential(decimalPoints)	把值转换为指数计数法
toFixed(decimalPoints)	将数字转换为小数点后有指定位数的字符串，decimalPoints 参数表示小数点的位数
toPrecision(length)	将数字格式化为指定的长度，length 参数表示长度

5.5.8 字符串函数

单击“fx”进入“编辑文本”对话框，然后单击“插入变量或函数”按钮，在函数下拉列表“字符串”下方的是 Axure RP 9 的字符串函数。字符串函数的说明如表 5-10 所示。

表 5-10 字符串函数

函数名称	函数说明
length	返回指定字符串的字符长度
charAt(index)	返回在指定位置的字符，index 参数表示字符的位置，从 0 开始
charCodeAt(index)	返回在指定位置字符的 Unicode 编码，index 参数表示字符的位置，从 0 开始
concat('string')	连接两个或多个字符串，参数表示连接的字符串
indexOf('searchValue')	某个指定字符串在该字符串中首次出现的位置，值可为 0～字符串长度-1，searchValue 表示查找的指定字符串
lastIndexOf('searchValue')	某个指定字符串在该字符串中最后一次出现的位置，值可为 0～字符串长度-1，searchValue 表示查找的指定字符串
replace('searchValue', 'newValue')	将字符串中的某个字符串替换为另外的字符串。其中，searchValue 表示被替换的字符串，newValue 表示替换成的字符串
slice(str, end)	提取字符串的片段，并返回被提取的部分
split('separator', limit)	将字符串按照一定规则分割成字符串组，数组的各个元素以“,”分隔，其中，separator 参数表示用于分隔的字符串，limit 表示数组的最大长度
substr(start, length)	字符串截取函数，从 start 位置提取 length 长度的字符串。当从第一个字符截取时，start 的值等于 0
substring(from, to)	字符串截取函数，截取字符串从 from 位置到 to 位置的子字符串，当从第一个字符截取时，from 等于 0
toLowerCase()	将字符串的全部字符都转换为小写
toUpperCase()	将字符串的全部字符都转换为大写
trim	删除字符串的首尾空格
toString()	转换为字符串，并返回

5.5.9 日期函数

单击“fx”进入“编辑文本”对话框，然后单击“插入变量或函数”按钮，在函数下拉列表“日期”下方的是 Axure RP 9 的日期函数。日期函数的说明如表 5-11 所示。

表 5-11　Axure RP 9 日期函数

函 数 名 称	函 数 说 明
Now	返回计算机系统当前设定的日期和时间值
GenDate	获得生成 Axure 原型的日期和时间值
getDate()	返回 Date 对象属于哪一天的值，可取值 1～31
getDay()	返回 Date 对象为一周中的哪一天，可取值 0～6，周日的值为 0
getDayOfWeek()	返回 Date 对象为一周中的哪一天，表示为该天的英文表示，如周六表示为 “Saturday”
getFullYear()	获得日期对象的 4 位年份值，如 2018
getHours()	获得日期对象的小时值，可取值 0～23
getMilliseconds()	获得日期对象的毫秒值
getMinutes()	获得日期对象的分钟值，可取值 0～59
getMonth()	获得日期对象的月份值
getMonthName()	获得日期对象的月份的名称，根据当前系统时间关联区域的不同，会显示不同的名称
getSeconds()	获得日期对象的秒值，可取值 0～59
getTime()	获得 1970 年 1 月 1 日迄今为止的毫秒数
getTimezoneOffset()	返回本地时间与格林尼治标准时间(GMT)的分钟值
getUTCDate()	根据世界标准时间，返回 Date 对象属于哪一天的值，可取值 1～31
getUTCDay()	根据世界标准时间，返回 Date 对象为一周中的哪一天，可取值 0～6，周日的值为 0
getUTCFullYear()	根据世界标准时间，获取日期对象的 4 位年份值，如 2015
getUTCHours()	根据世界标准时间，获取日期对象的小时值，可取值 0～23
getUTCMilliseconds()	根据世界标准时间，获取日期对象的毫秒值
getUTCMinutes()	根据世界标准时间，获取日期对象的分钟值，可取值 0～59
getUTCMonth()	根据世界标准时间，获取日期对象的月份值
getUTCSeconds()	根据世界标准时间，获取日期对象的秒值，可取值 0～59
parse(datestring)	格式化日期，返回日期字符串相对 1970 年 1 月 1 日的毫秒数
toDateString()	将 Date 对象转换为字符串
toISOString()	返回 ISO 格式的日期
toJSON()	将日期对象进行 JSON（JavaScript Object Notation）序列化
toLocaleDateString()	根据本地日期格式，将 Date 对象转换为日期字符串
toLocaleTimeString()	根据本地时间格式，将 Date 对象转换为时间字符串
toLocaleString()	根据本地日期时间格式，将 Date 对象转换为日期时间字符串

（续）

函数名称	函数说明
toTimeString()	将日期对象的时间部分转换为字符串
toUTCString()	根据世界标准时间，将 Date 对象转换为字符串
UTC(year,month,day,hour)	生成指定年、月、日、小时、分钟、秒和毫秒的世界标准时间对象
valueOf()	返回 Date 对象的原始值
addYears(years)	将某个 Date 对象加上若干年份值，生成一个新的 Date 对象
addMonths(months)	将某个 Date 对象加上若干月份值，生成一个新的 Date 对象
addDays(days)	将某个 Date 对象加上若干天数，生成一个新的 Date 对象
addHous(hours)	将某个 Date 对象加上若干小时数，生成一个新的 Date 对象
addMinutes(minutes)	将某个 Date 对象加上若干分钟数，生成一个新的 Date 对象
addSeconds(seconds)	将某个 Date 对象加上若干秒数，生成一个新的 Date 对象
addMilliseconds(ms)	将某个 Date 对象加上若干毫秒数，生成一个新的 Date 对象

5.5.10　布尔函数

单击“fx”进入“编辑文本”对话框，然后单击“插入变量或函数”按钮，在函数下拉列表“布尔”下方的是 Axure RP 9 的布尔函数。布尔函数的说明如表 5-12 所示。

表 5-12　Axure RP 9 布尔函数

函数名称	函数说明	函数名称	函数说明
==	等于	>	大于
!=	不等于	>=	大于等于
<	小于	&&	并且
<=	小于等于	||	或者

5.6　交互案例——简易时钟

5.6.1　案例要求

在页面上实现时钟功能，显示当前时、分、秒，并且每秒更新时间。

5.6.2　案例实现

该案例的实现步骤如下。

1. 添加元件并进行布局

新建“交互案例：简易时钟”页面，并从“元件库”面板拖动几个元件到“页面设计”面板，包括：1 个椭圆形元件（做时钟的表面）、1 个表示小时的文本框元件（名称为 hourTextfield）、1 个表示分钟的文本框元件（名称为 minuteTextfield）、1 个表示秒的文本框元件（名称为 secondTextfield），并添加小时和分钟之间的“:”文本框文件，分钟和秒之间的“:”文本框元件，添加到页面后调整到合适位置。

2. 添加“秒”元件的 Case 1 用例

选中名称为“secondTextfield”（秒）的文本框元件，接着，在“交互”面板单击“文本改变时”事件，打开该事件的第一个用例 Case 1，设置如图 5-12 所示。

在 Case1 用例中，添加了一个触发条件，秒的值不等于 59 时按顺序触发如下动作。

1）等待 1000 毫秒，即 1 秒。

2）将 secondTextfield 元件的文本值设置为当前值加 1，LVAR1 是用到的局部变量，获取的是 secondTextfield 元件的当前值，单击“fx”按钮设置，如图 5-13 所示。

在图 5-13 中可以看到，新增了一个局部变量 LVAR1，赋值为 This，即当前元件的文本值，另外将“[[LVAR1+1]]”赋值给 secondTextfield 文本框元件，简单来说，就是：secondTextfield 文本值 = secondTextfield 当前文本值 + 1。

Case 1 用例实现的是当秒数为 0～58 时，实现秒的自增 1 操作，而且，间隔时间是 1 秒。

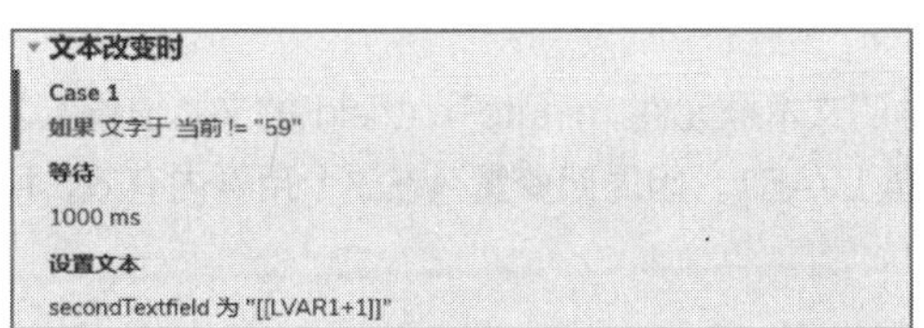

图 5-12　secondTextfield 元件的 Case 1 用例

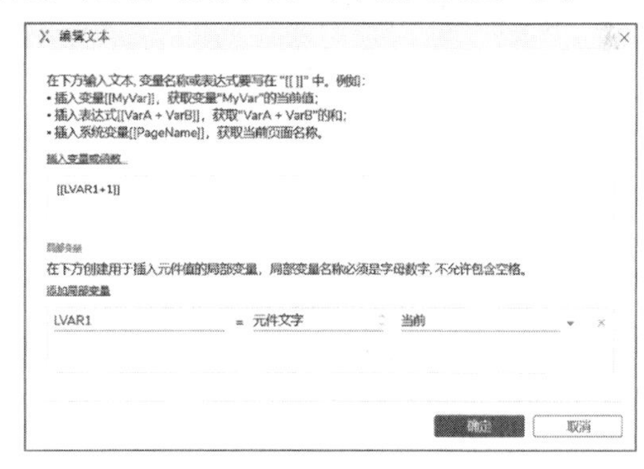

图 5-13　secondTextfield 元件被赋值的文本

3. 添加“秒”元件的 Case 2 用例

用类似方法为“secondTextfield”的文本框元件添加 Case 2 用例，如图 5-14 所示。

Case 2 用例的说明如下。

1）触发条件：秒的值等于 59，分钟等于 59，时钟等于 23，即这个半夜 0 点前的临界条件时。

2）第一个动作：等待 1000 毫秒，即 1 秒。

3）第二个动作：将时钟、分钟和秒钟文本框元件的文字都设置为 00。

4．添加“秒”元件的 Case 3 用例

用类似方法为“secondTextfield”的文本框元件添加 Case 3 用例，如图 5–15 所示。

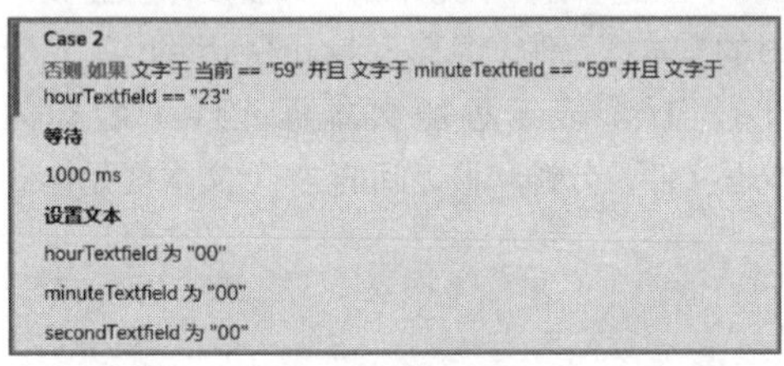

Case 3
否则 如果 文字于 当前 == "59" 并且 文字于 minuteTextfield == "59"
等待
1000 ms
设置文本
hourTextfield 为 "[[LVAR1+1]]"
minuteTextfield 为 "00"
secondTextfield 为 "00"

图 5–14　secondTextfield 元件的 Case 2 用例　　图 5–15　secondTextfield 元件的 Case 3 用例

Case 3 用例的说明如下。

1）触发条件：秒的值等于 59，分钟等于 59，时钟不等于 23（因为该用例在 Case 2 之后，是 if…else if…else if 的关系，所以时钟等于 23 会进入 Case 2 用例，不会执行 Case 3 用例。

2）第一个动作：等待 1000 毫秒，即 1 秒。

3）第二个动作：将时钟的 hourTextfield 文本框元件的文本值都设置为当前值加 1，也和 Case 1 用例一样，用到了 LVAR1 局部变量，因局部变量只在这个动作内有效，所以和 Case 1 的 LVAR1 不会冲突。

5．添加“秒”元件的 Case 4 用例

用类似方法为“secondTextfield”的文本框元件添加 Case 4 用例，如图 5–16 所示。

Case 4 用例的说明如下。

1）触发条件：秒的值等于 59，分钟不等于 59（因为该用例在 Case 3 之后，是 if…else if…else if 的关系，所以分钟等于 59 会进入 Case 3 用例，不会执行 Case 4），时钟不等于 23（因为该用例在 Case 2 之后，是 if…else if…else if 的关系，所以时钟等于 23 会进入 Case 2 用例，不会执行 Case 4 用例）。

2）第一个动作：等待 1000 毫秒，即 1 秒。

3）第二个动作：将秒钟的文本值设置 00，分钟的文本框元件 minuteTextfield 的文本值设置为当前值加 1，也和 Case 1 用例一样，用到了局部变量 LVAR1，因局部变量只在这个用例内有效，所以和 Case 1 的 LVAR1 不会冲突。

6．设置页面加载时事件

虽然通过设置 secondTextfield 文本框元件的文本改变时事件，可以将秒、分钟和时钟的每隔一秒自动自增。但是，现在存在的问题是，“文本改变时”事件没有条件触发，而且时、分和秒的文本框元件的初始值没有赋值。可以通过设置该案例页面的“页面加载时”事件来实现事件的触发和初始值赋值。

将鼠标指针移动到“交互案例：简易时钟”页面的空白区域，之后在“交互”面板，双击“页面载入时”事件，设置完成后效果如图 5-17 所示。

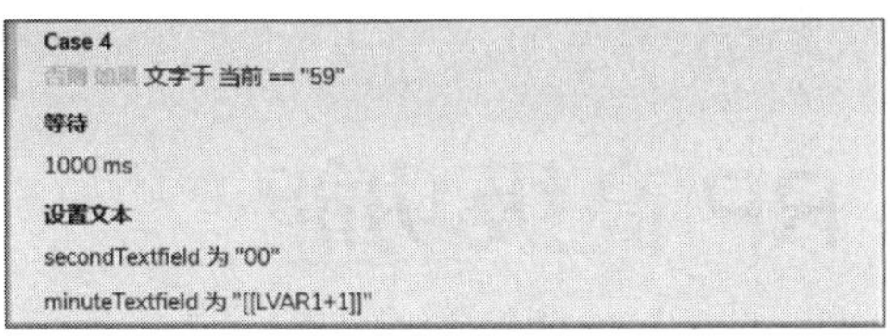

图 5-16　secondTextfield 的元件 Case 4 用例

页面载入时
设置文本
hourTextfield 为 "[[Now.getHours()]]"
minuteTextfield 为 "[[Now.getMinutes()]]"
secondTextfield 为 "[[Now.getSeconds()]]"

图 5-17　设置页面加载时事件

在该事件中，用的是“设置文本”动作，设置“时”“分”和“秒”三个文本框元件的值，分别设置为“[[Now.getHours()]]”（这里用的是日期函数，获取当前小时数）、“[[Now.getMinutes()]]”（这里用的是日期函数，获取当前分钟数）和“[[Now.getSeconds()]]”（这里用的是日期函数，获取当前秒数）。

5.6.3　案例演示效果

10 : 5 : 54

图 5-18　简易时钟预览效果

按照步骤全部设置完成后，可按〈F5〉快捷键进行预览，预览效果如图 5-18 所示。

刚打开时显示为当前时间，时、分、秒文本框元件会每秒更新，从而实现了一个简易时钟的效果。

5.7　本章小结

本章详细讲解了 Axure RP 9 中用于交互的页面事件和元件事件，具体内容如下。

1）**页面事件**：针对当前页面设置的页面事件，例如，常用的“页面加载时”事件、“窗口尺寸改变时”事件和“窗口滚动时”事件。

2）**元件事件**：针对元件的交互事件，例如，矩形元件的鼠标单击时事件、鼠标移入时事件、鼠标移出时事件、鼠标双击时事件等。

3）**用例**：不管是页面事件还是元件事件，都可以通过设置一到多个用例来实现交互效果，不同用例可指定不同的触发条件，组成类似 if…else if…else if…else…或 if…else 的逻辑关系。

4）**动作**：一个用例可包含多个动作，在 Axure RP 9 中，包括“链接”“元件”“中继器”和“其他”这 4 种类别的动作。例如打开链接、设置变量值和设置元件文本值、设置面板状态等。

5）**变量**：提供全局变量和局部变量两种变量，全局变量在整个项目内有效，而局部变量在某个动作内有效，作用范围很小。

6）**函数**：为了便于赋值，Axure RP 提供了丰富的函数列表，包括中继器/数据集函数、元件函数、页面函数、窗口函数、鼠标指针函数、数字函数、字符串函数、日期函数和布尔函数。

第二篇　Axure RP 高级功能

Axure RP 具有诸多的高级功能，让产品经理们进行产品原型设计时更加得心应手。本章主要介绍 Axure RP 的以下四部分功能。

1）母版：母版常用于定义重复使用的资源，可达到“一处修改，处处更新”的效果，所以常用于定义页头、页尾、导航、模板和广告等内容，使用母版可以极大提高原型设计效率。

2）Axure Share 共享原型：Axure RP 提供一套 Axure Share 云托管解决方案，通过它，可以将本地项目上传到 Axure 的官网，供客户或团队查看。

3）团队项目：Axure RP 提供了对团队项目的支持，可以结合 SVN 版本控制工具进行团队项目管理，如果没有使用版本控制工具，也可将其上传至 Axure Share 进行共享管理。

4）输出文档：Axure RP 的原型文件可以输出为各种格式的文档，如生成 HTML 文件或生成 Word 说明书，还支持生成 CSV 报告和打印文档，并可基于这四种类型，定义满足要求的其余格式的文档。

第 6 章

母版

在编写网站页面时，通常会将页头部分的内容封装在 header.jsp，将页尾部分的内容封装在 footer.jsp，所有需要用到页头、页尾的页面直接引用即可，同时，还会封装通用的 JavaScript 文件，将一些通用的代码封装到 jar 包中等。这么做的目的是想减少重复工作，以达到“一处修改，处处更新”的效果。在 Axure RP 中，也具有实现这种效果的工具——母版，本章带领大家学习母版的相关知识，结合母版案例，详细讲解如何创建母版，如何进行母版的常用操作，如何设置母版的自定义事件。

6.1 母版概述

母版常用于定义重复使用的资源，可达到“一处修改，处处更新”的效果，如用于定义页头、页尾、导航、模板和广告等内容，使用母版可以极大地提高原型设计效率。

6.1.1 创建母版

1. 使用“转换为母版”创建母版

某个模块定义好后，在“页面设计”面板选中所需要的一到多个元件，右击选择“转换为母版”菜单项，打开“转换为母版”对话框，输入母版名称后，将该模块转换为母版，如图 6-1 所示。

在图 6-1 中，输入“新母版名称”为页头，“拖放行为”可选择如下 3 个选项。

1）任何位置：默认行为特性，可拖动到“页面设计”面板的任意位置。

2）固定位置：锁定母版位置，拖动到“页面设计”面板时，母版的位置被锁定。

3）脱离母版：表示的是将母版拖动到“页面设计”面板后，母版中的元件不再与母版存在联系，可以自行修改，母版的修改也不会影响引用的地方。

2. 使用“母版”面板的添加按钮创建母版

也可在“母版”面板单击“⊞”（添加母版）按钮添加母版。

6.1.2 母版常用操作

可在“母版”面板进行添加、重命名、删除、复制、移动和设置行为特性等常用操作，“母版”面板如图 6–2 所示。

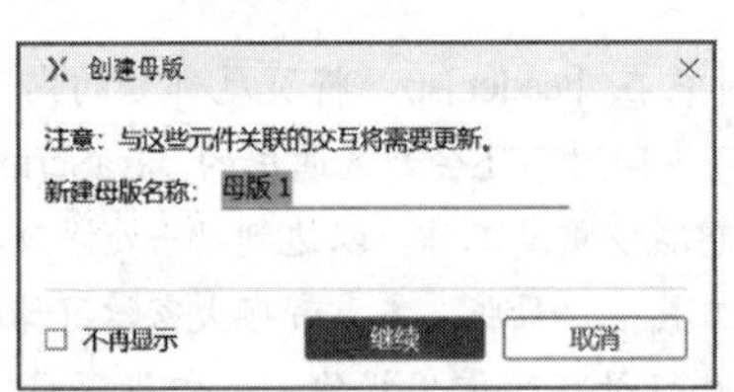

图 6–1 “转换为母版”对话框

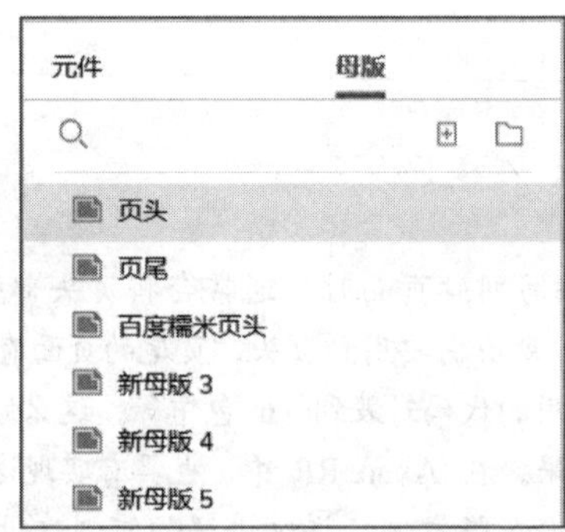

图 6–2 母版面板

1. 添加母版

可在“母版”面板单击“⊞”（在下方添加同级母版）按钮添加同级母版，也可在“母版”面板选中某个母版后，右击选择“添加”菜单，可看到下方有“添加文件夹”“上方添加”“下方添加”和“子母版”添加文件夹、上方添加同级母版、下方添加同级母版或添加下一级母版。

2. 重命名母版

选中“母版”面板的某个母版后，再次单击，可修改选中母版的名称。

3. 删除母版

选中“母版”面板的某个母版后，使用〈Delete〉键，或右击选择“删除”命令，可将选中的母版进行删除操作。

4. 复制母版

如果某个母版和当前已创建的某个母版大同小异，可选择某个母版后，右击选择“复制”命令，包括两个子菜单项“仅母版”和“包括分支”。如果选择的母版有子母版，当选择的是“仅母版”时，则只会复制选中母版，不会复制子母版。当选择的是“包括分支”时，则不但会复制选中母版，还会复制子母版。

5. 移动母版

选中“母版”面板的某个母版后，右击选择“移动”菜单项，包括“上移”“下移”“降级”和“升级”4 个命令，可对母版进行上移、下移、降级和升级操作。

6. 设置母版拖放行为特性

如果以“转换为母版”的方式创建的模板，可在创建时制定母版的拖放行为特性，如果在“母版”面板通过添加按钮添加的母版，具有默认的拖放行为特性。如果需要修改拖放行为特性，可在“母版”面板选中某个母版后，右击选择“拖放行为”，可选中 3 个子菜单项的其中一项：任意位置、固定位置和脱离母版。

7. 编辑母版

在“母版”面板双击某个母版，例如“页头”母版后，可在“页面设计”面板对该母版进行编辑操作，编辑母版和编辑页面类似，都可拖动多个元件到“页面设计”面板，并设置其样式和属性等信息。

6.1.3　设置母版自定义事件

可以在母版中创建自定义事件，将事件的实现代码留给引入母版的页面，不同引入页面可以定义不同的实现效果。

创建和使用自定义事件的步骤如下。

1. 选择需要定义自定义事件的元件事件

选择母版中的某个母版，例如在“页头”母版中添加 51CTO 学院页头的图片元件，并在左上角的“51CTO 首页”文字上方添加一个热区元件，命名为“indexHotspot”，在“交互”面板双击该热区元件的某个事件，如“鼠标单击时”事件，如图 6-3 所示。

图 6-3　选中需要定义自定义事件的元件事件（鼠标单击时）

2. 设置用例编辑器的自定义事件

在“交互编辑器”对话框的“添加动作”区域选择“其他”→“引发事件”动作。

在“交互编辑器”对话框的“设置动作”区域单击新增按钮添加自定义事件，并勾选所添加的事件后，单击图 6-4 所示的“确定”按钮完成自定义事件。

3. 在某个页面引入母版

在某个页面例如“母版引入页面 1”引入该页头母版，X 轴坐标和 Y 轴坐标均为 0。此时，在

“页面设计”面板选中该母版后，可在“交互”面板看到图 6-5 所示的自定义事件 indexEvent。

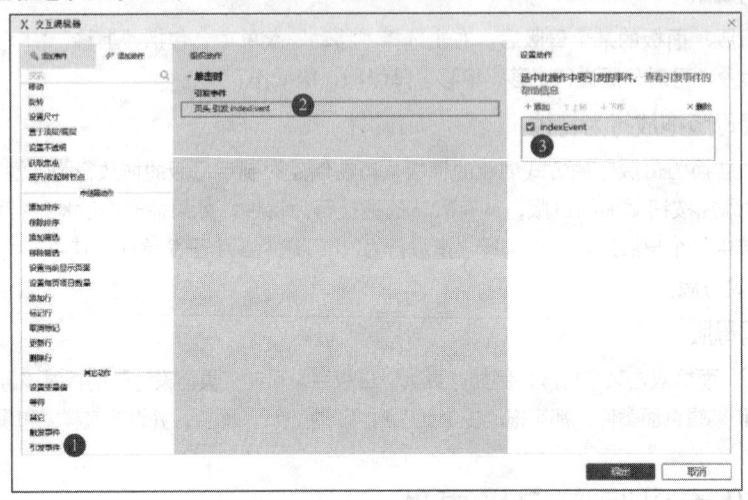

图 6-4　设置自定义事件对话框

双击 indexEvent 自定义事件，该自定义事件的“用例编辑器”对话框与其他事件的用例编辑器无异。可以在多个不同的页面引入同样的带有自定义事件的母版，并在引用页面设置不同的动作，例如，如果在首页单击该热区元件，indexEvent 自定义事件设置不做任何操作，如果是在其他页面单击，则导向到首页。

4. 管理母版自定义事件

在母版编辑状态下选中某个母版，在菜单栏和工具栏单击“布局”→“管理母版自定义事件”菜单项，可执行查看自定义事件列表、添加、删除、事件上移、事件下移等操作，如图 6-6 所示。

图 6-5　查看自定义事件

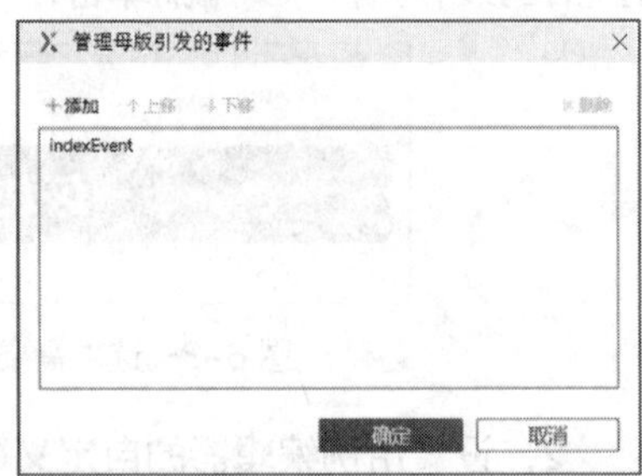

图 6-6　查看母版自定义事件

6.2　母版应用案例

接下来讲解一个母版的实际应用案例，在该案例中，实现的是百度糯米网站的一个功能，页头区域包括广告图，默认为隐藏状态，在首页，需要将其显示。

6.2.1 创建母版

在“母版”面板创建一个名称为“百度糯米”的母版，大家可从本书的配套资源中复制该母版在“页面设计”面板中的内容，包括广告图、搜索按钮、一级菜单等。

6.2.2 在母版加载时事件中设置自定义事件

在“母版”面板双击该母版，进入母版的“页面设计”面板，在空白区域（不选中任何元件）单击后，在“交互”面板可看到该母版的“页面载入时”用例，双击该用例，打开“用例编辑器”对话框，设置三个动作，分别是：隐藏包含“留住最美的时刻”图片的 adPanel 动态面板元件，并且将下方的所有元件上移，隐藏 closePanel 右上角这个关闭的小按钮、触发一个 showAd 自定义事件。用例设置完成后效果如图 6-7 所示。

图 6-7 设置母版的页面加载时用例

因为该用例在母版加载时执行，所以 adPanel 和 closePanel 在母版加载时将会被隐藏，而且会调用引入母版页面的 showAd 自定义事件。

6.2.3 在首页引入母版

在“页面”面板添加一个“案例：使用母版自定义事件-首页”新页面，将百度糯米的“页头”的母版拖动到该页面的“页面设计”面板，并且设置该母版在该面板的位置为 X0;Y0，选择母版后，可在“交互”面板看到我们在母版中定义好的 showAd 自定义事件。

在“交互”面板，双击 showAd 自定义事件，打开“用例编辑器”对话框，需要确定该事件的几个动作，包括：显示 adPanel 动态面板元件。将下方的例如搜索框、一级导航等元件往下方推动，以便广告图处于最顶端。显示 closePanel 小关闭按钮，并移动到合适的位置。

“案例：使用母版自定义事件-首页”页面的 showAd 自定义事件如图 6-8 所示。

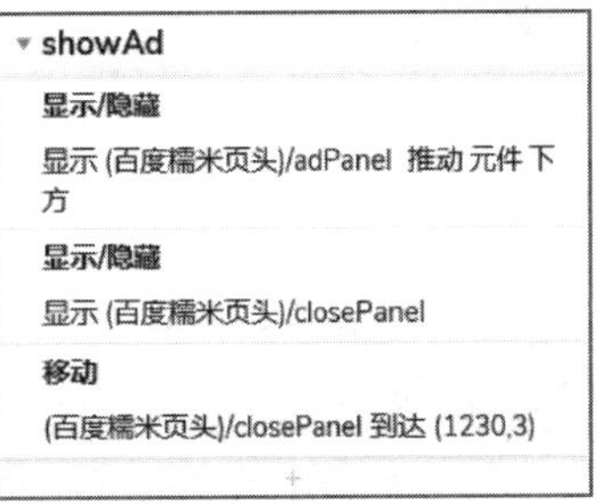

图 6-8 引用母版首页的 showAd 自定义事件

6.2.4 在其余页面引入母版

在“页面”面板添加一个“案例：使用母版自定义事件-其他页面”新页面，将百度糯米的页头的母版拖动到该页面的“页面设计”面板，并且设置该母版在该面板的位置为 X0;Y0，选择母版后，在“交互”面板同样可以看到我们在母版中定义好的 showAd 自定义事件。

因为其余页面需要隐藏顶端的广告图和右上角的小关闭按钮，母版中已经将其进行了隐藏操作，所以，在此页面的 showAd 自定义事件中，不做操作即可。

6.2.5 首页预览效果

按〈F5〉快捷键预览“案例：使用母版自定义事件–首页”，可看到显示了顶端的广告图和小关闭按钮，该页面针对母版的 showAd 自定义事件发挥了效果，如图 6–9 所示。

图 6–9 使用母版自定义事件–首页预览效果

6.2.6 其余页面预览效果

按〈F5〉快捷键预览“案例：使用母版自定义事件–其他页面”，可看到隐藏了顶端的广告图和小关闭按钮，如图 6–10 所示。

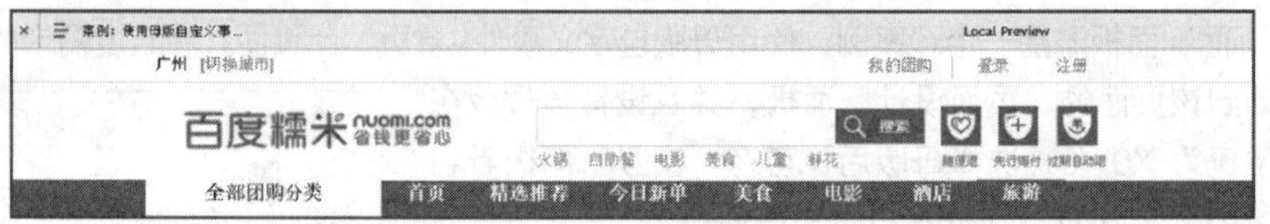

图 6–10 使用母版自定义事件–其他页面预览效果

6.3 本章小结

本章详细讲解了 Axure RP 9 中的高级功能母版。主要内容包括：

1）**母版常用操作**：讲解如何通过选中已有元件将其转换为母版，以及如何通过“母版”面板进行添加同级母版、添加子母版、添加文件夹、重命名母版、删除母版、复制母版、移动母版、设置母版拖放行为特性操作，以及如何进行编辑母版的操作。

2）**设置母版的自定义事件**：母版可以通过设置一个或多个自定义事件，使得引入这些母版的页面能够为自定义事件设置不同的动作，从而显示不同的效果。例如本章中讲解的母版自定义事件的应用案例，首页和其余页面都引用了母版，但是通过自定义事件为它们赋予了不同的动态行为。

第 7 章

Axure Share 共享原型

Axure RP 提供一套名为 Axure Share 的云托管解决方案，利用 Axure Share 的相关功能，可以将本地项目上传到 Axure 的共享官网，提供给客户或团队查看，也可使用它托管团队项目。本章将讲解 Axure Share 的用途，并且结合案例详细讲解如何创建 Axure Share 用户、登录 Axure Share、将项目发布到 Axure Share，以及管理 Axure Share 项目等内容。

7.1 Axure Share 的共享原型概述

Axure RP 提供一套云托管解决方案，即 Axure Share，通过它可以将本地项目上传到 Axure 的官网，提供给客户或团队查看。Axure Share 允许免费创建 100 MB 以内的 1000 个项目。

Axure Share 官网的访问地址为：http://share.axure.com，可以自行注册，输入登录名和密码后可登录 Axure Share，并可对托管项目进行统一管理。

在 Axure RP 9 中，还添加了一个非常便利的功能，版本控制。

7.2 Axure Share 的应用

本节讲解 Axure Share 的常用操作，包括如何注册用户、如何登录、如何发布项目，以及项目的常用管理操作。

7.2.1 创建 Axure Share 用户

创建一个项目后，选择菜单栏的“发布”→“发布到 Axure Share”命令，或者按〈F6〉快捷键，可将当前项目发布到 Axure Share，如果尚未登录 Axure Share 账户，会提示注册用户，如图 7–1 所示。

在图 7-1 对话框输入邮箱、密码，并勾选同意 Axure 条款，单击“确定”按钮完成注册。

7.2.2 登录 Axure Share

Axure Share 用户注册完毕，或者已有 Axure Share 账户时，可在“登录”对话框中进行登录，如图 7-2 所示。

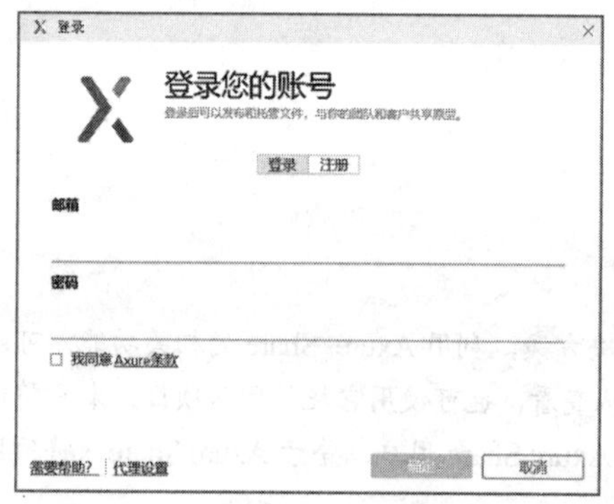

图 7-1 注册 Axure Share 用户对话框

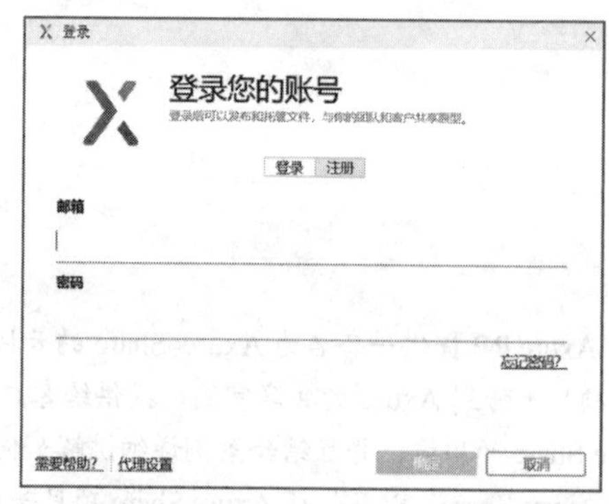

图 7-2 Axure Share 登录对话框

在登录页面可以输入“邮箱”和“密码”，单击“确定”按钮进行登录操作，如果忘记密码，可以单击“忘记密码”链接进行密码找回操作。

7.2.3 将项目发布到 Axure Share

登录成功后，可在“发布到 Axure Share”对话框中将当前项目发布到 Axure Share 委托其进行托管，如图 7-3 所示。

需要注意的是，可以在该对话框中选择“创建一个新项目”或“替换已有项目”，如果该项目已经发布过，可选择“替换已有项目”，并选择需要替换的项目的 ID。如果该项目尚未发布过，使用“创建一个新项目”即可，在这里可以设置该项目的名称，默认为当前项目的名称。为了只让想要看到该原型的用户进行查看，在此可以设置密码，例如设置为“amigoxie”。还可以指定存储的文件夹，例如单击“...”按钮选择已有的文件夹，笔者在此选择的是先前创建好的“My Projects\amigo”目录。全部设置完毕后，单击该对话框的“发布”按钮，完成发布到 Axure Share 操作，发布成功结果的效果如图 7-4 所示。

在提示结果页面会显示该原型在 Axure Share 中的外网访问地址，可以单击“复制”链接按钮复制该地址，该项目的访问地址为：https://s6yy8g.axshare.com。访问该地址时，因为发布时我们设置了密码，所以会提示图 7-5 所示的密码输入页面。

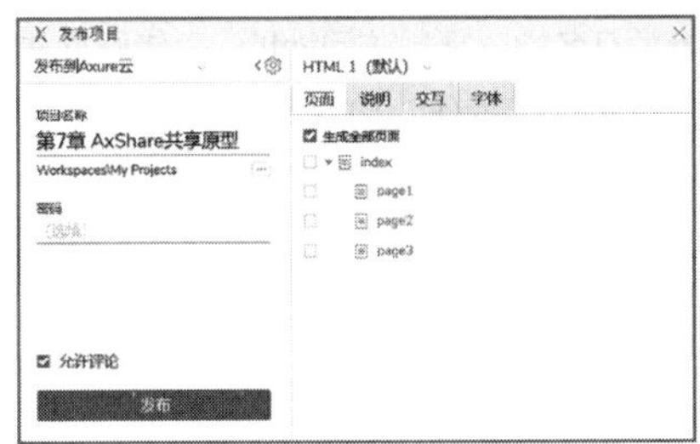

图 7–3　“发布到 Axure Share”对话框

图 7–4　发布 Axure Share 成功提示信息

图 7–5　Axure Share 访问地址输入界面

在图 7–5 中输入我们设置好的访问密码 amigoxie 后，单击“View Project”按钮查看项目信息，如图 7–6 所示。

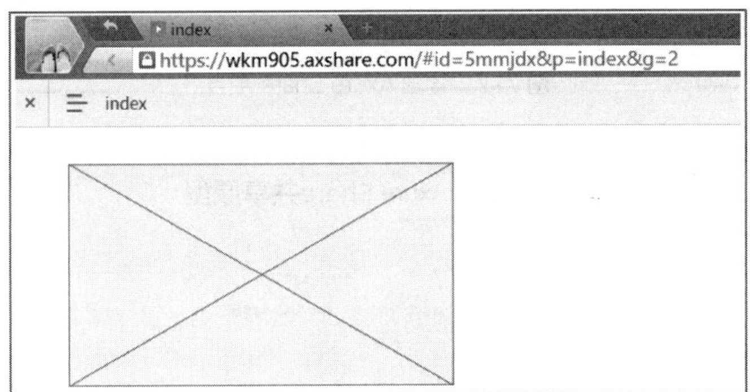

图 7–6　查看项目信息

7.2.4　管理 Axure Share 项目

输入邮箱（登录名）和密码登录 Axure Share 访问地址（http://share.axure.com）后，可对项目进行统一管理。登录成功后，单击进入 MyProjects/amigo 目录，如图 7–7 所示。

在项目管理页面可进行创建新项目、创建新文件夹、移动项目、复制项目、重命名项目、删除项目、上传一个新的文件到该项目和查看项目访问地址等功能。单击图 7–7 某个项目（如“第 7 章 Axure Share 共享原型”）右侧的“⚙▾”（配置）按钮，可看到如图 7–8 所示的配置子菜单项。单击第一个子菜单项“FILE+SETTINGS”，可进入文件设置页面进行设置项目名称、复制访问地址、上传原型文件、复制在 Axure Share 中的项目 ID、设置项目访问密码、查看创建时间等操作，如图 7-9 所示。

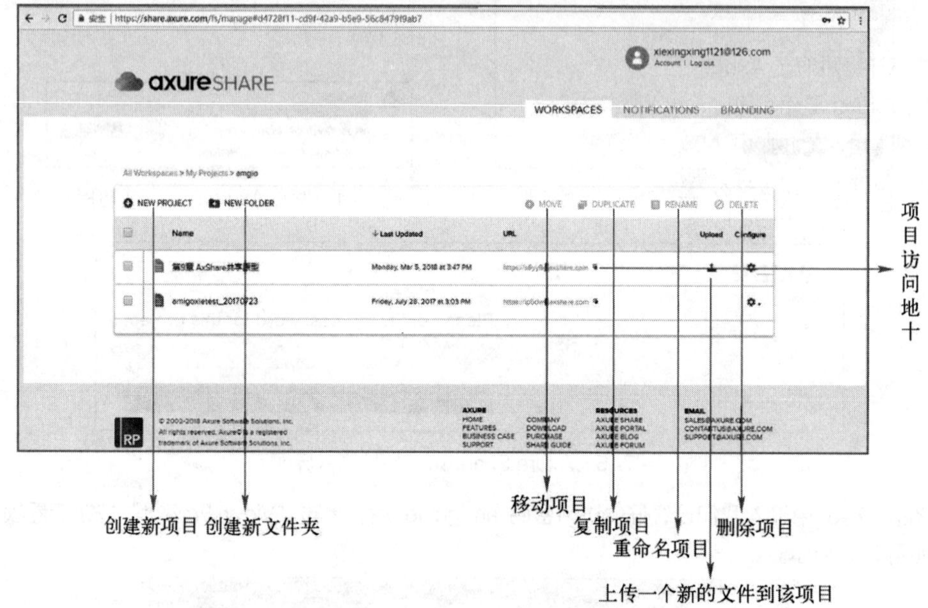

图 7-7　管理 Axure Share 项目

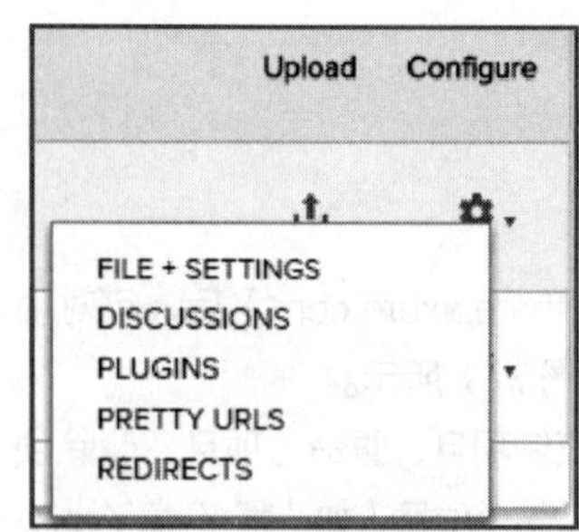

图 7-8　配置项目

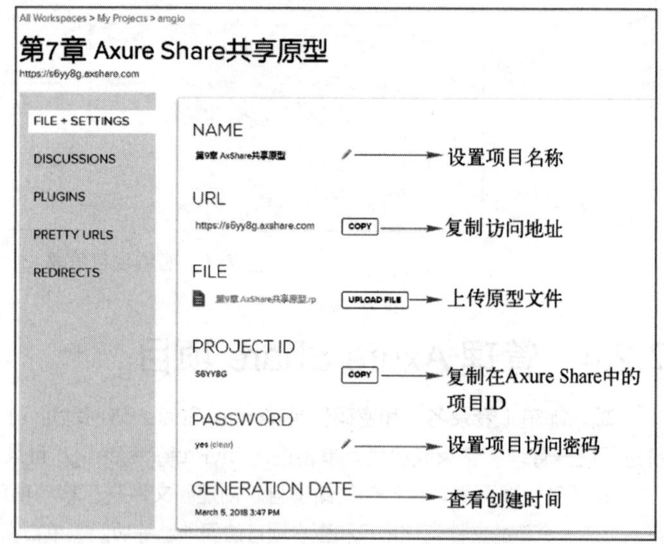

图 7-9　Axure Share 文件的文件设置页面

7.3 本章小结

本章详细讲解了 Axure RP 中的 Axure Share 共享原型功能。主要内容包括：

1）**Axure Share 简介**：Axure Share 是一套云托管解决方案，通过它可以将本地项目上传到 Axure 的官网，提供给客户或团队查看，也可委托其托管团队项目。

2）**Axure Share 应用案例**：结合实际操作详细讲解 Axure Share 的常用操作，包括创建 Axure Share 用户、登录 Axure Share、将项目发布到 Axure Share 和管理 Axure Share 项目的相关知识。

第 8 章
团队项目

如果想多个团队人员一起进行产品原型设计开发，或者实现原型的版本控制和管理，可采用 Axure RP 提供的团队项目的功能，本章将详细讲解团队项目的创建和使用等内容。在 Axure RP 9 中，可采用 Axure Share 和 Manage Servers 两种方式创建团队项目，创建团队项目成功后，可以进行的常用操作与版本控制工具类似，例如下载团队项目、签入、签出、全部签入、全部签出、提交变更和获取变更等操作。对应执行的操作，页面也可处于多种状态中的其中一种，例如签入状态、签出状态和新增状态等。

8.1 团队项目概述

对于较小的产品原型设计项目，可以由一个人完成并进行管理。但是，对于较大的网站或 App 原型，或者需求比较紧急的原型设计，一般由多个设计人员合作开发，因为是分工合作设计，原型设计完成后需要进行合并，工作量很大，不易维护，而且很容易出差错。

Axure RP 提供了对团队项目的支持，可以结合 Manage Servers 工具进行团队项目管理，如果因为项目条件限制，没有可以进行版本管理和控制的服务器，或者没有可通过外网访问的环境，也可将其上传至 Axure Share 进行共享管理。Axure Share 支持随时随地进行团队项目管理、版本控制，也不需要额外的服务器资源。

8.2 创建团队项目

选择项目首页后，在菜单栏选择“团队”→“从当前文件创建团队项目”命令，打开“创建团队项目”对话框，如图 8-1 所示。

在 Axure RP 9 中，提供两种方式创建团队项目：创建到 Axure 云和 Manage Servers。图 8-1 所示为以“创建到 Axure 云”方式创建。选中“Manage Servers”选项（如图 8–2 所示），为以 Manage Servers 方式创建。如果以 Manage Servers 方式创建，需要指定团队目录的 Axure 云服务器地址或者自己内部服务器地址，内部服务器登录信息如图 8–3 所示，需要输入服务器地址、用户和密码。因后续的操作都大同小异，所以，这里只是以“创建到 Axure 云”创建团队项目为例进行讲解。

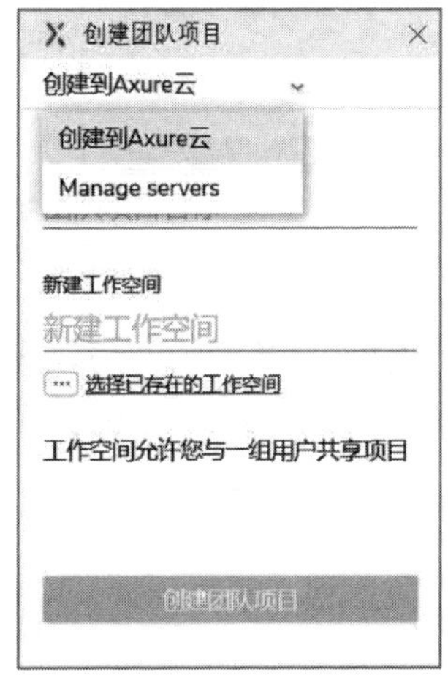

图 8–1　创建团队项目（Axure Share）

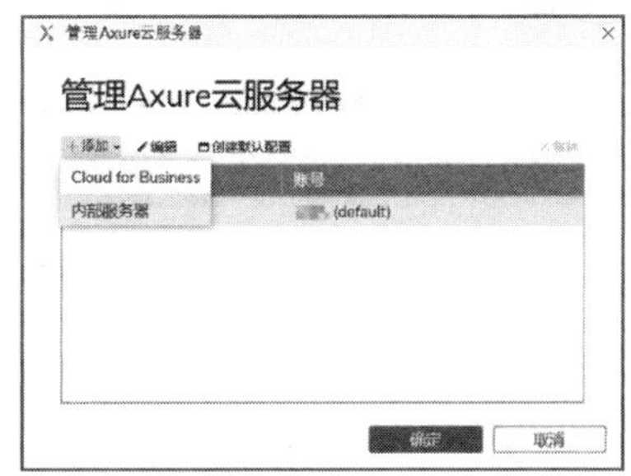

图 8–2　创建团队项目（Manage Servers）

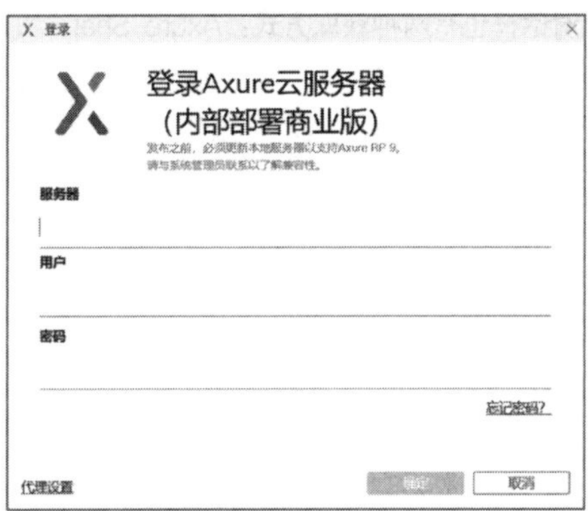

图 8–3　创建团队项目（内部服务器登录）

在“创建团队项目”对话框中，选择保存的文件夹为：Workspaces\Private Workspace，团队项目名称为：“第 8 章　团队项目”，如图 8–4 所示。设置完成后，单击“创建团队项目”按钮，完成团队项目的创建操作，项目创建成功后会提示操作结果，如图 8–5 所示。

图 8-4　创建团队项目（Axure Share 设置信息）

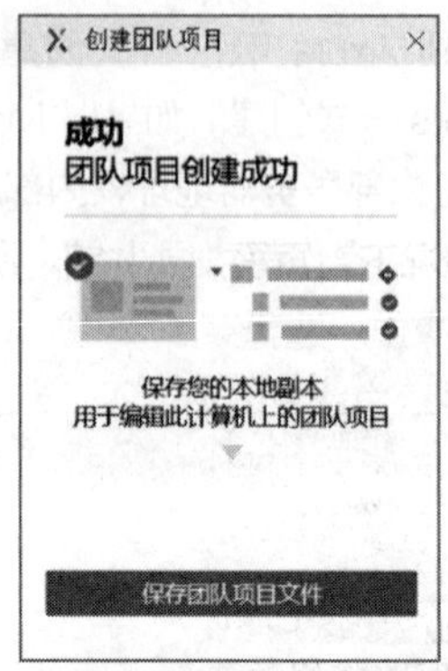

图 8-5　创建团队项目成功提示对话框

8.3　使用团队项目

团队项目创建成功后，需要用到原型的开发人员都可以进行使用，包括下载团队项目、提交、签出、签入等操作。

1. 下载团队项目

团队项目创建成功后，任何人员都可通过 Axure RP 将该项目导入。选择“团队”→“获取并打开团队项目”命令，打开“获取团队项目”对话框，如图 8-6 所示。

与创建团队项目类似，该对话框也有两种获取方式：Axure Share 和 Manage Servers，与前面案例对应，选取“Axure Share”这种方式，并单击“...”按钮选择一个项目“test1”，选择完成后，单击“获取团队项目”按钮，会显示获取进度，并提示图 8-7 所示的获取团队项目结果对话框。

图 8-6　“获取团队项目”对话框

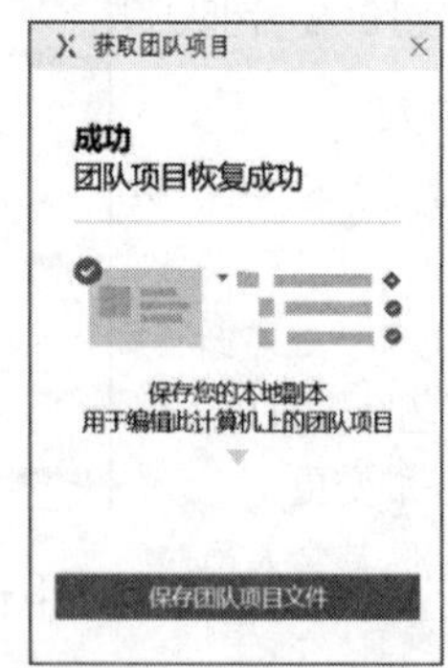

图 8-7　获取团队项目成功结果对话框

2. 团队项目常用操作

从 Axure Share 或 Manage Servers 下载 Axure 团队项目的原型后，在菜单栏单击“团队”菜单，可进行该项目的常用操作，如图 8-8 所示。也可在“页面”面板选择某个页面，右击选择进行常用操作。

（1）签出

在默认情况下，页面显示为蓝色菱形小图标，表示的是签入状态，如果想对该页面进行编辑，需要进行签出操作。选择某个页面如“page1”，右击选择“签出”菜单项，签出成功后，该页面在“页面”面板显示为绿色圆形小图标，表示为签出状态。签出状态下，可以对该页面进行编辑，例如添加一个图片元件。该操作也可通过菜单栏的“团队”菜单项进行操作。

（2）提交变更

在签出状态对某个页面如“page1”进行修改后，在“页面”面板选中该页面，右击选择“提交变更”命令，可以将修改更新到服务器，并且该页面依然处于签出状态。提交变更对话框如图 8-9 所示。在“提交变更”对话框可输入变更说明，这些说明信息团队其余用户都可以看到。该操作也可通过菜单栏的“团队”菜单项进行操作。

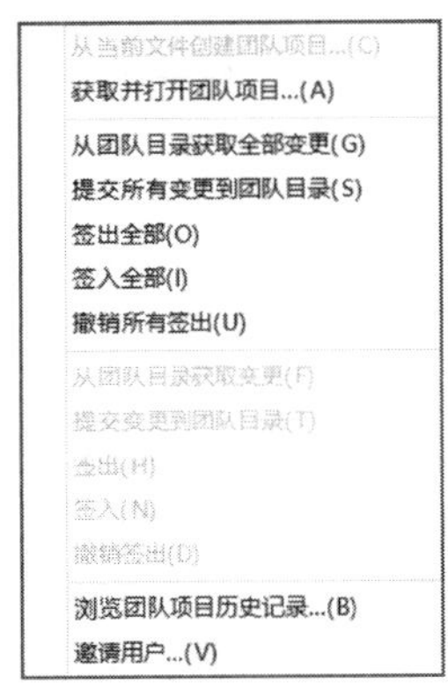

图 8-8　团队项目常用操作

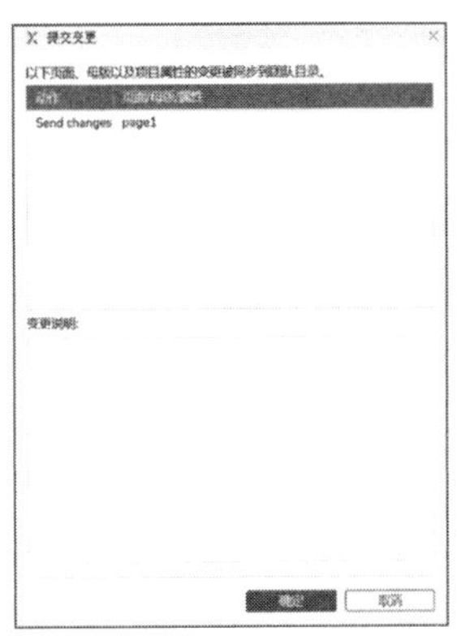

图 8-9　“提交变更”对话框

（3）签入

在签出状态下，在“页面”面板选择某个页面如“page1”，右击选择“签入”命令，可以提交所做的变更，并且，页面状态变为签入状态，需要重新签出才能进行编辑。签入对话框如图 8-10 所示。

在“签入”对话框可设置签入说明，这些说明信息团队其余用户都可以看到。该操作也可通过菜单栏的“团队”菜单项进行操作。

（4）获取变更

如果团队其余人员对某个页面进行了更新，可在“页面”面板选择该页面，如“page1”，右击选择“获取变更”菜单项，操作完成后，该文件将被更新为最新版本。该操作也可通过菜单栏的“团队”菜单项进行操作。

（5）签出全部

如果想一次性签出本项目的全部页面，可在菜单栏选择“团队”→“签出全部”命令，此时，如果不存在冲突，所有页面在“页面”面板的状态将变成签出（绿色小圆形）状态，并都可进行修改。

（6）撤销所有签出

如果因为误操作进行了签出操作，想进行撤销的话，可在菜单栏选择“团队”→“撤销所有签出”命令，可看到在“页面”面板中，所有页面的状态都变成签入（蓝色小菱形）状态。

（7）提交所有变更到团队目录

签出多个页面，并进行修改后，如果不想逐个进行提交变更操作，可在菜单栏选择“团队”→“提交所有变更到团队目录”命令，打开“提交变更”对话框如图 8-11 所示。

在该对话框中，可看到所有的变更信息，并可输入变更说明。提交完成后，不会改变所有页面的签出状态，还可以继续对页面进行修改。

（8）签入全部

如果想一次提交多个页面，并且让所有页面保持签入状态，可在菜单栏选择“团队”→“签入全部”命令，之后打开的“签入”对话框如图 8-12 所示。

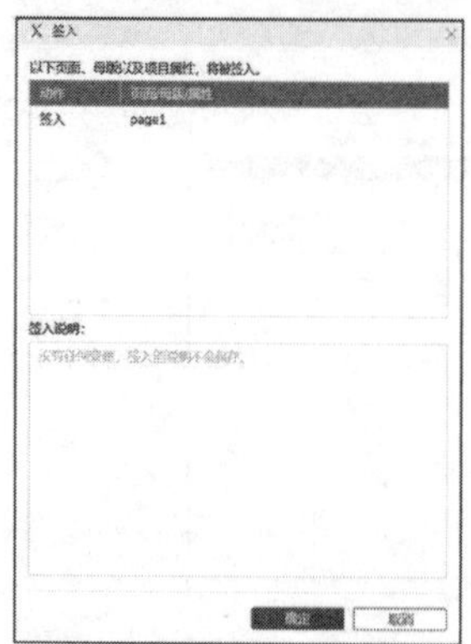

图 8-10 “签入”对话框

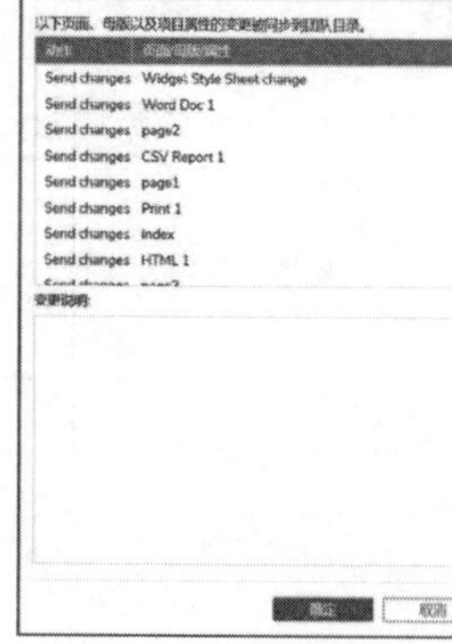

图 8-11 “提交变更”对话框

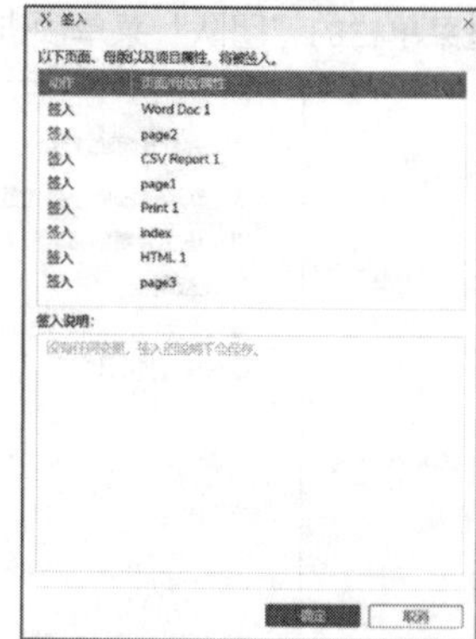

图 8-12 “签入”对话框

在图 8-12 所示对话框中，可看到此次签入操作有哪些页面做了何种变更，并可输入签入说明，说明信息所有团队人员都可查看。

（9）从团队目录获取所有变更

如果想一次性更新团队项目的所有页面，可在菜单栏选择“团队”→“从团队目录获取所有变更”命令进行批量获取变更操作。

（10）浏览团队项目历史记录

在菜单栏选择“团队”→“浏览团队项目历史记录”命令，就可以在浏览器直接打开“团队项目历史记录”页面，查看“团队项目历史记录”。

3. 页面状态

在前面内容中，讲解了页面的签入状态和签出状态。其实页面还有另外的状态，下面给大家进行详细说明。

（1）签入状态（◆蓝色菱形）

释放对页面或母版的编辑权利，并将更新提交到 Manage Servers 或 Axure 云，或者取消修改。在页面或母版为签出状态时，在“页面”面板选择某个页面后右击选择“签入”菜单项，可将页面变为签入状态。

若有 1 到多个页面或母版需要签入，在菜单栏选择“团队”→“签入全部”命令，则可将所有签出页面和母版设置为签入状态。

（2）签出状态（绿色圆形）

若想获得页面或母版的编辑权利，需要在团队项目中签出所需要编辑的页面或母版。若团队其他用户当前未签出该页面，操作后该页面将变成签出状态。可采用“2. 团队项目常用操作”中讲解的方式签出单个页面或母版，或签出所有页面或母版。

（3）新增状态（＋绿色加号）

当创建新页面或母版，并且尚未签入到服务器时，为新增状态。只有当新增的页面或母版签入到团队项目服务器，团队其他成员才能查看并使用它们。

（4）冲突状态（红色矩形）

当本地项目中的页面或母版与团队项目 Manage Servers 或 Axure Share 中对应页面或母版冲突时，将会显示为红色冲突状态。

例如，A 用户签出 page2 页面，B 用户也签出 page2 页面，A 用户修改完毕后提交到 Axure Share 团队项目，B 用户也进行了修改，但是尚未进行提交操作，此时，B 用户在菜单栏选择“团队”→“从团队目录获取全部变更”命令，或在“页面”面板选择该页面后，右击选择“获取变更”命令，此时，page1 页面将变成红色矩形冲突状态，表示该页面不是在最新版本上做的更新操作。

（5）非安全签出状态（黄色三角形）

为了避免冲突引发的一系列问题，建议在某一个时间，只允许一个团队人员签出某个页面或母版。但是，Axure RP 与版本控制软件类似，在其他用户已签出的情况下也允许签出，此时，签出是非安全签出状态。

8.4　本章小结

本章详细讲解了在 Axure RP 中如何管理团队项目。主要包括以下内容：

1）团队项目简介：团队项目一般指的是需要多名设计人员进行设计和管理的原型项目，也可用于记录自己的更改信息。

2）创建团队项目：Axure RP 9 提供两种方式创建团队项目，分别为“Axure 云”和“Manage Servers”，创建成功后操作几乎一样，只是项目存储的位置不同。

3）使用团队项目：详细讲解如何下载团队项目，以及如何进行签出、提交变更、签入、获取变更、签出全部、撤销所有签出、提交所有变更到团队目录、签入全部、从团队目录获取所有变更和浏览团队项目历史记录常用操作，并详细讲解了页面的 5 种状态，分别为：签入状态、签出状态、新增状态、冲突状态和非安全签出状态。

第 9 章

输出文档

本章的内容非常简单，主要讲解如何将 Axure RP 的原型文件生成可用于预览的 HTML 文件，或生成在某些场合可以替代 PRD 文档的 Word 说明书。除了生成这两种文档外，Axure RP 还支持生成 CSV 报告和 PDF 文档，并可基于这四种类型，定义满足用户要求的其他格式的文档。

9.1 生成 HTML 文件

在 Axure RP 中，生成 HTML 文件有两种方式，可选择生成整个项目的 HTML 文件（普遍采用）；如果只是更改了很少的内容，而且生成整个项目的 HTML 文件时间太长，可以选择在 HTML 文件中只是重新生成当前页面。在没有安装 Axure RP 软件的计算机上，可以通过打开 HTML 文件预览原型。

9.1.1 生成整个项目的 HTML 文件

在菜单栏选择“发布”→“生成 HTML 文件”命令，或者使用〈F8〉快捷键，打开生成 HTML 对话框，如图 9-1 所示。

1）**发布“”到本地目录**：一个原型文件会生成多个 HTML 页面和相关文件，在此可指定生成文件路径。

2）**发布之后在浏览器中打开**：用于指定生成成功后，在当前系统的默认浏览器中打开，例如默认为 IE 浏览器则以 IE 浏览器的方式打开。

生成 HTML 对话框还包括其余的很多选项卡，“页面”选项卡用于勾选一到多个需要生成的页面，默认所有页面都为选中状态，“说明”选项卡可以指定是否包含页面说明、元件说明和脚注，“交互”选项卡用于指定用例动作和元件引用页面，“字体”选项卡用于引入我们使用的非系统带的字体。

在图 9-1 中单击“发布到本地”按钮，生成的 HTML 文件参考目录如图 9-2 所示。除包括该原型的所有页面外，还包括 start.html 文件，该文件用于快捷打开预览，另外，还对应生成了

data、files、images、plugins 和 resources 文件夹。需要注意的是，有的读者可能存在如下疑问：这些 HTML 文件可以直接用于作为开发人员的 demo 文件，在此基础上二次开发吗？答案是：不可以。Axure RP 生成的 HTML 文件主要为了方便在没有安装 Axure RP 软件的计算机上进行预览而已。

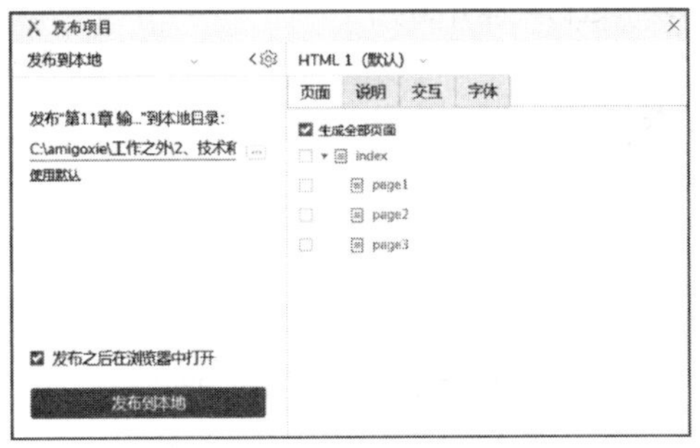

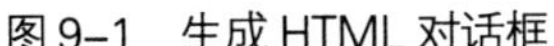
图 9–1　生成 HTML 对话框

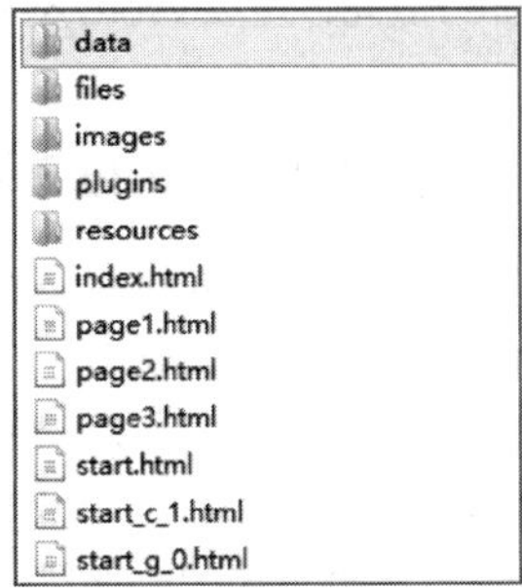

图 9–2　生成 HTML 文件的目录参考

生成后的原型文件可以直接用于演示，打开生成目录下的 start.html 文件即可。基本与使用〈F5〉快捷键预览时基本一致，如图 9–3 所示。

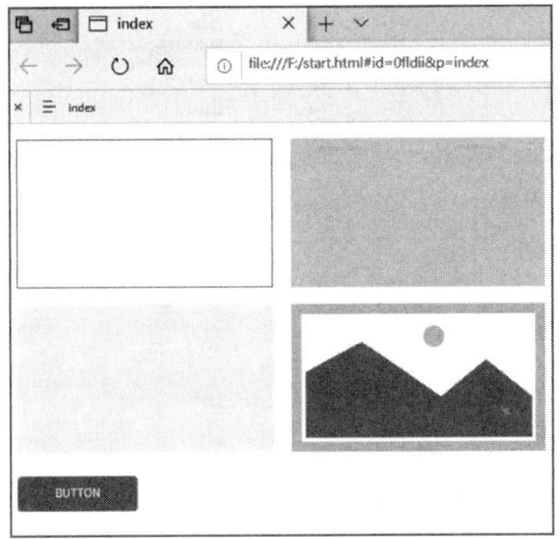

图 9–3　生成 HTML 文件的预览效果

9.1.2　在 HTML 文件中重新生成当前页面

在 Axure RP 中，还可以生成单个文件的 HTML 文件。在菜单栏选择“发布”→“在 HTML 文件中重新生成当前页面”命令，或使用〈Ctrl + F8〉快捷键，可重新生成当前选择页面的 HTML 文件，此时，即使另外的页面做了修改操作，也不会更新到 HTML 生成的目录。

9.2 生成 Word 说明书

Axure RP 可以生成 Word 格式的说明书，以下进行具体介绍。

9.2.1 生成 Word 说明书的操作

在菜单栏选择“发布”→“生成 Word 说明书”命令，或者使用〈F9〉快捷键打开 Word 说明书生成对话框，如图 9-4 所示。

在图 9-4 中，可在“保存输出文档到”中指定刚生成目录和文件的名称，除了“常规”选项卡外，还包括“页面”选项卡，如图 9-5 所示，在该选项卡可指定需要生成说明的页面，以及是否包括标题和站点地图列表。“母版”选项卡与“页面”选项卡大同小异，其余选项卡还包括“属性”“快照”“元件”“布局”和“模板”。

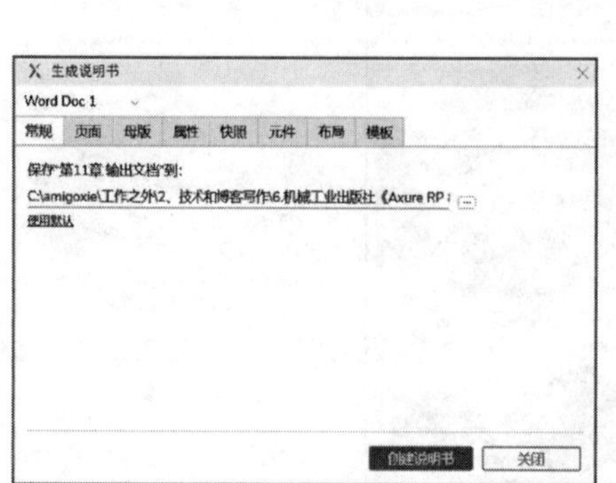

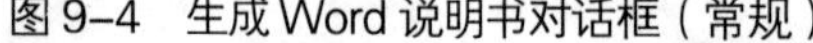

图 9-4　生成 Word 说明书对话框（常规）

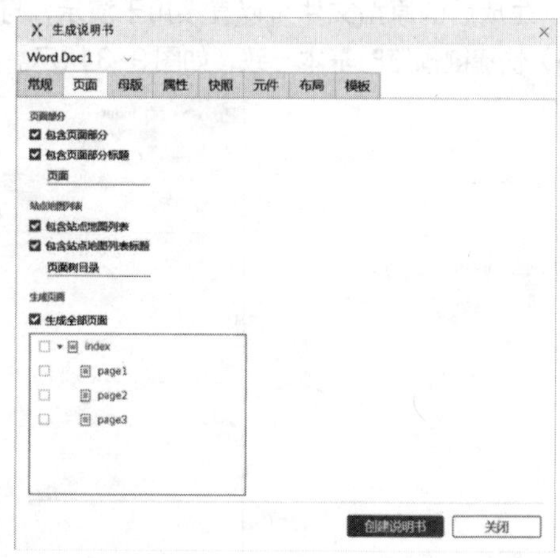

图 9-5　生成 Word 说明书对话框（页面）

除了更改保存目录外，其余都保存默认设置，单击图 9-4 的“生成”按钮，生成的 Word 文件如图 9-6 所示。

9.2.2 生成 Word 说明书的注意事项

为了生成的 Word 说明书更加符合要求，更加方便地指导开发人员的开发工作和测试人员的测试用例编写工作，有如下建议分享给大家。

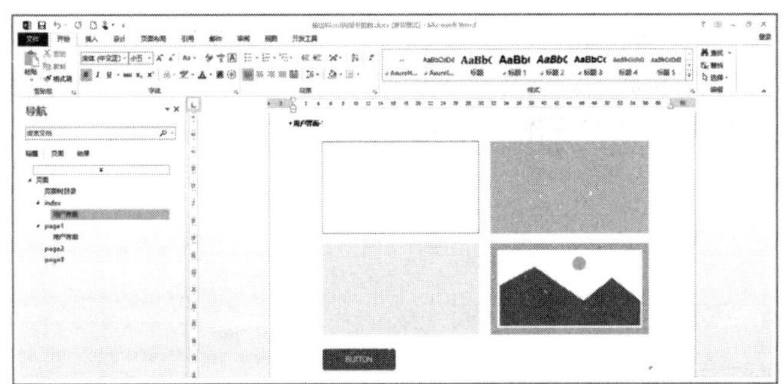

图 9-6　生成的 Word 说明书

1. 添加一个“文档修改记录”页面

无论 PRD 文档还是需求规格说明书，为了记录文档的修改历史记录，一般带有“文档修改记录”页，参考这一点，可以在原型文件中添加一个名称为“文档修改记录”的页面，在做原型修改时，可将重要修改记录在此。

2. 页面结构

可在原型元件中添加一个“页面结构”的页面，用于描述整个原型的页面结构，可与需求规格说明书中的功能结构说明图示类似。

3. 全局说明

一般的 PRD 文档或需求规格书文档，包括产品或项目概况的说明，可以在原型文件中添加一个“全局说明”的页面，描述需要全局说明的信息。

4. 核心业务流程

大部分的产品都有一些核心业务流程，可在原型文件中添加一个“核心业务流程”的文件夹，在里面添加核心业务流程的所有页面。

5. 给页面和页面元件添加说明

建议给页面添加说明信息，并且给出页面元件的说明，如表单元件（如文本框元件、多行文本框元件）等的说明信息，以一个手机 App 版本的“忘记密码”页面为例，主要包含 3 个元件：手机号文本框元件、输入验证码文本框元件和发送验证码按钮元件，可在“页面设计”面板说明如下信息。

1）手机号文本框元件：文本输入框，单击时清空提示信息并打开键盘，必填项。

2）发送验证码按钮元件：单击切换按钮状态为灰色，并发送验证码短信。

3）短信验证码文本框元件：单击清空提示信息并打开键盘。

9.3 更多生成器和配置文件

除了 HTML 文件和 Word 说明书外，Axure RP 还提供了如 CSV 报告和 PDF 文件的生成器，在菜单栏选择“发布”→“更多生成器和配置文件”命令，打开“生成器配置”对话框，如图 9–7 所示。可以选择“CSV Report 1”打开生成 CSV 报告对话框，如图 9–8 所示，设置相关信息后，单击对话框中的“生成”按钮，完成 CSV 报告的生成操作，生成的 CSV 报告如图 9–9 所示。

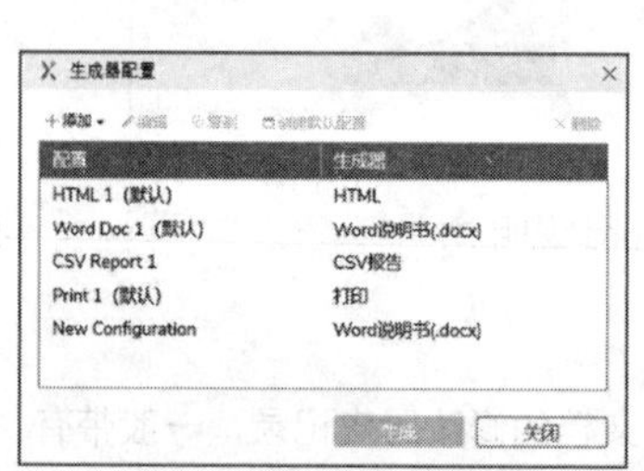

图 9–7 “生成器配置”对话框

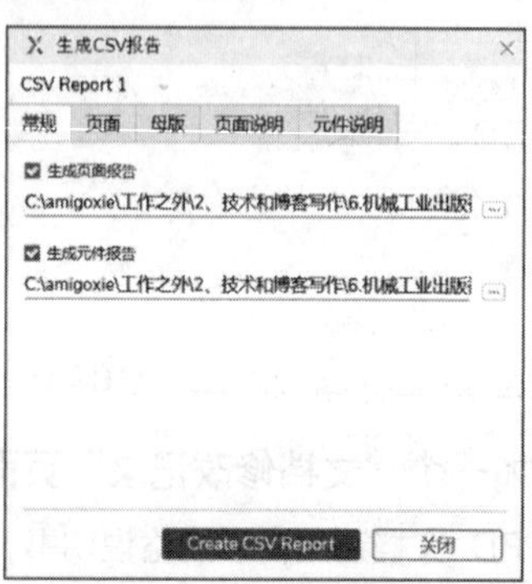

图 9–8 生成 CSV 报告对话框

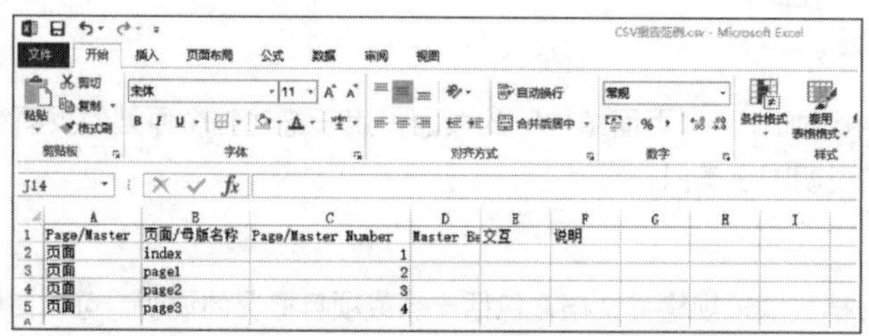

图 9–9 生成 CSV 报告范例

在“生成器配置”对话框中，单击“添加”按钮，还可以添加以对话框中 4 种配置文件格式为参考的自定义配置文件，有兴趣的读者可以在 Word 说明书的基础上，创建出更加符合公司 PRD 文档编写要求的文档。

9.4 本章小结

本章详细讲解了 Axure RP 中如何输出其余格式的文档。主要内容包括：

1）**生成 HTML 文件**：提供两种生成 HTML 文件方式，即“生成整个项目的 HTML 文件”和“在 HTML 文件中重新生成当前页面”。生成 HTML 的好处是在没有安装 Axure RP 软件的计算机上也能很方便地打开进行浏览。

2）**生成 Word 说明书**：可以定义生成 Word 说明书的输出内容，这是抛弃烦琐详细的需求规格说明书或 PRD 文档的福音。

3）**更多生成器和配置文件**：除 HTML 文件和 Word 说明书外，Axure RP 还提供了 CSV 报告和 PDF 文档两种方式的生成器，并可在这 4 种生成器基础上创建自定义的生成器。

第三篇　Axure RP 原型设计实践

本篇是产品原型设计案例合集，详细讲解了数十个 Web、App 和菜单设计原型设计实践案例，以及一个整站综合案例，读者从中可以学习到目前最经典、流行的 Web、App 产品设计效果。本篇主要包括以下四部分内容。

1）**Web 原型设计实践：**通过京东、喜马拉雅、百度、腾讯视频等 Web 原型设计案例，讲解如何通过 Axure RP 实现强大的 Web 交互功能。

2）**App 原型设计实践：**通过讲解微信、QQ 音乐、Soul、猫耳 FM、QQ 和航旅纵横等 App 原型设计案例，进一步讲解如何通过 Axure RP 的元件和交互功能，实现酷炫的 App 交互效果。

3）**菜单原型设计实践：**菜单设计都大同小异，本章详细讲解 8 种菜单的设计：标签式菜单、顶部菜单、九宫格菜单、抽屉式菜单、分级菜单、下拉列表式菜单和多级导航菜单。

4）**整站原型设计——默趣书城：**在前面章节的基础上更上一层楼，讲解如何进行整站原型设计，提供默趣书城产品主要功能的 Web 和 App 原型设计。

第 10 章

Web 原型设计实践

在前面的几章中主要介绍了 Axure RP 的基本操作，从本章开始，将介绍运用 Axure RP 进行原型设计。本章通过 11 个典型的 Web 原型设计实践案例，讲解 Web 原型设计的精髓，介绍基本元件的使用知识，并通过使用动态面板元件、中继器元件和内联框架元件的典型案例，进一步说明 Axure RP 高级元件的使用知识。

10.1　京东的用户注册效果

1. 案例要求

京东的用户注册包含 3 个步骤：①验证手机号→②填写账户信息→③注册成功。

（1）验证手机号

首先输入手机号，在焦点触发文本框时，文本框边框变为红色，点击按钮进行验证，如果未输入或者手机号格式错误，需要给出提示，如图 10-1 所示。在正确输入手机号之后，点击验证，需要输入手机验证码，并出现 120s 的倒计时，在 120s 倒计时结束之后，可以点击按钮重新获取手机验证码，如图 10-2 所示。

（2）填写账户信息

手机号码验证完成之后，用户就可以开始填写账户信息了，步骤提示需要明确给出验证手机号已成功的信息，如图 10-3 所示。用户名不可纯为数字，如果输入纯为数字，需要给出提示，如果两次密码输入不一致，并且不是由数字和字母组成，则给出提示，如图 10-4 所示。

（3）注册成功

在上面步骤顺利通过后，切换至注册成功，如图 10-5 所示。

2. 案例分析

本案例的关键知识点分析如下。

1）观察各步骤后可以发现，需要引入一个动态面板，通过切换不同的状态来完成用户注册的流程。

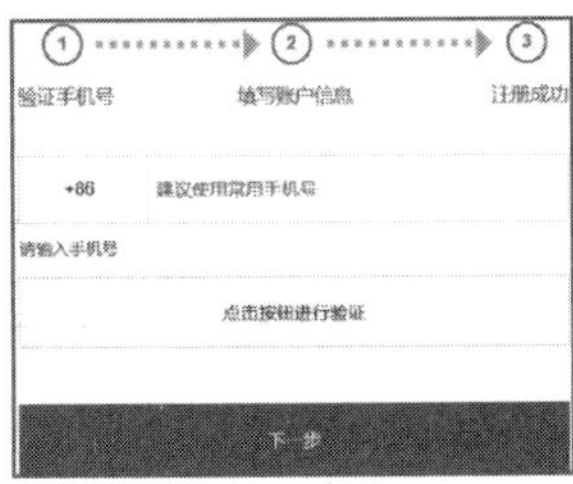

图 10–1　注册第一步：验证手机号

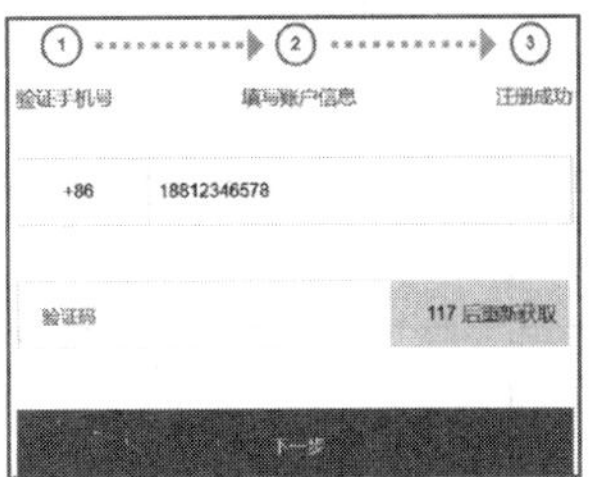

图 10–2　获取手机验证码倒计时

图 10–3　填写账户信息

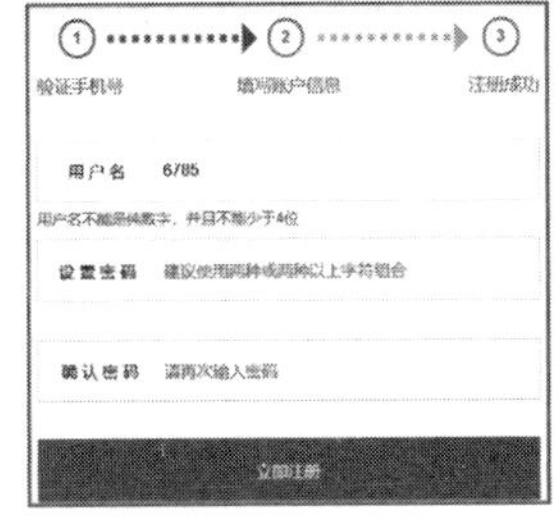

图 10–4　用户名格式错误

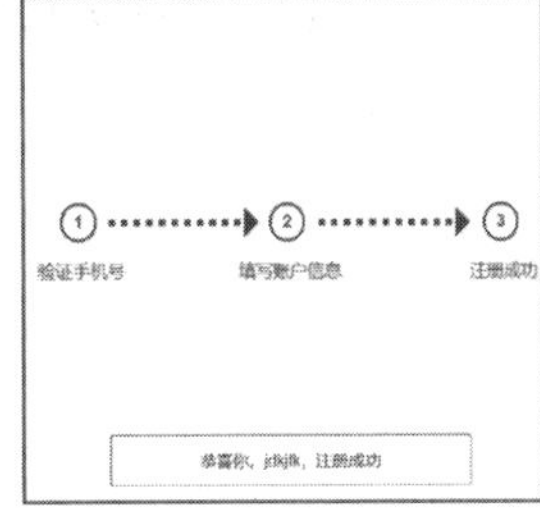

图 10–5　注册成功

2）改变文本框的边框颜色只需要在“交互样式”中设置即可，这是 Axure RP 9 跟 Axure RP 8 不一样的地方。

3）在鼠标单击按钮“点击按钮进行验证”之后，会有倒计时提示，120s 内不能再发送验证码。倒计时的制作思路是：利用一个动态面板的状态循环转换，判断读秒元件的文本值是否小于 1，如果不小于 1，当前值减去 1，然后数值显示在按钮文本中。

3. 案例实现

接下来为实现京东用户注册流程的步骤。

（1）元件准备

1）页面的主要元件如图 10–6 所示，元件属性如表 10–1 所示。

表 10–1　页面的元件属性

元件名称	元件种类	坐标	尺寸	备　注	可见性
registerPanel	动态面板	X114;Y194	W403;H227	包括“验证手机号”“填写账户信息”和“注册成功”三个状态	Y
step1	组合	X461;Y100	W26;H58	字体颜色#9D9C9C 线段颜色#9D9C9C 各元件选中字体颜色# 0AC64A 各元件选中线段颜色# 0AC64A	Y

（续）

元件名称	元件种类	坐标	尺寸	备　注	可见性
step2	组合	X275;Y100	W187;H58	字体颜色#9D9C9C 线段颜色#9D9C9C 各元件选中字体颜色# 0AC64A 各元件选中线段颜色# 0AC64A	Y
step3	组合	X114;Y100	W178;H58	字体颜色#9D9C9C 线段颜色#9D9C9C 各元件选中字体颜色# 0AC64A 各元件选中线段颜色# 0AC64A	Y

2）动态面板 registerPanel 状态“验证手机号”的主要元件如图 10–7 所示，元件属性如表 10–2 所示。

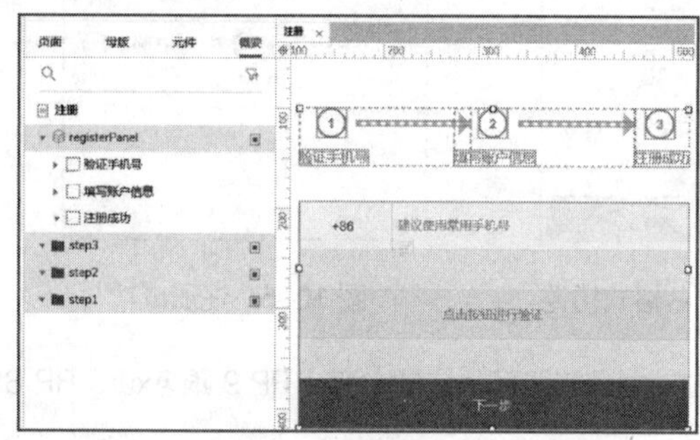

图 10–6　页面的主要元件

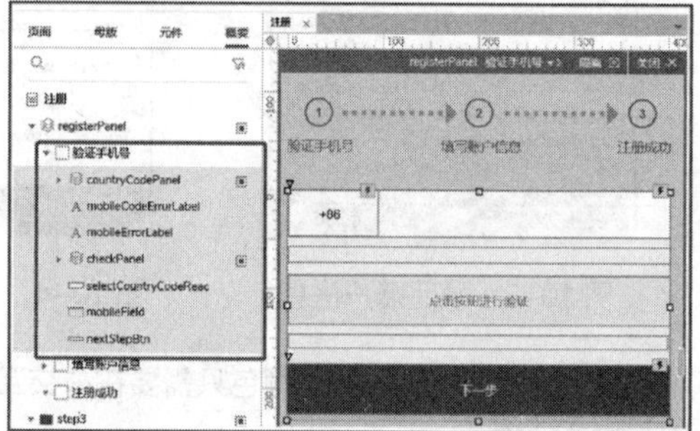

图 10–7　状态“验证手机号”的主要元件

表 10–2　registerPanel 动态面板“验证手机号”的元件属性

元件名称	元件种类	坐标	尺寸	备注	可见性
countryCodePanel	动态面板	X1;Y48	W:403;H186	包含一个状态	N
mobileCodeErrorLabel	文本标签	X1;Y147	W400;H14	字体颜色# F86744	Y
mobileErrorLabel	文本标签	X1;Y58	W402;H16	字体颜色# F86744	Y
checkPanel	动态面板	X1;Y87	W402;H50	包括“点击验证按钮”和“手机验证码”两个状态	Y
selectCountryCodeReac	矩形	X1;Y1	W95;H46		Y
mobileField	文本框	X0;Y0	W403;H48	提示文字：您的账户名和登录名 获取焦点的线段颜色# F86744	Y
nextStepBtn	矩形	X0;Y177	W403;H50	填充颜色#E2231A 字体颜色白色	Y

3）动态面板 registerPanel 状态“填写账户信息”的主要元件如图 10-8 所示，元件属性如表 10-3 所示。

表 10-3　registerPanel 动态面板“填写账户信息”的元件属性

元件名称	元件种类	坐标	尺寸	备　注	可见性
confPasswordErrorLabel	文本标签	X0;Y212	W403;H14	字体颜色# F86744	Y
passwordErrorLabel	文本标签	X0;Y133	W403;H14	字体颜色# F86744	Y
userNameErrorLabel	文本标签	X0;Y54	W403;H14	字体颜色# F86744	Y
registerBtn	矩形	X0;Y233	W403;H50	填充颜色#E2231A 字体颜色白色	Y
confPasswordField	文本框	X0;Y156	W403;H48	提示文字：您的账户名和登录名 获取焦点的线段颜色# F86744	Y
passwordField	文本框	X0;Y78	W403;H48	提示文字：建议使用两种或两种以上字符组合 获取焦点的线段颜色# F86744	Y
userNameField	文本框	X0;Y0	W403;H48	提示文字：请再次输入密码 获取焦点的线段颜色# F86744	Y

4）动态面板 countryCodePanel 内的主要元件如图 10-9 所示，元件属性如表 10-4 所示。

表 10-4　countryCodePanel 面板内的元件属性

元件名称	元件种类	坐标	尺寸	备注	可见性
countryCodeRepe	中继器	X1;Y1	–	包含两个字段	Y
countryCodeLabel	文本标签	X332;Y11	W56;H16	中继器 countryCodeRepe 内元件	Y
countryLabel	文本标签	X8;Y11	W56;H16	中继器 countryCodeRepe 内元件	Y

5）动态面板 checkPanel 内的主要元件如图 10-10 所示，元件属性如表 10-5 所示。

表 10-5　checkPanel 面板内的元件属性

元件名称	元件种类	坐标	尺寸	备注	可见性
checkMobileBtn	矩形	X0;Y0	W402;H50	“点击验证按钮”状态内元件 字体颜色# 797979 线段颜色# E6E6E6	Y
countDownPanel	动态面板	X269;Y0	W131;H48	“手机验证码”状态内元件 包括“载入时”和“重新获取”两个状态	Y
loopPanel	动态面板	X139;Y-7	W62;H63	CountDownPanel 内元件 包括两个状态	N
countDownLabel	文本标签	X10;Y16	W37;H16	CountDownPanel 内元件 字体颜色# 797979	Y

（续）

元件名称	元件种类	坐标	尺寸	备注	可见性
resetCountDownBtn	矩形	X0;Y0	W131;H48	CountDownPanel 内元件 填充颜色# E6E6E6 字体颜色# 797979 线段颜色# E6E6E6	Y
mobileCodeField	文本框	X0;Y0	W269;H48	“手机验证码” 状态内元件 提示文字：验证码 获取焦点的线段颜色# F86744	Y

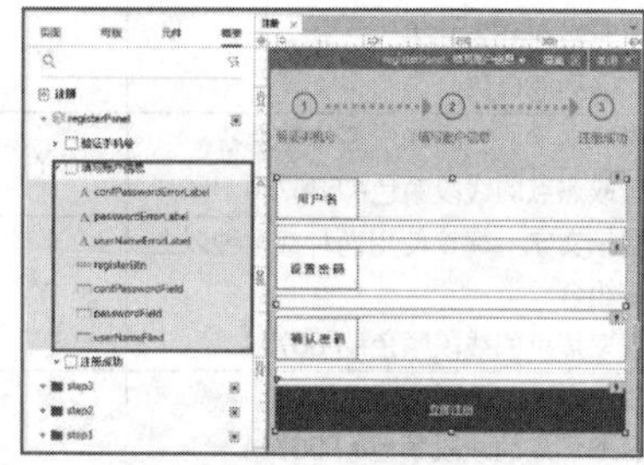

图 10-8　状态“填写账户信息”主要元件

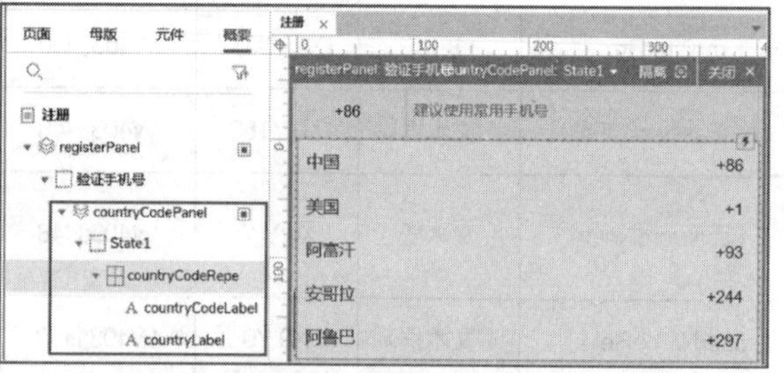

图 10-9　countryCodePanel 面板内主要元件

（2）国家手机代码下拉框

1）选中动态面板 countryCodePanel 内的中继器 countryCodeRepe，添加两个字段国家（country）和代码（code），并且设置“每项加载时”事件，设置 countryCodeLabel 和 countryLabel 文本分别等于字段 code 和 country，如图 10-11 和 10-12 所示。

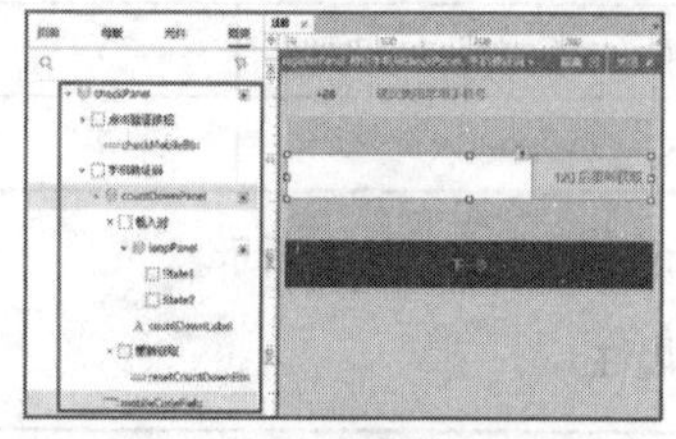

图 10-10　checkPanel 面板内主要元件

country	code	添加列
中国	+86	
美国	+1	
阿富汗	+93	
安哥拉	+244	
阿鲁巴	+297	
添加行		

图 10-11　countryCodePanel 数据

图 10-12　countryCodePanel 事件

2）选中矩形 selectCountryCodeReac，在“单击时”事件，设置切换动态面板 countryCodePanel 的可见性，显示时向下线性滑动，隐藏时向上线性滑动，如图 10-13 所示。

3）选中中继器内的背景矩形框，在“单击时”事件，设置 selectCountryCodeReac 等于中继器字段 code，同时向上线性滑动隐藏面板 countryCodePanel，并且设置鼠标悬停时，填充颜色为 # F9F9F9，如图 10-14 所示。

▾ 单击时　启用情形
显示/隐藏
切换可见性 countryCodePanel Show 向下滑动 线性 500毫秒, Hide 向上滑动 线性 500毫秒

图 10-13　selectCountryCodeReac 鼠标单击事件

图 10-14　背景矩形框鼠标单击事件

（3）验证手机号

1）添加三个全局变量，mobileValue 和 mobileCodeValue，并且设置默认值，如图 10-15 所示，mobileValue 和 mobileCodeValue 用于验证手机号和验证码。

2）选中按钮 checkMobileBtn，首先验证文本框 mobileField 是否为""，如果为""，设置 mobileErrorLabel 文本值为“请输入手机号”；如若 mobileField 不为""，并且文字长度不等于 11（请注意，本次验证以中国手机代码为例），设置 mobileErrorLabel 文本值为“格式错误”；如果即不为""，文字长度又等于 11，验证通过，设置动态面板 checkPanel 状态切换至“手机验证码”，同时显示动态面板 loopPanel，事件详情如图 10-16 所示。

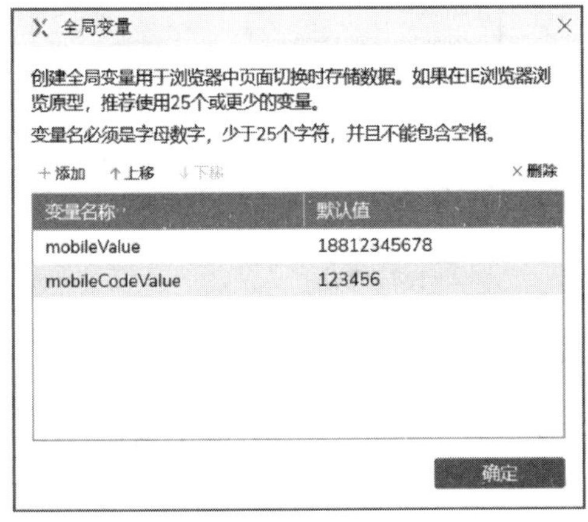

变量名称	默认值
mobileValue	18812345678
mobileCodeValue	123456

图 10-15　全局变量

图 10-16　checkMobileBtn 鼠标单击事件

3）选中文本框 mobileFiled，需要设置事件“文本改变时”，文本标签 mobileErrorLabel 文本值为""，如图 10-17 所示。

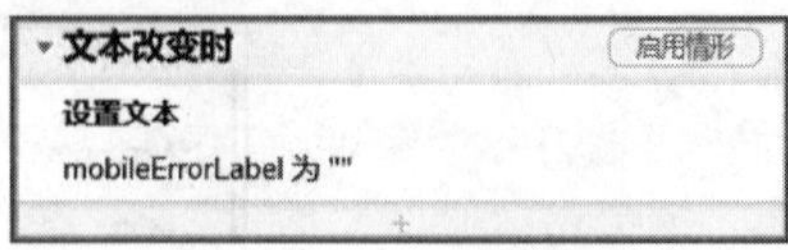

图 10-17　mobileFiled 事件

（4）获取验证码倒计时

1）在点击按钮进行验证通过之后，系统会自动发送短信验证码至手机，并且倒计时开始，120 秒内不能重新获取验证码。

选中动态面板 loopPanel，在“显示时”事件，设置面板状态间隔 1 秒循环改变状态，在“状态改变时”事件判断，如果文本标签 countDownLabel 的文本值大于 1，添加“设置文本”动作，设置 countDownLabel 的值为 countDownLabel 的值减去 1；反之，则将动态面板 countDownPanel 切换至“重新获取”状态，并且隐藏动态面板 loopPanel，如图 10-18 所示。

2）在动态面板 countDownPanel 切换至“重新获取”，选中按钮 resetCountDownBtn，在“单击时”事件，设置动态面板 countDownPanel 切换至“载入时”状态，并且设置文本标签的文本值恢复至 120，同时显示面板 loopPanel，触发面板 loopPanel 的“显示时”事件，如图 10-19 所示。

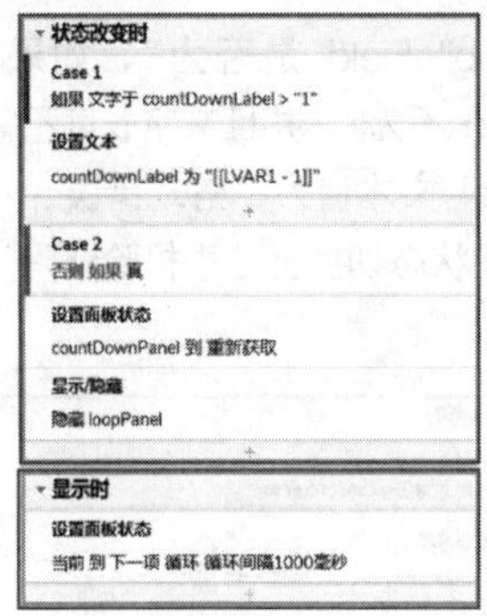

图 10-18　loopPanel “状态改变时”和“显示时”事件

图 10-19　resetCountDownBtn 鼠标单击时事件

（5）验证验证码

1）选中文本框 mobileCodeFiled，需要设置事件“文本改变时”，文本标签 mobileCodeErrorLabel 文本值为""，如图 10-20 所示。

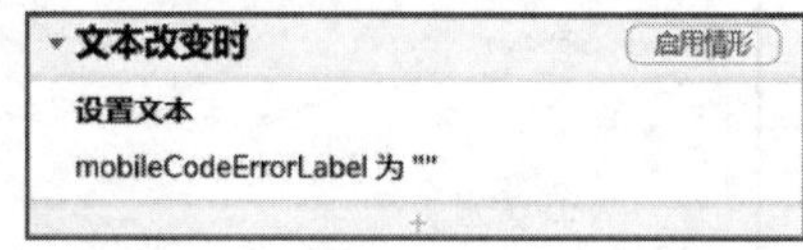

图 10-20　mobileCodeFiled 事件

2）选中按钮 nextStepBtn，首先验证 mobileFiled 和 mobielCodeField 的值，跟 checkMobileBtn 验证类似，如图 10-21 所示。

当上述验证通过之后，接下来的验证需要用到最初添加的全局变量 mobileValue 和 mobileCodeValue 了，如果 mobileFile 和 mobileCodeField 的值都不等于""，mobileFiled 不等于全局变量 mobileValue 的值，mobileCodeField 不等于全局变量 mobileCodeValue 的值，设置

mobileCodeErrorLabel 的文本值为“验证码已失效或错误，请重新获取”，如果 mobileField 和 mobileCodeField 的值分别等于全局变量 mobileValue 和 mobileCodeValue 的值，验证通过，这是 step1 选中，并且动态面板 registerPanel 切换至“填写账户信息”状态。如图 10-22 所示。

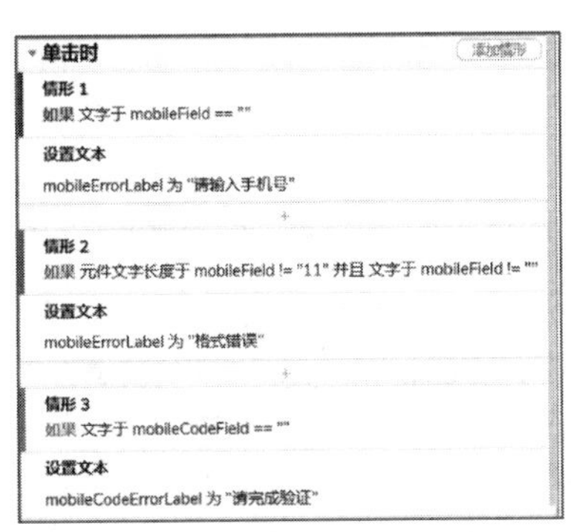

图 10-21　nextStepBtn 鼠标单击事件

图 10-22　nextStepBtn 鼠标单击事件

（6）填写账户信息

1）选中文本框 userNameField，在“失去焦点时”事件判断当前元件的文本值是否是纯数字或者元件文字长度是否小于 4，如果符合，则设置 userNameErrorLabel 的文本值为“用户名不能是纯数字，并且不能少于 4 位”；反之，设置 userNameErrorLabel 的文本值为""，如图 10-23 和 10-24 所示。

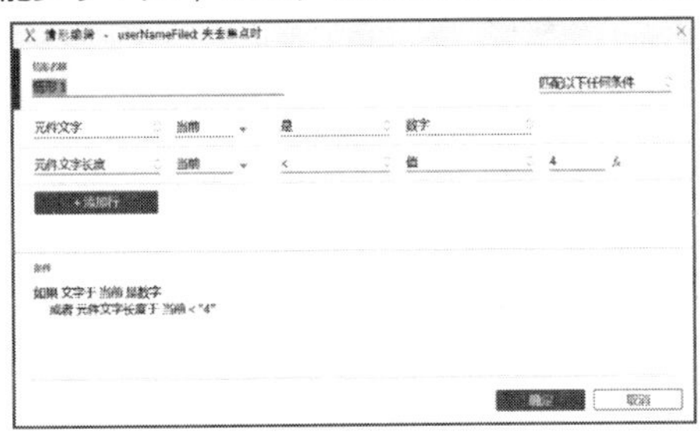

图 10-23　userNameField 判断条件

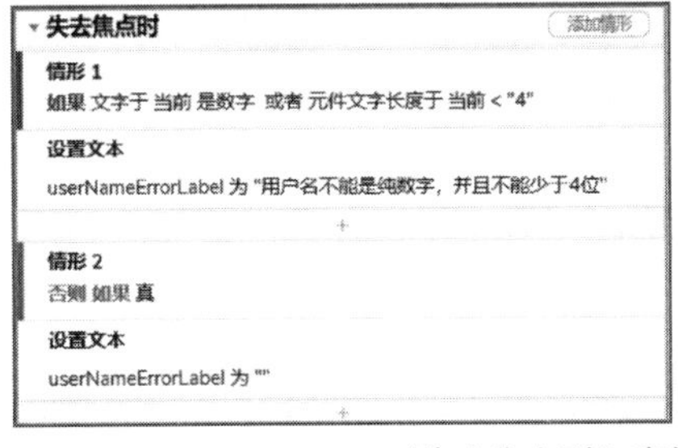

图 10-24　userNameField“失去焦点时”事件

2）选中文本框 passwordField，在“失去焦点时”事件判断当前元件的文本值是否纯为字母或者纯为数字，或者元件文字长度是否小于 8，如果符合，设置 passwordErrorLabel 的文本值为“请将密码设置为 8-20 位，并且由字母、数字两种以上组合”；反之，设置 passwordErrorLabel 的文本值为""，如图 10-25 和 10-26 所示。

3）选中文本框 confPasswordField，在“失去焦点时”事件判断当前元件的文本值是否等于 passwordField 的文本值，如果不等于，则设置 confPasswordErrorLabel 的文本值为“您两次输入的密码不同，请重试”；反之，设置 confPasswordErrorLabel 的文本值为""，如图 10-27 所示。

元件文字
当前
是
字母
元件文字长度
当前
<
值
8
元件文字
当前
是
数字
+添加行
如果 文字于 当前 是字母
或者 元件文字长度于 当前 < "8"
或者 文字于 当前 是数字
确定
取消

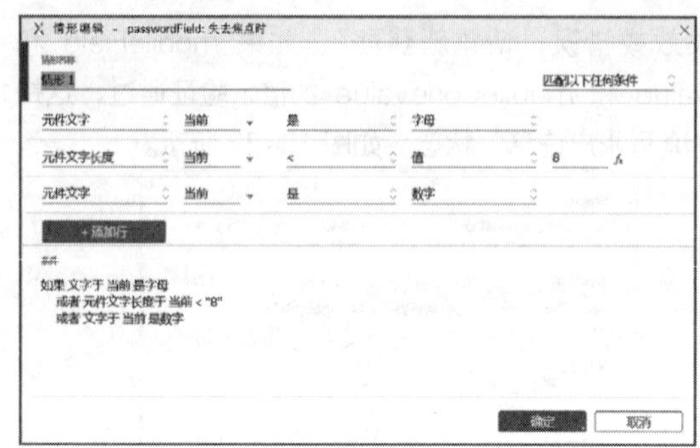

图 10-25　passwordField 判断条件

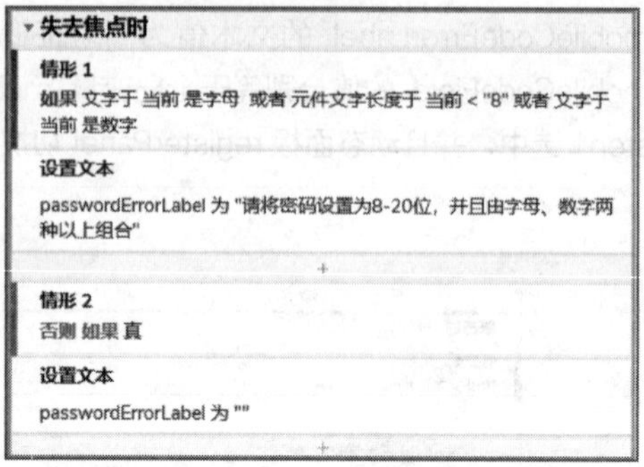

失去焦点时
情形 1
如果 文字于 当前 是字母 或者 元件文字长度于 当前 < "8" 或者 文字于 当前 是数字
设置文本
passwordErrorLabel 为 "请将密码设置为8-20位，并且由字母、数字两种以上组合"
情形 2
否则 如果 真
设置文本
passwordErrorLabel 为 ""

图 10-26　passwordField “失去焦点时” 事件

4）最后是按钮 “立即注册” 的验证，首先验证 userNameField 和 passwordField 是否为""，最后验证 userNameField 的值是否大于等于并且不是纯数字，验证 passwordField 的值是否大于等于 8 并且不是纯数字或者字母，验证 confPasswordField 和 passwordField 是否相等，如果验证通过，设置动态面板 registerPanel 的状态切换至 “注册成功”，并且设置 step2 和 step3 选中，同时设置文本标签值 registerSuccessLabel 的文本为 “恭喜你，账户名，注册成功”，如图 10-28 所示。

失去焦点时
添加情形
情形 1
如果 文字于 当前 != 文字于 passwordField
设置文本
confPasswordErrorLabel 为 "您两次输入的密码不同，请重试"
情形 2
否则 如果 真
设置文本
confPasswordErrorLabel 为 ""

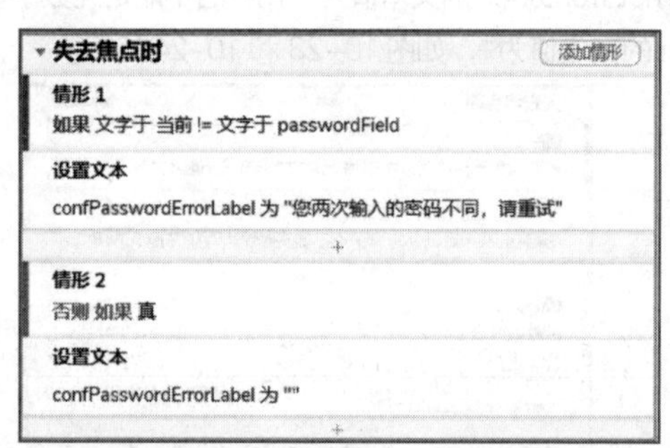

图 10-27　confPasswordField “失去焦点时” 事件

单击时
情形 1
如果 文字于 userNameFiled == ""
设置文本
userNameErrorLabel 为 "请输入用户名"
情形 2
如果 文字于 passwordField == ""
设置文本
passwordErrorLabel 为 "请输入密码"
情形 3
设置面板状态
registerPanel 到 注册成功
设置选中
step2 为 "真"
step3 为 "真"
设置文本

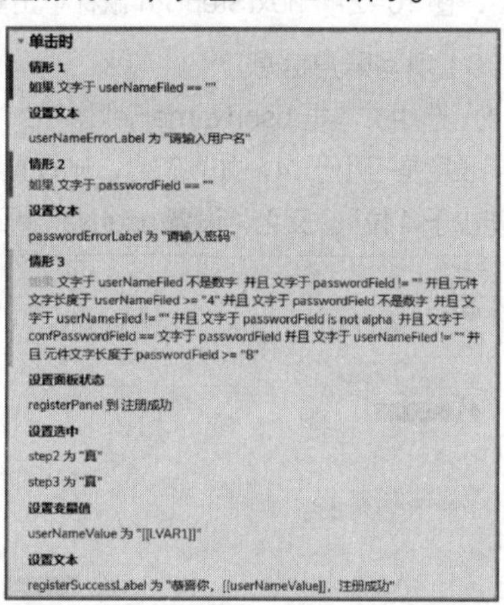

图 10-28　registerBtn 鼠标单击事件

（7）注册成功

最后一步比较简单，在 “注册成功” 页面，会显示账户名，如图 10-29 所示。

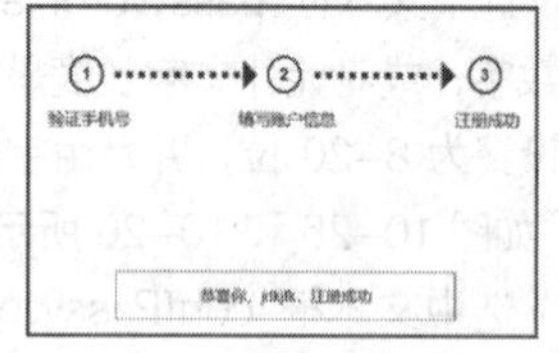

图 10-29　状态 “注册成功” 效果图

4．案例演示效果

按〈F5〉快捷键进行预览。案例演示效果与图 10-1～图 10-5 相一致。

10.2　喜马拉雅的用户登录效果

1. 案例要求

本案例主要讲解的是喜马拉雅用户密码登录、短信登录和二维码登录的切换效果，还有登录账号、密码和验证码的一些校验效果。

打开喜马拉雅登录框，显示的是密码登录面板，如图 10–30 所示。单击“短信登录/注册”，切换至短信登录面板，如图 10–31 所示。如果未输入手机号，点击“登录”，会显示“手机号不能为空”的校验提示，如图 10–32 所示。单击右上角的二维码，会切换至二维码登录，如图 10–33 所示。

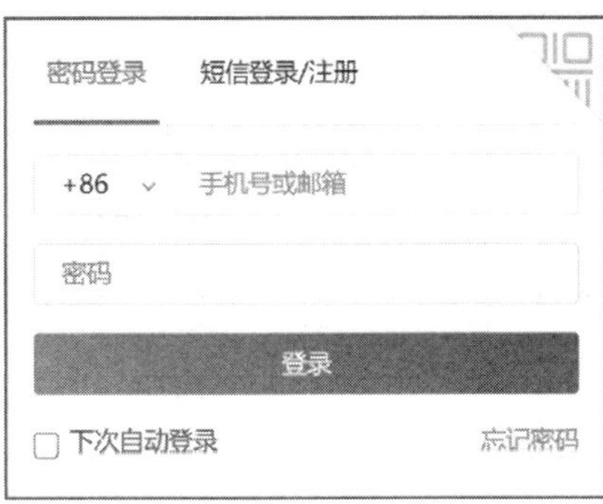

图 10–30　喜马拉雅密码登录

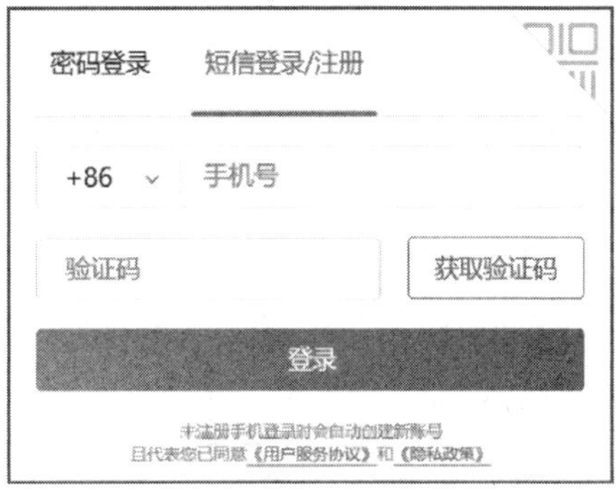

图 10–31　喜马拉雅短信登录

图 10–32　未输入手机号效果图

图 10–33　喜马拉雅二维码登录

2. 案例分析

该案例的关键分析如下。

1）对于不同登录方式的切换效果，可以通过切换动态面板元件的状态实现。

2）通过观察密码登录和短信登录的表单，发现它们都有手机号的文本框，只需要将密码文本框和文本标签以及登录按钮、验证码和文本标签以及登录按钮和二维码放置在不同动态面板的状态中。

3）文本框的校验，仍在“失去焦点时”事件设置。

4）在短信登录面板，同样有倒计时的出现，跟案例“10.1 京东的用户注册效果”有点不同，可以用另一种不同的方式处理：利用一个动态面板的状态循环转换，通过全局变量的值判断是否小于1，如果不小于1，当前值减去1，然后数值显示在按钮文本中。

3. 案例实现

接下来为实现喜马拉雅用户登录的步骤。

（1）元件准备

1）页面的主要元件如图 10-34 所示，元件属性如表 10-6 所示。

表 10-6 页面的元件属性

元件名称	元件种类	坐标	尺寸	备 注	可见性
loginErrorLabel	文本标签	X30;Y391	W170;H14	字体颜色# FE2626	Y
mobileErrorLabel	文本标签	X30;Y252	W170;H514	字体颜色# FE2626	Y
selectCountryBtn	组合	X38;Y205	W80;H36		Y
selectCountryCodeReac	矩形	X38;Y205	W80;H36		Y
countryCodePanel	动态面板	X30;Y247	W340;H177	一个状态	N
mobileField	文本框	X30;Y199	W340;H48	提示文字：手机号 获取焦点的线段颜色# F86744	Y
QRCodeBtn	形状	X337;Y110	W50;H50	鼠标悬停颜色# F86744	Y
mobileCodeBtn	矩形	X135;Y124	W105;H51	鼠标悬停、按下、选中颜色# F86744	Y
pwLoginBtn	矩形	X30;Y124	W105;H51	鼠标悬停、按下、选中颜色# F86744	Y
loginPanel	动态面板	X0;Y100	W400;H324		Y
pcBtn	形状	X339;Y10	W50;H41	动态面板 loginPanel“二维码”状态内元件 鼠标悬停颜色# F86744	Y

2）动态面板 loginPanel 状态“密码登录”的主要元件如图 10-35 所示，元件属性如表 10-7 所示。

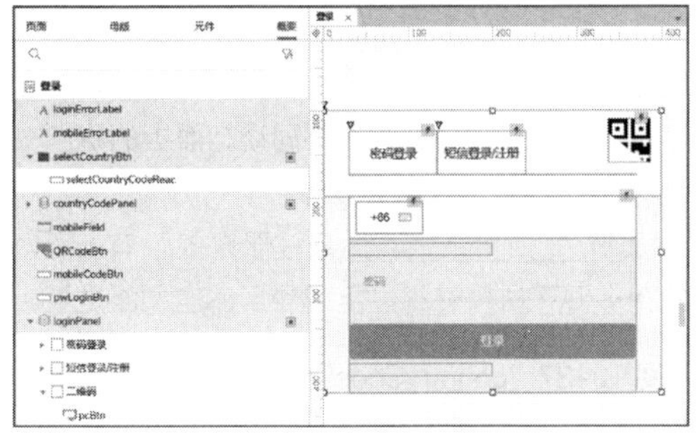

图 10-34　页面的主要元件

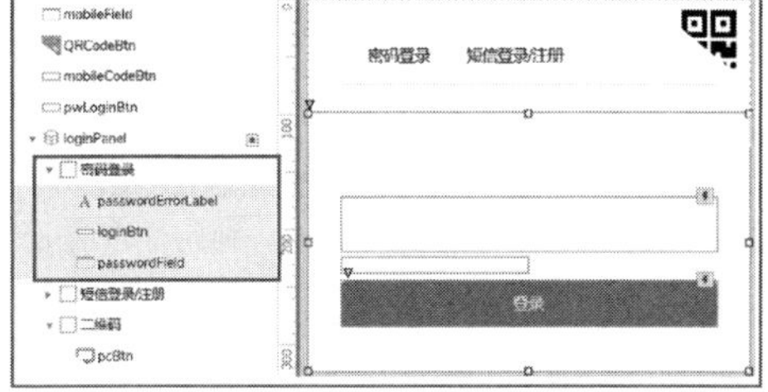

图 10-35　状态“密码登录”的主要元件

表 10-7　loginPanel 动态面板“密码登录”的元件属性

元件名称	元件种类	坐标	尺寸	备注	可见性
passwordErrorLabel	文本标签	X30;Y225	W170;H14	字体颜色# FE2626	Y
loginBtn	矩形	X30;Y245	W340;H40	填充颜色# F86744，字体颜色白色	Y
passwordField	文本框	X30;Y172	W340;H48	提示文字：密码 获取焦点的线段颜色# F86744	Y

3）动态面板 loginPanel 状态“短信登录/注册”的主要元件如图 10-36 所示，元件属性如表 10-8 所示。

表 10-8　loginPanel 动态面板“短信登录/注册”的元件属性

元件名称	元件种类	坐标	尺寸	备　注	可见性
loopPanel	动态面板	X411;Y165	W62;H63	两个状态	N
getCodeBtn	矩形	X247;Y172	W123;H48	字体颜色、线段颜色# F86744	Y
mobileCodeErrorLabel	文本标签	X30;Y225	W170;H14	字体颜色# F86744	Y
loginCodeBtn	矩形	X30;Y245	W340;H40	填充颜色# F86744，字体颜色白色	Y
mobileCodeField	文本框	X30;Y172	W210;H48	提示文字：验证码 获取焦点的线段颜色# F86744	Y

4）动态面板 countryCodePanel 内的主要元件如图 10-37 所示，元件属性如表 10-9 所示。

表 10-9　countryCodePanel 面板内的元件属性

元件名称	元件种类	坐标	尺寸	备注	可见性
countryCodeRepe	中继器	X1;Y1	–	包含两个字段	Y
countryCodeLabel	文本标签	X332;Y11	W56;H16	中继器 countryCodeRepe 内元件	Y
countryLabel	文本标签	X8;Y11	W56;H16	中继器 countryCodeRepe 内元件	Y
bg	矩形	X0;Y0	W338;Y37	鼠标悬停颜色# F9F9F9	Y

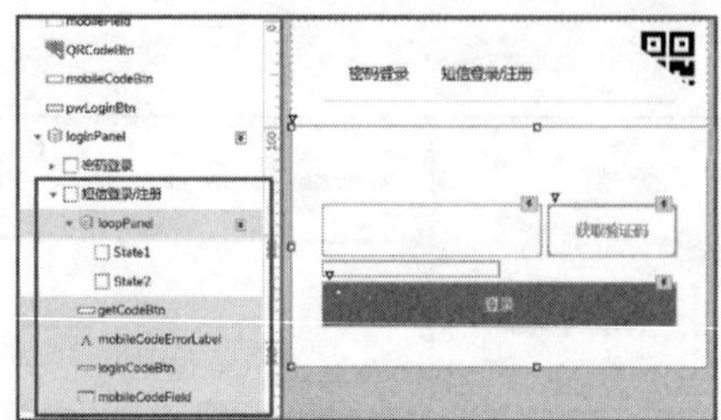
图 10-36　状态“短信登录/注册”主要元件

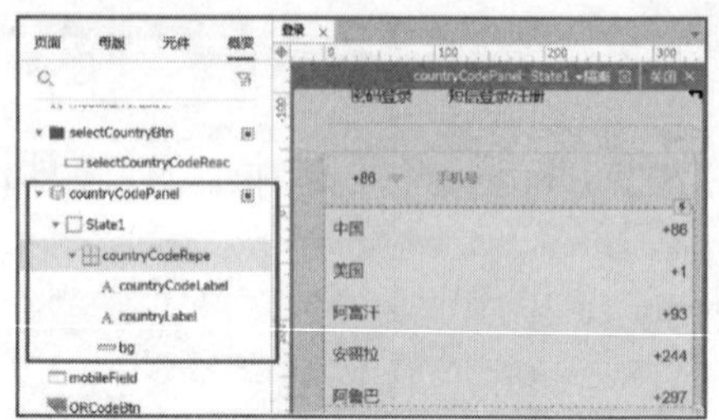
图 10-37　countryCodePanel 面板内主要元件

（2）国家手机代码下拉框

详细步骤可参考“10.1 京东的用户注册效果”案例实现步骤二，不再赘述。

（3）设置切换效果

1）选中按钮 pwLoginBtn 和 mobileCodeBtn，设置选项组为 navGroup，如图 10-38 所示。

2）选中 pwLoginBtn，在“单击时”事件，设置当前元件选中，设置动态面板 loginPanel 状态切换至“密码登录”，并且设置 loginErrorLabel、mobileErrorLabel、passwordErrorLabel、mobileField 和 passwordField 的文本值都为""，如图 10-39 所示。

3）选中 mobileCodeBtn，在“单击时”事件，设置当前元件选中，设置动态面板 loginPanel 状态切换至“短信登录/注册”，并且设置 loginErrorLabel、mobileErrorLabel、mobileCodeErrorLabel、mobileField 和 mobileCodeField 的文本值都为""，getCodeBtn 的文本值为“获取验证码”，如图 10-40 所示。

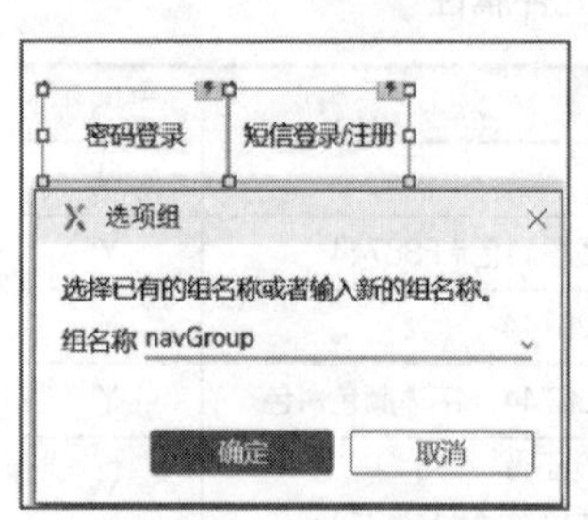

图 10-38　设置选项组

图 10-39　pwLoginBtn 鼠标单击事件

图 10-40　mobileCodeBtn 鼠标单击事件

4）选中 QRCodeBtn，在“单击时”事件，设置动态面板 loginPanel 状态切换至“二维码”并置于顶层，如图 10-41 所示。

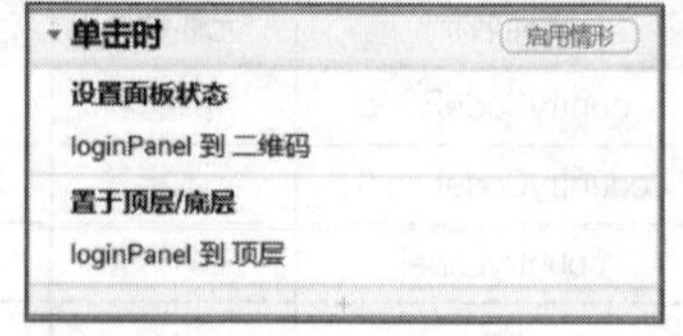

图 10-41　QRCodeBtn 鼠标单击事件

5）选中 pcBtn，在“单击时”事件，设置元件 pwLoginBtn 选中，设置动态面板 loginPanel 状态切换至“密码登录”并置于底层，并且设置 loginErrorLabel、mobileErrorLabel、passwordErrorLabel、mobileCodeErrorLabel、mobileField、passwordField 和 mobileCodeErrorLabel 的文本值都为""，getCodeBtn 的文本值

为“获取验证码”，如图 10-42 所示。

（4）密码登录验证

1）添加全局变量 mobileValue、passwordValue、mobileCodeValue 和 countDownValue，同时设置默认值，mobileValue、passwordValue 和 mobileCodeValue 用于登录验证，countDownValue 用于倒计时的设置，如图 10-43 所示。

2）选中文本框 mobileField，在“失去焦点时”事件判断如果当前元件文本值等于""，设置 mobileErrorLabel 的文本值为“手机号不能为空”；反之，则为""，如图 10-44 所示。

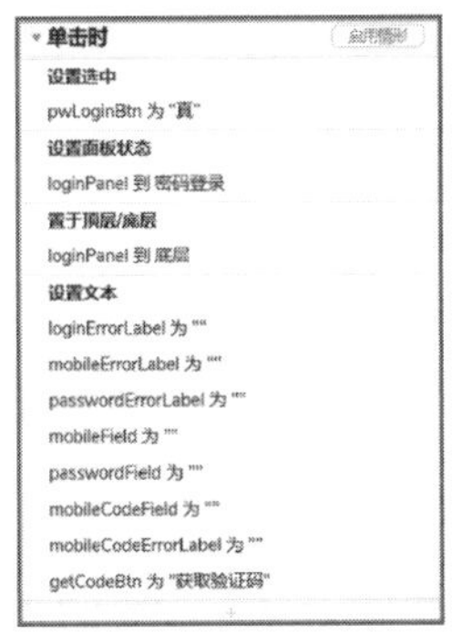

图 10-42　pcBtn 鼠标单击事件

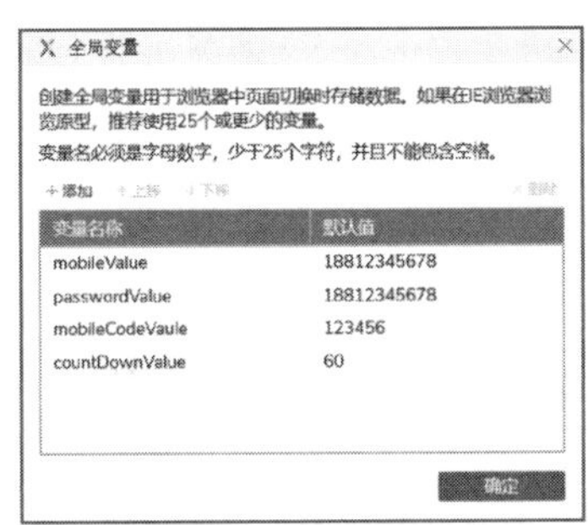

图 10-43　设置全局变量

图 10-44　mobileField 事件

3）选中文本框 passwordField，在“失去焦点时”事件判断如果当前元件文本值等于""，设置 passwordErrorLabel 的文本值为“请输入密码”；反之，则为""，如图 10-45 所示。

4）选中按钮 loginBtn，在“单击时”事件中，需要判断 mobileField 和 passwordField 是否为""值外，还需要判断用户名和密码是否等于对应的全局变量的值，如果其中一个不等于，设置 loginErrorLabel 文本值为“用户名或面密码错误”；如果等于，才表示登录成功，设置 loginErrorLabel 文本值为“登录成功”，如图 10-46 所示。

（5）获取验证码

1）在点击“获取验证码”按钮之后，系统会自动发送短信验证码至手机，并且倒计时开始，60 秒内不能重新获取验证码。选中动态面板 loopPanel，在“显示时”事件，设置面板状态间隔 1 秒循环改变状态；在“隐藏时”事件，设置面板停止循环，如图 10-47 所示。

2）选中按钮 getCodeBtn，在“单击时”事件判断 mobileField 的文本值不为""的情况下，显示动态面板 loopPanel，同时禁用当前按钮，如图 10-48 所示。

3）选中动态面板 loopPanel，在“状态改变时”事件判断，如果全局变量 countDownValue 大于 1，设置变量值减去 1，并且设置 getCodeBtn 的文本值为“已发送([[countDownValue]]s)”；反之，隐藏面板 loopPanel，设置 getCodeBtn 的文本值为“重新获取”，恢复全局变 countDownValue 的值为 60，同时启用按钮 getCodeBtn，如图 10-49 所示。

图 10-45　passwordField 事件“失去焦点时”

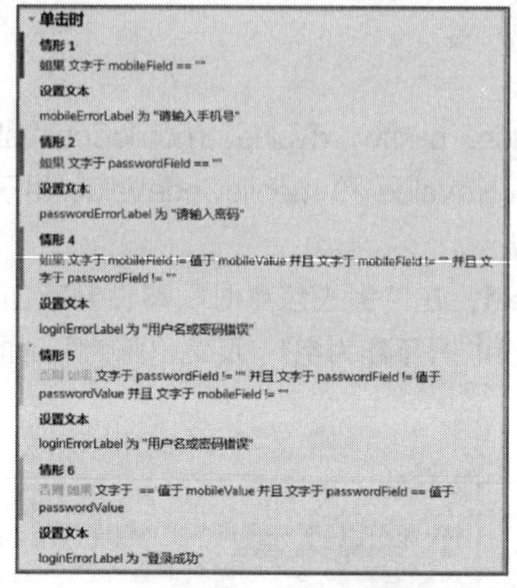

图 10-46　loginBtn 鼠标单击事件

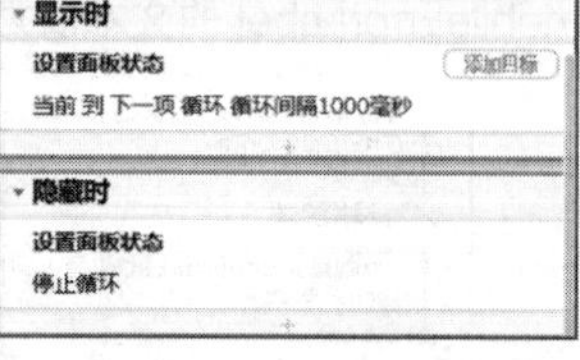

图 10-47　loopPanel 显示隐藏事件

图 10-48　getCodeBtn 鼠标单击事件

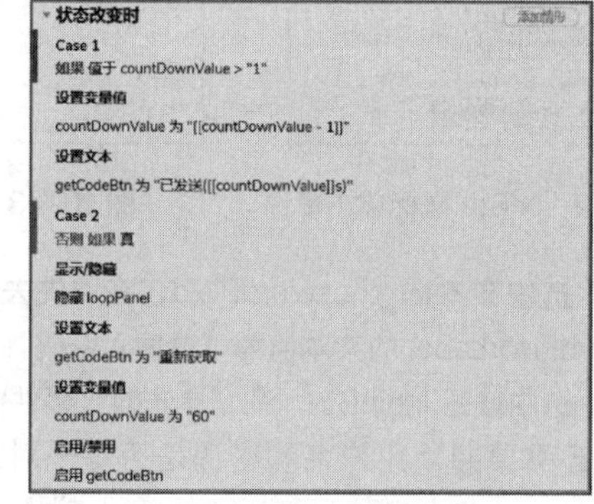

图 10-49　loopPanel“状态改变时”事件

（6）短信验证码登录验证

1）选中文本框 mobileCodeField，在“文本改变时”事件设置文本标签 mobileCodeErrorLabel 的值为""，如图 10-50 所示。

2）选中按钮 loginCodeBtn，在“单击时”事件中，我们需要判断 mobileField 和 mobileCodeField 是否为""值外，还需要判断用户名和验证码是否等于对应的全局变量的值，如果其中一个不等于，设置 mobileCodeErrorLabel 文本值为“验证码已失效，请重新发送”；如果等于，才表示登录成功，设置 loginErrorLabel 文本值为“登录成功”，如图 10-51 所示。

4. 案例演示效果

按〈F5〉快捷键查看预览效果，与图 10-30～图 10-33 相一致。

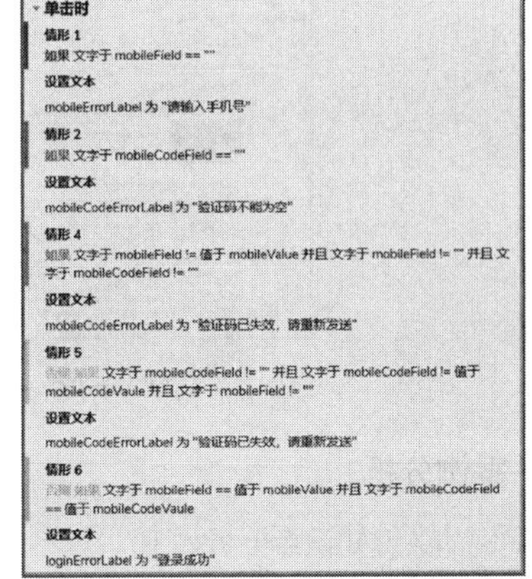

文本改变时　启用情形
设置文本
mobileCodeErrorLabel 为 ""

图 10-50　mobileCodeField 事件

图 10-51　loginCodeBtn 鼠标单击事件

10.3　百度的搜索提示效果

1. 案例要求

打开百度首页（http://www.baidu.com），单击文本框，输入“A”的同时，会发生页面跳转，然后依次输入“Axure”“Axure RP”“Axure RP 8.0”时，文本框下方会给出搜索提示，如图 10-52 至图 10-57 所示。

图 10-52　百度首页

图 10-53　百度搜索框获取焦点

图 10-54　在百度搜索框输入“A”

图 10-55　在百度搜索框输入“Axure”

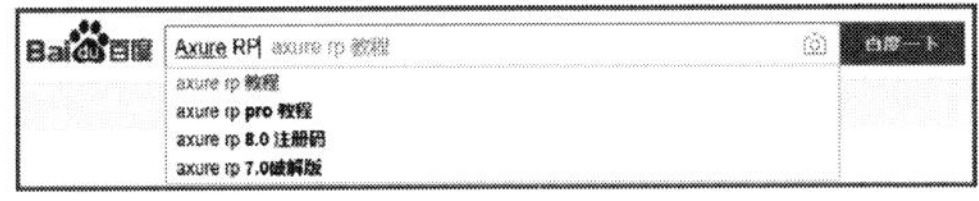

图 10-56　在百度搜索框输入“Axure RP”

图 10-57　在百度搜索框输入“Axure RP 8.0”

再单击“百度一下”按钮，或者按下〈Enter〉键时，会出现查询结果，如图 10-58 所示。

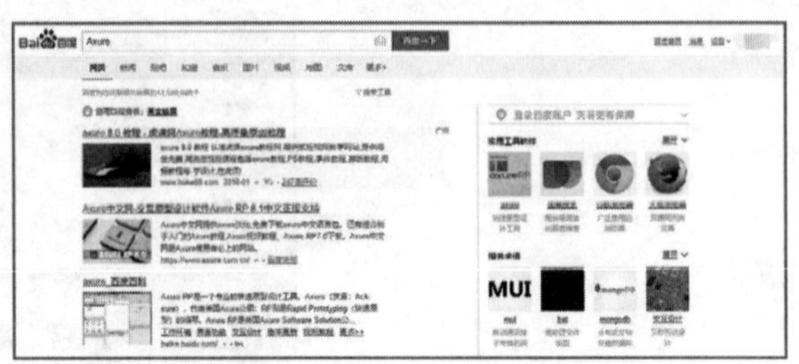

图 10-58　百度搜索“Axure”结果页

2. 案例分析

本案例的关键知识点分析如下。

1）因为这个案例只是模拟百度搜索框的提示效果，所以上面的“新闻”“网页”“贴吧”等，以及下面的二维码等信息可以忽略。

2）从图 10-52 可知，需要实现文本框元件的交互效果，主要为获取焦点时和失去焦点时的边框变换，跟“10.2 喜马拉雅的用户登录效果”的登录文本框类似，所以这里不再详述。

3）在百度首页（http://www.baidu.com），输入查询文字的同时，页面会发生跳转，同时跳转之后的页面中的文本框会显示之前所输入的文字，这时需要添加一个全局变量来实现文字的存储。通过给文本框元件“获取焦点时”事件添加“设置变量值”动作，将输入的文字赋值给添加的全局变量，在跳转后的“页面载入时”页面事件添加“设置文本”动作，将全局变量的值赋值给文本框元件即可。

4）本案例的重点就是提示效果，针对不同的输入内容，文本框下面区域会显示不同的搜索结果，输入和搜索结果的对应关系如下。

- A：爱奇艺、阿里云、阿里巴巴、安居客。
- Axure：axure rp 教程、axure 教程视频、axure 教程、axure 7.0 教程。
- Axure RP：axure rp 教程、axure rp pro 教程、axure rp 8.0 注册码、axure rp 7.0 破解版。
- Axure RP 8.0：axure rp 8.0 注册码、axure 8.0 教程、axure rp 8.0 破解版、axure rp 教程。

与该功能的实现很切合的是动态面板元件，动态面板元件具有不同的状态，通过文本框元件提供的“按键松开时”事件添加动作，根据输入值的不同将动态面板元件切换到不同状态。

要说明的是，这里的动态面板只是响应文本框对 Axure、Axure RP 和 Axure RP 8.0 的提示，输入其他值并没有进行处理。通过 Axure RP 只是在实现高保真原型，并不会实现真实功能，只是为了让看原型的人懂得这个文本框元件会根据用户的输入值查出匹配的结果。

3. 案例实现

（1）元件准备

1）“百度一下，你就知道”页面的主要元件如图 10-59 所示，其主要元件属性如表 10-10 所示。

表 10-10　主要元件的属性

元件名称	元件种类	坐标	尺寸	备注	可见性
EnterBtn	矩形	X490;Y230	W110;H40	无	Y
searchTextField	文本框	X10;Y231	W480;H38	隐藏边框	Y
grayBgRect	矩形	X0;Y230	W600;H40	线条颜色#CCCCCC	Y

2）输入文字，跳转之后页面的主要元件如图 10-60 所示，其主要元件属性如表 10-11 所示。

图 10-59　页面的主要元件

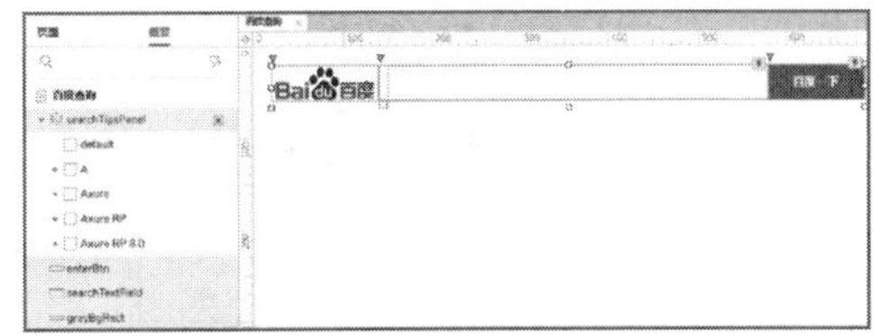

图 10-60　跳转后页面的主要元件

表 10-11　跳转后页面的元件属性

元件名称	元件种类	坐标	尺寸	备注	可见性
searchTipsPanel	动态面板	X140;Y58	为内容尺寸	5 个状态，包括：default、A、Axure、Axure RP 和 Axure RP 8.0	Y
enterBtn	矩形	X490;Y230	W110;H40	无	Y
searchTextField	文本框	X10;Y231	W480;H38	边框隐藏	Y
grayBgRect	矩形	X0;Y230	W600;H40	线条颜色#CCCCCC	Y

3）提示信息所用的动态面板元件“A”状态下的元件准备如图 10-61 所示。动态面板元件的其他状态 Axure、Axure RP、Axure RP 8.0 与其类似，只需更改文字内容即可。

（2）设置文本框交互效果

两个页面的文本框元件都需要设置交互效果，并且效果相同，这里详细讲解其中一个页面的文本框设置。

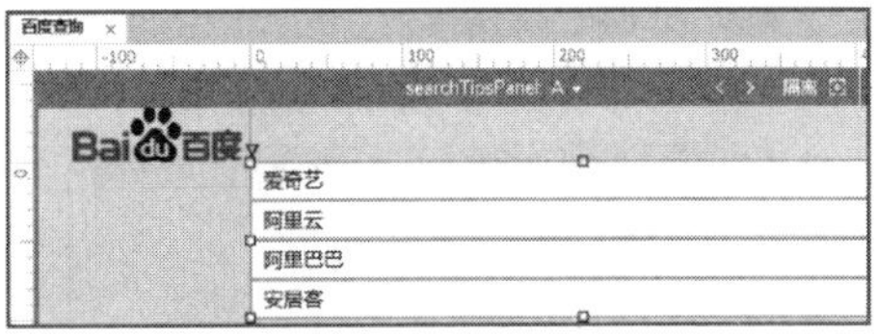

图 10-61　动态面板中的元件

1）设置“百度一下，你就知道”页面排列方式为水平居中。

2）在“百度一下，你就知道”页面，选中 searchTextField 文本框元件，右击选择“隐藏边框”菜单项，然后选中 grayBgRect 矩形元件，右击选择“交互样式”菜单项，设置选中状态下，线段颜色为（#3388FF）。同样，在跳转之后的页面，隐藏 searchTextField 文本框的边框，grayBgRect 矩形元件选中状态下，线段颜色为（#3388FF），如图 10-62 所示。

3）选中 searchTextField 文本框元件，在“获取焦点时”事件添加“选中”动作，设置

grayBgRect 元件的选中状态为 true，在“失去焦点时”事件添加“取消选中”动作，设置 grayBgRect 矩形元件的选中状态为 false，如图 10-63 所示。

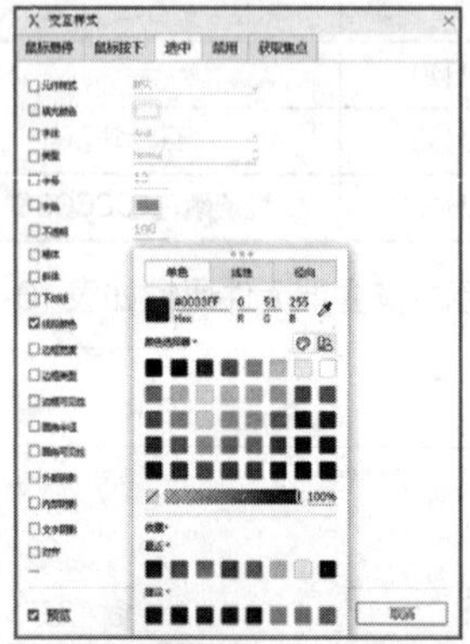

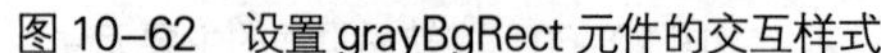
图 10-62　设置 grayBgRect 元件的交互样式

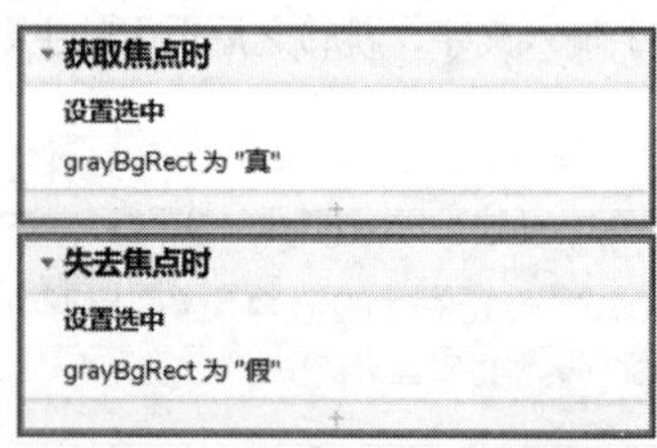

图 10-63　searchTextField 元件的事件

（3）添加全局变量

在百度首页输入文字的同时会发生页面跳转，在跳转之后的页面，搜索框同时显示输入的文字和查询结果的提示。Axure RP 9 可以使用全局变量和局部变量，在页面之间可用全局变量实现数据的存取。

在菜单栏选择“项目”→“全局变量”命令，打开“全局变量”对话框，添加全局变量 SearchValue，默认值设置为空字符串，如图 10-64 所示。

（4）实现页面跳转

在输入查询文字时，会触发页面跳转动作，所以，在文本框元件的“文本改变时”事件添加跳转链接，并且将所输入的文字赋值给全局变量 SearchValue，如图 10-65 所示。

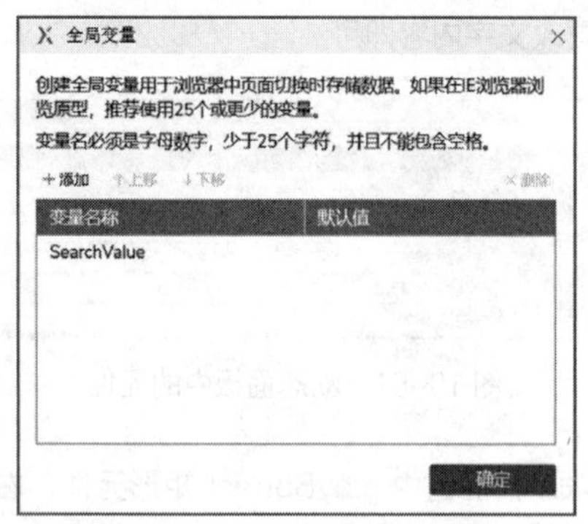

图 10-64　添加全局变量对话框

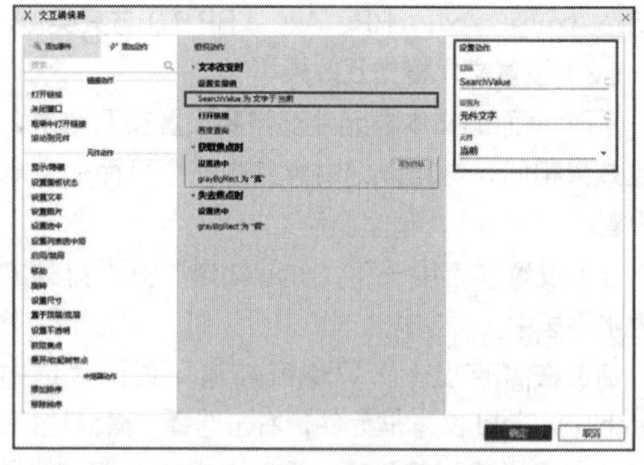
图 10-65　设置变量值 SearchValue

1）切换至“百度一下，你就知道”页面，选中 searchTextField 文本框元件，添加“文本改变时”事件，添加“设置变量值”动作，使全局变量 SearchValue 值等于该元件的文本值，如图 10-66

所示。然后，添加“打开链接”动作，在当前窗口打开链接，打开“百度查询”页面，如图 10-67 所示。

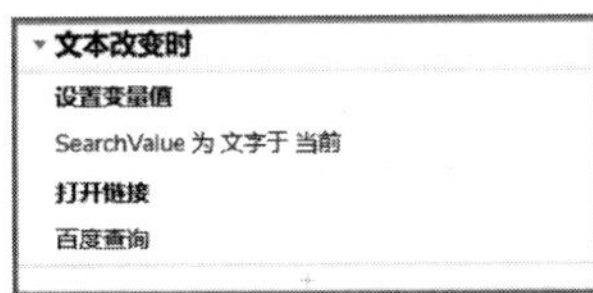

图 10-66　文本框 searchTextField 文本改变事件

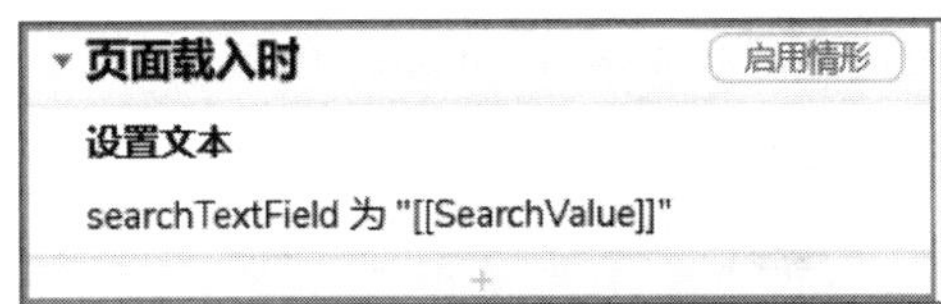

图 10-67　页面载入时事件

2）在跳转之后的“百度查询”页面，在“页面加载时”页面事件中，需要将全局变量的值赋值给该页面的 searchTextField 文本框元件，所以，在“页面载入时”事件添加“设置文本”动作，使文本框 searchTextField 的值等于 SearchValue 全局变量的值，如图 10-68 所示。

（5）实现搜索提示效果

这是本案例的重点，对“按键松开时”事件进行响应。在该事件中需要对用户不同的输入值进行提示框状态切换的操作。如输入“A”时，将提示框 searchTipsPanel 切换至“A”状态，输入“Axure RP”时，将提示框 searchTipsPanel 切换至“Axure RP”状态等。

1）切换至“百度查询”页面，选中 searchTextField 文本框元件，添加 “按键松开时”事件，添加 Case1 用例，添加元件文字的值等于“A” 的触发条件，将 searchTipsPanel 动态面板元件切换至 A 状态，如图 10-69 所示。

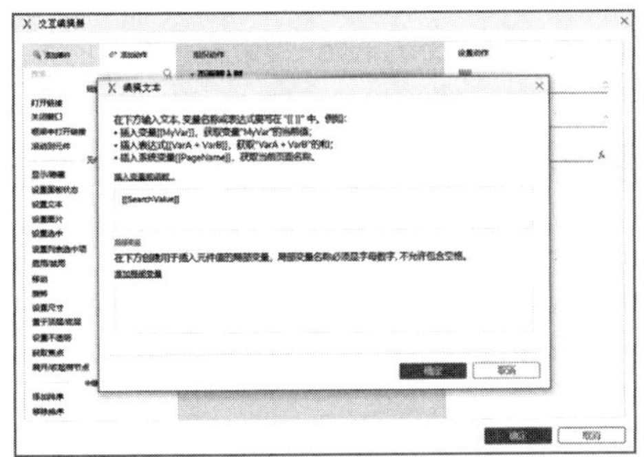

图 10-68　添加全局变量 SearchValue

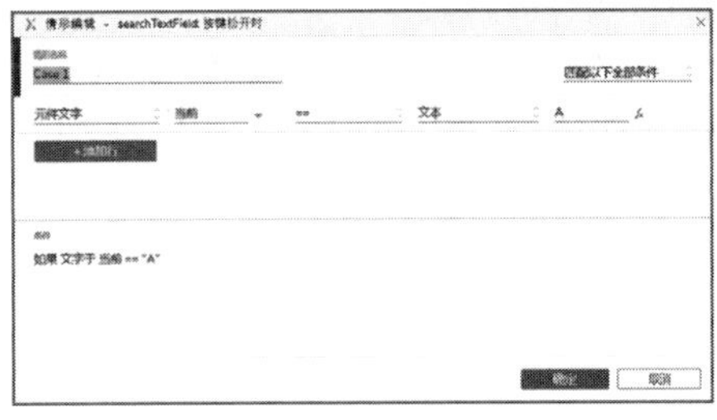

图 10-69　searchTextField 元件按键松开时 Case1 添加条件

2）完成所有条件下状态的改变，元件文字的值分别等于“Axure”“Axure RP”“Axure RP 8.0”对应不同的状态。要记得设置元件文字的值为空时，动态面板 searchTipsPanel 切换至 default 状态，如图 10-70 所示。

3）回到之前页面跳转部分，因为在页面跳转之后搜索框有值的同时，也应该实现动态面板 searchTipsPanel 的切换，这时就会用到“触发事件”动作。

选中文本框 searchTextField，在“载入时”事件添加“触发事件”动作，触发当前元件的“按键松开时”事件，这样就不用在“载入时”事件重新设置一遍动态面板的切换动作，如图 10-71 所示。

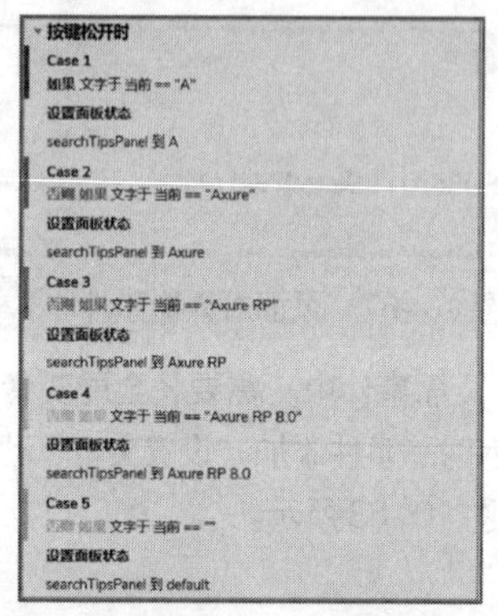

图 10-70　searchTextField 元件的按键松开时事件

图 10-71　searchTextField 元件的载入时事件

（6）实现搜索结果的查询

在百度搜索时，允许在文本框元件输入完毕时按〈Enter〉或〈Return〉键进入查找结果显示页面，在 Axure RP 中对〈Enter〉或〈Return〉的按键处理可在“按键按下时”事件中设置。

为了模拟得更真实一些，在按〈Enter〉键或〈Return〉键后将链接跳转到百度搜索的真实查询结果页面，并将搜索框的输入内容一起“带”过去。

观察百度的搜索结果，发现可通过输入“http://www.baidu.com/#wd=搜索框内容”的方式使得打开百度页面时查询对应的结果。

1）选中 searchTextField 文本框元件，给“按键按下时”事件，添加 Case1 用例，添加按下的键值等于 Return 时的触发条件，如图 10-72 所示。

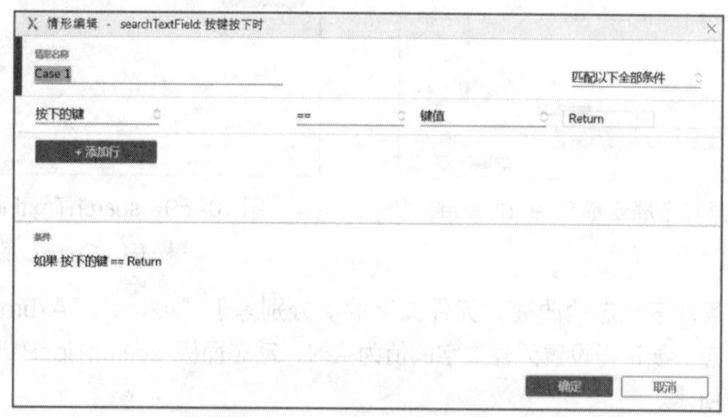

图 10-72　文本框 searchTExtField 按键按下 Case1 添加条件

添加“当前窗口”动作，“配置动作”区域勾选链接到 URL 地址或文件，再单击右下方的“fx”按钮，因为要在链接中搜索框的值，所以需要添加局部变量，将搜索文本框的值赋值给局部变量 LVAR1，再将局部变量添加到连接中，如图 10–73 所示。

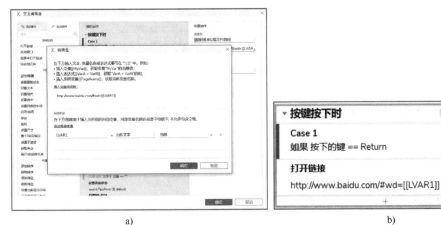

a)　　b)

图 10–73　配置在当前窗口打开的链接

a) 设置 LVAR1 的值　b) 打开链接

2）同时，在“百度查询”页面的单击 enterBtn 按钮也能实现该功能，添加“鼠标单击时”事件，添加“打开链接”动作，选择跟上述一样的配置动作，不同的是，在添加局部变量时，将元件文字改为 searchTextField 的文字，如图 10–74 所示。

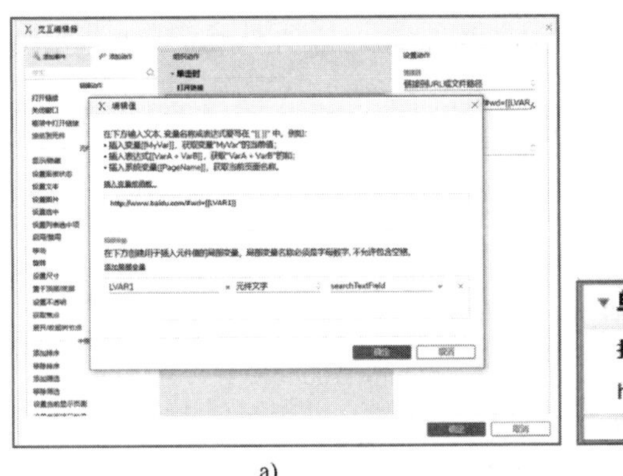

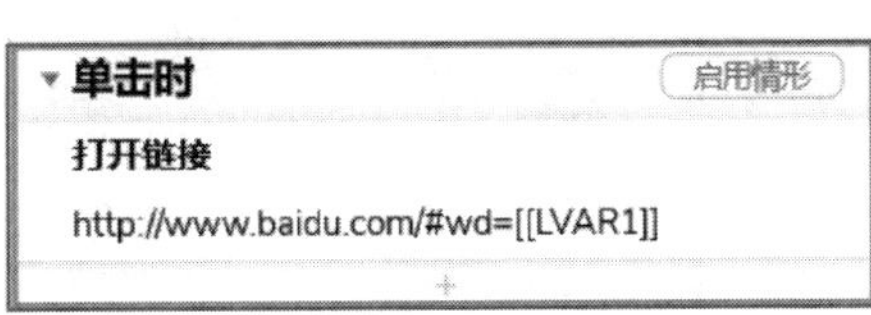

a)　　b)

图 10–74　配置在当前窗口打开的链接

a) 设置 LVAR1 的值　b) 打开链接

4. 案例演示效果

按〈F5〉快捷键预览。输入“Axure”的提示效果，以及输入“Axure”后按〈Enter〉键后的效果分别如图 10–75 和图 10–76 所示。

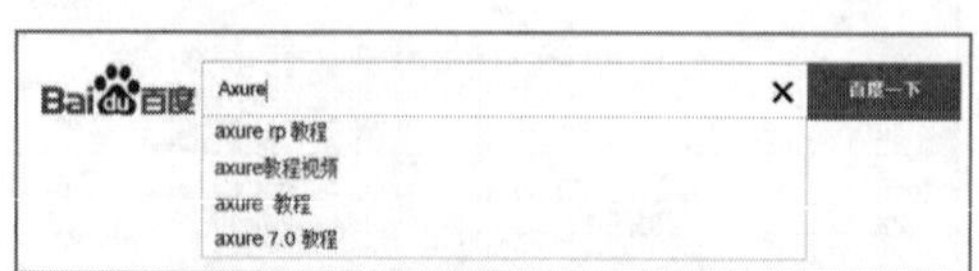

图 10–75　输入“Axure”

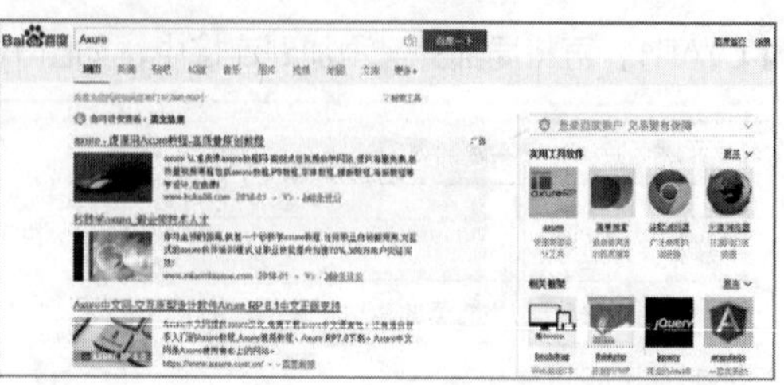

图 10–76　查询结果

10.4　百度搜索页签切换效果

1. 案例要求

打开百度网址（http://www.baidu.com），输入“Axure RP 9”，在搜索结果的底部，可以看到百度搜索页的页签，本案例完成页面的切换效果。

2. 案例分析

本案例主要利用中继器实现列表的呈现，用中继器存储大量的数据，设置中继器每页显示有限项，然后单击页签按钮，添加“中继器”→“设置当前显示页面”动作，实现内容和页签的切换。

3. 案例实现

（1）元件准备

1）页面的主要元件如图 10–77 所示，元件属性如表 10–12 所示。

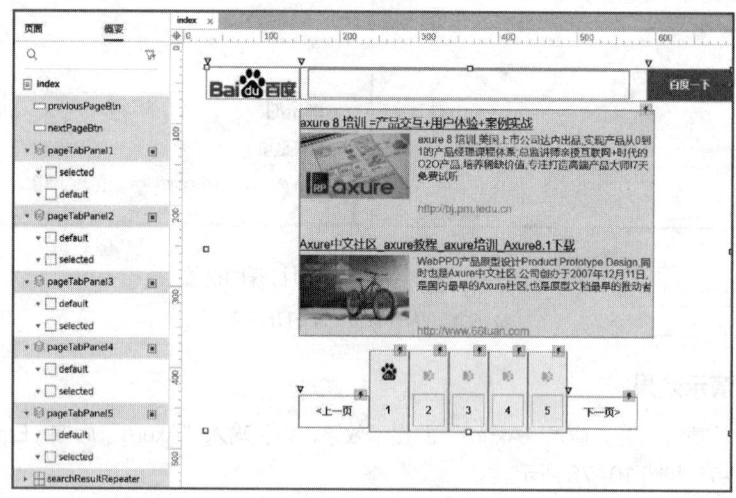

图 10–77　页面的主要元件

表 10–12　页面的主要元件属性

元件名称	元件种类	坐标	尺寸	备注	可见性
pageTabPanel1	动态面板	X240;Y379	W50;H100	两个状态，分别为 selected（默认）和 default	Y
pageTabPanel2	动态面板	X290;Y379	W50;H100	两个状态，分别为 default 和 selected	Y
pageTabPanel3	动态面板	X340;Y379	W50;H100	两个状态，分别为 default 和 selected	Y
pageTabPanel4	动态面板	X390;Y379	W50;H100	两个状态，分别为 default 和 selected	Y
pageTabPanel5	动态面板	X440;Y379	W50;H100	两个状态，分别为 default 和 selected	Y
previousPageBtn	矩形	X:150;Y434	W:90;H40	字体颜色 边框颜色	Y
nextPageBtn	矩形	X490;Y434	W90;H40	字体颜色 边框颜色	Y
Search Result Repeater	中继器	X150;Y81	–		Y

2）searchResultRepeater 中继器中的主要元件如图 10–78 所示，元件属性如表 10–13 所示。

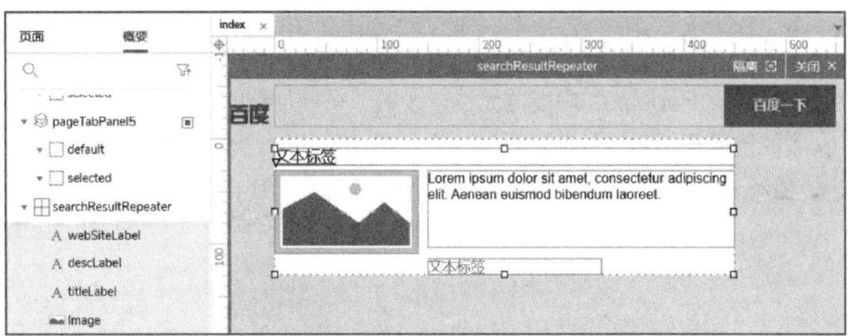

图 10–78　中继器 searchResultRepeater 的主要元件

表 10–13　中继器 searchResultRepeater 的主要元件属性

元件名称	元件种类	坐标	尺寸	备注	可见性
image	图片	X0;Y30	W140;H80		Y
titileLabel	文本标签	X0;Y9	W450;H17		Y
descLabel	文本标签	X150;Y30	W300;H74		Y
webSiteLabel	文本标签	X150;Y114	W170;H16		Y

（2）搜索结果列表的呈现

1）在“样式”面板设置该页面排列为水平居中。

2）为 searchResultRepeater 中继器元件添加字段。

选中中继器元件，在“样式”面板会有添加字段的表格，为了简便起见，此处只添加了 10 行数据，

4 个字段，包括：图片（IMAGE）、主题（TITLE）、描述（DESC）、网站链接（WEB_SITE）。填加的字段和数据如图 10–79 所示。

3）searchResultRepeater 中继器元件样式设置为，中继器默认布局是“垂直”，设置每页项目数为 2，每项的行间距为 20 像素，如图 10–80 所示。

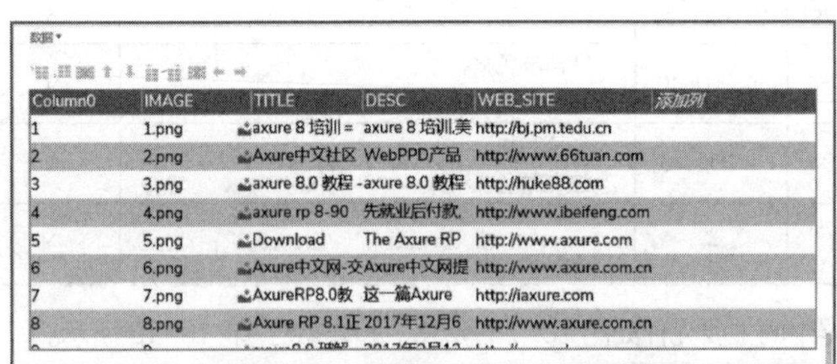

Column0	IMAGE	TITLE	DESC	WEB_SITE	添加列
1	1.png	axure 8 培训 =	axure 8 培训,美	http://bj.pm.tedu.cn	
2	2.png	Axure中文社区	WebPPD产品	http://www.66tuan.com	
3	3.png	axure 8.0 教程 -	axure 8.0 教程	http://huke88.com	
4	4.png	axure rp 8-90	先就业后付款	http://www.ibeifeng.com	
5	5.png	Download	The Axure RP	http://www.axure.com	
6	6.png	Axure中文网-交	Axure中文网提	http://www.axure.com.cn	
7	7.png	AxureRP8.0教	这一篇Axure	http://iaxure.com	
8	8.png	Axure RP 8.1正	2017年12月6	http://www.axure.com.cn	

图 10–79　中继器 searchResultRepeater 的字段和数据

图 10–80　中继器每页项目数图

4）选中 searchResultRepeater 中继器元件，设置“每项加载时”事件，添加“设置文本”动作，设置中继器中的文本的值等于相对应的值；添加“设置图片”动作，设置图片元件引用中继器中的图片，如图 10–81 所示。最终该中继器元件的每项加载时事件，如图 10–82 所示。

图 10–81　中继器每项加载时事件

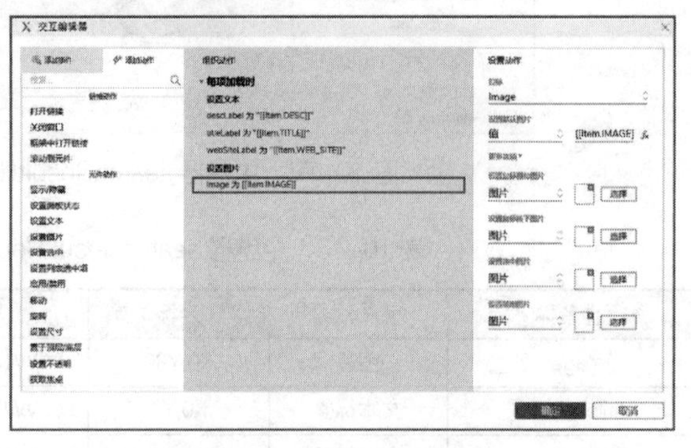

图 10–82　设置图片动作

（3）实现页签切换效果

pageTabPage1～pageTabPage5 动态面板元件，都为两个状态：default（不为当前页）和 selected（显示当前页）。

1）添加 pageNum 全局变量，默认值为 1。

2）选中 pageTabPanel1 动态面板，设置“鼠标单击时”事件，添加该面板当前状态不是

selected 时的触发条件，添加“设置面板状态”动作，设置 pageTabPage2～pageTabPage5 动态面板元件的状态都为 default，设置当前动态面板元件的状态为 selected；然后添加“中继器”→“设置当前显示页面”动作，设置当前显示页面为 1；最后“设置变量值”，设置 pageNum 全局变量值为 1，如图 10-83 所示。

3）其余 pageTabPage2～pageTabPage5 动态面板设置跟 pageTabPage1 动态面板类似，面板状态都是当前为 selected，其余的都为 default，这里不再赘述，事件如图 10-84～图 10-87 所示。

图 10-83 pageTabPanel1 鼠标单击事件

图 10-84 pageTabPanel2 元件的鼠标单击时事件

图 10-85 pageTabPanel3 元件的鼠标单击时事件

图 10-86 pageTabPanel4 元件的鼠标单击时事件

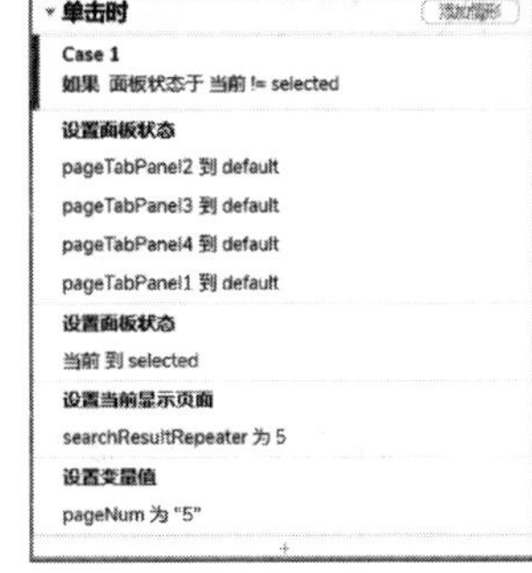

图 10-87 pageTabPanel5 元件的鼠标单击时事件

4）选中表示“上一页”的 previousPageBtn 按钮，设置“鼠标单击时”事件，添加不同的用例和条件。在表示当前页面的值为 5 时，触发“设置面板状态”动作，pageTabPanel5 的状态为 default，pageTabPage4 的状态为 selected；添加“中继器”→“设置当前显示页面”动作，设置当前页面为前一页；最后，触发“设置变量值”动作，将 pageNum 全局变量的值设置为 4。

其他情况以此类推即可，如图 10-88 所示。

5）选中表示“下一页”的 nextPageBtn 按钮，在“鼠标单击时”事件添加不同的用例和条件。在当前页面为 1 时，触发“设置面板状态”动作，pageTabPanel1 的状态为 default，pageTabPage2 的状态为 selected；添加“中继器”→“设置当前显示页面”动作，设置当前页面为下一页；最后，触发“设置变量值”动作，将 pageNum 全局变量的值设置为 2。

其他情况以此类推即可，如图 10-89 所示。

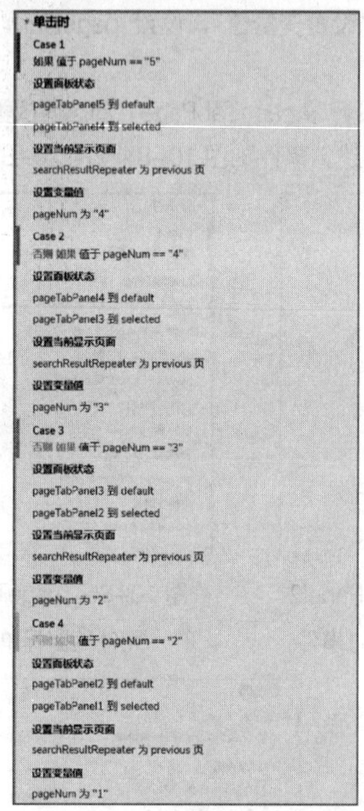

图 10-88 previousPageBtn 按钮鼠标单击时事件

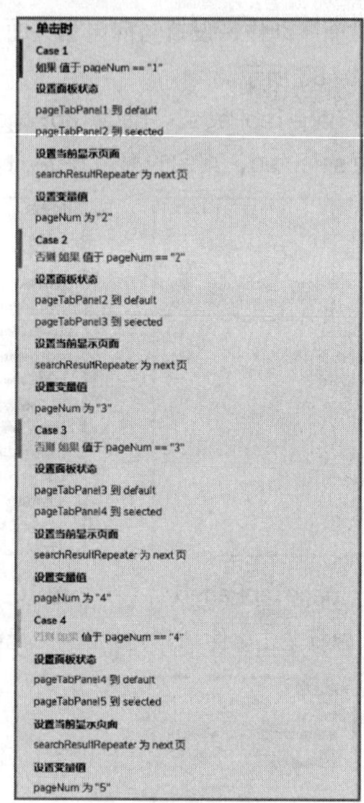

图 10-89 nextPageBtn 按钮鼠标单击时事件

4. 案例演示效果

按〈F5〉快捷键进行预览，演示效果如图 10-90 所示。

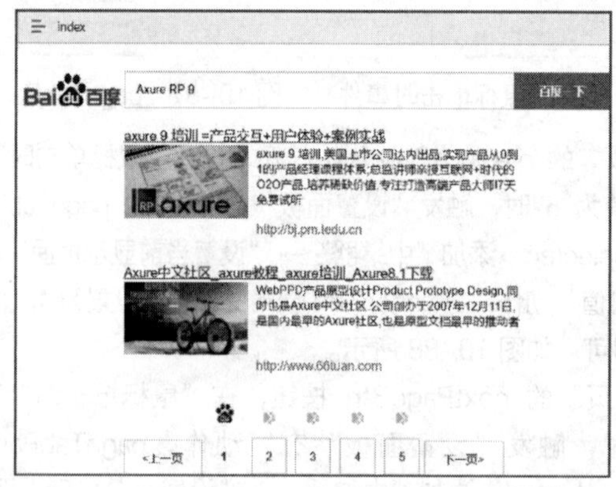

图 10-90 百度搜索结果底部页签切换效果

10.5　百度云的上传进度条效果

1. 案例要求

打开百度云的计算机客户端，上传文件进度条效果如图 10-91 所示。

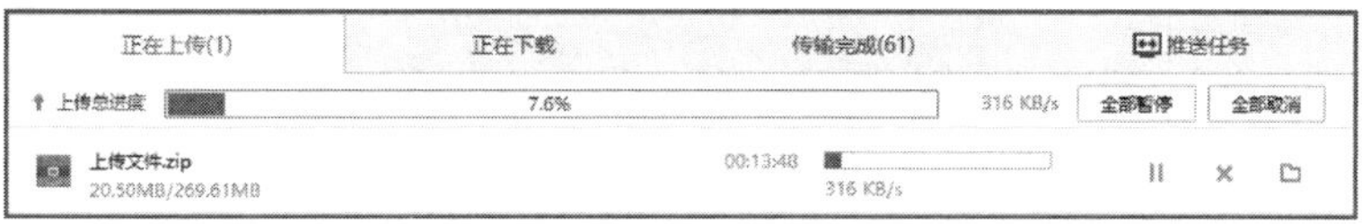

图 10-91　上传文件进度条效果

本案例需要实现的功能：在 60 秒内将上传进度从 0% 匀速变为 100%，在时间改变的同时，蓝色进度条和上传百分比也会相应发生变化。

2. 案例分析

这里仅仅实现进度条的变化，观察图 10-91 的上传总进度条，颜色边框可以使用蓝色的边框和无填充色的矩形元件表示，另外添加一个动态面板元件表示进度条。在动态面板内部，添加一个填充色为蓝色的矩形元件表示进度变化，添加一个文本框元件表示进度百分比。

3. 案例实现

（1）元件准备

1）页面中的主要元件如图 10-92 所示，主要元件属性如表 10-14 所示。

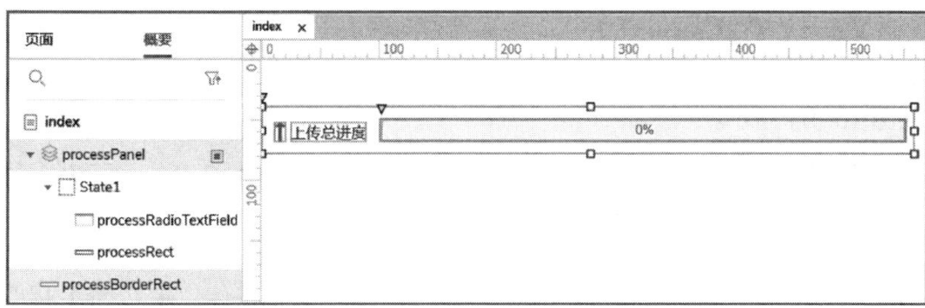

图 10-92　页面中的主要元件

表 10-14　页面中的主要元件属性

元件名称	元件种类	坐标	尺寸	备注	可见性
ProcessPanel	动态面板	X103;Y50	W449;H18	1 个状态，State1 状态	Y
ProcessBorderRect	矩形	X101;Y49	W452;H20	边框颜色#5095E1，填充颜色无	Y

2）processPanel 动态面板元件中的元件如图 10-93 所示，主要元件属性如表 10-15 所示。

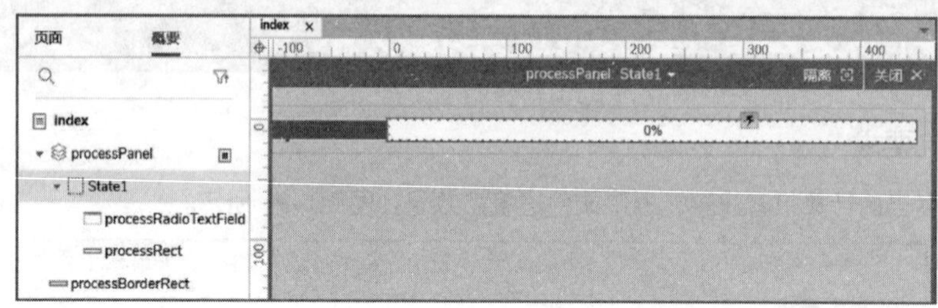

图 10-93　面板 processPanel 中的主要元件

表 10-15　面板 processPanel 中的主要元件属性

元件名称	元件种类	坐标	尺寸	备注	可见性
processRect	矩形	X-450;Y0	W450;H18	边框无，填充颜色#5095E1	Y
processRadioTextField	文本框	X131;Y1	W186;H16	隐藏边框	Y

将 processRect 矩形元件的 X 坐标设置为-450，因为该元件默认在屏幕左侧不可见区域，随着时间的推进会慢慢从左侧移入到视野范围。

processRadioTextField 文本框元件填充色需要设置为透明，需要用到文本框元件的“文本改变时”事件来控制百分比变化。

（2）实现进度条匀速推进效果

1）在“样式”面板设置 index 页面排列方式水平居中。

2）单击 index 页面空白区域，设置“页面载入时”事件，添加“移动”动作，移动矩形元件 processRect 进度条从当前位置 X-450；Y0 沿水平方向移动 450 像素，需要在 60000ms（即 60 秒）的时间内进行线性移动，如图 10-94 所示。

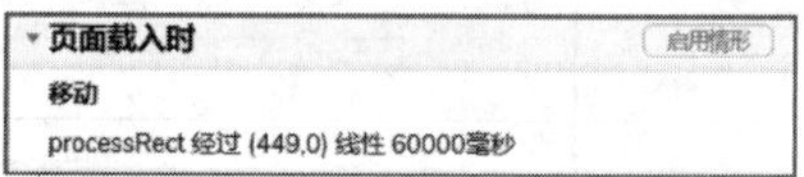

图 10-94　页面载入时事件

（3）实现进度百分比效果

1）进度条会在 60 秒内移动完毕，进度百分比需要从 0%进到 100%，所以每 0.6 秒移动 1%。在该步骤中，设置异步等待 600ms（0.6 秒）。

继续在 index 页面的空白区域单击，设置“页面载入时”页面事件，在 Case1 用例中添加“等待”动作，如图 10-95 所示。

2）在异步等待 0.6 秒之后，设置 processRadioTextField 文本框元件的百分比值加 1。需要用到 LVAR1 局部变量，LVAR1 的值等于 processRadioTextField 的当前值（默认值为 0%）。另外，需要利用字符串函数 replace 将当前百分比中的%去掉后，将数字加 1 后再次加上符号%，即 0% → 1%，1% → 2%。

在“页面载入时”页面事件的 Case1 用例中添加“设置文本”动作，随即添加 LVAR1 局部变量和插入字符串函数如 replace，如图 10-96 所示。

▾ 页面载入时
移动
processRect 经过 (449,0) 线性 60000毫秒
等待
600 ms

图 10-95　页面载入时事件

图 10-96　页面载入时添加动作设置文本

将插入函数中的变量 LVAR 更换为 LVAR1，searchvalue 更换为%，newvalue 清空，在该值的基础上加 1，最终 fx 的结果为[[LVAR1.replace('%','')+1]]%，如图 10-97 所示。

也可以利用 length 和 substr 函数实现，如[[LVAR1.substr(0,LVAR1.length – 1) + 1]]%语句会达到相同的效果。

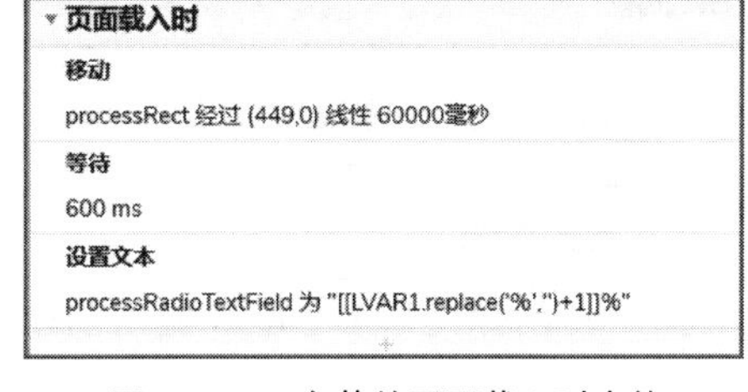

图 10-97　完整的页面载入时事件

3）因为在第 2）步中，processRadioTextField 文本框元件的文本值被改变，需要不断地变化百分值，所以会执行该元件的“文本改变时”事件，并且要在该元件的值去掉%小于 100 的情况下进行，条件设置如图 10-98 所示，事件用例如图 10-99 所示。

图 10-98　processRadioTextField 文本改变时条件

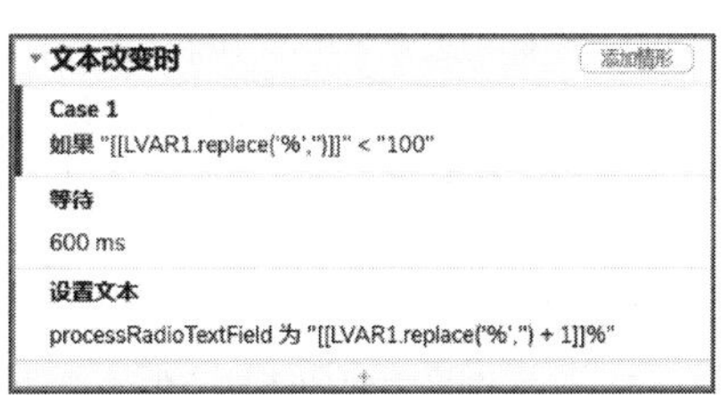

图 10-99　processRadioTextField 文本改变时事件

4．案例演示效果

按〈F5〉快捷键进行预览，运行效果如图 10-100 所示。

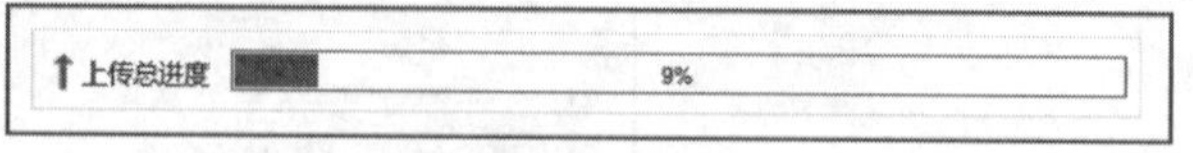

图 10-100　预览运行效果

10.6　京东商品详情页商品介绍快速导航效果

1. 案例要求

本案例介绍京东商品详情页商品介绍快速导航效果。随便点开一个商品的详情页面，都会出现右侧那一列快速导航栏。鼠标经过每个图标按钮，都会滑出中文描述，单击图标按钮，在右侧会滑出相应的详细信息，如图 10-101 和图 10-102 所示。

图 10-101　京东商品详情页快速导航样式 1

图 10-102　京东商品详情页快速导航样式 2

2. 案例分析

本案例的关键知识点分析如下。

1）因为所有的图标按钮都会随着详细信息的显示、隐藏、切换而移动，所以将所有的图标按钮放置在一个动态面板元件中即可。

2）鼠标经过或者单击图标按钮时，图标变为红色，可以在交互样式中的“鼠标悬停”“鼠标按下”“选中”状态下，导入红色图标；在鼠标经过时，会给出中文描述，在每个图标按钮旁边添加中文描述，然后在“鼠标移入时”事件和“鼠标移出时”事件添加动作显示或隐藏元件。

3）可将详情信息都放置在一个动态面板元件中，单击图标按钮，切换该动态面板元件的状态来显示不同的信息。

4）该案例最主要的还是元件的滑动效果，在添加隐藏和显示元件动作时，可以选择推动或者拉动元件，方向有下方和右侧。在本案例中，需要显示/隐藏的元件为详细信息的动态面板元件（命名为 slideDetailPanel），随着滑动的动态面板元件（命名为 iconBtnPanel）在左侧。

5）可以在显示详细信息动态面板（命名为 slideDetailPanel）时，使得图标按钮动态面板（命名为 iconBtnPanel）线性移动 slideDetailPanel 动态面板元件的宽度的距离。详细步骤查看案例实现中的“面板显示的推动效果”。

3. 案例实现

（1）元件准备

1）主页面的主要元件如图 10-103 所示，元件属性如表 10-16 所示。

表 10-16　主页面的主要元件属性

元件名称	元件种类	坐标	尺寸	备注	可见性
iconBtnPanel	动态面板	X860;Y0	W211;H631	固定到浏览器，只包括 State1 状态	Y
slideDetailPanel	动态面板	X1072;Y0	W268;H631	固定到浏览器，包括 7 个状态，分别为：default、userCenterState、shoppingCartState、discountState、attentionState、browsingHistoryState、consultState	N

2）iconBtnPanel 动态面板元件 State1 状态的主要元件如图 10-104 所示，主要元件属性如表 10-17 所示。

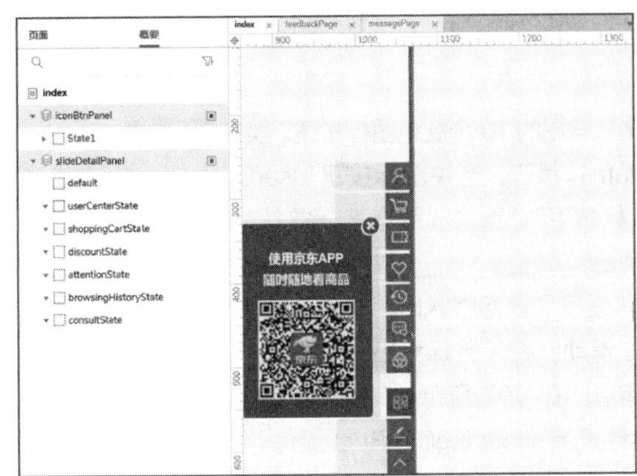

图 10-103　主页面的主要元件

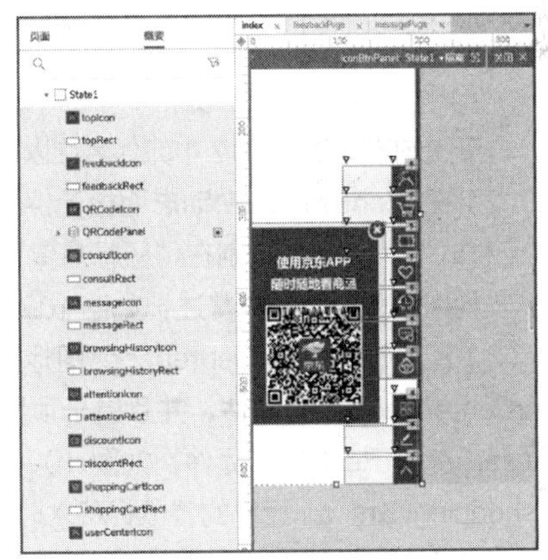

图 10-104　iconBtnPanel 中的主要元件

表 10-17　面板 iconBtnPanel 中的主要元件属性

元件名称	元件种类	坐标	尺寸	备注	可见性
userCenterIcon	图片	X177;Y258	W33;H33	无	Y
userCenterRect	矩形	X116;Y258	W61;H33	填充颜色#C81623	N
shoppingCartIcon	图片	X177;Y294	W33;H33	无	Y
shoppingCartRect	矩形	X116;Y294	W61;H33	填充颜色#C81623	N
discountIcon	图片	X177;Y330	W33;H33	无	Y
discountRect	矩形	X116;Y330	W61;H33	填充颜色#C81623	N
attentionIcon	图片	X177;Y366	W33;H33	无	Y

（续）

元件名称	元件种类	坐标	尺寸	备注	可见性
attentionRect	矩形	X116;Y366	W61;H33	填充颜色#C81623	N
browsingHistoryIcon	图片	X177;Y402	W33;H33	无	Y
browsingHistoryRect	矩形	X116;Y402	W61;H33	填充颜色#C81623	N
messageIcon	图片	X177;Y439	W33;H33	无	Y
messageRect	矩形	X116;Y439	W61;H33	填充颜色#C81623	N
consultIcon	图片	X177;Y476	W33;H33	无	Y
consultRect	矩形	X116;Y476	W61;H33	填充颜色#C81623	N
QRCodeIcon	图片	X177;Y526	W33;H33	无	Y
QRCodePanel	动态面板	X0:Y324	W169;H268	无	Y
feedbackIcon	图片	X177;Y562	W33;H33	无	Y
feedbackRect	矩形	X116;Y562	W61;H33	填充颜色#C81623	N
topIcon	图片	X177;Y598	W33;H33	无	Y
topRect	矩形	X116;Y598	W61;H33	填充颜色#C81623	N

（2）图标按钮的交互效果

1）提前准备表 10-17 中元件名称以“Icon”结尾的 10 个红色图标按钮，类似这样。

2）在 iconBtnPanel 动态面板元件的 State1 状态，选中图标按钮 userCenterIcon，右击选择“交互样式”菜单项，分别在“鼠标悬停”“鼠标按下”“选中”状态下，导入对应图标的红色图标按钮，其他图标类似，不再赘述，如图 10-105 所示。

3）还是选中 userCenterIcon 图标按钮，设置“鼠标移入时”事件，添加“显示”动作，显示 userCenterRect 矩形元件，并且置于顶层向左滑动；在“鼠标移出时”事件添加“隐藏”动作，隐藏 userCenterRect 矩形元件，如图 10-106 和图 10-107 所示。其他图标显示相对应的矩形元件，如 shoppingCartIcon 元件的“鼠标移入时”事件显示 shoppingCartRect 元件。

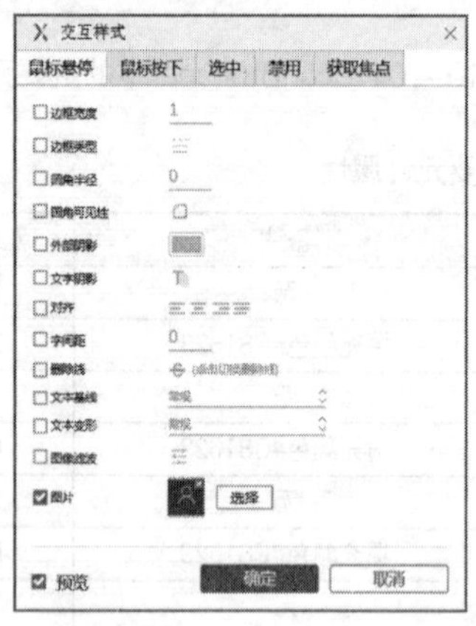

图 10-105　按钮 userCenterIcon 设置交互样式

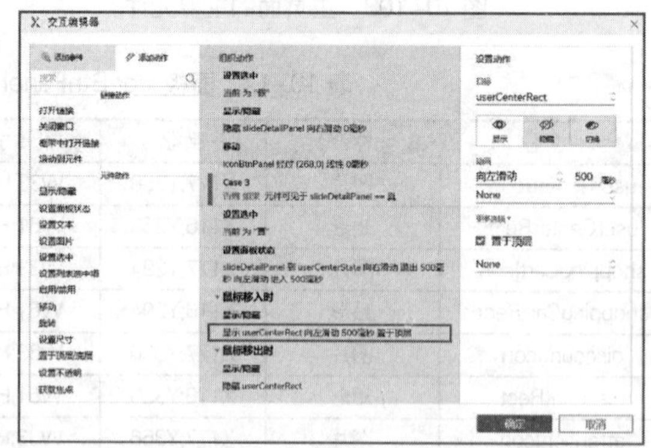

图 10-106　设置 userCenterRect 显示动作

4）10 个图标按钮中，QRCodeIcon 二维码图标比较特殊，当发生“鼠标移入时”和“鼠标单击时”事件时，显示的是二维码的 QRCodePanel 动态面板元件，“鼠标移出时”事件时将其隐藏。

选中 QRCodeIcon 图标按钮，在“鼠标移入时”事件添加“显示”动作，使得 QRCodePanel 元件置于顶层显示；在“鼠标移出时”事件添加“隐藏”动作，隐藏 ORCodePanel 元件；在“鼠标单击时”事件添加“切换可见性”动作，在 QRCodePanel 元件隐藏的情况下，置于顶层显示，在 QRCodePanel 元件显示的情况下，将其隐藏，如图 10–108 所示。

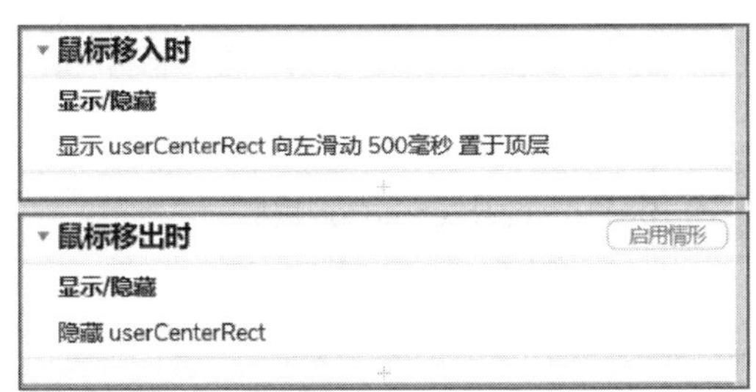

图 10–107　userCenterIcon 鼠标移入和移出时事件

图 10–108　QRCodeIcon 图标按钮事件

5）同时选中 10 个图标按钮，右击选择“设置选项组”选项，为这 10 个图标按钮命名为同一个选项组，该设置为了实现只能选中其中一个图标按钮。

（3）实现面板的显示推动效果

打开京东商品详情页面，观察面板的推动效果，在详细信息面板未显示的情况下，单击图标按钮，显示详细信息面板，并且显示该按钮对应的详细信息；在详细信息面板显示的情况下，单击选中的图标按钮，会隐藏面板；在详细信息面板显示的情况下，单击非选中的图标按钮，会显示非选中按钮对应的详细信息。

所以在本案例中，需要分别在三种不同的条件下添加动作。

1）首先将 iconBtnPanel 和 slideDetailPanel 动态面板元件固定在浏览器右侧，分别选中两个动态面板元件，右击选择“固定在浏览器”菜单项，如图 10–109 所示。

2）在 iconBtnPanel 动态面板元件的 State1 状态中，选中 userCenterIcon 图标按钮，在“鼠标单击时”事件，添加 Case1 用例，同时设置第一个条件：动态面板 slideDetailPanel 为不可见，如图 10–110 所示。

在该条件下，添加“选中”动作，设置当前按钮为选中状态；然后继续添加“显示”动作，设置 slideDetailPanel 动态面板元件向左滑动 0 ms 显示；继续添加“移动”动作， iconBtnPanel 动态面板元件从当前位置沿水平方向向右移动 268 像素（X 坐标值为–268，Y 坐标值为 0）；最后，添加“设置面板状态”动作，设置 slideDetailPanel 动态面板元件的状态为 userCenterState，如图 10–111 所示。

3）选中 userCenterIcon 图标按钮，在“鼠标单击时”事件添加 Case2 用例，继续设置第二个条件：面板状态为 userCenterState 时，如图 10–112 所示。

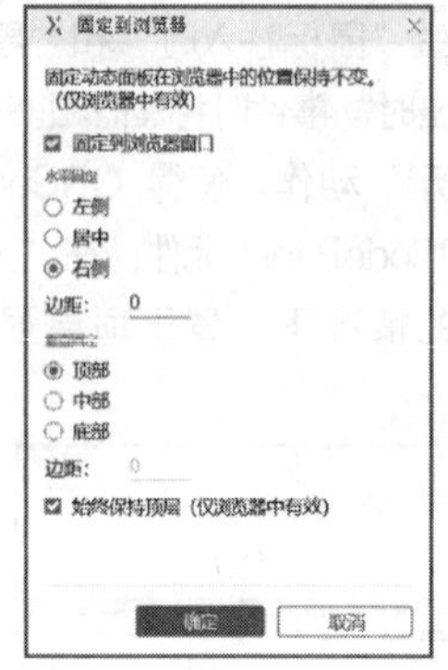

图 10-109　固定 iconBtnPanel 和 slideDetailPanel

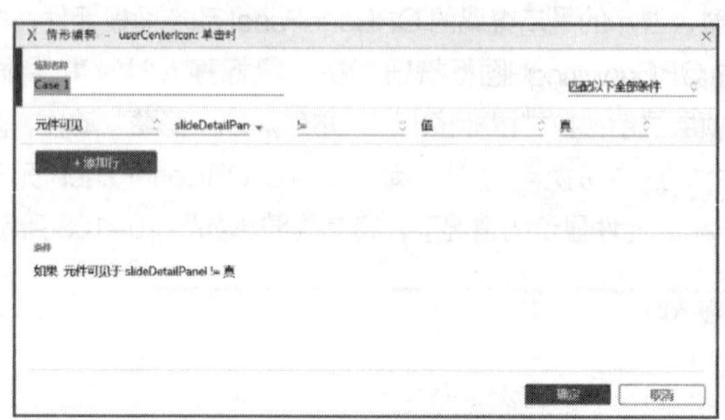

图 10-110　userCenterIcon 鼠标单击时 Case1 添加条件

图 10-111　userCenterIcon 鼠标单击时事件

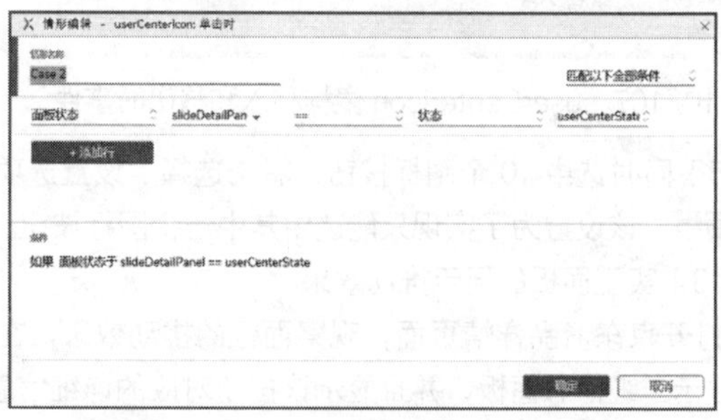

图 10-112　userCenterIcon 鼠标单击时 Case2 添加条件

在该条件下，添加“选中”动作，设置当前按钮为未选中状态；继续添加“隐藏”动作，设置 slideDetailPanel 动态面板元件向右滑动 0ms 隐藏；最后添加“移动”动作， iconBtnPanel 动态面板元件从当前位置沿水平方向向左移动 268 像素（X 坐标值为 268，Y 坐标值为 0），如图 10-113 所示。

4）选中 userCenterIcon 图标按钮，在“鼠标单击时”事件添加 Case3 用例，继续设置第三个条件：动态面板 slideDetailPanel 为可见。

在该条件下，添加“选中”动作，将当前按钮设为选中状态；继续添加“设置面板状态” 动作，设置 slideDetailPanel 元件的状态为 userCenterState，并且进入时向左滑动，退出时向右滑动，如图 10-114 所示。

5）复制 userCenterIcon 图标按钮的“鼠标单击时”事件的所有用例，分别粘贴到 shoppingCartIcon、discountIcon、attentionIcon、browsingHistoryIcon、consultIcon 图标按钮的“鼠标单击时”事件下，然后将第一个条件下的“设置面板状态”的状态分别更改为：shoppingCartState、discountIState、attentionState、browsingHistoryState、consultState，将第二个条件的面板状态分别更

改为：shoppingCartState、discountlState、attentionState、browsingHistoryState、consultState；最后将第三个条件下的“设置面板状态”的状态分别更改为：shoppingCartState、discountlState、attentionState、browsingHistoryState、consultState。

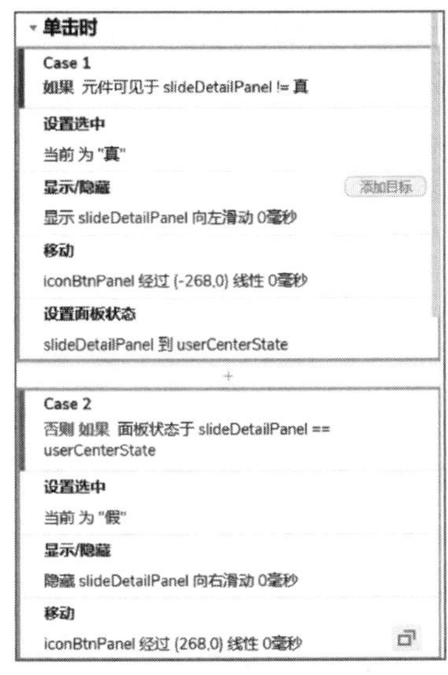

图 10-113　userCenterIcon 鼠标单击时事件

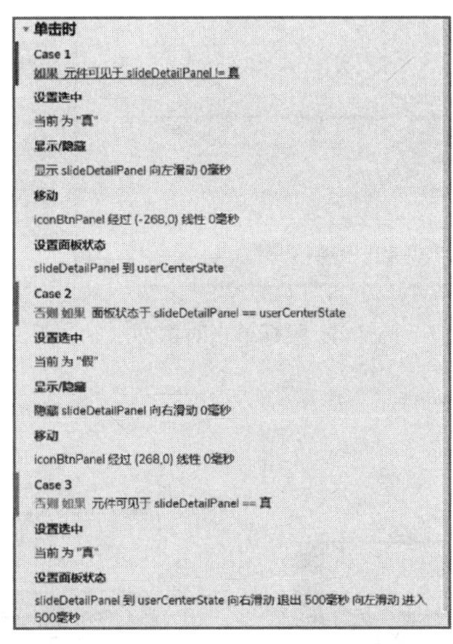

图 10-114　userCenterIcon 鼠标单击时事件（全部用例）

6）设置 10 个图标中的 messageIcon、feedbackIcon，单击 messageIcon 元件，在新窗口中会打开消息页面；单击 feedbackIcon，在新窗口中会打开反馈页面，事件如图 10-115 和图 12-116 所示。

图 10-115　messageIcon 鼠标单击事件

图 10-116　feedbackIcon 鼠标单击事件

7）设置最后一个 topIcon 按钮，单击该按钮，会回到页面的顶部，在“鼠标单击时”事件添加“选中”动作，设置当前按钮为选中状态；再次添加“滚动到元件”动作，选中 iconBtnPanel 动态面板元件，仅垂直滚动，如图 10-117 和图 10-118 所示。

4. 案例演示效果

按〈F5〉快捷键进行预览。默认时、鼠标移动到右上角第一个图标“ ”时、单击头像图标时的显示效果分别如图 10-119、图 10-120 和图 10-121 所示。

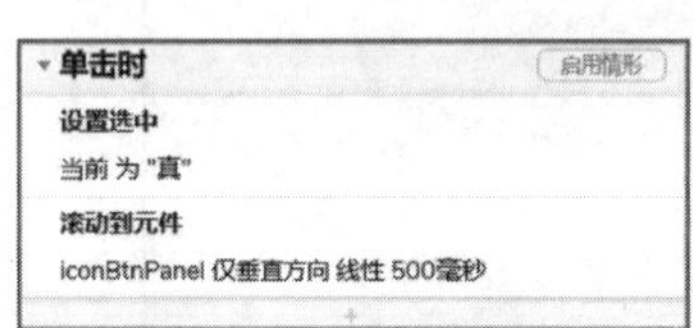

图 10-117　topIcon 鼠标单击时事件

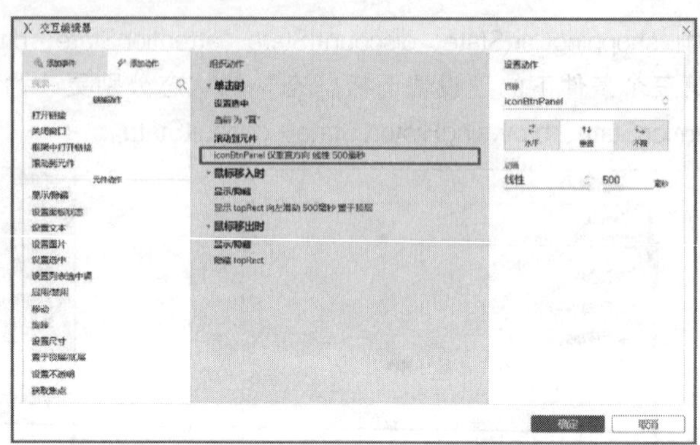

图 10-118　为 topIcon 设置锚链接

图 10-119　默认时效果

图 10-120　鼠标移动到头像图标时效果

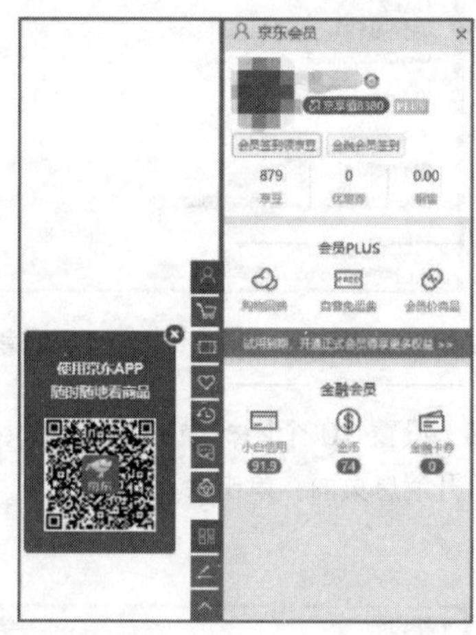

图 10-121　鼠标单击头像图标时效果

10.7　模拟优酷的视频播放效果

1. 案例要求

访问优酷网的某个页面，如电视剧《和平饭店》的播放网址：

http://v.youku.com/v_show/id_XMzM1Mjc0OTk4MA==.html?spm=a2hww.20027244.m_250003.5~5!4~5!2~5~A。

视频播放效果如图 10-122 所示。

图 10–122　优酷播放器样式

在图 10–122 中，可进行以下主要操作。

1）分集播放：单击分集序号后将视频播放区域的视频更换为该集视频。

2）全屏播放：单击按钮后将视频最大化播放。

3）控制音量：单击按钮，会显示调整音量的控制条。

4）暂停播放：单击按钮暂停播放当前视频。

5）播放下集：单击按钮进入下集播放。

6）继续播放：在暂停状态单击按钮继续播放视频。

7）播放进度控制：在视频下方有一条长度等于视频宽度的进度条，红色部分表示已播放完毕的部分，灰色表示已加载部分，更浅的色为未加载部分。

本节即以优酷网为例讲解视频播放效果。

2. 案例分析

本案例的关键知识点分析如下。

1）视频播放：可以使用内联框架元件实现。

2）分集播放/播放下集：当单击分集序号或单击播放下集按钮时，通过“链接”→“框架中打开链接”动作更改内联框架元件的链接地址。

3）控制音量：音量控制条可使用“移动”动作实现，将元件在 Y 坐标上移动 DragY 的距离，该功能类似于在喜马拉雅用户注册效果案例中实现的滑块验证效果。

4）暂停播放/继续播放：可采用动态面板元件实现，使用“设置面板状态”动作设置播放和暂停两种状态的切换。

3. 案例实现

（1）元件准备

这里对《和平饭店》电视剧的播放页面使用截图软件进行截图，关注的主要区域有：播放窗口区域、电视剧选集区域和下方视频播放操作区域。

1）该页面的主要元件如图 10–123 所示，主要元件属性如表 10–18 所示。

表 10-18 页面的主要元件属性

元件名称	元件种类	坐标	尺寸	备注	可见性
closeOpenVedioPanel	动态面板	X942;Y280	W15;H50	两个状态，分别为 open 和 close	Y
closeOpenListPanel	动态面板	X960;Y87	W340;H483	1 个 State1 状态	Y
videoPanel	动态面板	X40;Y70	W900;H550	3 个状态，分别为 default、rightSlide 和 fullScreen	Y

2）closeOpenListPanel 动态面板元件 State1 状态的主要元件如图 10-124 所示，主要元件属性如表 10-19 所示。

图 10-123 页面的主要元件

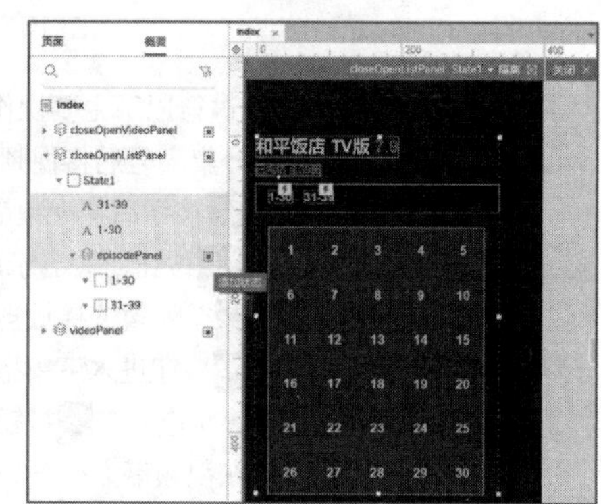

图 10-124 面板 closeOpenListPanel 的主要元件

表 10-19 面板 closeOpenListPanel 的主要元件属性

元件名称	元件种类	坐标	尺寸	备注	可见性
31～39	文本标签	X67;Y73	W42;H19	无	Y
1～30	文本标签	X18;Y73	W33;H19	无	Y
episodePanel	动态面板	X19;Y123	W300;H360	两种状态	Y

3）vedioPanel 动态面板元件在 default 状态下的主要元件如图 10-125 所示，主要元件属性如表 10-20 所示。

表 10-20 面板 closeOpenVedioPanel 的 default 状态的主要元件属性

元件名称	元件种类	坐标	尺寸	备注	可见性
barrageTxt	文本框	X843;Y50	W57;H35	隐藏边框	N
submitBarrageBtn	矩形	X830;Y511	W70;H40	填充颜色#797979	Y
barrageField	文本框	X440;Y519	W380;H25	隐藏边框	Y

（续）

元件名称	元件种类	坐标	尺寸	备注	可见性
operationPanel	动态面板	X0;Y306	W900;H194	1 种状态	Y
videoInlineFrameDefault	内联框架	X0;Y0	W900;H500	无	Y

4）operationPanel 动态面板元件的 State1 状态下的主要元件如图 10–126 所示，主要元件属性如表 10–21 所示。

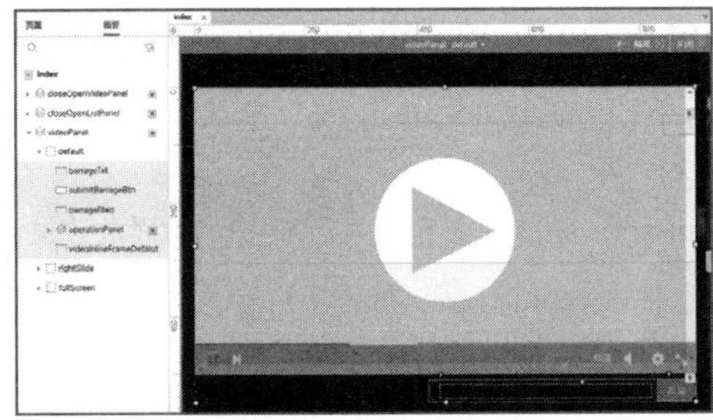

图 10–125　default 状态下的主要元件

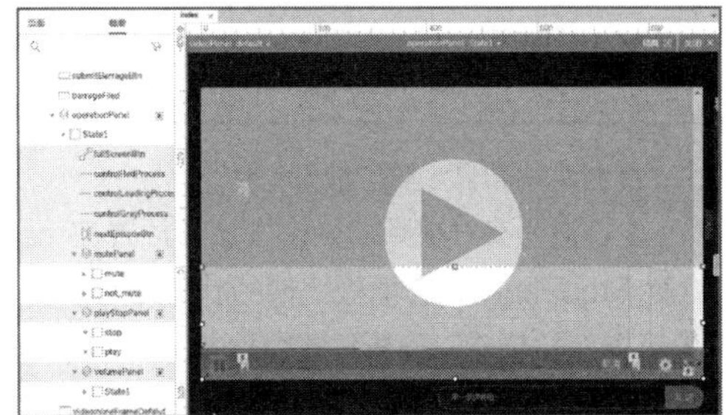

图 10–126　operationPanel 元件的 State1 状态下的主要元件

表 10–21　面板 operationPanel 的 State1 状态下的主要元件属性

元件名称	元件种类	坐标	尺寸	备注	可见性
fullScreenBtn	Icon	X860;Y161	W20;H20	选自图标元件	Y
nextEpisodeBtn	Icon	X68;Y159	W14;H20	选自图标元件	Y
mutePanel	动态面板	X770;Y159	W13;H21	两种状态	Y
playStopPanel	动态面板	X15;Y154	W27;H27	两种状态	Y
volumePanel	动态面板	X763;Y0	W40;H143	1 种状态	N

5）volumePanel 动态面板的 State1 状态下主要元件如图 10–127 所示，主要元件属性如表 10–22 所示。

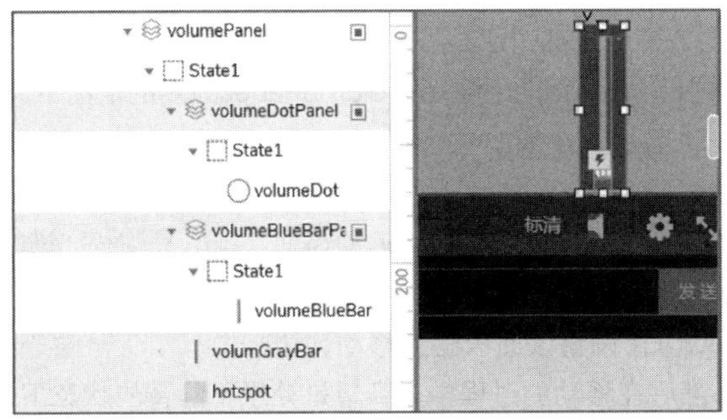

图 10–127　volumePanel 元件的 State1 状态的主要元件

表 10-22　volumePanel 元件的 State 状态的主要元件属性

元件名称	元件种类	坐标	尺寸	备注	可见性
volumeDotPanel	动态面板	X13;Y115	W15;H15	1 种状态	Y
volumeDot	椭圆	X0;Y0	W15;H15	填充颜色白色，边框无	Y
volumeBlueBarPanel	动态面板	X18;Y9	W10;H120	1 种状态	Y
volumeBlueBar	矩形	X0;Y120	W5;H120	填充颜色#1F5C9D	Y
volumeGrayBar	矩形	X18;Y9	W5;H120	填充颜色#F2F2F2	Y
hotspot	热区	X13;Y129	W15;H14	无	Y

（2）实现暂停/继续播放效果

这里把所有对视频的操作按钮都放置在 operationPanel 动态面板元件中，制作暂停/播放效果切换 playStopPanel 动态面板元件的状态即可。

1）在“样式”面板设置页面排列为水平居中。

2）选中 playStopPanel 动态面板元件的 stop 状态下的按钮，在“鼠标单击时”事件添加“设置面板状态”动作，将该动态面板的状态切换为 play 状态，如图 10-128 所示。

3）选中 playStopPanel 动态面板元件的 play 状态下的按钮，在“鼠标单击时”事件添加“设置面板状态”动作，将该动态面板的状态切换为 stop 状态，如图 10-129 所示。

图 10-128　stop 状态按钮的鼠标单击时事件

图 10-129　play 状态按钮的鼠标单击时事件

（3）实现控制音量效果

调整音量的控制条类似于在“喜马拉雅的用户注册效果”案例中，喜马拉雅用户注册中的滑块验证的效果。

1）首先设置控制条的显示与隐藏，选中 operationPanel 动态面板元件中的 mutePanel 动态面板元件，在“鼠标单击时”事件添加“切换可见性”动作，使得在 volumePanel 隐藏的情况下，单击 mutePanel 元件，可显示 volumePanel；在 volumePanel 显示的情况下，单击 mutePanel 元件，可隐藏 volumePanel 动态面板元件，如图 10-130 所示。

图 10-130　面板 mutePanel 鼠标单击事件

2）准备好所需的元件，选中 volumePanel 动态面板元件中的 volumeDotPanel 动态面板元件，在“拖动时”事件添加“移动”动作，设置该面板垂直移动，边界如图 10-131 所示。然后在移动的过程中，音量是处于不静音的状态下，再添加 “设置面板状态”动作，将面板 mutePanel 的状态切换至 not_mute，事件如图 10-132 所示。

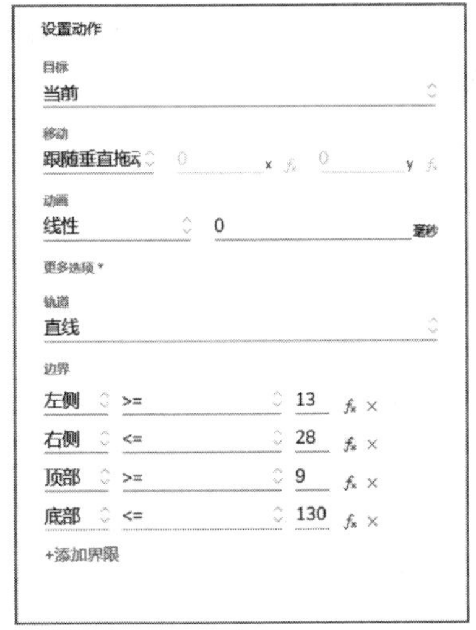

图 10-131　移动 volumeDotPanel 属性设置

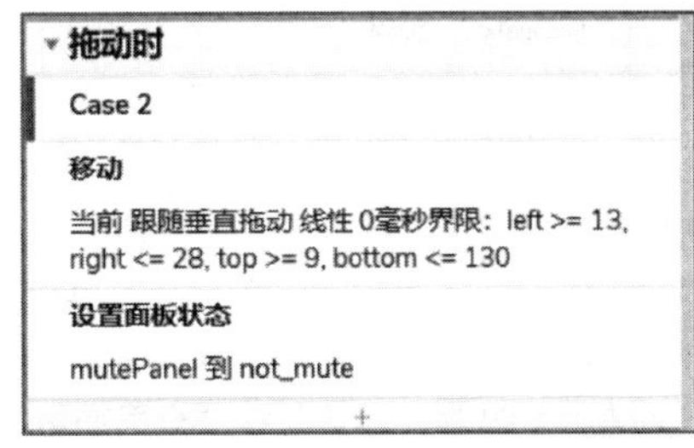

图 10-132　面板 volumeDotPanel 拖动时事件

3）再次选中 volumePanel 动态面板元件中的 volumeDotPanel 面板，在“拖动结束时”事件添加“当该面板接触到热区 hotspot”条件，设置 mutePanel 动态面板元件的状态切换至 mute，这时音量处于静音状态，如图 10-133 所示。

4）最后，在移动 volumeDotPanel 动态面板元件时，需要蓝色控制条 volumeBlueBar 跟着移动，选中 volumeDotPanel 动态面板元件，在“移动时”事件添加“移动”动作，选择 volumeBlueBar 跟随移动，如图 10-134 所示。

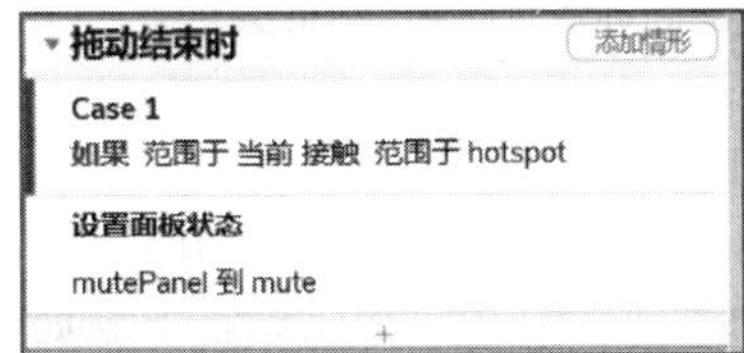

图 10-133　volumeDotPanel 元件的拖动结束时事件

图 10-134　volumeDotPanel 元件移动时事件

（4）发送弹幕效果

观察弹幕，如果单击“发送”按钮，输入的文字就会从视频右边移至左边，可以把发送的文字赋值给弹幕的元件，然后使其移动。

1）选中 submitBarrageBtn“发送”按钮，右击设置交互样式，在“鼠标悬停”“鼠标按下”“选中”状态时，设置填充颜色为##1F5C9D，边框颜色为##1F5C9D，字体颜色为白色。

2）选中 videoPanel 动态面板元件的 default 状态下的 submitBarrageBtn 元件，在“鼠标单击时”事件添加“设置文本”动作，设置 barrageTxt 文本框元件的值等于 barrageField 文本框元件的值，其中，将 barrageTxt 的值添加为局部变量赋值，如图 10-135 所示。

3）选中 barrageTxt 文本框元件，在“文本改变时”事件依次添加“显示”“移动”“等待”“隐藏”动作，水平线性移动 4 s 到指定距离，等待 4 s，如图 10-136 所示。

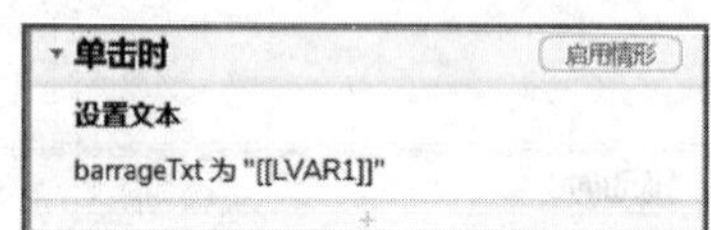

图 10-135　submitBarrageBtn 元件鼠标单击时事件

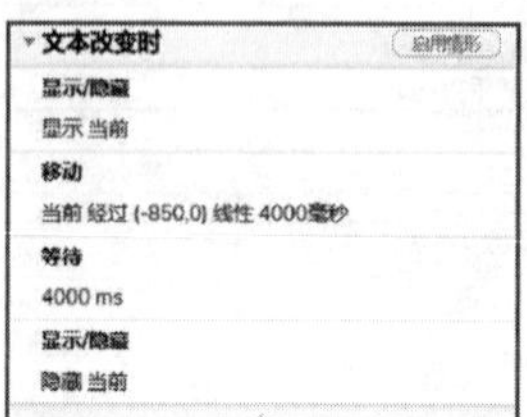

图 10-136　barrageTxt 元件文本改变时事件

（5）实现分集面板效果

在右侧的 1～39 集的 39 个按钮，单击其中任何一个按钮，会选中该按钮，并且视频更换为选中按钮对应的集，这时候需要一个全局变量来存储现在播放的集数。

1）在菜单栏选择“项目”→“全局变量”，添加 episodeNum 全局变量。

2）同时选中 closeOpenListPanel 动态面板元件中的矩形元件 1～30、31～39，右击选择“设置选项组”，选项组名称设置为 episodeGroup。

3）同时选中 episodePanel 动态面板元件中的 1～39 所有的椭圆数字元件，右击“设置选项组”，选项组名称设置为 episodeDetailGroup；右击选择“交互样式”菜单项，在“选中”状态时，填充颜色为# 101016，字体颜色为# 1F5C9D。

4）选中 1 号椭圆元件，在“鼠标单击时”事件添加“选中”动作，选中当前元件；添加“设置变量值”动作，设置 episodeNum 全局变量的值等于当前元件的值，将当前元件的值添加为局部变量赋值；添加“链接”→“框架中打开链接”动作，在框架 videoInlineFrameDefault 打开第 1 集的链接，如图 10-137 所示。

5）剩下的 2～39 的椭圆元件事件类似，更换链接即可。

6）下集播放效果，选中 videoPanel 动态面板元件下的 nextEpisodeBtn 按钮元件，在“鼠标单击时”事件添加条件，在全局变量为 1 时，打开第 2 集在内联框架中，以此类推，示例如图 10-138 所示。

（6）右侧拉/全屏播放效果

所谓“右侧拉”，就是单击页面的 closeOpenVideoPanel 动态面板元件，在视频没在右侧展开的情况下，隐藏分集的 closeOpenListPanel 动态面板元件，同时向右侧展开 videoPanel 动态面板元件；反之，显示分集面板，同时关闭右侧展开的面板。

1）分别设置 closeOpenVideoPanel 动态面板元件的 close、open 状态的矩形元件，交互样式在“鼠标悬停”“鼠标按下”状态的填充颜色为# 999999，字体颜色为# 1F5C9D。

2）选中 closeOpenVideoPanel 动态面板元件的 close 状态下的按钮，在“鼠标单击时”事件添加“置于顶层”动作，将 videoPanel 元件置于顶层；然后添加“隐藏”动作，隐藏 closeOpenListPanel 元件；最后添加“设置面板状态”动作，将 videoPanel 动态面板元件的状态切换为 rightSlide，并且向右侧推拉元件，设置 closeOpenVideoPanel 动态面板元件的状态为 open，如图 10-139 所示。

图 10-137　1 号椭圆元件鼠标单击事件

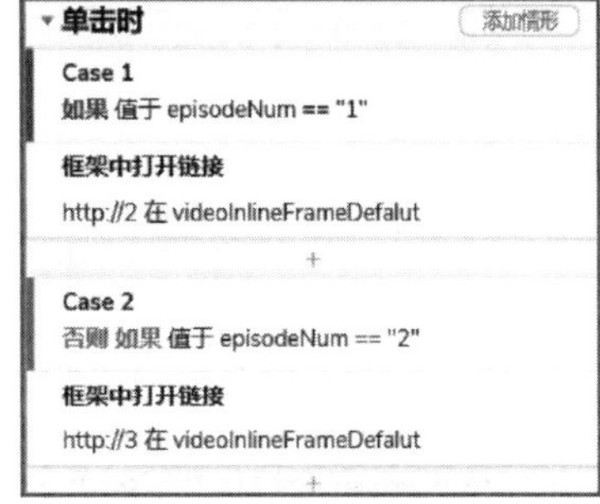

图 10-138　按钮 nextEpisodeBtn 鼠标单击事件

3）选中 closeOpenVideoPanel 动态面板元件的 open 状态下的按钮，在“鼠标单击时”事件添加“置于顶层”动作，将面板 videoPanel 置于顶层；然后添加“显示”动作，显示 closeOpenListPanel 元件；最后添加“设置面板状态”动作，将 videoPanel 动态面板元件的状态切换至为 default，并且向右侧推拉元件，设置 closeOpenVideoPanel 动态面板元件的状态为 close，如图 10-140 所示。

图 10-139　close 状态下的按钮鼠标单击事件

图 10-140　open 状态下的按钮鼠标单击事件

4）现在已经实现了在视频没有右侧拉或者全屏情况下的所有主要操作。下面复制 videoPanel 动态面板元件的 default 状态下的所有元件，分别粘贴至 rightSlide 和 fullScreen 状态下。

删除 fullScreen 下的 barrageTxt 和 barrageFiled 元件，因为在全屏的情况下，不会有发送弹幕的功能，如图 10-141 所示。将 operationFullSreenPanel 动态面板下的扩展图标按钮改为收缩图标按钮，如图 10-142 所示。

其中，许多元件都需要调整尺寸，这里不再赘述。

5）进入 videoPanel 动态面板元件中的 default 状态，选中 operationPanel 动态面板元件中的 fullScreenBtn 图标按钮，在“鼠标单击时”事件添加“置于顶层”动作，需要将 videoPanel 元件的顺序调至顶层；添加“隐藏”动作，隐藏 closeOpenListPanel 和 closeOpenVideoPanel 动态面板元件；添加“设置面板状态”动作，将 videoPanel 元件的状态切换至 fullScreen；最后添加“设置尺寸”动作，调整 fullScreen 状态下的内联框架的高度和宽度为窗口尺寸，如图 10-143 和图 10-144 所示。

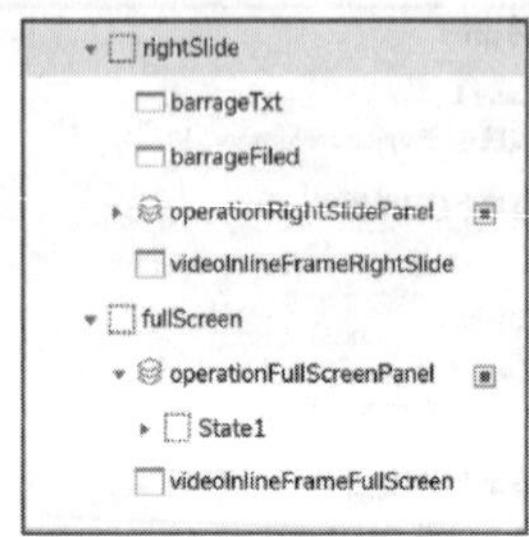

图 10-141　fullScreen 全屏状态下的主要元件

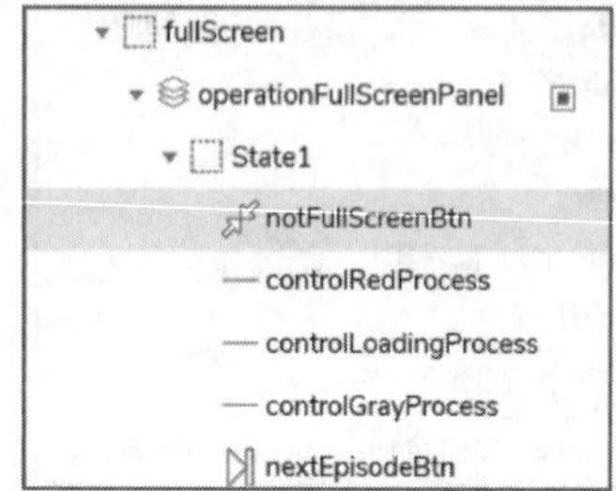

图 10-142　更改图标 fullScreenBtn

6）选中 operationFullSreenPanel 动态面板元件下的收缩图标按钮 notFullScreenBtn，在“鼠标单击时”事件，添加动作恢复至默认情况下，如图 10-145 所示。

图 10-143　图标 fullScreenBtn 鼠标单击事件

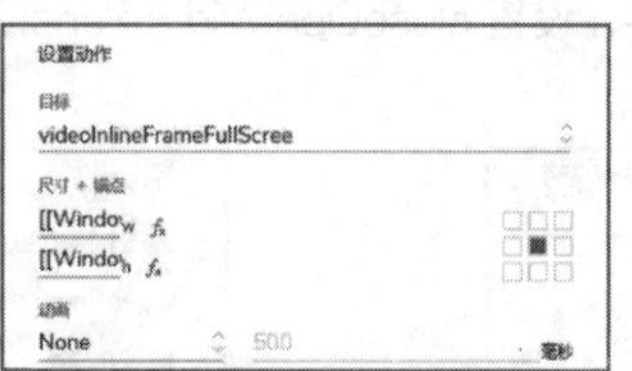

图 10-144　调整 fullScreen 状态下的内联框架

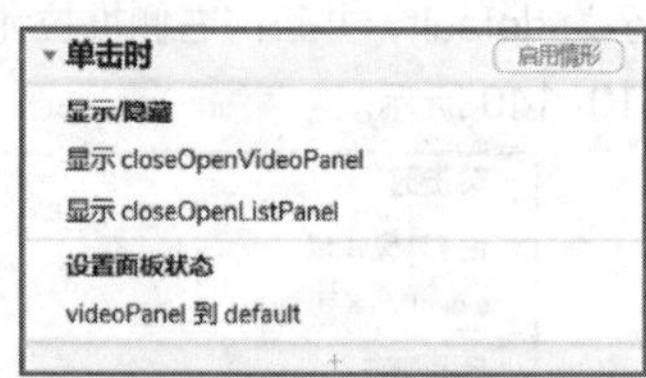

图 10-145　按钮 notFullScreenBtn 鼠标单击事件

4. 案例演示效果

按〈F5〉快捷键进行预览。默认播放情况如图 10-146 所示。该案例可单击选集数字，并且有暂停播放/继续播放的效果、控制音量图标效果，以及播放区最大化效果。

图 10-146　模拟优酷的视频播放效果

10.8　京东注册拼图验证效果

1. 案例要求

打开京东的注册（https://www.tmall.com/），注册验证手机号的是一个拼图验证，如图 10–147 所示。这是一个知识点相对较多的案例。

2. 案例分析

本案例的关键知识点如下：

1）图片切换：主要运用中继器元件存储图片信息，包括原图、需要拼的模块，缺失模块的坐标位置。

2）右滑效果：运用动态面板隐藏蓝色滑动条，在按钮的“拖动时”事件，设置蓝色滑动条一起移动即可。

3）图片移动：同样地，在按钮“拖动时”事件，设置缺失模块跟随按钮一起移动。

4）拼图对齐：运用动态面板存放拼图之前和拼图成功的缺失模块的两种状态，默认是拼图之前的状态，在移动过程中，如果缺失模块接触到了热区，切换成拼图成功状态。

3. 案例实现

（1）元件准备

1）页面中的主要元件如图 10–148 所示，主要元件属性如表 10–23 所示。

图 10–147　京东注册拼图验证效果图

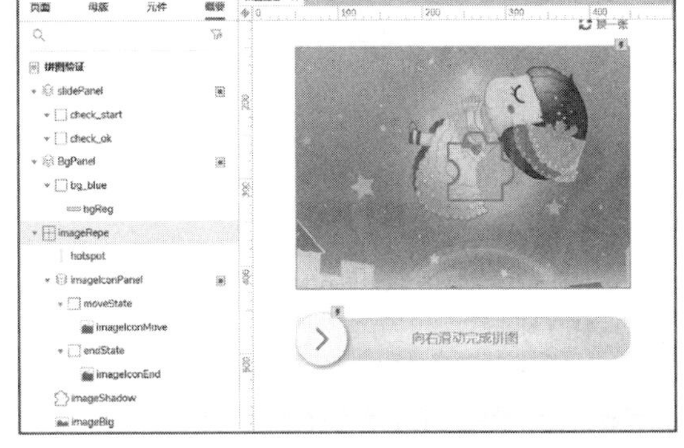

图 10–148　页面中的主要元件

表 10–23　页面中的主要元件属性

元件名称	元件种类	坐标	尺寸	备注	可见性
slidePanel	动态面板	X50;Y454	W60;H60	包括 check_start 和 check_ok 状态	Y
BgPanel	动态面板	X50;Y459	W400;H50	一种状态	Y

（续）

元件名称	元件种类	坐标	尺寸	备注	可见性
bgReg	矩形	X-420;Y0	W450;H50	填充颜色#1EB2F2	Y
imageRepe	中继器	X50;Y150	-		Y

2）中继器 imageRepe 的主要元件属性如表 10-24 所示。

表 10-24　中继器 imageRepe 的主要元件属性

元件名称	元件种类	坐标	尺寸	备注	可见性
hotspot	热区	X80;Y0	W17;H80		Y
imageIconPanel	动态面板	X0;Y0	W80;H80	包括 moveState 和 endState 状态	Y
imageIconMove	图片	X0;Y0	W80;H80		Y
imageIconEnd	图片	X0;Y0	W80;H80		Y
imageShadow	形状	X0;Y0	W80;H80		Y
imageBig	图片	X0;Y0	W400;H277		Y

（2）实现“换一张”功能

1）中继器 imageRepe 添加字段 4 个字段，包括原图（image_big）、缺失模块（image_icon）、缺失模块 X 坐标（image_shadow_x）、缺失模块 Y 坐标（image_shadow_y），并且设置中继器多页显示，每页显示数量为 1，如图 10-149 所示。

image_id	image_big	image_icon	image_shad...	image_shad...
1	37103192...	未标题-7.png	180	97
2	32105493...	未标题-5.png	124	81
3	35105861...	未标题-8.png	200	137
添加行				

图 10-149　中继器 imageRepe 数据

2）在中继器 imageRepe“每项加载时”事件，设置图片、热区、缺失模块的移动位置，如图 10-150 所示。

3）选中“换一张”按钮，在事件“单击时”事件添加切换中继器页面，如果中继器当前页面小于总页面，设置中继器当前显示页面为 next 页，反之，设置当前显示页面为 1。因为重新换一张，我们需要所有的元件恢复至初始位置，所以设置动态面板 slidePanel、imageIconPanel 切换至默认状态，slidePanel、imageIconPanel、bgReg 恢复至页面加载时的初始位置，如图 10-151 所示。

（3）向右滑动效果

1）选中动态面板 slidePanel 元件，设置“移动时”事件，添加“移动”动作，设置 bgReg 跟随 slidePanel 移动，同时右侧边界不能小于等于 450。

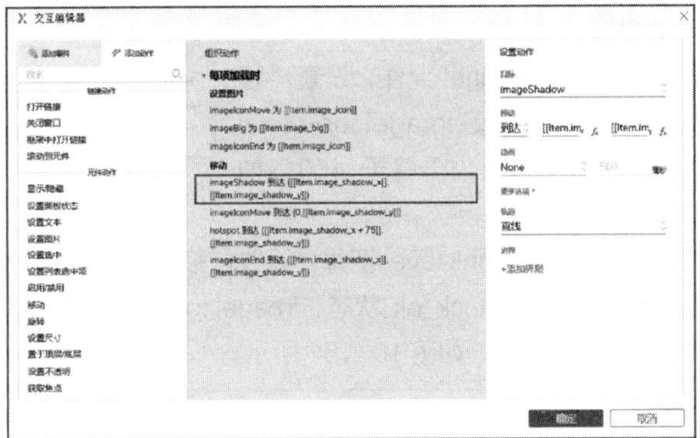

图 10-150　imageRepe“每项加载时”事件

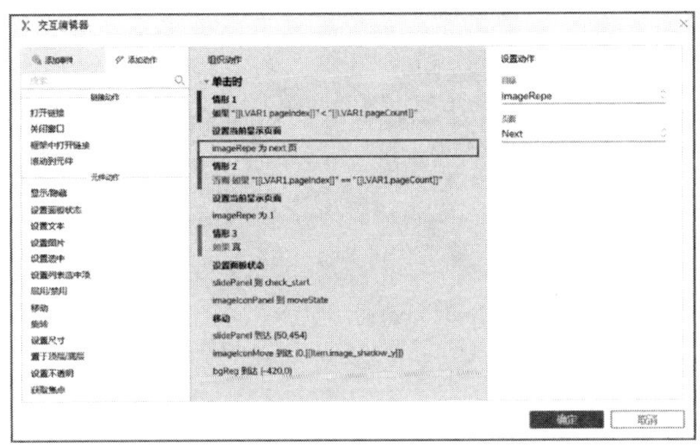

图 10-151　按钮“换一张”鼠标单击事件

2）设置“拖动时”事件，如果 slidePanel 状态未改变的情况下，设置当前元件移动时的边界，左侧大于等于 50，右侧大于等于 450，如图 10-152 所示。

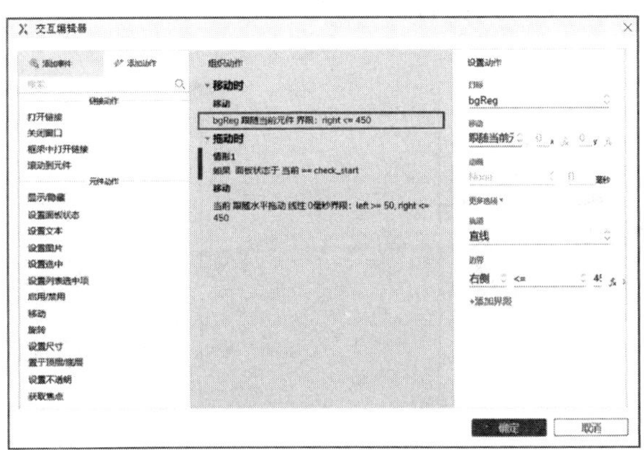

图 10-152　slidePanel“拖动时”事件

（4）缺失模块移动并拼图

1）同样地，选中动态面板 slidePanel 元件，设置“移动时”事件，在“移动”动作，设置 imageIcon Move 跟随 slidePanel 移动，同时右侧边界小于等于 450，如图 10-153 所示。

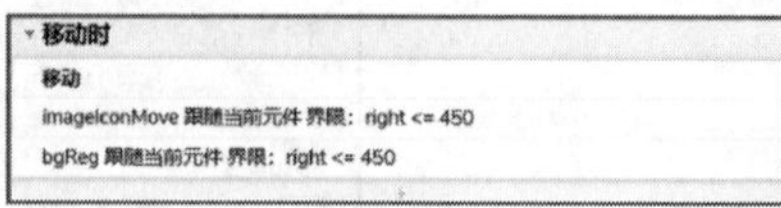

图 10-153　slidePanel “移动时” 事件

2）选中中继器中的元件 imageIconMove 图片，设置“移动时”事件，如果当前元件接触到热区 hotspot，切换 slidePanel 面板至 check_ok 状态，imageIconPanel 至 endState 状态，并且移动 slidePanel 移动到坐标(390,545)的位置，如图 10-154 所示。

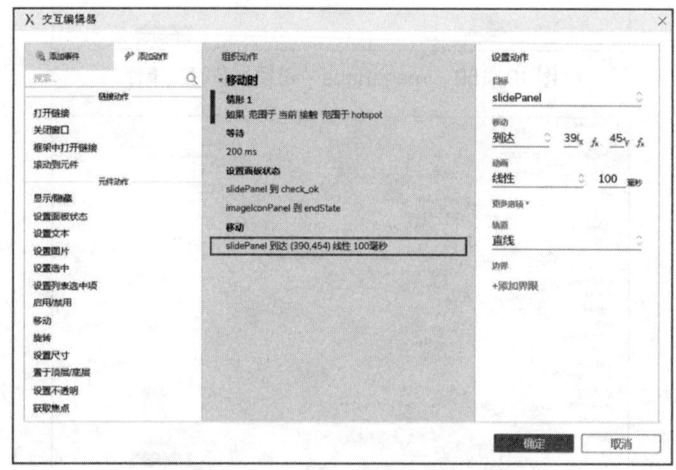

图 10-154　imageIconMove “移动时” 事件

4. 案例演示效果

按〈F5〉快捷键查看预览效果。验证之前和验证成功之后如图 10-155、图 10-156 所示图片。

图 10-155　验证之前效果

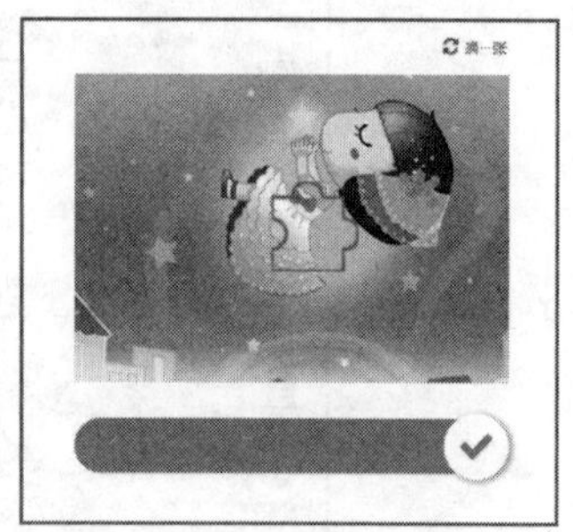

图 10-156　验证成功效果

10.9　京东商品详情页图片放大效果

1. 案例要求

在京东的网站，随便点开一个商品的详情页面（例如：https://item.jd.com/ 18238272794.html），鼠标经过商品的图片，有黄色半透明矩形跟随鼠标移动，但不会超出商品图片范围，同时右侧显示黄色半透明矩形所覆盖区域的局部放大图片，鼠标离开图片，黄色半透明矩形与局部放大图片消失，如图 10–157 所示。

图 10–157　京东商品详情页面图片放大效果

2. 案例分析

本案例的关键知识点分析如下。

1）对于该案例，需要两个同样图像，但是尺寸大小不同。

2）当鼠标移入小图片时，显示的黄色透明矩形框，用动态面板元件可以实现，在动态面板中添加黄色透明的矩形元件，默认隐藏。

3）在右侧显示的局部放大图片，也可以采用动态面板元件，但是该动态面板元件展示的图片，只能是放大的图片的一部分，所以放大的图片一定要比动态面板元件中图片的尺寸大。

4）对于该案例的难点就是，黄色矩形框的移动和图片的等比例放大。

在图片最上层放置一个热区元件，当鼠标移入时，显示黄色矩形框，并且移动该矩形框，设置边界不超过该热区的边界即可。移动的 X 坐标值应为当前鼠标的 X 坐标值–黄色矩形框的宽度/2；移动的 Y 坐标值应为当前鼠标的 Y 坐标值–黄色矩形框的高度/2。

在黄色矩形向上移动的时候，放大的图片是向下移动的；黄色矩形框向下移动的时候，放大的图片是向上移动的；黄色矩形框向左移动的时候，放大的图片是向右移动的；黄色矩形框向右移动的时候，放大的图片是向左移动的。总而言之，它们移动的方向总是相反的。

所以移动放大的图片 X 坐标值应为-（黄色矩形元件的 X 坐标值 - 热区的 X 坐标值）×（原图片宽度/黄色矩形宽度）；Y 坐标值应为-（黄色矩形元件的 Y 坐标值 - 热区的 Y 坐标值）×（原图片高度/黄色矩形高度）。

3. 案例实现

（1）元件准备

页面中的主要元件如图 10-158 所示，元件属性如表 10-25 所示。

图 10-158　页面中的主要元件

表 10-25　页面中的主要元件属性

元件名称	元件种类	坐标	尺寸	备注	可见性
hotspot	热区	X0;Y0	W350;H350	最顶层	Y
yellowRectPanel	动态面板	X:150;Y150	W200;H200	1 个状态，在热区 hotspot 和图片 originalImage 之间	N
originalImage	图片	X:0;Y0	W350;H350		Y
enlargeImagePanel	动态面板	X350;Y0	W500;H500	1 个状态	N
enlargeImage	图片	X0;Y0	W800;H800		Y

（2）实现显示/隐藏动态面板 yellowRectPanel 和 enlargeImagePanel

当鼠标移入小图时，会显示黄色透明面板和图片局部放大面板；鼠标移出原图时，黄色透明面板和图片局部放大面板会消失。

选中 hotspot 热区元件，在“鼠标移入时”事件添加“显示”动作，显示 yellowRect Panel 和 enlargeImagePanel；在“鼠标移出时”事件添加“隐藏”动作，隐藏面板 yellowRect Panel 和 enlargeImagePanel 动态面板元件，如图 10-159 所示。

（3）实现移动 yellowRectPanel 放大图片效果

1）选中 hotspot 热区元件，在“鼠标移动时”事件添加“移动”动作，移动 yellowRectPanel 动态面板元件的绝对位置到：X 坐标为：[[Cursor.x-Target.width/1.75]]，Y 坐标为：[[Cursor.y-Target.height/1.75]]，设置操作如图 10-160～图 10-162 所示，边界值为热区的边界。

图 10-159　hotspot 热区元件的事件

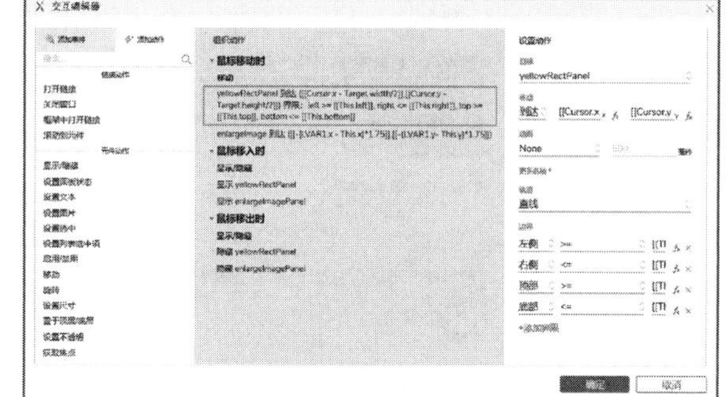

图 10-160　移动 yellowRectPanel 属性设置

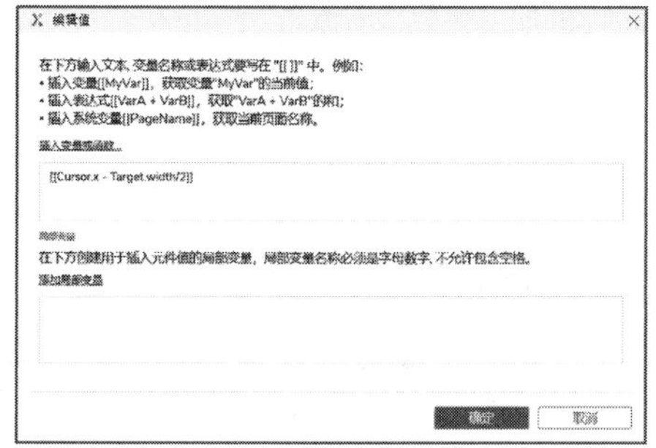

图 10-161　设置 yellowRectPanel 的 X 坐标移动值

图 10-162　设置 yellowRectPanel 的 Y 坐标移动值

2）继续编辑“移动”动作，移动放大的 enlargeImage 图片的绝对位置到：X 坐标为：[[-(LVAR1.x - This.x)*1.75]]，Y 坐标为：[[-(LVAR1.y- This.y)*1.75]]，设置操作如图 10-163～图 10-166 所示。

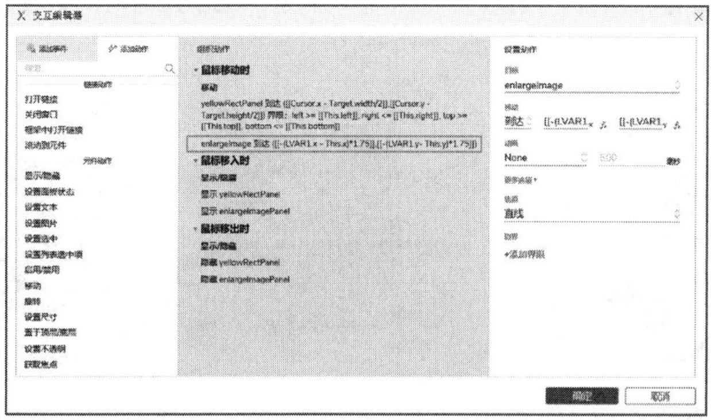

图 10-163　移动图片 enlargeImage 属性设置

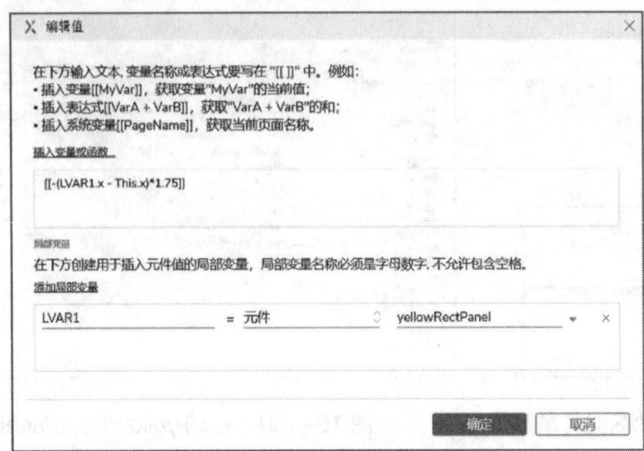

图 10-164　设置图片 enlargeImage 的 X 坐标移动值

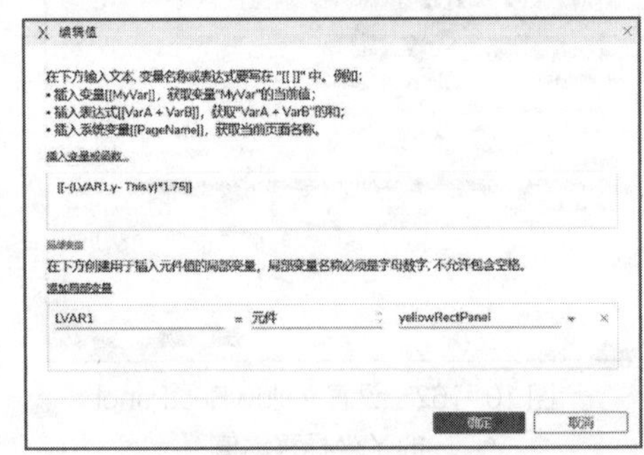

图 10-165　设置图片 enlargeImage 的 Y 坐标移动值

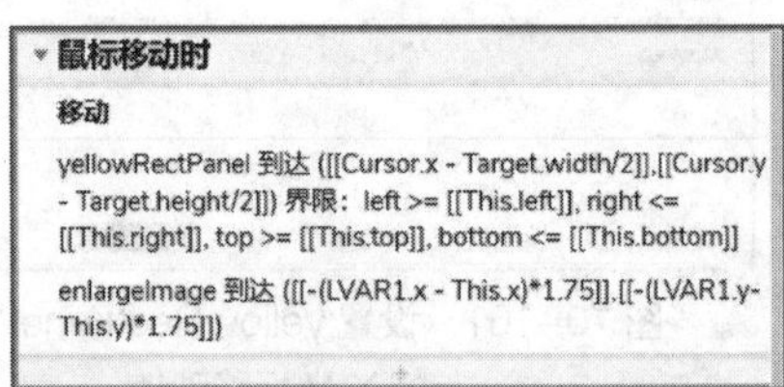

图 10-166　hotspot 元件鼠标移动时事件

4. 案例演示效果

按〈F5〉快捷键进行预览。默认时、鼠标移动到图像某个区域时的效果分别如图 10-167 和图 10-168 所示。

图 10-167　商品详情页默认效果

图 10-168　商品详情页鼠标进入图片某个区域时效果

10.10　腾讯视频电影搜索结果页

1. 案例要求

打开腾讯视频电影片库页面，本案例主要实现以简便的方式展示电影列表，电影可按照“最近热播”“最新上架”和“高分好评”排序，以及“类型”“地区”“特色”“年份”和“资费”筛选。(https://v.qq.com/channel/movie?listpage=1&channel=movie&sort=18&_all=1)，如图 10–169 所示。

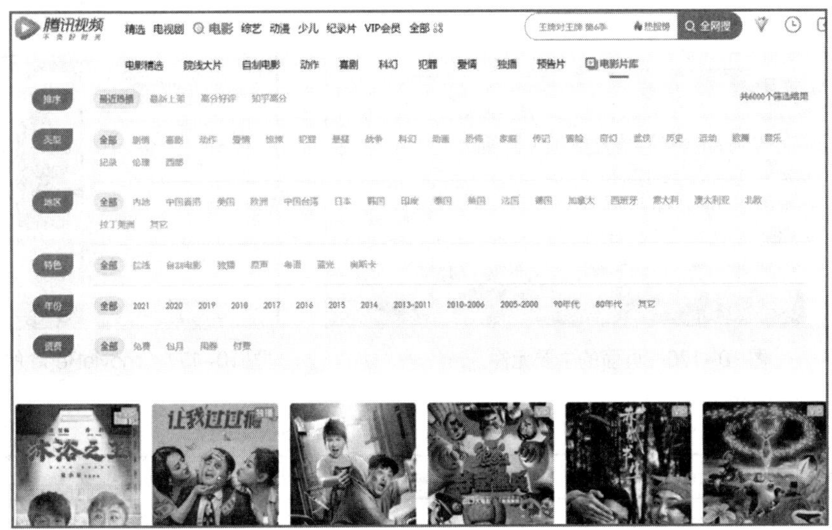

图 10–169　腾讯视频搜索结果页

2. 案例分析

本案例的关键知识点分析如下。

1）简便快速展示列表，就会用到功能强大的中继器元件，将每个影音信息都以字段形式存储在中继器中，在“每项加载时”事件设置字段值，并赋值给中继器相对应的元件即可。

2）关于电影的排序，用中继器的“添加排序”动作和“移除排序”来实现。

3）关于电影的筛选，用中继器的“添加筛选”动作来实现。

4）电影面板的放大效果，运用动态面板的切换，鼠标移入后，切换后的面板中放置较大的效果即可。

3. 案例实现

（1）元件准备

1）页面中的主要元件如图 10–170 所示，元件属性如表 10–26 所示。

表 10-26　页面的主要元件属性

元件名称	元件种类	坐标	尺寸	备注	可见性
movieRepe	中继器	X0;Y565	–		Y
筛选按钮	矩形	–	W50;H30	填充颜色# F9F9F9	Y

2）movieRepe 中继器元件内部的主要元件如图 10-171 所示，元件属性如表 10-27 所示。

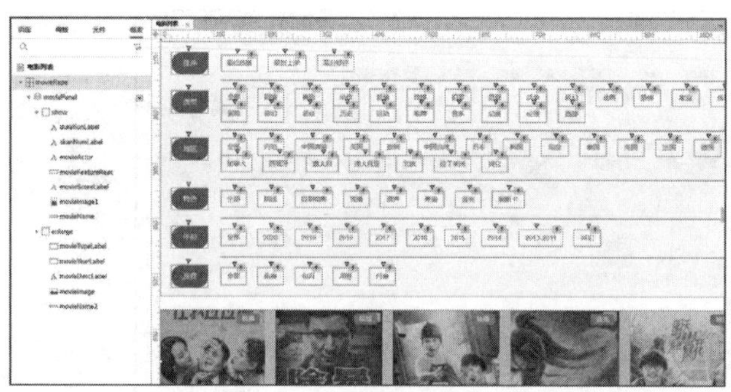

图 10-170　页面的主要元件

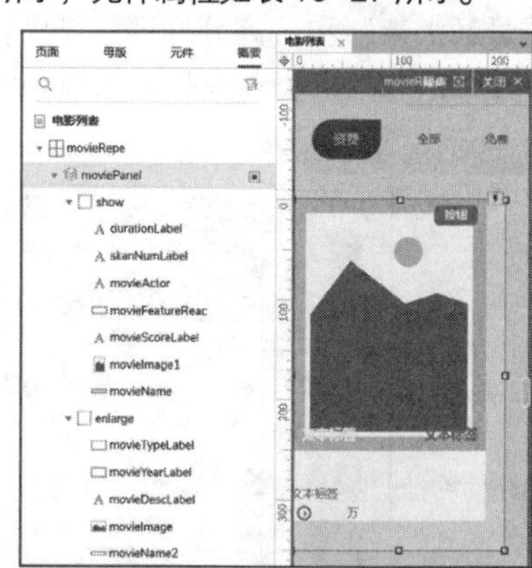

图 10-171　movieRepe 的主要元件

表 10-27　中继器 movieRepe 的主要元件属性

元件名称	元件种类	坐标	尺寸	备注	可见性
moviePanel	动态面板	X0;Y0	W220;H351	包括 show 和 enlarge 状态	Y
druationLabel	文本标签	X10;Y227	W90;H16		Y
skanNumLabel	文本标签	X20;Y307	W35;H14		Y
movieActor	文本标签	X0;Y200	W45;H20		Y
movieFeatureReac	矩形	X146;Y6	W200;H16	填充颜色# F86744	Y
movieScoreLabel	文本标签	X136;Y227	W56;H16	字体颜色# F86744	Y
movieImage1	图片	X0;Y0	W200;H251		Y
movieName	矩形	X0;Y258	W200;H30		Y
movieTypeLabel	文本标签	X0;Y195	W40;H25	填充颜色# F2F2F2	Y
movieYearLabel	文本标签	X60;Y195	W40;H25	填充颜色# F2F2F2	Y
movieDeacLabel	文本标签	X0;Y220	W200;H51	字体颜色# 868484	Y
movieImage	图片	X–20;Y–20	W225;H164		Y
movieName2	矩形	X0;Y159	W200;H30		Y

（2）设置电影列表的呈现

1）movieRepe 中继器元件添加字段，包括电影图片（movie_image1、movie_image2）、电影名称（movie_name）、主演（actor）、简介（movie_desc）、时长（movie_duration）、区域（movie_area）、类型（movie_type）、特色（movie_feature）、资费（movie_pay）、观看量（skan_num）、好评数（good_comment_num）、评分（movie_score）、年份（movie_year）、上映时间（create_date），同时设置中继器水平排列，每行项目数为 5。为了简便起见这里只添加了 10 条数据，如图 10–172 所示。

2）选中 productRepe 中继器元件，设置“每项加载时”事件，添加“设置文本”动作，设置中继器中的文本的值等于相对应的值；添加“设置图片”动作，设置图片元件引用中继器中的图片，如图 10–173 所示。

movie_imag...	movie_imag...	movie_name	actor	movie_desc	movie_d...	movie_ty...	movie...	movie_feature	movie_p...	skan_n...	good_comm...	movie...	movie_year	create_...
微信图片	0.png	让我过过瘾	主演:	简介: 生活费	01:29:00	喜剧	内地	独播	免费	45	10	7.6	2018	2018-1
微信图片	微信图片	妹妹	主演:	简介: 上世纪	01:34:15	动作,犯罪	中国香港	院线	付费	9535	455	7.8	2020	2020-1
微信图片	微信图片	情况不妙	主演:	简介: 国华正	01:26:49	喜剧	内地	独播	免费	123	5	8.2	2017	2017-1
微信图片	微信图片	姜子牙	姜子牙	简介: 故事发	01:49:56	动画,奇幻	内地	蓝光,独播	付费	20000	4545	7.7	2020	2020-1
微信图片	微信图片	明天你是否依	主演:	简介: 是不是	01:39:30	爱情,剧情	内地	独播	免费	619	56	7.0	2020	2020-1
微信图片	微信图片	金刚川	主演:	简介: 1953	02:01:54	战争,历史	内地	蓝光,院线,独播	付费	15232	5656	7.7	2020	2020-1
微信图片	微信图片	五月天人生无	主演:	简介: 一部电	01:51:47	纪录,音乐	中国台湾	独播	免费	9864	8681	9.2	2019	2019-0
微信图片	微信图片	花木兰	主演:	简介: 影片讲	01:50:43	动作,奇幻	[illegible]	蓝光,院线,独播	付费	11253	5223	7.6	2016	2016-1

图 10–172　movieRepe 中继器的字段和数据

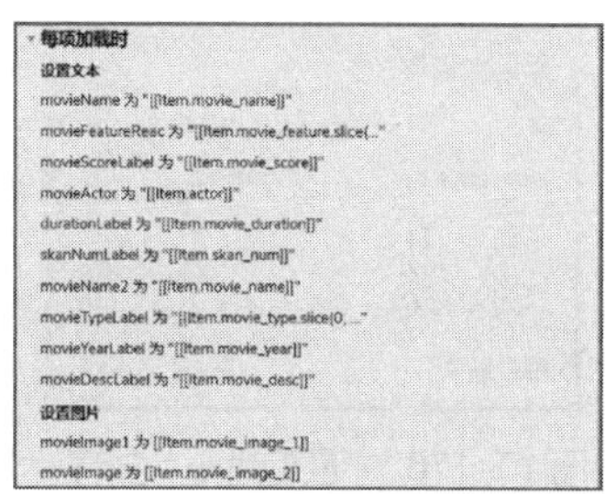

图 10–173　movieRepe“每项加载时”事件

（3）电影简介的切换效果

选中动态面板 moviePanel，在动态面板的两个状态中，已设置好两种状态的样式，只需要在“鼠标移入时”事件和“鼠标移出时”事件切换面板状态，如图 10–174 所示。

4. 电影列表的排序和筛选

1）设置所有查询按钮的交互样式和“单击时”事件，如图 10–175 所示。

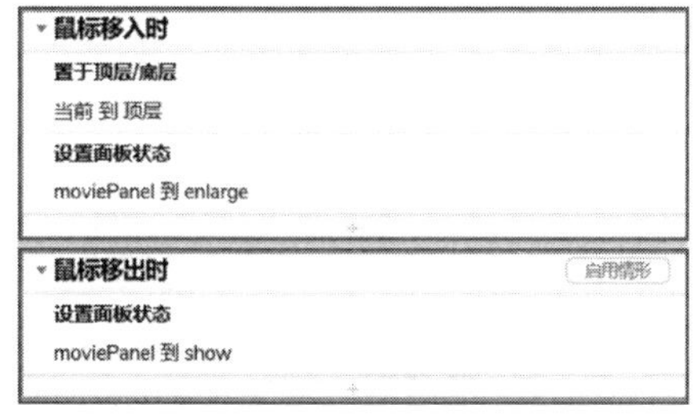

图 10–174　动态面板 moviePane 事件

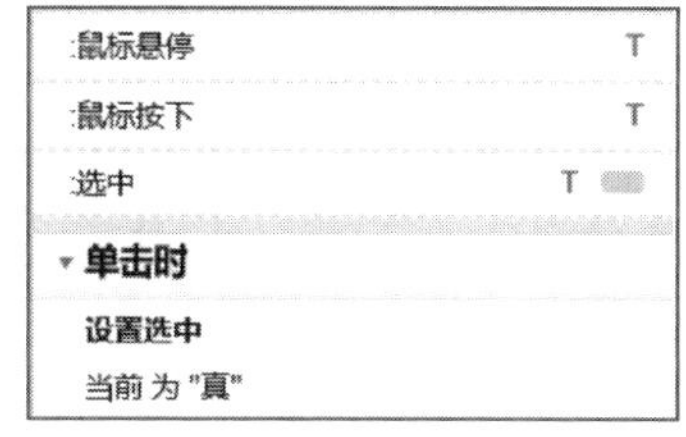

图 10–175　查询按钮交互样式和单击事件

2）选中所有排序按钮，设置选项组为“movieSortGroup”，“最近热播”为默认选中；选中所有类型按钮，设置选项组为“movieTypeGroup”，“全部”为默认选中；选中所有地区按钮，设置选项组为“movieAreaGroup”，“全部”为默认选中；选中所有特色按钮，设置选项组为“movieFeatureGroup”，“全部”为默认选中；选中所有年份按钮，设置选项组为“movieYearGroup”，“全部”为默认选中；选中所有资费按钮，设置选项组为“moviePayGroup”，“全部”为默认选中。

3）排序：选中“最近热播”按钮，在“单击时”事件添加排序，设置列 skan_num 降序，如图 10–176 所示；选中“最新上架”，在“单击时”事件添加排序，设置列 create_date 降序，如图 10–177 所示；选中“高分好评”，在“单击时”事件添加排序，设置列 movie_score 降序，如图 10–178 所示。

图 10–176 “最近热播”排序

图 10–177 “最新上架”排序

图 10–178 “高分好评”排序

4）类型筛选：选中“全部”按钮，在“单击时”事件添加“移除筛选”；类似地，设置其他按钮，在“单击时”事件添加“移除筛选”，然后再添加“添加筛选”，规则为筛选出列 movie_type 中包含了该按钮的文本值，如图 10–179 所示，此处没有用绝对查询，是因为一个电影会有多种类型存在。

5）区域筛选：选中“全部”按钮，在“单击时”事件添加“移除筛选”；类似地，设置其他按钮，在“单击时”事件添加“移除筛选”，然后再添加“添加筛选”，规则为筛选出列 movie_area 等于该按钮的文本值，如图 10–180 所示。

6）特色筛选：因为一个电影也会有多种特色，所以特色筛选跟类型类似，不再赘述，如图 10–181 所示。

图 10–179 类型筛选

图 10–180 地区筛选

图 10–181 特色筛选

7）年份筛选：跟区域筛选类似，不再赘述，需要特别注意的是区间年份和其他，需要判断出年份在该区间内，如图 10–182 所示。

8）资费筛选：跟区域筛选类似，不再赘述，如图 10–183 所示。

图 10–182　年份筛选

图 10–183　资费筛选

5. 案例演示效果

按〈F5〉快捷键进行预览。默认时、按最新上架和部分筛选分别如图 10–184 和图 10–185 所示。

图 10–184　腾讯视频电影搜索效果（默认时）

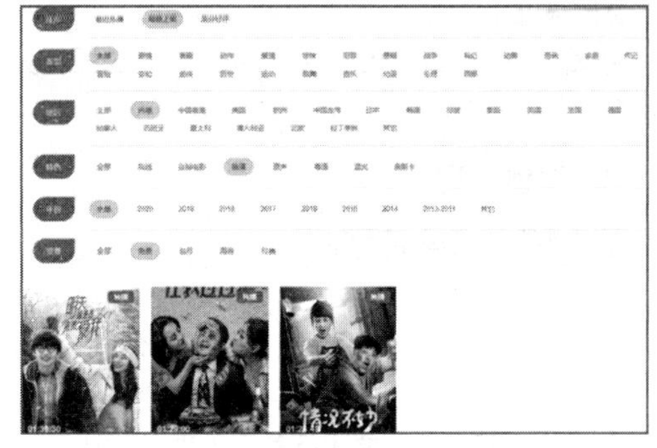

图 10–185　腾讯视频电影搜索效果（最新上架和筛选）

10.11　实现充值模拟效果

1. 案例要求

这个案例用来讲解中继器元件和动态面板元件的结合，本案例的要求如下。

1）当在下方输入区域输入号码（11 位）和金额（3 位）时，在上方充值记录输出记录的最后一行需要添加该条记录。

2）当添加的充值记录小于等于 3 行时，充值记录输出区域不显示滚动条。

3）当添加的充值记录大于 3 行时，充值记录输出区域显示滚动条，而且下方添加的最后一行充值记录需要在可显示区域，即定位到滚动条底端。

4）可通过滚动条查看历史的充值记录。

2. 案例分析

本案例主要用到如下这些知识点。

1）实现动态添加行：使用中继器元件，并在输入项改变时调用中继器元件的“添加行”的动作来动态添加行。

2）实现在需要时添加垂直滚动条：最外部充值记录区域使用一个动态面板元件，设置其滚动条属性为“自动显示垂直滚动条”，并调整其初始大小，使得其刚好可以容纳中继器的 3 行，当添加到第 4 条记录时，出现垂直滚动条。

3）实现当超过 3 行时，动态面板元件显示滚动条，并且需要滚动到顶部：在动态面板元件的“状态 1”中，在中继器下方添加一个 rect1 的矩形元件作为占位符，无边框，白色填充色，为隐藏状态。

当输入一行完毕，在充值记录区域的中继器中新增一行成功后，使用“移动”动作将 rect1 的矩形元件移动到中继器元件左下角位置（设置 rect1 的 Y 坐标 = 中继器元件的 Y 坐标 + 中继器元件的当前高度）。

接着，使用“滚动到元件”动作将动态面板元件的滚动条在 Y 坐标方向移动到左下角的 rect1 的位置。

3. 案例实现

该案例按步骤实现如下。

（1）元件准备

1）准备输入区域的两个文本标签元件“输入号码：”和“充值金额：”。

2）准备输入区域的两个文本框元件“numberTextfield”和“moneyTextfield”。

两个文本框元件和文本标签元件准备完毕后，如图 10–186 所示。

3）准备输出区域的文本标签元件“充值记录”和 contentPanel 动态面板元件。动态面板元件的滚动条属性设置为“自动显示垂直滚动条”。调整动态面板元件的宽度、高度、X 坐标和 Y 坐标值。X 坐标为 174 像素，Y 坐标为 80 像素，宽度为 377 像素，高度为 108 像素。

4）在 contentPanel 动态面板元件内部添加 hislogRepeater1 中继器元件。

5）选择中继器元件，可在“样式”面板设置数据项，去掉所有数据行，并设置包含两列，分别名为“numberColumn”和“moneyColumn”，如图 10–187 所示。

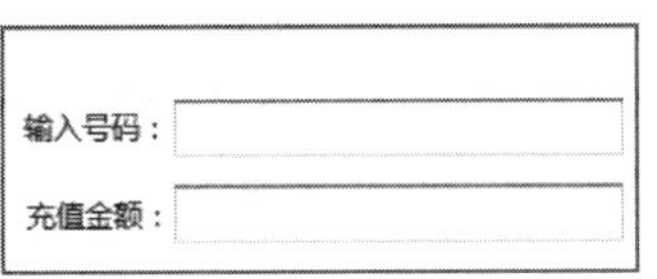

图 10-186　准备输入区域

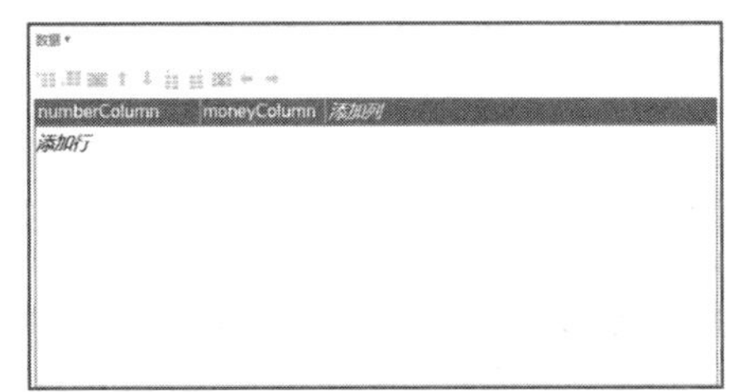

图 10-187　设置中继器 hislogRepeater1 数据列

6）双击中继器元件，进入其内部添加两个文本框“outputNumberTextfiled”和“outputMoney-Textfield”，并为了添加行时，中继器行与行之间有一定间隔，在中继器内部的“outputNumber-Textfiled”和“outputMoneyTextfield”的下方位置，添加一个 rect2 的矩形元件作为占位符，高度仅为 4 像素，宽度随意。添加完成后中继器内部如图 10-188 所示。

7）在 contentPanel 动态面板元件内部，中继器同级别的下方位置添加一个 rect1 的矩形元件作为占位符，为后续滚动到底端做准备。设置填充颜色为白色，无边框，并设置为隐藏状态。动态面板元件 contentPanel 的状态 1 的元件设置完成后如图 10-189 所示。

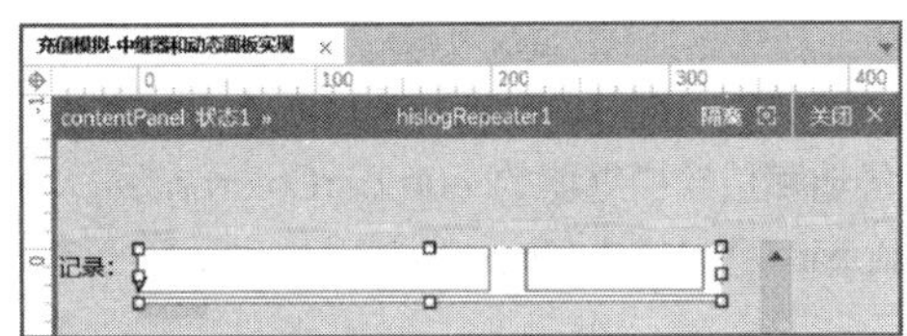

图 10-188　hislogRepeater1 中继器内部布局

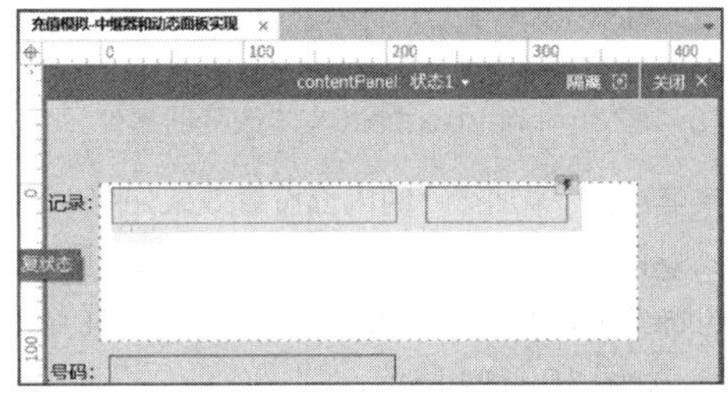

图 10-189　contentPanel 动态面板元件状态 1

（2）设置中继器事件

为了当中继器有数据行时，将数据行的值设置给内部的两个文本框元件“output NumberTextfiled”和“outputMoneyTextfield”，选择中继器后，设置 hislogRepeater1 中继器元件的“每项加载时”事件，设置效果如图 10-190 所示。

其中，Item.numberColumn 获得的是中继器某项的 numberColumn 列的内容，并将其赋值给 outputNumberTextfield 文本框，Item.moneyColumn 操作方法类似。

（3）设置 numberTextfield 文本框元件的事件

假设当 numberTextfield 输入长度为 11 位时，让鼠标焦点移动到“充值金额”的文本框元件 moneyTextfield，设置“文本改变时”事件，设置效果如图 10-191 所示。

（4）设置 moneyTextfield 文本框元件的事件

假设当 moneyTextfield 输入值的长度为 3 位时，在充值记录区域的中继器添加一行，之后清空 numberTextfield、moneyTextfield 的值，设置焦点在 numberTextfield 文本框，并将动态面板元件的滚动条移动到底端。设置“文本改变时”事件，设置效果如图 10-192 所示。

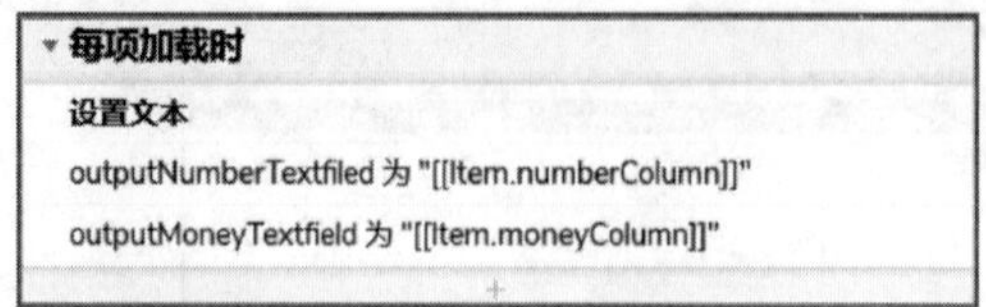

图 10-190　hislogRepeater1 中继器每项加载时事件

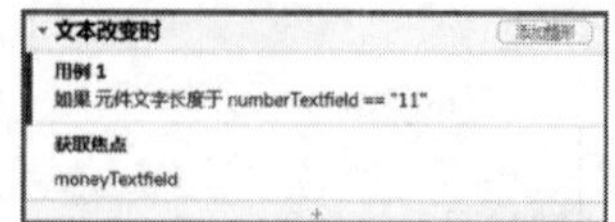

图 10-191　numberTextfield 文本改变时事件

图 10-192　moneyTextfield 文本改变时事件

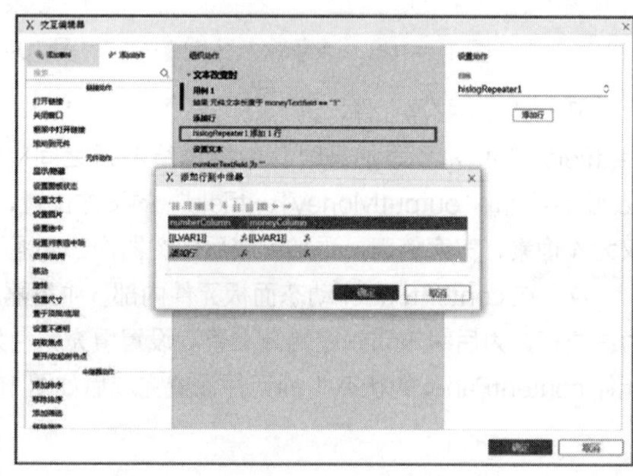

图 10-193　为中继器 hislogRepeater1 添加行动作

其中，“添加行”的内部设置效果如图 10-192 所示。

从图 10-193 中可以看出，将局部变量 LVAR1 的值赋值给中继器的 numberColumn 列。将获取的局部变量 LVAR1 的值赋值给中继器的 moneyColumn 列。单击“numberColumn”列的“fx”按钮，如图 10-194 所示。

在图 10-194 中可看出，fx 中获取的是 numberTextfield 文本框的值，并赋值给 LVAR1 变量。

单击中继器的 moneyColumn 列的“fx”按钮，如图 10-195 所示。在图中可看出，fx 中获取的是 moneyTextfield 文本框的值，并赋值给这里的 LVAR1 变量。

图 10-194　中继器 numberColumn 列赋值

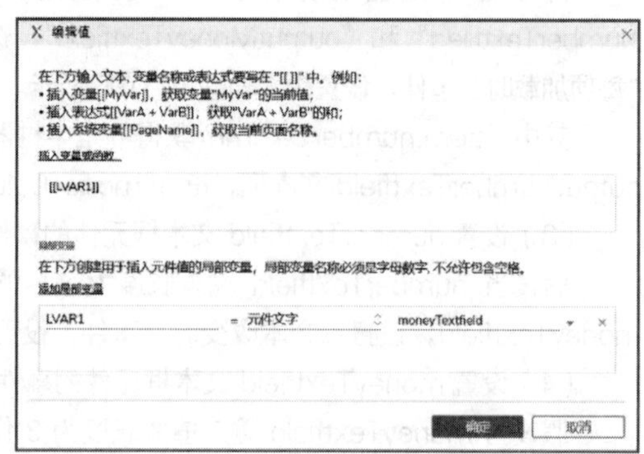

图 10-195　中继器 moneyColumn 列赋值

（5）移动 rect1 到指定位置

使用“移动”动作移动 rect1 到指定 X 坐标和 Y 坐标，如图 10-196 所示。

可看到使用的是“移动”动作，X 坐标为这个元件的 X 坐标，即保持 X 坐标不变，Y 坐标的设置是获取的是：[[LVAR1.y + LVAR1.height]]，单击 fx，可看到详细设置，如图 10-197 所示。

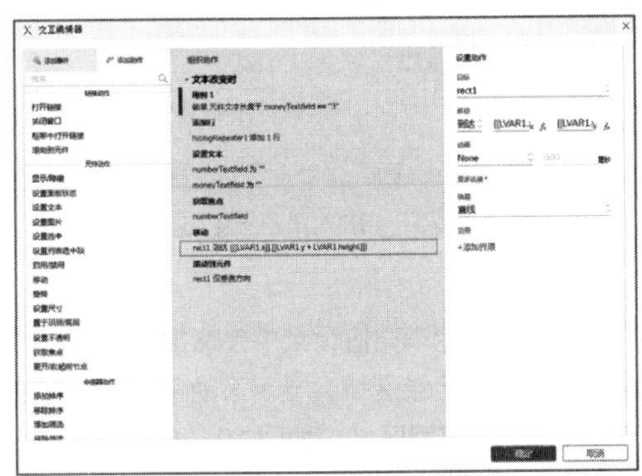

图 10-196　移动 rect1 矩形位置图

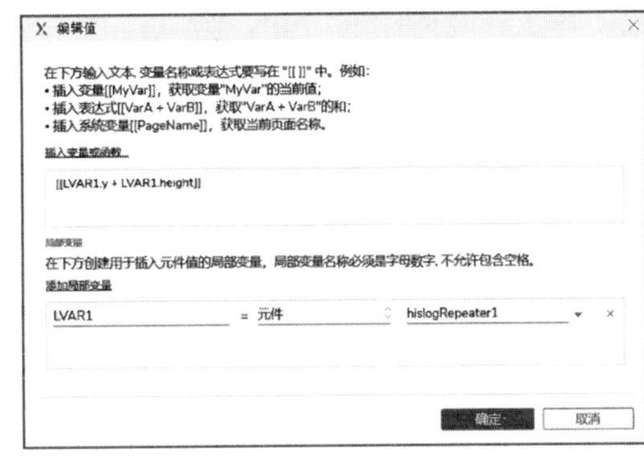

图 10-197　rect1 元件 Y 坐标设置

从图 10-197 中可以看出，LVAR1 局部变量获得的是 hislogRepeater1 中继器元件。[[LVAR1.y + LVAR1.height]]得到的是中继器元件的 Y 坐标加上其高度，即其左下角的位置。

4. 案例演示效果

按〈F5〉快捷键进行预览，演示效果说明如下。

（1）页面初始状态

页面打开时的初始状态如图 10-198 所示。

（2）输入第一行成功后

输入号码“13111112222”，输入充值金额“100”后，输入完毕充值记录中会增加一行，同时，两个输入文本框“输入号码”和“充值金额”会被清空，如图 10-199 所示。

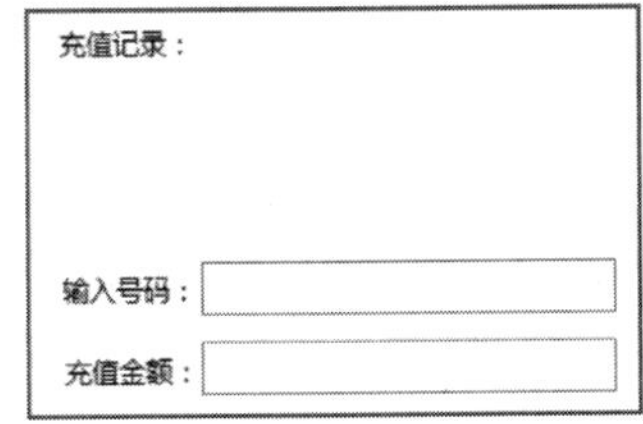

图 10-198　页面初始状态

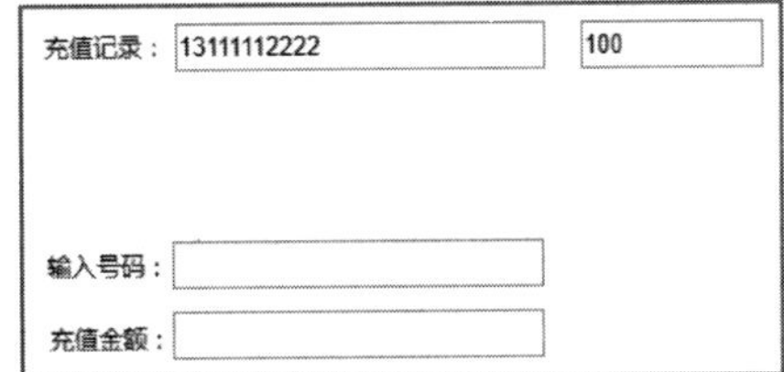

图 10-199　输入第一行数据

（3）输入第二行成功后

输入号码“13222223333”，输入充值金额“200”后，输入完毕充值记录中会增加一行，同时两个输入文本框“输入号码”和“充值金额”会被清空，如图 10-200 所示。

（4）输入第三行成功后

输入号码“13333334444”，输入充值金额“300”后，输入完毕充值记录中会增加一行，同时两个输入文本框“输入号码”和“充值金额”会被清空，如图 10-201 所示。

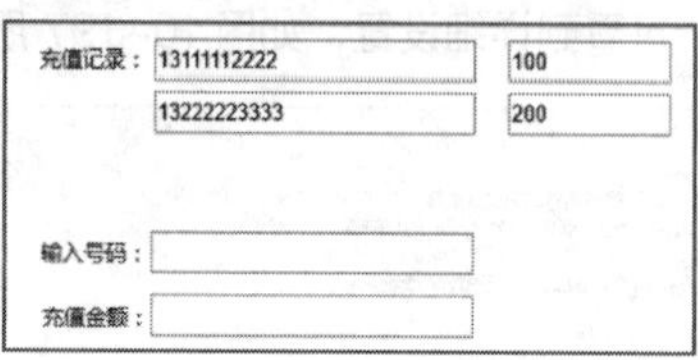

图 10-200　输入第二行数据

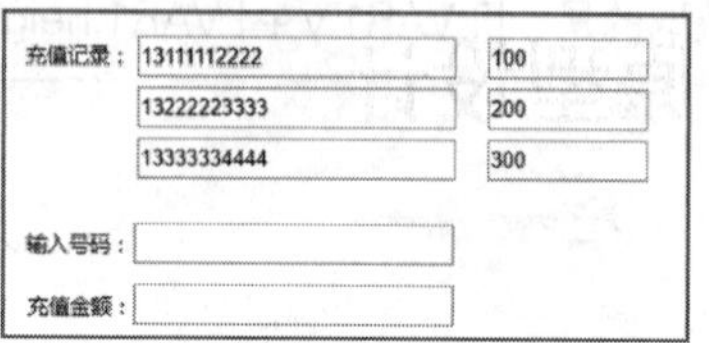

图 10-201　输入第三行数据

（5）输入第四行成功后

输入号码“13444445555”，输入充值金额“400”后，输入完毕充值记录中会增加一行，同时两个输入文本框“输入号码”和“充值金额”会被清空，并且充值记录区域会显示滚动条，并且滚动到最下方位置，将最后一行“13444445555”和“400”位于下方可视区域，如图 10-202 所示。

（6）输入第五行成功后

输入号码“13555556666”，输入充值金额“600”后，输入完毕充值记录中会增加一行，同时两个输入文本框“输入号码”和“充值金额”会被清空，并且充值记录区域会显示滚动条，并且滚动到最下方位置，将最后一行“13555556666”和“600”位于下方可视区域，如图 10-203 所示。

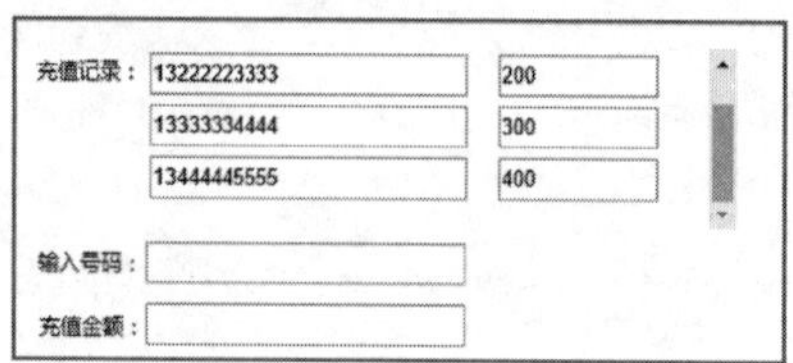

图 10-202　输入第四行数据

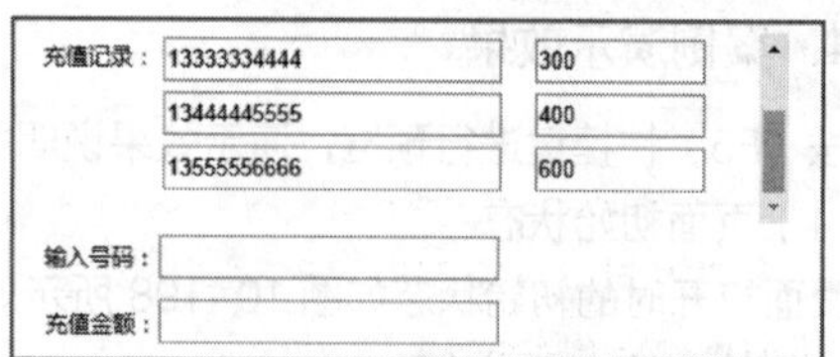

图 10-203　输入第五行数据

10.12　本章小结

本章讲解了 Web 原型的 11 个经典案例，案例覆盖百度、京东、喜马拉雅、腾讯视频等知名网站的动态交互效果，实践出真知，通过本章介绍的案例，进一步讲解了 Axure RP 9 的基础元件和高级元件的用法，展现了动态面板元件、中继器元件和内联框架元件这些高级元件可以实现的强大功能。

第 11 章

App 原型设计实践

本章将讲解 13 个 App 原型设计实践案例，除了继续加深对 Axure RP 的基础元件和高级元件的理解，并加以熟练使用外，本章重点介绍与 App 结合紧密的元件事件、动作，详细讲解如何绘制自定义图形，如何进行手机终端的场景模拟和真实模拟，并详细讲解如何利用自定义视图适应多种屏幕大小的演示终端。

11.1 微信图标形状绘制

1. 案例要求

Axure RP 可以改变图形的形状，并可进行合并、去除、相交、排除、结合和分开操作，可以通过这些操作来绘制微信图标。

2. 案例分析

微信图标主要由三部分组成。

1）背景的矩形元件。

2）左上方的消息图标。

3）右下方的消息图标。

背景的矩形元件需要设置拐角的弧度；对于左上方的消息图标和右下方的消息图标，最初的形状都是圆形和三角形，通过图形处理的合并、去除和图形节点的操作绘制完成。

3. 案例实现

（1）元件准备

主要准备的元件及其尺寸如图 11–1 所示，其中：

1）背景矩形元件：W200;H200。

2）左上消息图标中的椭圆：W125;H103；三角形：W80;H39；小圆：W17;H15。

3）右下消息图标中的椭圆：W104;H87；三角形：W60;H56；小圆：W14;H13。

（2）设置背景的矩形元件

选中矩形元件，在“样式”面板中设置圆角半径为30°，如图11-2所示。

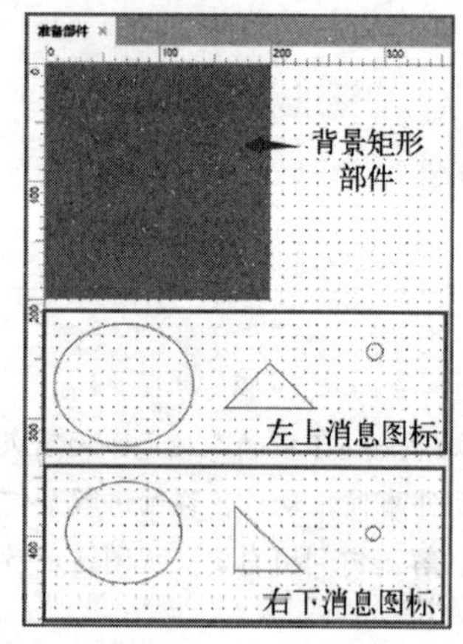

图11-1 主要元件

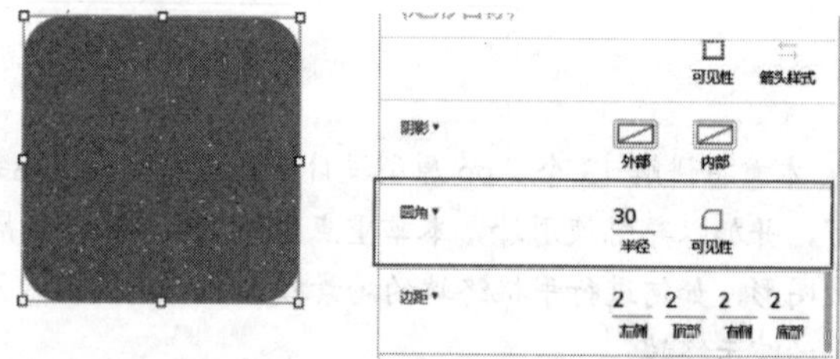

图11-2 设置矩形元件的圆角半径

（3）设置左上方的消息图标

1）添加一个椭圆元件，调整至合适的宽度和高度，宽度大约为125像素，高度大约为103像素，并设置旋转度为10°，如图11-3所示。

2）添加一个矩形元件，需要制作左下角方向的小三角形，右击“选择形状”，选择一个三角形即可；设置该三角形旋转度为逆时针-30°，宽度大约为80像素，高度大约为39像素，如图11-4和图11-5所示。

3）将三角形以适当的角度放置在之前的椭圆之上，同时选中两个元件，然后右击选择“改变形状”→“合并”命令，如图11-6所示。

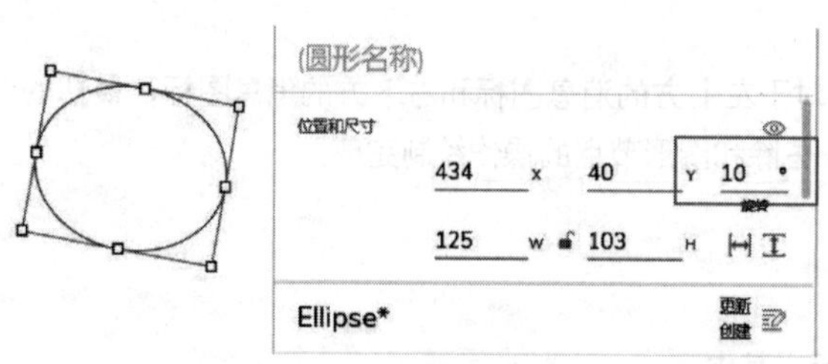

图11-3 设置椭圆的旋转度

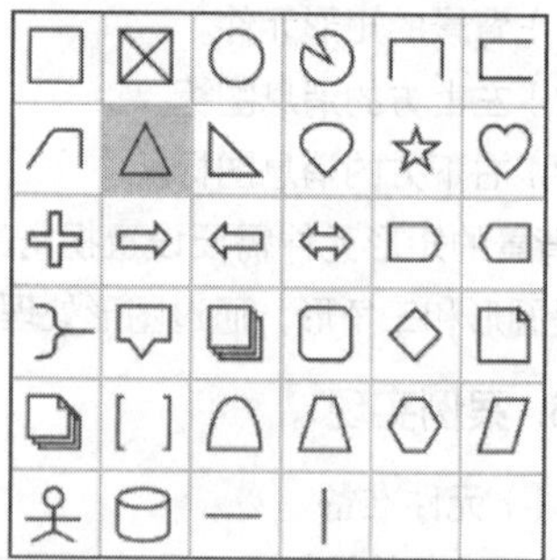

图11-4 改变矩形元件的形状

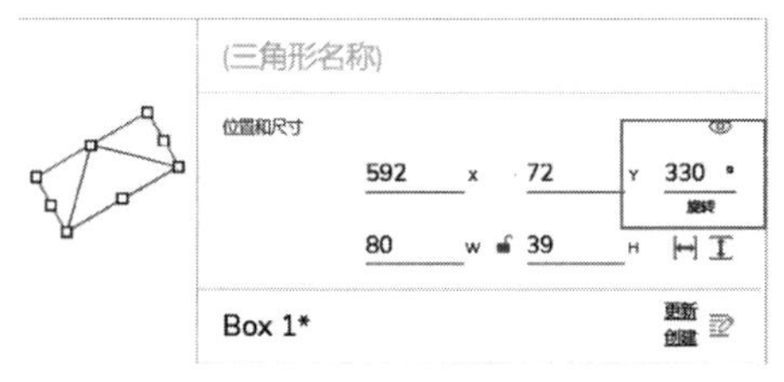

图 11–5　改变三角形的旋转度

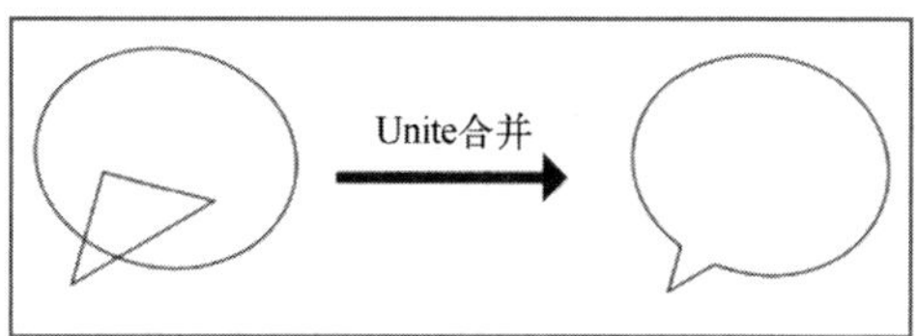

图 11–6　合并椭圆和三角形

4）添加椭圆元件，设置宽度为 17 像素，高度为 16 像素，放置在上面形成图形的合适位置，同时选中 3 个元件，右击选择“改变形状”→“去除”命令，做去除处理，如图 11–7 所示。

5）再次添加一个椭圆元件，宽度为 104 像素，高度为 87 像素，放置在上述制作的图形里；同样需要做去除处理，同时选中两个元件，右击选择“改变形状”→“去除”命令，如图 11–8 所示。

图 11–7　做去除处理

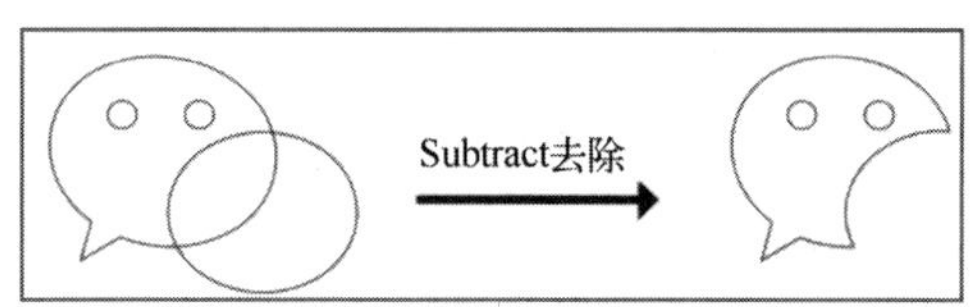

图 11–8　完成左上的消息图标

复制新添加的椭圆元件，后面还需要使用。

（4）设置右下方的消息图标

1）与上一步一样，开始制作右下角方向的小三角形，设置该三角形旋转度为顺时针 30°，宽度为 60 像素，高度为 56 像素，如图 11–9 和图 11–10 所示。

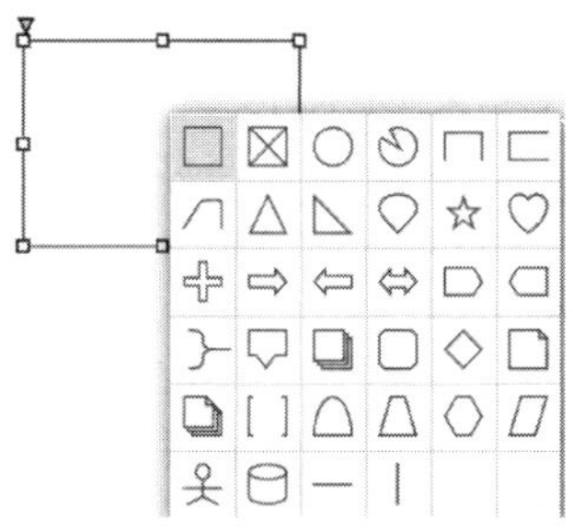

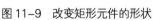

图 11–9　改变矩形元件的形状

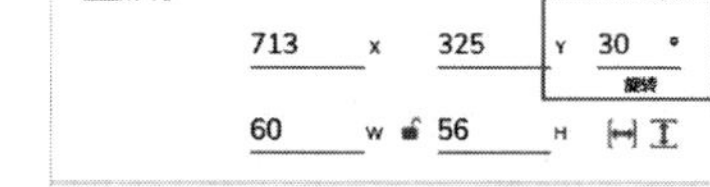

图 11–10　设置三角形的旋转度

2）将三角形放置在复制保存的椭圆合适的角度，同时选中两个元件，然后右击选择“改变形状”→“合并”命令，如图 11–11 所示。

3）照着步骤二中类似的方法制作图形，两个小椭圆要相对小一些，如图 11–12 所示。

4）然后将最终的两个消息图标拼在一起，如图 11–13 所示。

两个图标中间的空隙还不是很完美，需要用到工具栏图标Point，通过拖动节点进行调节，如图 11-14 所示。

图 11-11　合并椭圆和三角形

图 11-12　完成右下的消息图标

图 11-13　拼左上方和右下方的消息图标

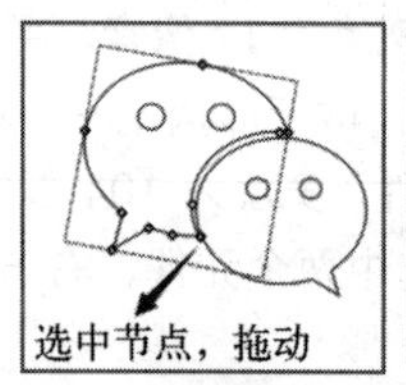

图 11-14　拖动节点

5）最后，去掉边框，微信图标制作成功。

4. 案例演示效果

按〈F5〉快捷键查看预览效果，如图 11-15 所示。

图 11-15　微信图标效果

11.2　QQ 音乐听歌识曲效果

1. 案例要求

打开 QQ 音乐 App，点击右上角图标，可以打开听歌识曲和哼唱识别面板，背景会有波纹类似的扩散效果，并且背景的颜色是从中心位置由浅到深，本次案例主要实现这个动态效果。

2. 案例分析

可通过 Axure RP 中“设置尺寸”和“设置不透明”的动作，制作一个波纹，可以设置一个元件在限定的时间里，从中心点线性增大。同时，在该时间段里，增加元件的透明度，多个波纹添加多个元件即可，只不过每个元件的尺寸变化不同，底层的元件一般相对于上层的元件的尺寸变换多一些像素。

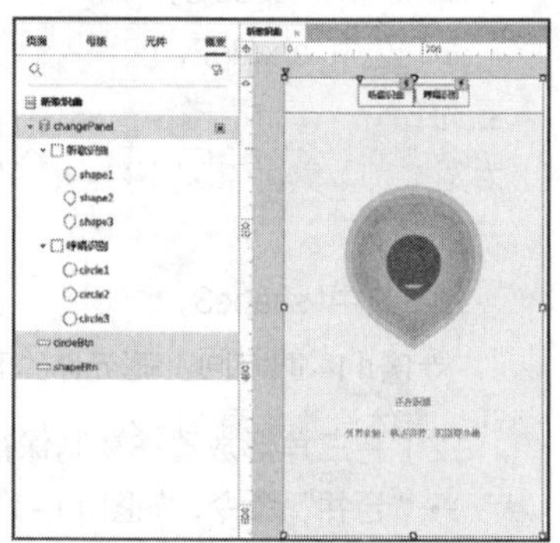

图 11-16　页面的主要元件

3. 案例实现

（1）元件准备

页面的主要元件如图 11-16 所示，元件属性如表 11-1 所示。

表 11-1 页面主要元件属性

元件名称	元件种类	坐标	尺寸	备注	可见性
changePanel	动态面板	X0;Y150	W375;H594	包括听歌识曲和哼唱识别两个状态	Y
shape1	形状	X108;Y125	W160;H184	填充颜色径向#FFFFFF-#9FF8D3	Y
shape2	形状	X98;Y113	W180;H207	填充颜色径向#FFFFFF-#ADF7DC	Y
shape3	形状	X88;Y101	W200;H230	填充颜色径向#FFFFFF-#D3F8E8	Y
circle1	圆形	X108;Y121	W160;H160	填充颜色径向#FFFFFF-#5CF7BF	Y
circle2	圆形	X98;Y111	W180;H180	填充颜色径向#FFFFFF-#ADF7DC	Y
circle3	圆形	X88;Y101	W200;H200	填充颜色径向#FFFFFF-#9FF8D3	Y
circleBtn	矩形	X188;Y10	W80;H30		Y
shapeBtn	矩形	X108;Y10	W80;H30		Y

（2）切换面板

选中按钮 circleBtn，在“单击时”事件，设置面板状态切换至“哼唱识别”。选中按钮 shapeBtn，在“单击时”事件，设置面板状态切换至“听歌识别”状态，如图 11-17 和 11-18 所示。

图 11-17 circleBtn 鼠标单击事件

图 11-18 shapeBtn 鼠标单击事件

（3）“听歌识曲”

准备三个同样形状、不同尺寸的形状 shape1、shape2、shape3，shape1 是不动的，只需要设置 shape2 和 shape3 的“载入时”事件添加动作来实现波纹扩散的效果。

1）选中 shape2，在“载入时”事件，首先添加动作“设置尺寸”，设置当前元件居中线性扩大至宽 220，高为原宽和高的比例乘以扩大的宽度（207/180 * 220），等待 800ms，再设置尺寸缩小为宽 210，高为 207/180 * 210，再等待 800ms 之后触发载入时事件，依次循环，如图 11-19 所示。

2）选中 shape3，同样地，在“载入时”事件，首先添加动作“设置尺寸”，然后“设置不透明”，等待扩大的时间，再缩小尺寸和设置不透明，再次等待缩小的时间之后触发载入时事件，依次循环。具体设置如图 11-20 所示。

（4）“哼唱识别”

“哼唱识别”和“听歌识曲”是类似的动作，区别就是此处的形状为圆形，设置尺寸的时候不需要计算宽和高的比例，具体设置如图 11-21 和 11-22 所示。

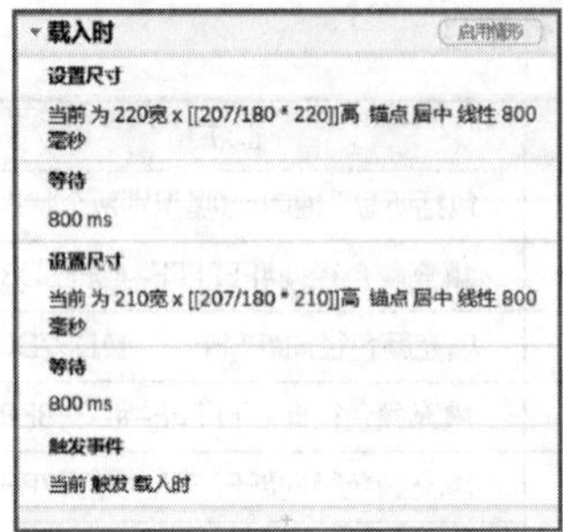

图 11–19　shape2“载入时”事件

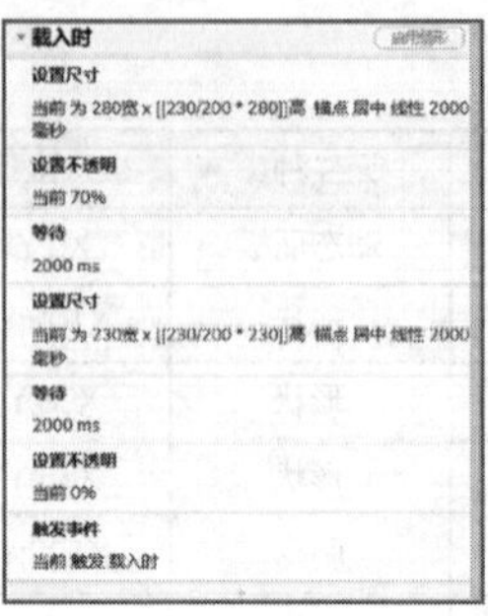

图 11–20　shape3“载入时”事件

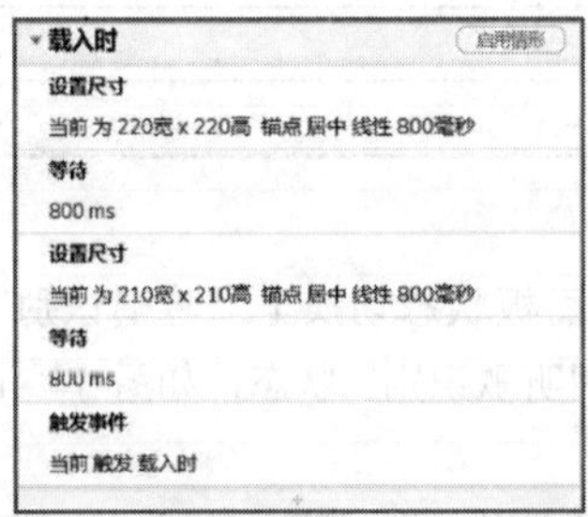

图 11–21　circle2“载入时”事件

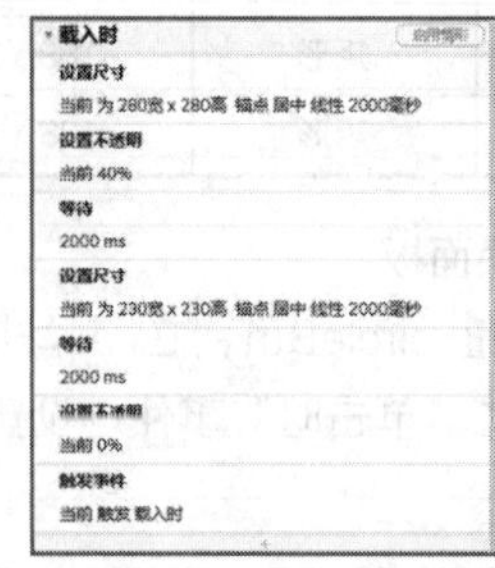

图 11–22　circle3“载入时”事件

4. 案例演示效果

按〈F5〉快捷键查看预览效果。听歌识曲的波纹扩散效果如图 11–23 所示，哼唱识别的波纹扩散效果如图 11–24 所示。

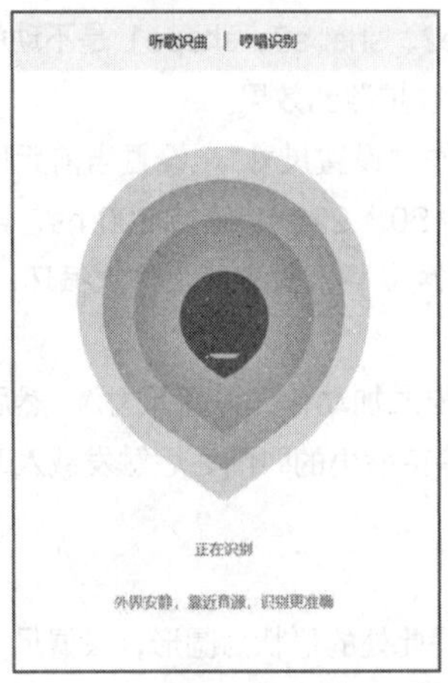

图 11–23　“听歌识曲”波纹扩散效果

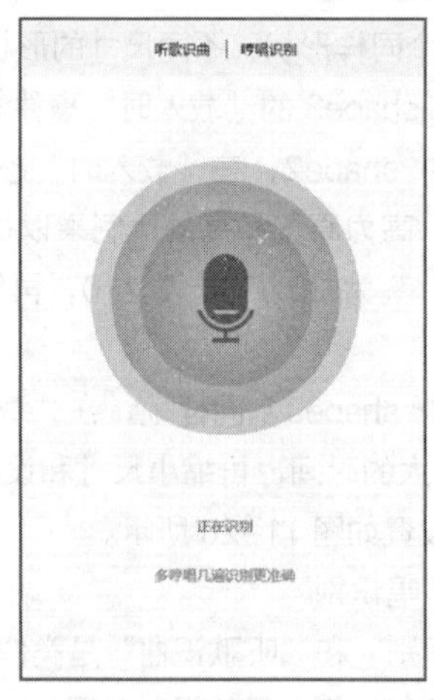

图 11–24　“哼唱识别”波纹扩散效果

11.3　Soul 编辑引力签效果

1. 案例要求

打开 Soul App 后，每个用户都可以创建自己的标签，或者选择系统的标签，完成自己的引力签，如图 11–25 所示。

2. 案例分析

本案例关键知识点如下。

1）系统标签的展示：运用中继器存储标签名和标签类型。

2）标签类型滚动条：还是利用动态面板的嵌套和滑动事件的设置。

3）创建自己的标签：运用动态面板的显示和隐藏，还有中继器添加的行的操作，完成创建自己的标签。

4）自己引力签的展示：运用中继器存储自己的标签名。

5）标签元件根据文字长度的控制：在标签载入时，根据字符的个数和尺寸来设置当前标签的尺寸。

3. 案例实现

（1）元件准备

页面中主要元件如图 11–26 所示，页面元件属性如表 11–2 所示。

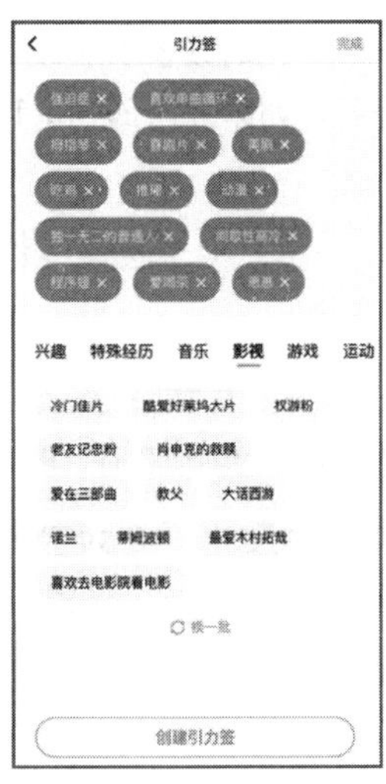

图 11–25　引力签编辑效果图

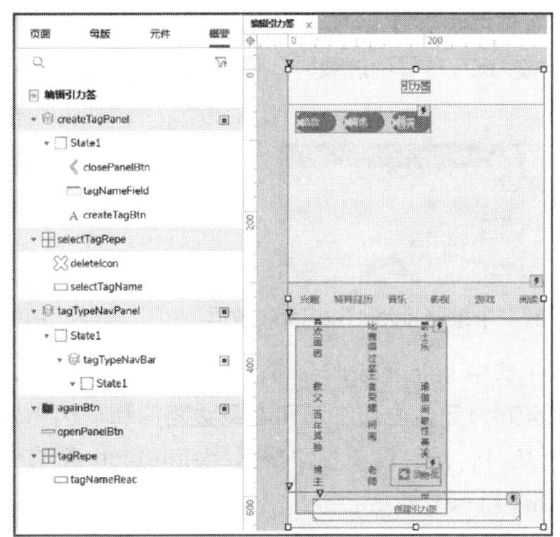

图 11–26　页面主要元件

表 11-2　页面的元件属性表

元件名称	元件种类	坐标	尺寸	备注	可见性
createTagPanel	动态面板	X0;Y0	W375;H644	一个状态	N
closePanelBtn	形状	X15;Y17	W10;H18		Y
tagNameField	输入框	X15;Y67	W338;H39		Y
createTagBtn	文本标签	X331;Y11	W44;H31	字体颜色# 05C98E	Y
selectTagRepe	中继器	X11;Y60	–		Y
deleteIcon	图形	X0;Y9	W13;H13	中继器 selectTagRepe 内元件	Y
selectTagName	矩形	X0;Y0	W60;H30	中继器 selectTagRepe 内元件 填充颜色# 07A8F9	Y
tagTypeNavPanel	动态面板	X0;Y300	W375;H50	一个状态	Y
tagTypeNavBar	动态面板	X0;Y0	W576;H50	一个状态	Y
againBtn	组合	X150;Y555	W75;H31	字体颜色# 05C98E 填充颜色# 05C98E	Y
openPanelBtn	矩形	X36;Y604	W303;H30	线段颜色# 05C98E 字体颜色# 05C98E	Y
tagRepe	中继器	X12;Y362	–		Y
tagNameReac	矩形	X0;Y0	W64;H30	中继器 tagRepe 内元件 填充颜色# F8F8F8	Y

（2）我的引力签展示

1）选中中继器 selectTagRepe，创建一个字段标签名（tag_name），同时设置水平布局，每行项目数为 3，“每项加载时”设置 selectTagName 的文本值为标签名，如图 11-27 和 11-28 所示。

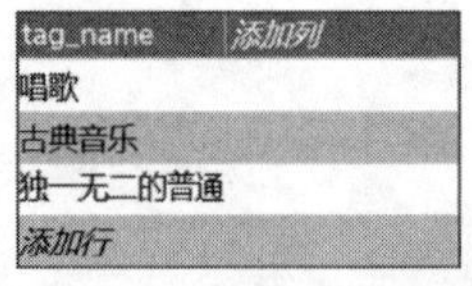

图 11-27　中继器 selectTagRepe 数据

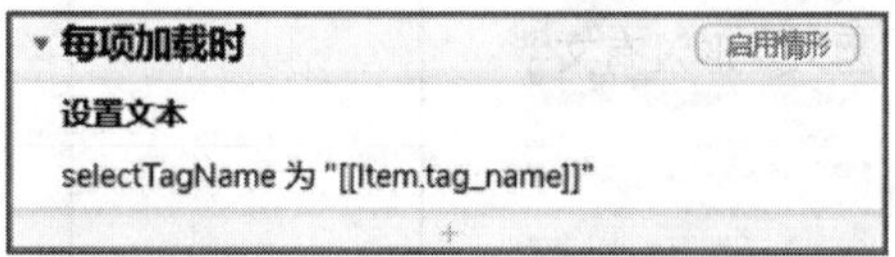

图 11-28　selectTagRepe “每项加载时”事件

2）选中 selectTagName，在“载入时”事件，设置尺寸为当前元件尺寸，13 为字体尺寸大小，40 为元件内部左侧和右侧边距的和，因为矩形没有文字的时候也会占一个像素，所以需要再加 1；同时需要移动按钮 deleteIcon 至右边，移动位置为元件文字长度和左侧边距的和，如图 11-29 所示。

3）删除标签，选中按钮 deleteIcon，在“单击时”事件，添加删除中继器 selectTagRepe 当前行。如图 11-30 所示。

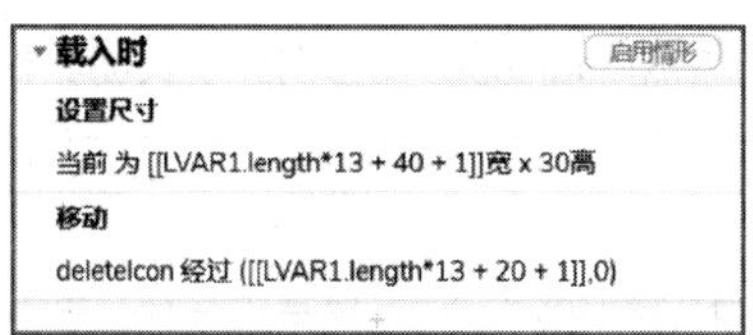

图 11-29　selectTagName“载入时”事件

图 11-30　deleteIcon“单击时”事件

（3）系统标签库展示

1）选中中继器 tagRepe，创建两个字段标签名（tag_name）和标签类型（tag_type），如图 11-31 所示。同时设置水平布局，每行项目数为 3，“每项加载时”设置 tagNameReac 的文本值为标签名，在“载入时”事件添加标签类型筛选，如图 11-32 所示。

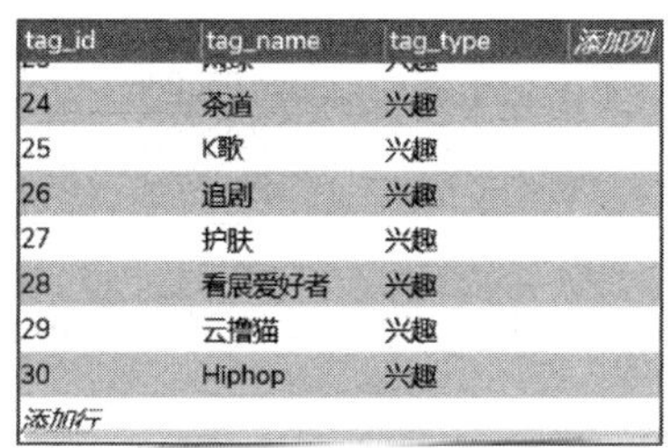

tag_id	tag_name	tag_type
24	茶道	兴趣
25	K歌	兴趣
26	追剧	兴趣
27	护肤	兴趣
28	看展爱好者	兴趣
29	云撸猫	兴趣
30	Hiphop	兴趣

图 11-31　中继器 tagRepe 数据

图 11-32　中继器 tagRepe 事件

2）选中元件 tagNameReac，在“载入时”事件，设置当前元件的尺寸大小，并且在“单击时”事件设置在中继器 selectTagRepe 中添加行，如图 11-33 所示。

当前元件的尺寸大小跟元件文字长度有关，13 为字体尺寸大小，40 为元件内部左侧和右侧边距的和，因为矩形没有文字的时候也会占一个像素，所以需要再加 1，如图 11-34 所示。

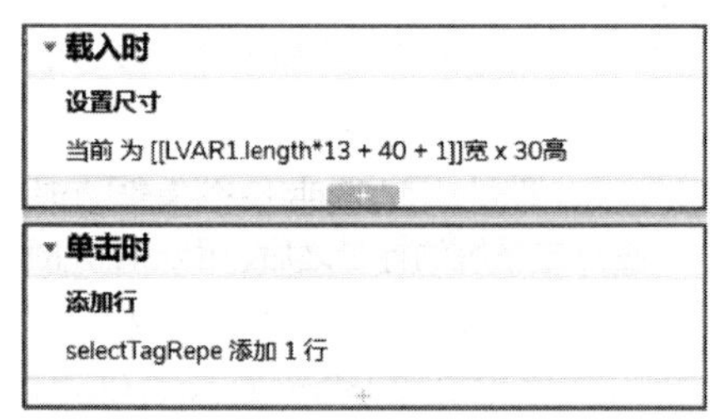

图 11-33　元件 tagNameReac 事件

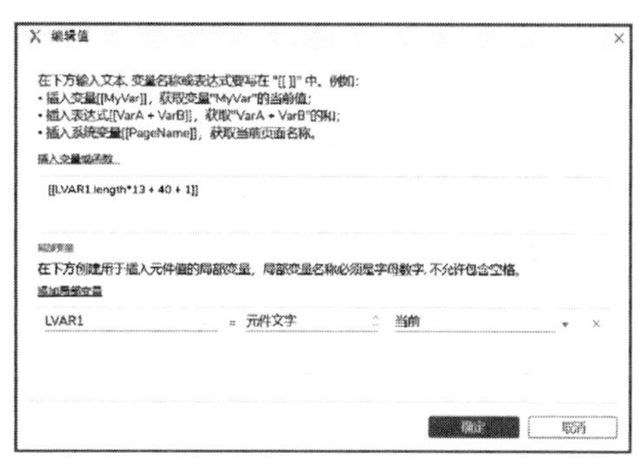

图 11-34　设置元件 tagNameReac 的宽度

3）选中按钮 againBtn，在“单击时”事件，设置中继器 tagRepe 的当前显示页面。如果当前显示页面小于 tagRepe 的总页面，设置当前显示页面为“next”，反之，则从第一页开始，如图 11-35 所示。

4）最后设置标签类型菜单的拖动，选中动态面板 tagTypeNavPanel，设置包含在“向左拖动结束时”事件内的动态面板 tagTypeNavBar 为线性到达(-201, 0)；设置包含在“向右拖动结束时”事件内的动态面板 tagTypeNavBar 线性到达为(0, 0)，如图 11-36 所示。

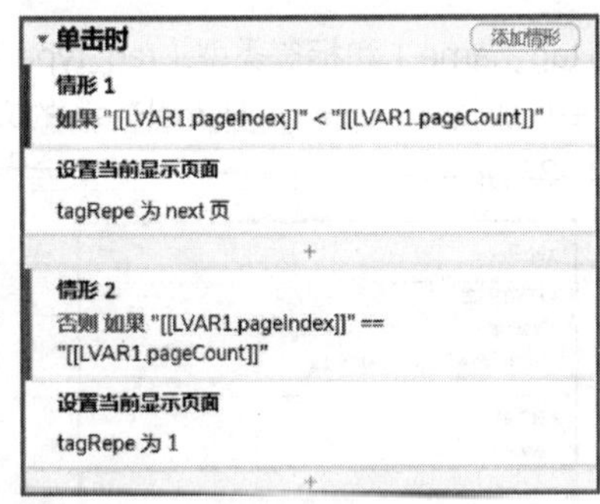

图 11-35　按钮 againBtn“单击时”事件

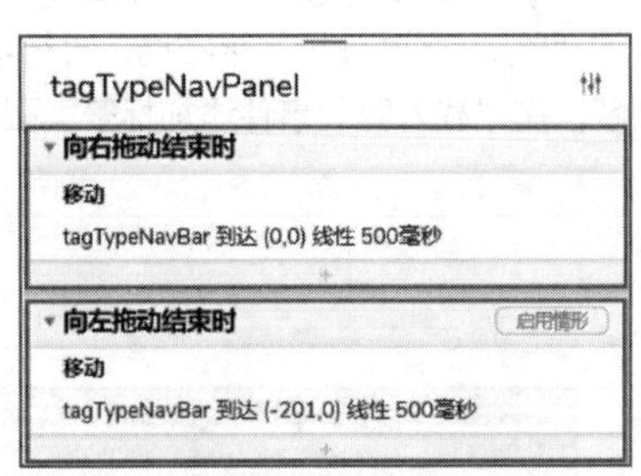

图 11-36　元件 tagTypeNavPanel 事件

（4）创建引力签

1）选中按钮 openPanelBtn，在“单击时”事件，设置向左线性滑动显示动态面板 createTagPanel 并将其置于顶层，如图 11-37 所示。

2）选中按钮 closePanelBtn，在“单击时”事件，设置向右线性滑动隐藏动态面板 createTagPanel，如图 11-38 所示。

图 11-37　openPanelBtn 单击事件

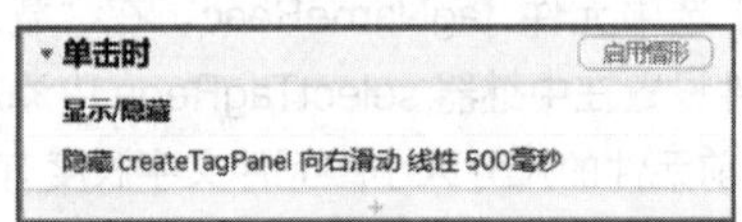

图 11-38　closePanelBtn 单击事件

3）选中按钮 createTagBtn，在“单击时”事件，设置在中继器 selectTagRepe 添加行，同时向右线性滑动隐藏动态面板 createTagPanel，如图 11-39 所示。

图 11-39　createTagBtn 单击事件

4. 案例演示效果

使用〈F5〉快捷键查看预览效果（如图 11-40 所示）。在点击系统的标签之后，引力签会同时显示出相对应的标签，如图 11-41 所示。在创建引力签之后，引力签会同时显示出创建的标签，如图 11-42 所示。

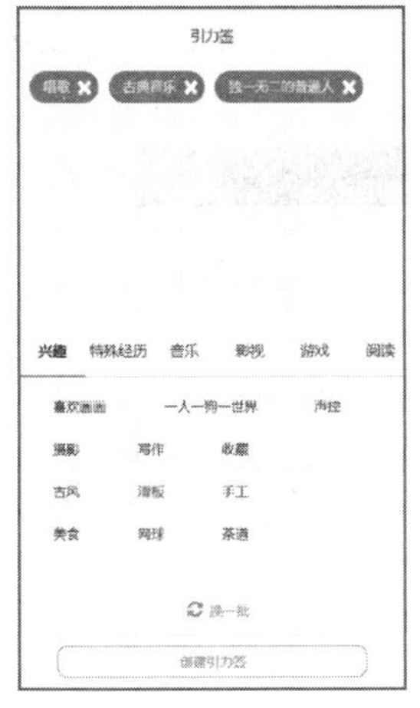

图 11-40　编辑引力签效果图 1

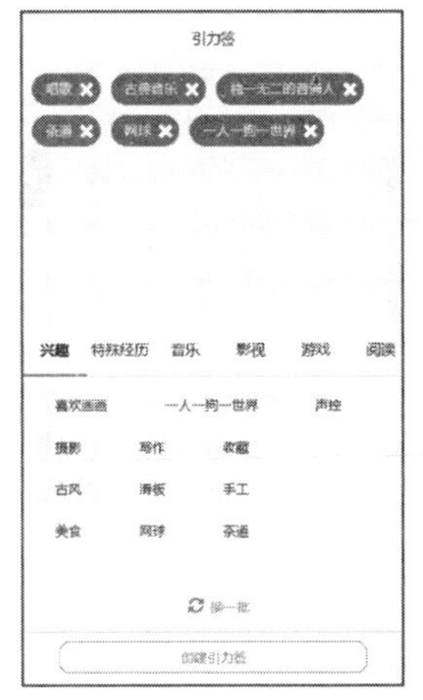

图 11-41　编辑引力签效果图 2

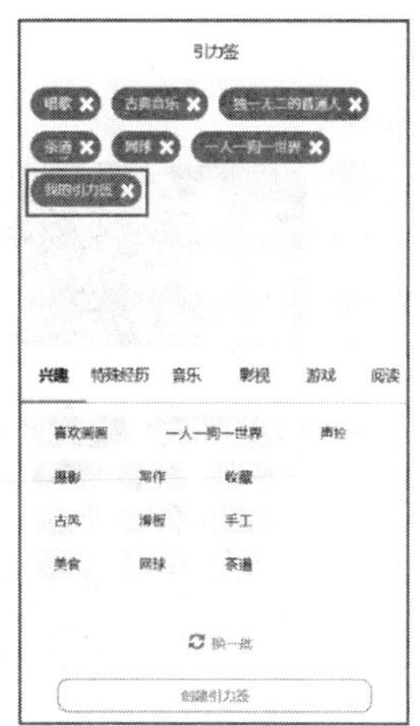

图 11-42　编辑引力签效果图 3

11.4　微信发朋友圈动态效果

1. 案例要求

打开微信，单击“发现”，可以找到“朋友圈”的入口，如图 11-43 所示。

进入“朋友圈”，单击自己的头像，进入相册详情页面，如图 11-44 所示。单击“今天”旁边的相机图标，选择来源“拍摄”或者“从相册选择”，如图 11-45 所示。

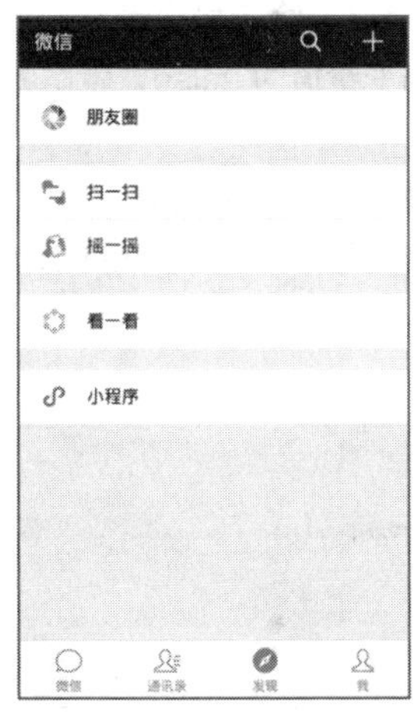

图 11-43　发现-朋友圈入口

图 11-44　朋友圈-我的相册

图 11-45　朋友圈-我的相册-选择照片来源

从相册选择照片（如图 11-46 所示），选定相片后，在“发布动态”页面（如图 11-47 所示）

填写发送内容，单击“发送”按钮，完成发送。在“朋友圈”和“我的相册”页面会显示刚才发送的内容。

图 11-46　选择-从相册选择

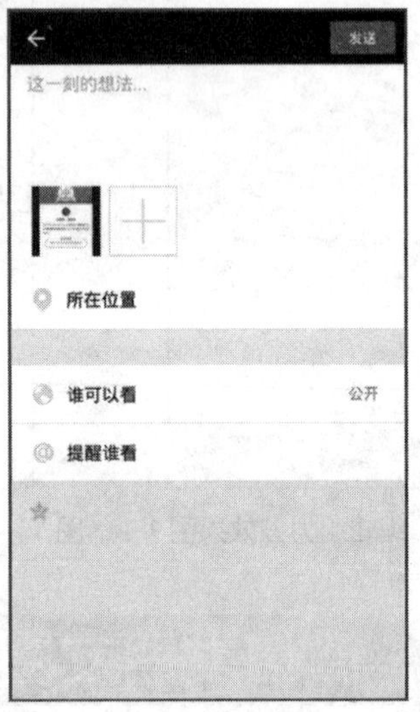

图 11-47　发送动态

2. 案例分析

本案例的关键知识点分析如下。

1）案例主要实现朋友圈发布动态的效果，有些页面和元件会直接使用微信的截图。

2）新发布的动态在“朋友圈”和“我的相册”页面会进行显示，添加一个全局变量来判断是否发布了新动态。如果全局变量值为 true，就显示新动态；如果全局变量值为 false，就隐藏新动态。

3）在相册选择照片之后，会传递到“发布动态”页面，简便的方式就是将“选择照片”和“发布动态”元件放置在动态面板元件的不同状态，“选择照片”状态使用中继器来放置照片，选择该状态的照片，将该值传递到“发布动态”状态的中继器元件。

3. 案例实现

（1）元件准备

1）朋友圈页面的主要元件如图 11-48 所示，元件属性如表 11-3 所示。

表 11-3 “朋友圈”页面的主要元件属性

元件名称	元件种类	坐标	尺寸	备注	可见性
headImg	图片	X272;Y275	W90;H90	无	Y
finishedThoughtPanel	动态面板	X15;Y380	W360;H143	一个 State1 状态	Y

2）“我的相册”页面的主要元件如图 11–49 所示，元件属性如表 11–4 所示。

图 11–48　“朋友圈”页面的主要元件

图 11–49　“我的相册”页面的主要元件

表 11–4　“我的相册”页面的主要元件属性

元件名称	元件种类	坐标	尺寸	备注	可见性
selectPanel	动态面板	X93;Y305	W190;H80	一个 State1 状态	Y
submitBtn	图片	X95;Y424	W75;H76	无	Y
finishedThoughtPanel	动态面板	X95;510	W270;H75	一个 State1 状态	Y
previousThought	动态面板	X9;609	W330;H91	一个 State1 状态	Y

3）“发布动态”页面的主要元件如图 11–50 所示。元件属性如表 11–5 所示。

表 11–5　“发布动态”页面的主要元件属性

元件名称	元件种类	坐标	尺寸	备注	可见性
submitThoughtPanel	动态面板	X0;Y0	W375;H646	三个状态	Y

4）submitThoughtPanel 动态面板元件的“选择照片”状态下的主要元件如图 11–51 所示，元件属性如表 11–6 所示。

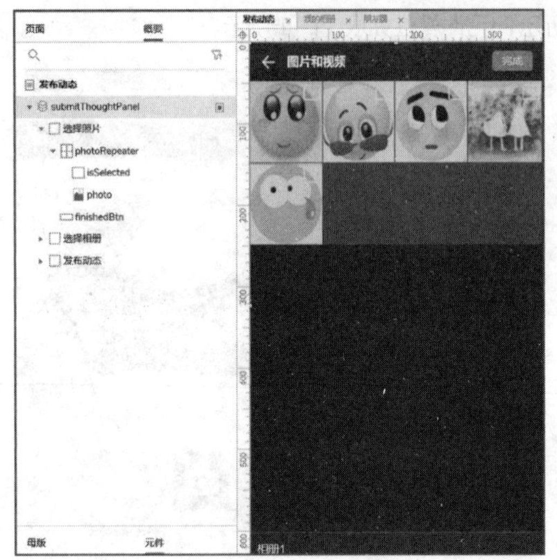

图 11-50 “发布动态”页面的主要元件

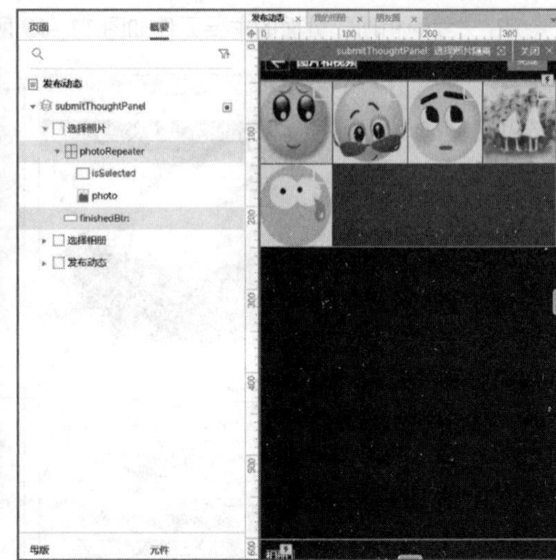

图 11-51 submitThoughtPanel“选择照片”状态下的主要元件

表 11-6 “选择照片”状态下的主要元件属性

元件名称	元件种类	坐标	尺寸	备注	可见性
photoRepeater	中继器	X0;Y48	—	一个字段	Y
finishedBtn	图片	X310;Y11	W50;H25	无	Y

5）submitThoughtPanel 动态面板元件的“发布动态”状态下的主要元件，如图 11-52 所示。元件属性如表 11-7 所示。

表 11-7 “发布动态”状态下的主要元件属性

元件名称	元件种类	坐标	尺寸	备注	可见性
submitPhotoRepeater	中继器	X9;Y179	—	一个字段	Y
addPhoto	图片	X8;Y256	W69;H69	无	Y
thoughtField	多行文本框	X16;Y52	W334;H118	隐藏边框	Y
submitBtn	矩形	X320;Y11	W40;H25	无	Y

（2）设置进入朋友圈

这里有些页面和元件直接用的是微信截图。

1）选中 index 页面中的 inllineFrame 内联框架元件，链接到项目的“发现”页面。

2）在“发现”页面，在“朋友圈”一栏添加热区元件，在该热区的“鼠标单击时”事件添加

“链接”→“打开链接”→“当前窗口”动作，打开“朋友圈”页面。

（3）设置新发布的动态显示与隐藏效果

1）添加 isSubmitThought 和 submitContent 全局变量。isSubmitThought 默认值为 false，表示是否发布了新的动态，发布成功值变为 true；submitContent 表示发布新动态的内容，全局变量管理对话框如图 11-53 所示。

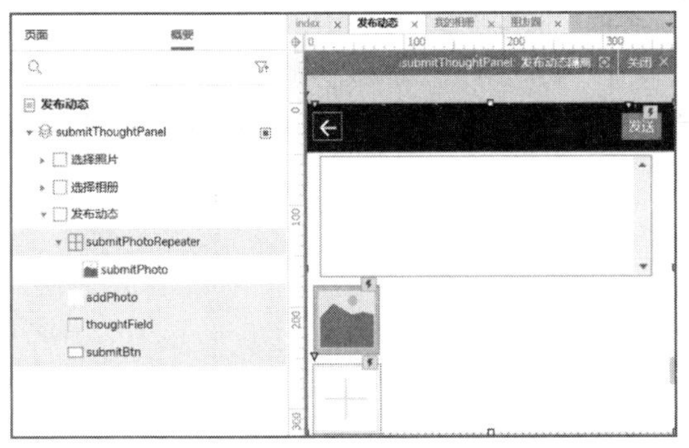

图 11-52　SubmitThoughtPanel“发布动态”状态下的主要元件

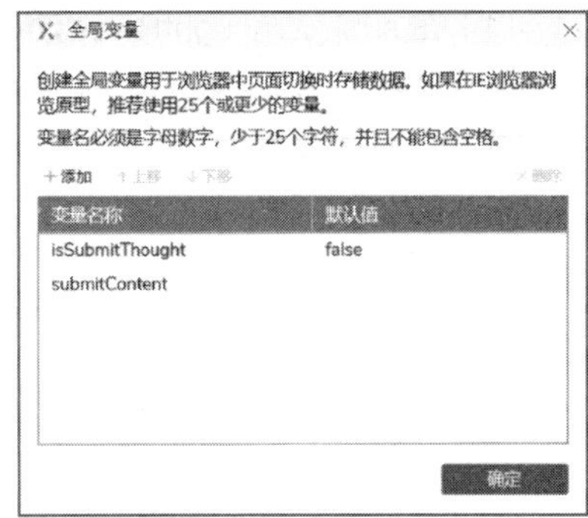

图 11-53　全局变量对话框

2）在“朋友圈”页面的“页面载入时”事件添加条件，如果全局变量的值为 true 时，添加“显示”动作，显示新发布的 finishedThoughtPanel 动态面板元件，并且为向下推动元件；继续添加“设置文本”动作，将 submitContent 全局变量的值赋给 thoughtTxt 文本标签元件。否则隐藏面板 finishedThoughtPanel，向下拉动元件，如图 11-54 所示。

3）“我的相册”页面与步骤 2）类似，事件交互如图 11-55 所示。

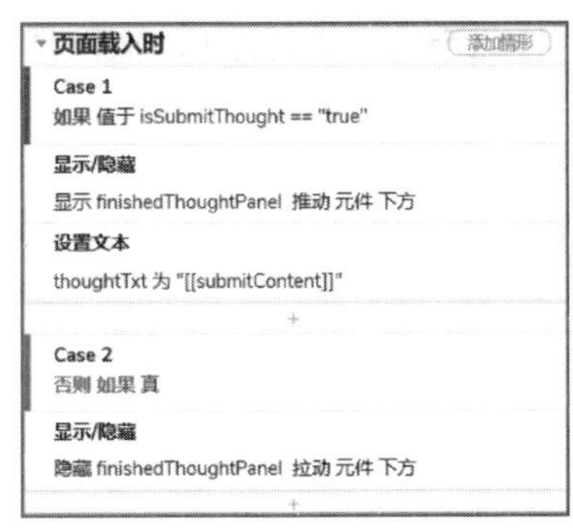

图 11-54　“朋友圈”页面的页面载入时事件

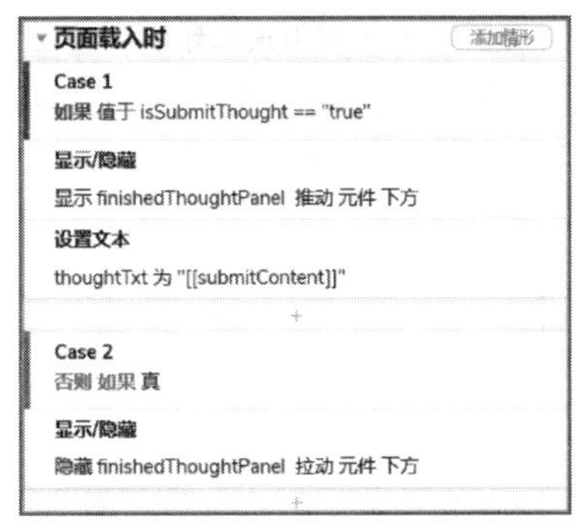

图 11-55　“我的相册”页面的载入时事件

（4）准备发布动态

1）在“朋友圈”页面选中 headImg 用户头像，在“鼠标单击时”事件添加动作，在当前窗口打开“我的相册”页面。

2）在“我的相册”页面选中 submitBtn 元件，在“鼠标单击时”事件添加“显示”动作，显示

selectPanel 元件，并带有灯箱效果，如图 11–56 所示。

3）在 selectPanel 动态面板元件下有两个矩形元件，单击“拍摄”矩形元件之后，链接到“拍摄”页面；单击“从相册选择”矩形元件之后，链接到“发布动态”页面。

图 11–56 submitBtn 鼠标单击事件

（5）发布动态

1）在 submitThoughtPanel 动态面板元件的“选择照片”状态下，选中 photoRepeater 中继器元件，设置排列为水平排列，每排项目数为 4 个，行间距和列间距都为 1，如图 11–57 所示。添加一个字段 PHOTO，并且在每一行添加数据，在“每项加载时”事件添加“设置图片”动作，如图 11–58 所示。

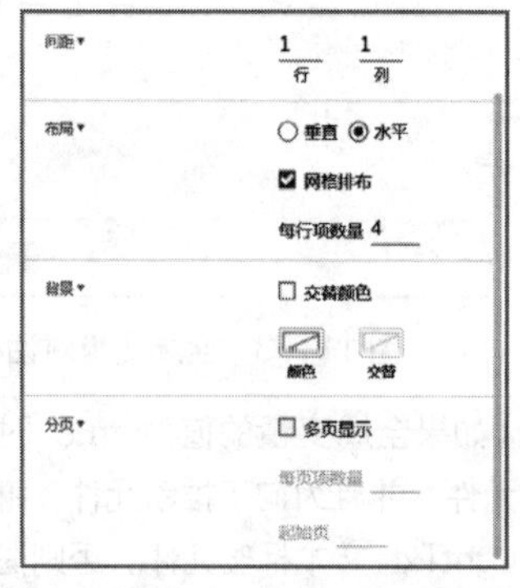

图 11–57 photoRepeater 属性

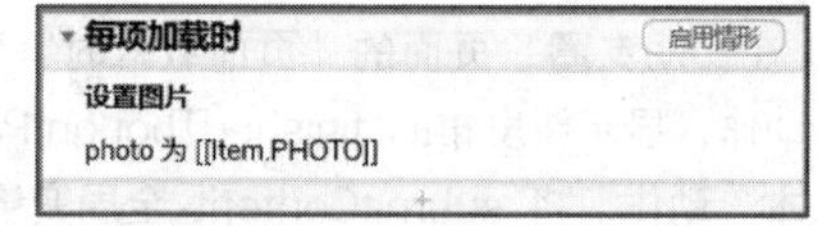

图 11–58 设置 photoRepeater 每项加载时事件

2）在 submitThoughtPanel 动态面板元件的“发布动态”状态下，选中 submitPhotoRepeater 中继器元件，设置排列为水平排列，每排项目数为 4 个，行间距和列间距都为 5，如图 11–59 所示。添加一个 SUBMIT_PHOTO 字段，并且将数据清空，在“每项加载时”事件添加“设置图片”动作，如图 11–60 所示。

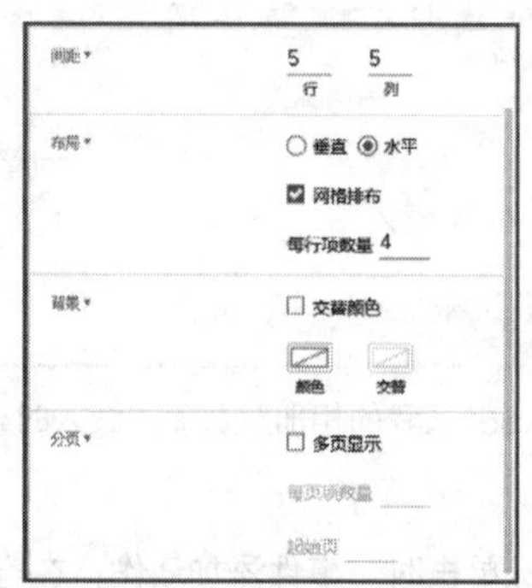

图 11–59 submitPhotoRepeater 中继器样式

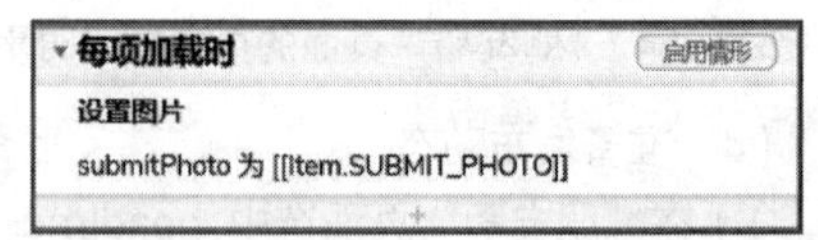

图 11–60 submitPhotoRepeater 每项加载事件

3）进入 photoRepeater 中继器元件的编辑页面，选中 isSelected 按钮元件，设置交互样式，填充颜色和边框颜色都为#00CC00。在“鼠标单击时”事件添加“选中”动作，选中该元件，继续添加“中继器”→“添加行”动作，给 submitPhotoRepeater 中继器元件添加行，并且设置 submitPhotoRepeater 中继器元件 SUBMIT_PHOTO 字段的值为 photoRepeater 中继器元件 PHOTO 字段的值，如图 11-61 和图 11-62 所示。

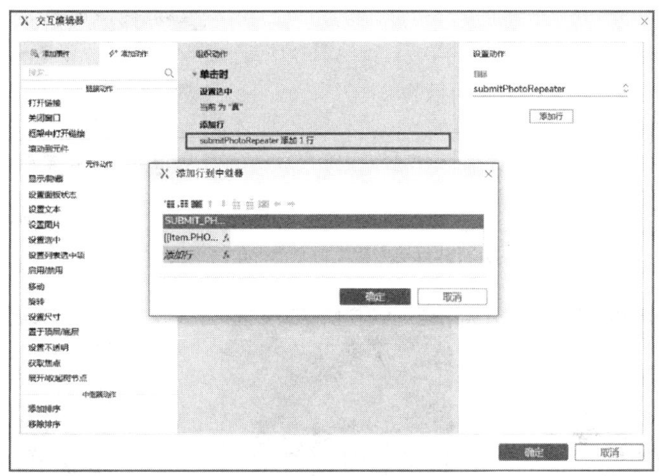

图 11-61　给 submitPhotoRepeater 中继器元件添加行

4）在 submitThoughtPanel 动态面板元件的“发布动态”状态下，选中 submitBtn 按钮，在“鼠标单击时”事件添加“设置变量值”动作，将 isSubmitThought 全局变量的值改为 true，将 thoughtField 文本值赋值给局部变量，然后赋值给 submitContent 全局变量；最后添加链接，打开“朋友圈”页面，事件交互如图 11-63 所示。

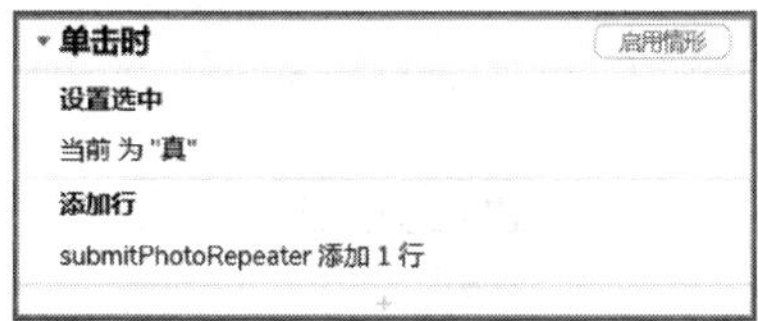

图 11-62　isSelected 鼠标单击时事件

图 11-63　submitBtn 鼠标单击时事件

4. 案例演示效果

按〈F5〉快捷键查看预览效果。默认时如图 11-64 所示。单击“朋友圈”图标，效果如图 11-65 所示。在该图中单击头像，效果如图 11-66 所示。接着，单击“”（发送动态）按钮，效果如图 11-67 所示。然后，单击“从相册选择”按钮，效果如图 11-68 所示。在图 11-68 中，可以选择多张图片后，单击“完成”按钮，效果如图 11-69 所示。输入文字信息，单击“发送”按钮，效果如图 11-70 所示。

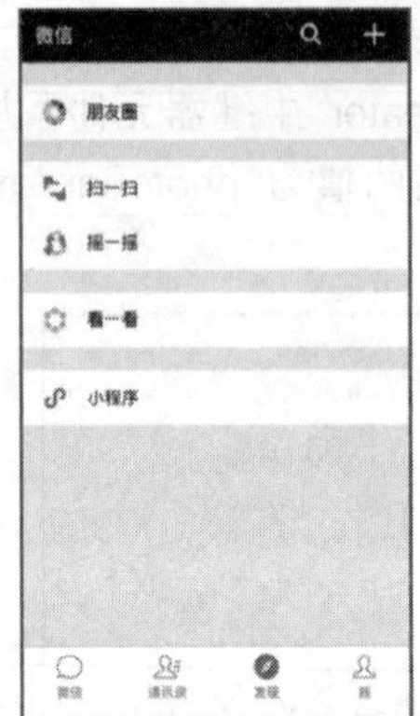

图 11–64　微信朋友圈案例默认时效果

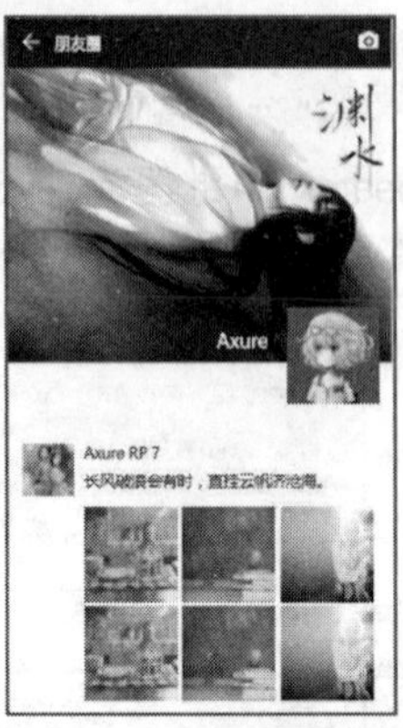

图 11–65　单击朋友圈图标时效果

图 11–66　查看个人相册时效果

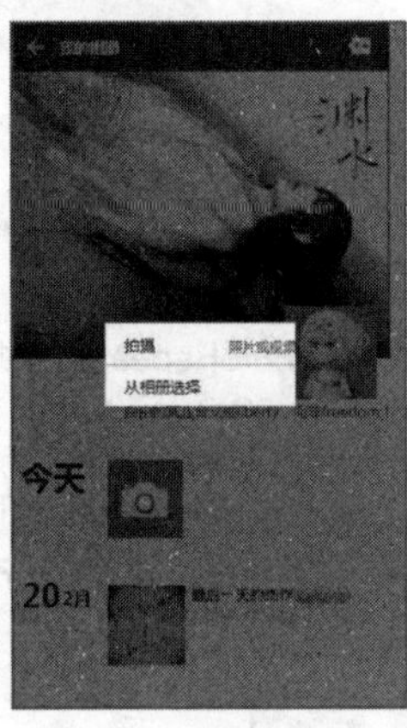

图 11–67　发送动态时效果

图 11–68　从相册选择图片时效果

图 11–69　发送动态时效果

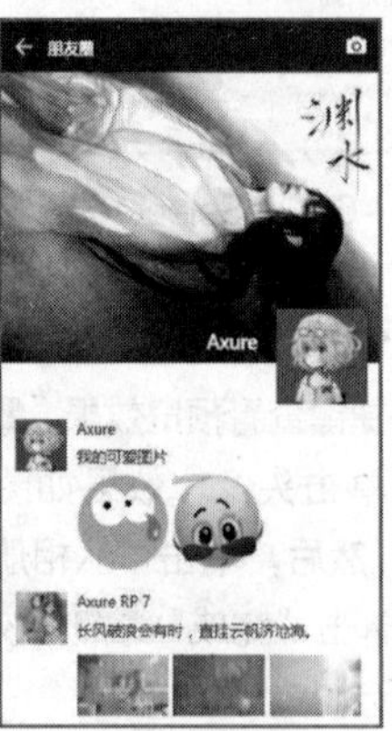

图 11–70　发送动态完成时效果

11.5　微信聊天列表左滑功能

1. 案例要求

打开微信 APP，在任一列表中左滑，会出现三个按钮“标记未读”“不显示”和“删除”，本次案例中，我们需要实现的是点击“标记未读”，列表会出现“未读标识”，点击“不显示”和“删除”按钮，删除该行数据。

2. 案例分析

该案例的关键知识点分析如下。

1）聊天列表的数据存储：运用中继器。

2）列表数据滑动显示操作按钮：可以将中继器中的数据转换成一个动态面板，三个操作按钮也可以分别是三个动态面板或者是三个矩形，在滑动列表数据动态面板的时候，可以同时移动该操作按钮，完成右滑或者左滑。

3）标记未读：默认隐藏未读标识，点击“标记未读”按钮，显示未读标识即可。

3. 案例实现

（1）元件准备

1）页面中的主要元件就是中继器元件，如图 11-71 所示，元件属性如表 11-8 所示。

图 11-71　页面的主要元件

图 11-72　userListRepe 主要元件

表 11-8　页面的主要元件属性

元件名称	元件种类	坐标	尺寸	备注	可见性
userListPanel	动态面板	X0:Y84	W375;H540	固定高宽，隐藏操作按钮	Y
userListRepe	中继器	X0;Y0	—	无	Y

2）userListRepe 中继器中的元件如图 11-72 所示，元件属性如表 11-9 所示。

表 11-9　中继器 userListRepe 的元件属性

元件名称	元件种类	坐标	尺寸	备注	可见性
operateDeletePanel	动态面板	X375;Y0	W50;H60		Y
operateHidePanel	动态面板	X375;Y0	W76;H60		Y
operateReadPanel	动态面板	X375;Y0	W203;H60		Y
listPanel	动态面板	X0;Y0	W375;H60		Y
noReadIcon	圆形	X40;Y5	W15;H15		N
userHead	图片	X10;Y10	W40;H40		Y
userDesc	文本标签	X62;Y34	W301;H17		Y
userName	文本标签	X62;Y10	W56;H19		Y

（2）中继器设置

选中 userListRepe 中继器元件，添加三个字段用户名（user_name）、用户头像（user_head）、用户对话内容（user_desc），如图 11-73 所示。在“每项加载时”事件添加“设置文本”动作和“设置图片”动作，如图 11-74 所示。

图 11-73　中继器 userListRepe 数据

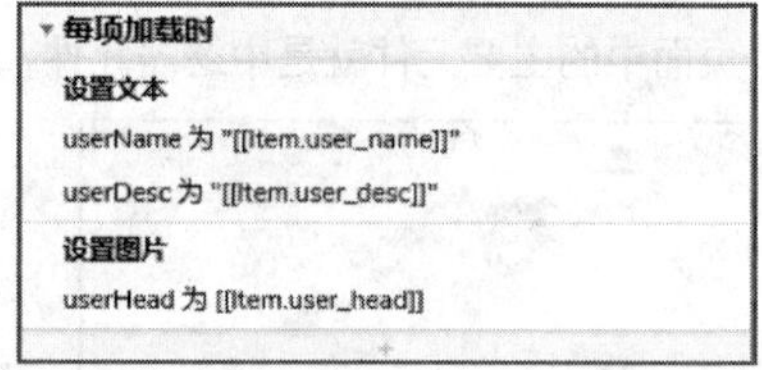

图 11-74　userListRepe“每项加载时”事件

（3）列表滑动

选中动态面板 listPanel，在“向左拖动结束时”事件中，需要设置 listPanel、operateDeletePanel、operateHidePanel 和 operateReadPanel 同时向左线性移动，在“向右拖动结束时”，需要设置 ListPanel、operateDeletePanel、operateHidePanel 和 operateReadPanel 同时向右线性移动，如图 11-75 所示。

（4）“标记未读”“不显示”和“删除”

1）“标记未读”：选中 operateReadPanel，在“单击时”事件，显示未读标识，并且同时需要设置 istPanel、operateDeletePanel、operateHidePanel 和 operateReadPanel 同时向右线性移动，如图 11-76 所示。

图 11–75　listPanel 拖动事件

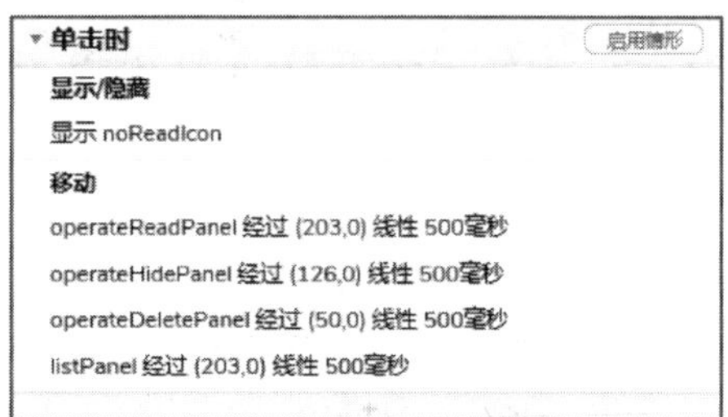

图 11–76　operateReadPanel 鼠标单击事件

2）“不显示”：删除当前行，如图 11–77 所示。

3）“删除”：删除当前行，如图 11–78 所示。

图 11–77　operateHidePanel 鼠标单击事件

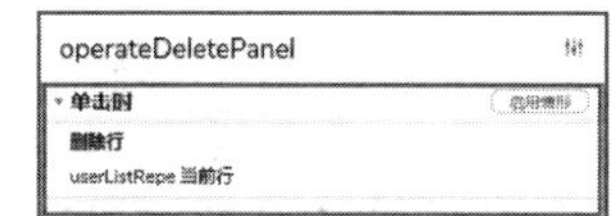

图 11–78　operateDelete 鼠标单击事件

4. 案例演示效果

按〈F5〉快捷键查看预览效果。默认时如图 11–79 所示。当向左拖动时，显示相应按钮，如图 11–80 所示。当点击“标记未读”时，对应的行会有未读标识，如图 11–81 所示。单击“删除”和“不显示”按钮，将删除所选中的数据行。

图 11–79　微信聊天列表

图 11–80　右滑显示操作

图 11–81　“标记未读”操作之后

11.6 QQ 会员活动抽奖大转盘

1. 案例要求

在 QQ 会员服务号里，经常会有抽奖活动，以 QQ 会员抽奖活动为模板，制作一个抽奖活动转盘。在转盘中制作一个指针，单击中央“抽奖”按钮开始抽奖，如图 11–82 所示。

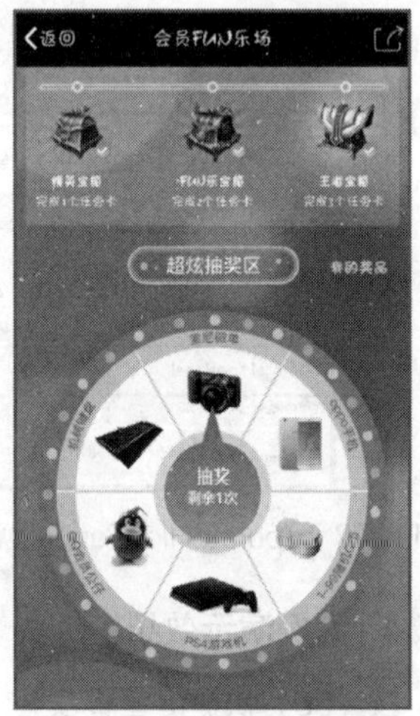

图 11–82　抽奖转盘效果图

2. 案例分析

该案例的关键知识点分析如下。

1）在进入页面之后，转盘周围会有闪烁的圆点，仔细观察，其实为相邻两个圆点，交替转换颜色。可以在一个动态面板里添加两个状态，两个状态的相同位置的圆点，颜色不一致，然后在该动态面板元件载入时将状态循环转换即可。

2）转盘中央指针的制作，可利用 Axure RP 的图片操作功能实现。

3）转盘的转动，用到 Axure RP 的“旋转”动作，转盘随其中心转动，在一定的时间内，固定旋转圈数，然后添加一个随机数确定转盘停止的随机位置。

3. 案例实现

（1）元件准备

页面的主要元件如图 11–83 所示。元件中的 panel、pointer 都是修改好的，在之后的步骤中会讲解如何设置。元件属性如表 11–10 所示。

表 11–10　页面中的主要元件属性

元件名称	元件种类	坐标	尺寸	备注	可见性
pointer	形状元件	X142;Y358	W91;H124		Y
panel	动态面板	X23;Y273	W328;H328	两个状态	Y
ImageRotation	图片	X39;Y287	W297;H297		Y

（2）实现闪烁光点效果

1）在 panel 动态面板元件中的 State1 状态中，拖入两个尺寸不同的椭圆元件，填充底部椭圆的颜色为#ff766e（ ），其中底部椭圆的尺寸为 W328;H328，上面的白色椭圆的尺寸为 W297;H297，如图 11–84 所示。

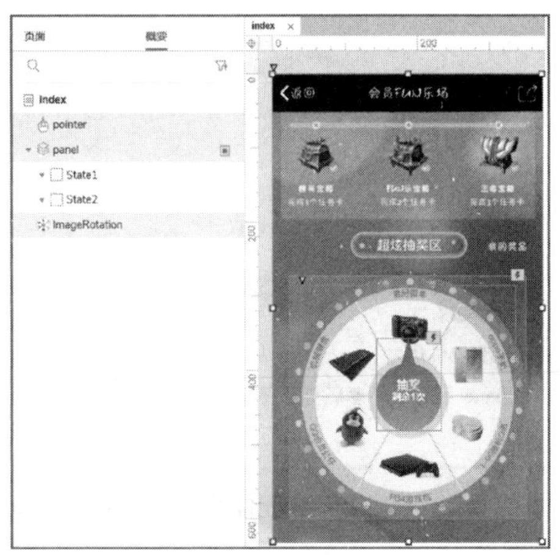

图 11-83　页面的主要元件

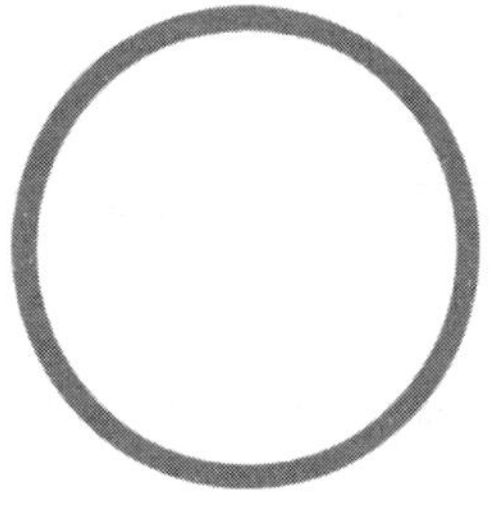

图 11-84　椭圆元件

2）同时选中两个椭圆元件，然后右击选择“改变形状”→“去除”命令，去除底部椭圆的中心部位，如图 11-85 所示。

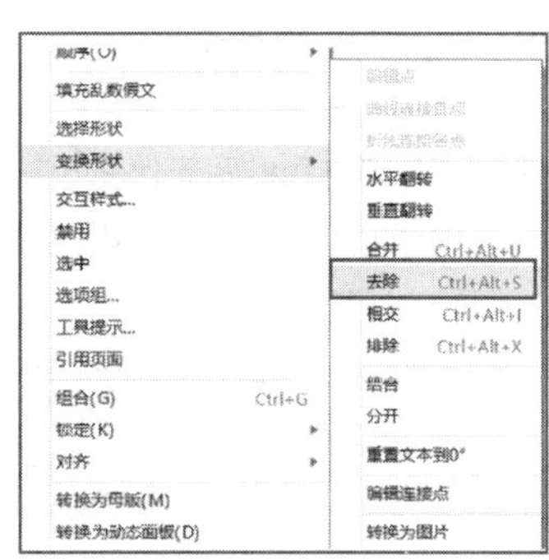

图 11-85　去除底部椭圆中心部位

3）制作周边的闪烁圆点，颜色不同的小椭圆元件相隔排列，颜色分别为# f8e386（ ）和# ffb4af（ ），如图 11-86 所示。复制 State1 所有的元件到 State2 中，选中所有的# f8e386（ ）颜色的元件，更换为# ffb4af（ ）；选中之前的# ffb4af（ ）颜色的元件，更换为# f8e386（ ）颜色，如图 11-87 所示。

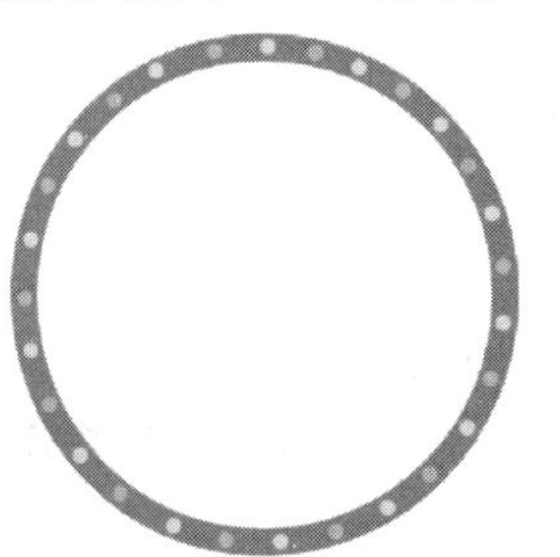

图 11-86　State1 小圆点相隔排列

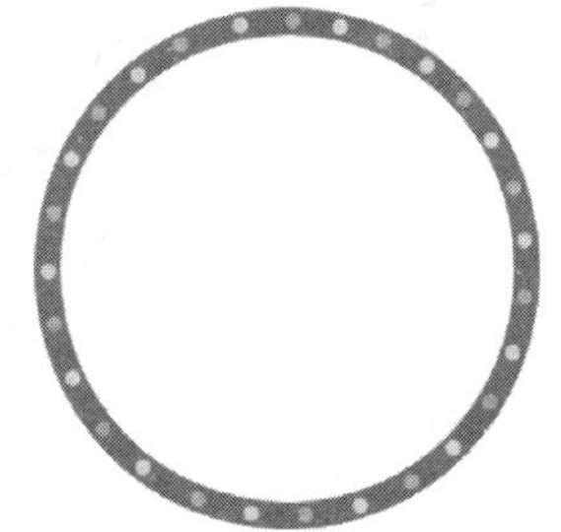

图 11-87　State2 小圆点相隔排列

4）选中 panel 动态面板元件，在“载入时”事件添加“设置面板状态”动作，设置该面板状态为 next，设置属性如图 11-88 所示，事件如图 11-89 所示。

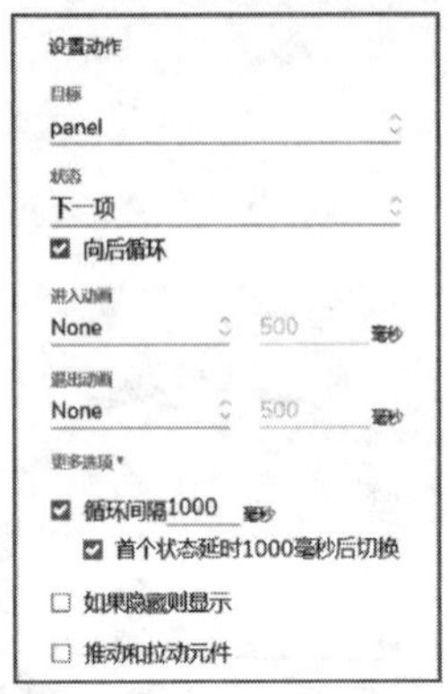

图 11-88　设置状态属性

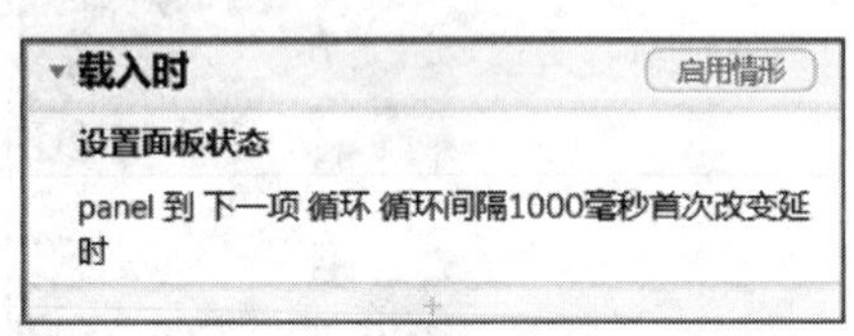

图 11-89　panel 元件的载入时事件

（3）实现有方向的转向指针效果

1）在页面添加一个椭圆元件，调整合适尺寸，填充颜色为#fd5b66（　）到#ffa078（　）的渐变色，如图 11-90 所示。

2）再拖入一个矩形元件，转换为三角形的形状，调整至合适的尺寸，放置在上面椭圆元件合适的位置，颜色填充和椭圆元件一致，如图 11-91 所示。

3）同时选中两个元件，然后右击选择“改变形状”→“合并”命令，如图 11-92 所示。

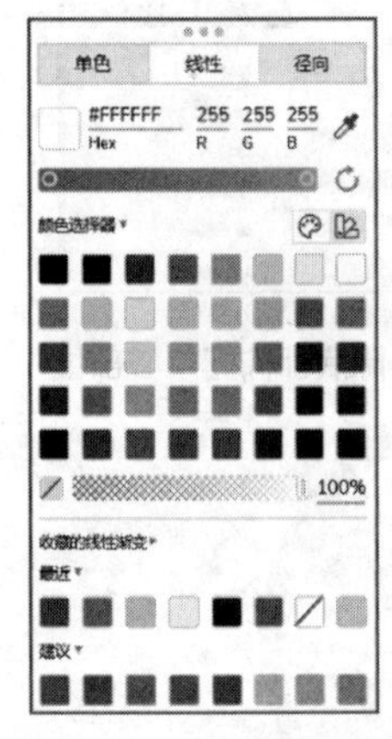

图 11-90　渐变颜色样式

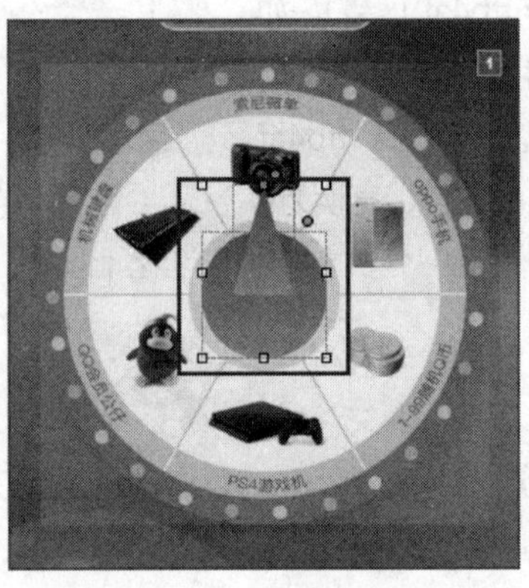

图 11-91　三角元件的效果

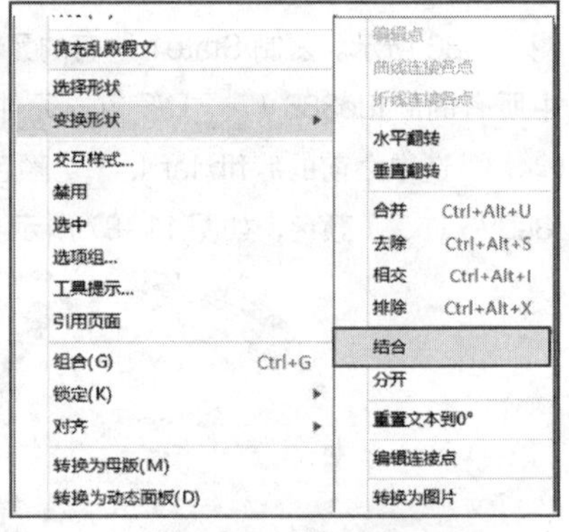

图 11-92　合并两个元件

（4）实现旋转操作

选中制作的指针 pinter，在“鼠标单击时”事件添加“旋转”动作，顺时针旋转元件 Image Rotation，锚点为中心，动画为摇摆，时间为 8s，角度值为[[1800+360×Math.random()]]，固定旋转 5 圈加一个随机数，如图 11-93 所示，pointer 鼠标单击时事件如图 11-94 所示。

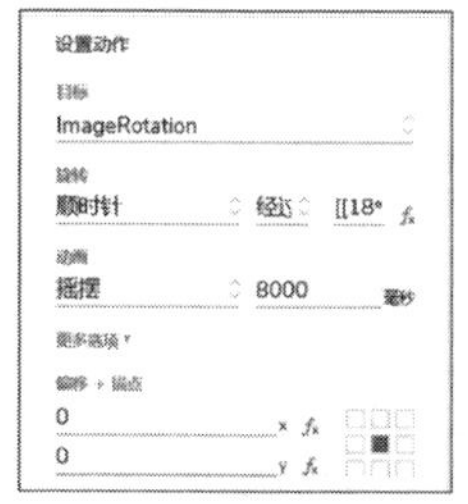

图 11–93　旋转属性设置

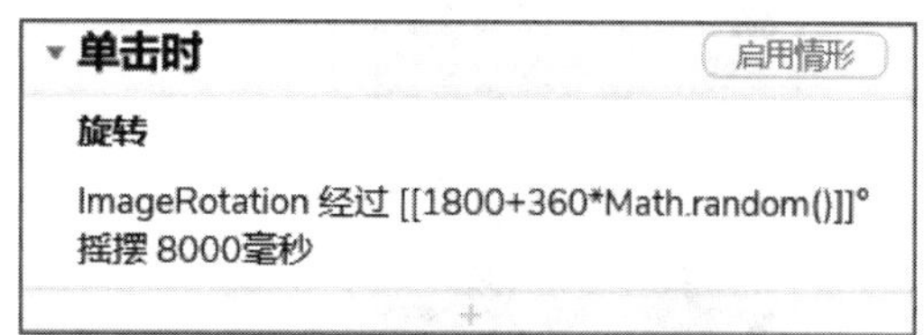

图 11–94　pointer 鼠标单击时事件

4. 案例演示效果

按〈F5〉快捷键查看预览效果。默认时效果如图 11–95 所示。单击中间的“抽奖”图标，指针开始进行旋转，旋转 8s 后，随机停留到某个位置，例如，在本案例中运行时指针停留在了 OPPO 手机的位置，效果如图 11–96 所示。

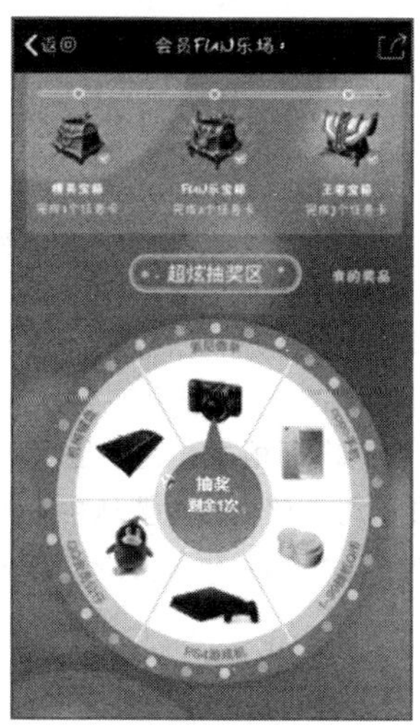

图 11–95　QQ 会员活动大转盘默认时效果

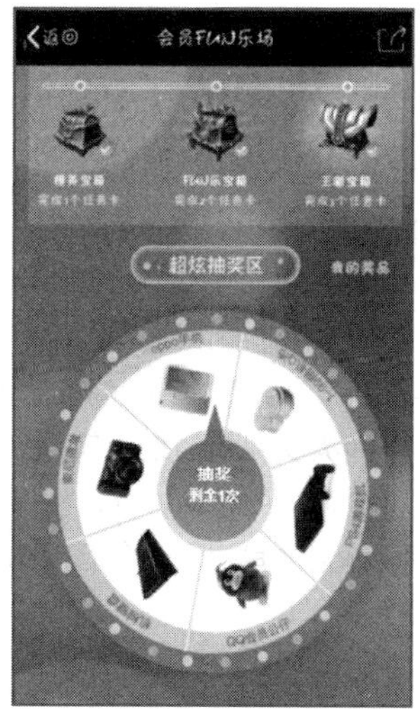

图 11–96　指针旋转后随机停留在某个位置

11.7　猫耳 FM 的男女频道切换

1. 案例要求

打开猫耳 FM 的 App，在首页的左上角，点击女生标识的粉色按钮，可将当前频道切换至女生版，再次点击男生标识的蓝色按钮，可将当前频道切换至男生版。本例需要实现的是切换过程中女生版图标和男生版图标有个交换的动效过程，如图 11–97 和图 11–98 所示。

图 11-97　女生版效果图

图 11-98　男生版效果图

2. 案例分析

该案例是一个相对简单的案例，主要用到的还是动态面板元件的显示与隐藏，以及移动的动作设置。

1）左上角按钮的切换实现：只需要两个按钮的“单击时”事件设置，在点击之后，另一个按钮至于顶层，并且设置两个按钮的移动位置即可。

2）中间男女图标的切换实现：这时候就运用到我们熟悉的动态面板了，在“显示时”事件中，设置两个面板的移动位置，把握好等待时间，在一个面板显示时，该面板需要从中间移动到右下角然后再移至中间，另一个面板隐藏之前，需要从中间移动到右上角然后再移至中间隐藏，就完成完美切换。

3. 案例实现

（1）元件准备

页面的主要元件如图 11-99 所示，元件属性如表 11-11 所示。

表 11-11　页面中的主要元件属性

元件名称	元件种类	坐标	尺寸	备注	可见性
styleGrilPanel	动态面板	X290;Y272	W121;H116	一个 State1 状态	Y
girlIcon	组合	X110;Y110	W50;H50	形状和矩形的组合	Y
styleBoyPanel	动态面板	X290;Y272	W118;H115	一个 State1 状态	N
boyIcon	组合	X100;Y100	W50;H50	形状和矩形的组合	Y

（2）左上角按钮的切换

1）选中按钮 girlIcon，在“单击时”事件中添加“移动”动作，移动 girlIcon 经过(–10,–10)，boyIcon 经过(10,10)，并且设置 boyIcon 至于顶层，如图 11–100 所示。

2）选中按钮 boyIcon，在“单击时”事件中添加“移动”动作，移动 boyIcon 经过(–10,–10)，girlIcon 经过(10,10)，并且设置 girlIcon 至于顶层，如图 11–101 所示。

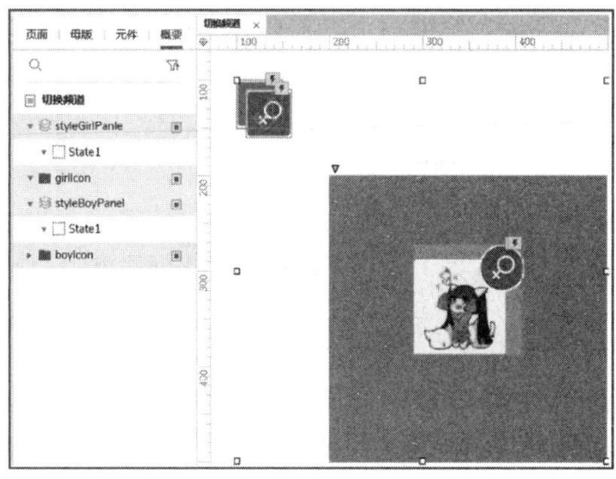

图 11–99　页面主要元件

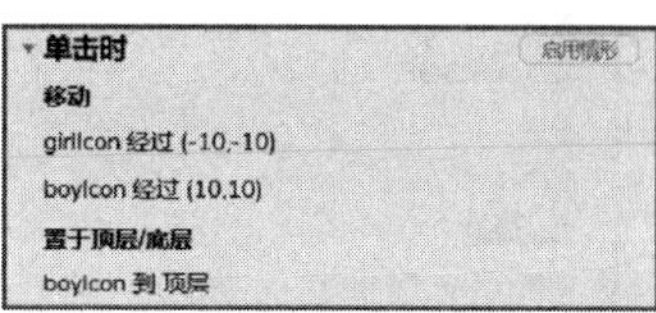

图 11–100　girlIcon 鼠标单击事件

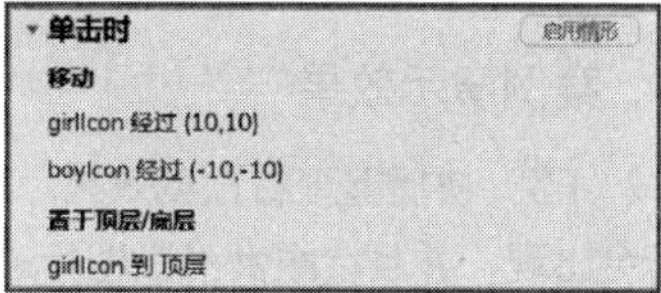

图 11–101　boyIcon 鼠标单击事件

（3）男女版图标的切换

1）默认隐藏 styleBoyPanel 面板，选中该面板，在“显示时”事件添加“移动”动作，设置该面板向左下方移动(50,50)，同时 styleGirlPanel 向右上方移动(–50,–50)，等待 500ms，将该面板至于顶层，再次添加“移动”动作，设置该面板向右上方移动(–50,–50)，同时 styleGirlPanel 向左下方移动(50,50)，整个过程一共消耗 1000ms，如图 11–102 所示。

2）默认显示 styleGrilPanel 面板，选中该面板，设置类似于 styleBoyPanel 的动作，如图 11–103 所示。

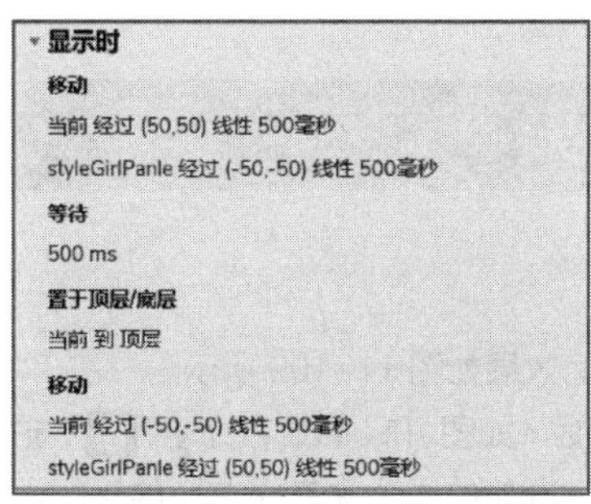

图 11–102　styleBoyPanel“显示时”事件

图 11–103　styleGrilPanel“显示时”事件

3）选中按钮 girlIcon，需要触发 styleBoyPanel 面板的“显示时”事件，如图 11–104 所示。

4）选中按钮 boyIcon，需要触发 styleGirlPanel 面板的“显示时”事件，如图 11–105 所示。

图 11–104 grilIcon 鼠标单击事件

图 11–105 boyIcon 鼠标单击事件

4. 案例演示效果

按〈F5〉快捷键查看预览效果。默认时如图 11–106 所示，当点击标识女生按钮的时候，男生版图标会出现，并且会跟女生版图标进行一个切换的动效，如图 11–107 所示，交换完成之后，页面切换为了男生版，如图 11–108 所示。

图 11–106 页面默认效果

图 11–107 页面向下滑动时

图 11–108 单击添加按钮时

11.8 印象笔记添加多媒体效果

1. 案例要求

在印象笔记 App（苹果版本）中，添加笔记多媒体页面效果如图 11–109 所示。

单击图 11–109 的“📷”图标，进入添加多媒体页面，如图 11–110 所示。“⬤”拍照按钮上方的灰色区域用于放置拍摄的图片，当单击“⬤”后，当前的图片会在深灰色的这行添加，如图 11–111 所示为添加了三张图片时的效果。

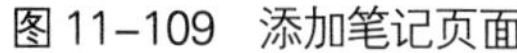
图 11-109　添加笔记页面

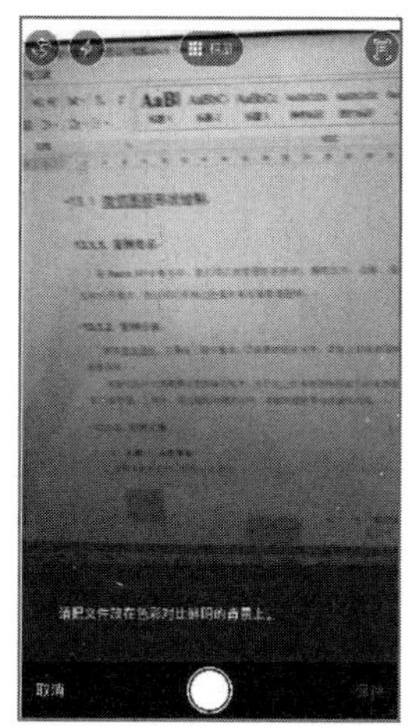

图 11-110　添加多媒体页面

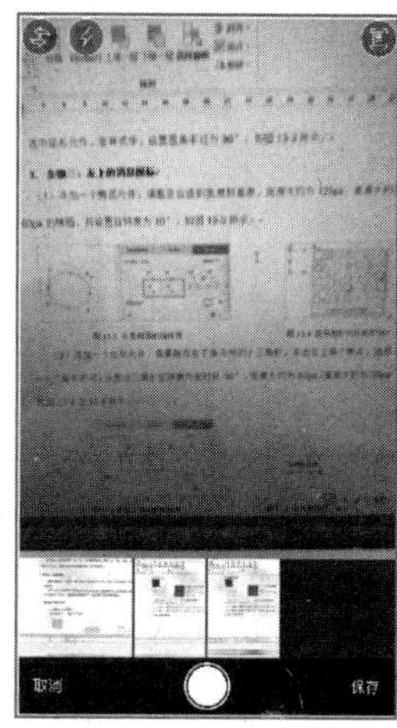

图 11-111　添加三张图片时

2. 案例分析

本案例的关键知识点分析如下。

1）“添加笔记”页面跳转到“添加多媒体”页面时，在“ ”图标添加一个热区元件进行跳转操作。

2）为了实现在不同的拍摄内容时，单击“ ”图标时，下方的深灰色区域会添加对应图标，可将中间内容区域，以及下方的小图显示区域都设置为动态面板元件，对应单击“ ”图标次数（可借助于全局变量），这两个动态面板元件显示不同内容。

3. 案例实现

（1）元件准备

1）在“页面”面板，添加“添加笔记”和“添加多媒体”两个页面。

2）“添加笔记”页面比较简单，添加一张印象笔记中“添加笔记”页面（iOS 版本）的截图，并调整尺寸，在“ ”图标上添加热区元件。“添加笔记”页面的主要元件，如图 11-112 所示，元件属性如表 11-12 所示。

表 11-12 “添加笔记”页面中的主要元件属性

元件名称	元件种类	坐标	尺寸	备注	可见性
contentImg	图片	X0;Y27	W414;H709	截图的内容区域	Y
photoSpot	热区	X318;Y393	W41;H35	用于跳转到“添加多媒体”页面	Y

3）“添加多媒体”页面包括状态栏图片元件、内容动态面板元件、显示小图的动态面板元件，底部的操作区域的图片元件，以及“取消”和“ ”图标上的热区元件，如图 11-113 所示，元件属性如表 11-13 所示。

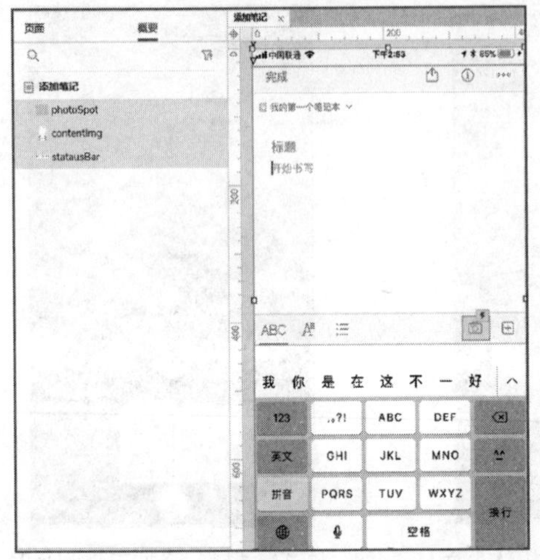

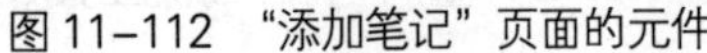
图 11-112　“添加笔记”页面的元件

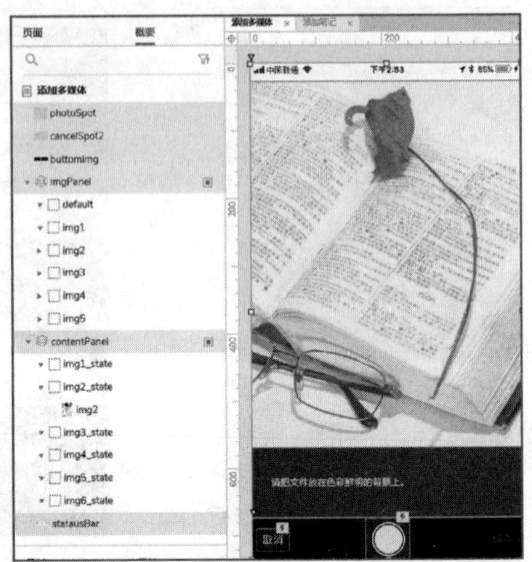

图 11-113　“添加多媒体”页面的元件

表 11-13　“添加多媒体”页面中的主要元件属性

元件名称	元件种类	坐标	尺寸	备注	可见性
contentPanel	动态面板	X0;Y27	W414;H543	拍照内容区域	Y
imgPanel	动态面板	X0;Y570	W414;H104	拍照小图显示区域	Y
bottomImg	图片	X0;Y674	W414;H62	底部操作区域的矩形截图	Y
cancelSpot2	热区	X0;Y674	W414;H62	“取消”链接上的热区	Y
photoSpot	热区	X173;Y674	W66;H62	拍照图片上的热区	Y

4）“添加多媒体”页面的表示拍照内容区域 contentPanel 动态面板元件包括 6 个状态，分别为：img1_state、img2_state、img3_state、img4_state、img5_state 和 img6_state，分别代表在图片 1～图片 6 的不同状态，这里用了 6 张同样大小（宽度为 414 像素，高度为 543 像素）的图片，这 6 个状态图片元件的 X 坐标和 Y 坐标都为 0。

5）“添加多媒体”页面的表示拍照内容小图区域 imgPanel 动态面板元件包括 6 个状态，分别为：default、img1、img2、img3、img4 和 img5，分别代表小图区域没有图，以及有 1～5 张图时的状态。default 状态如图 11-114 所示，img1 状态如图 11-115 所示，img2 状态如图 11-116 所示，img5 状态如图 11-117 所示。

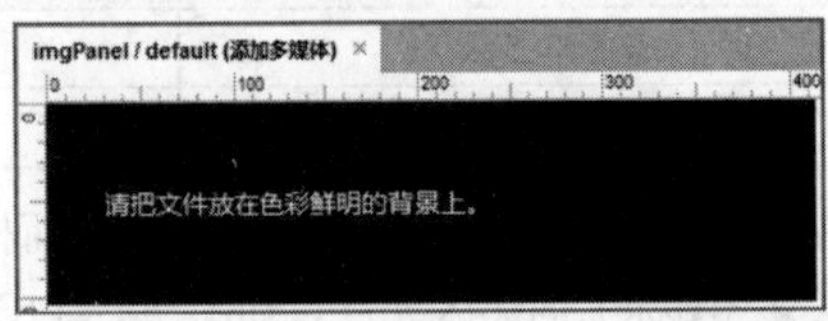

图 11-114　imgPanel 元件 default 状态

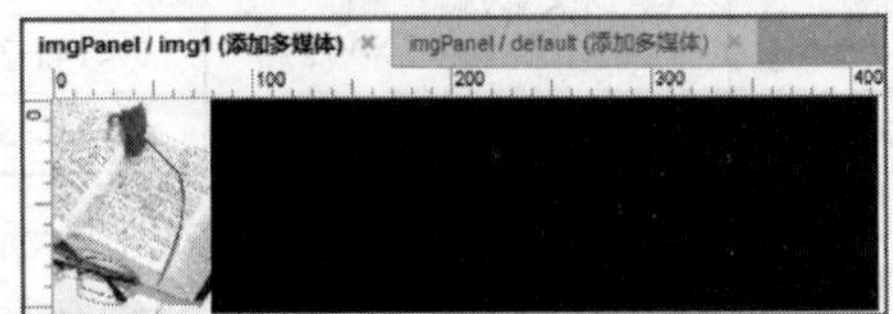

图 11-115　imgPanel 元件 img1 状态

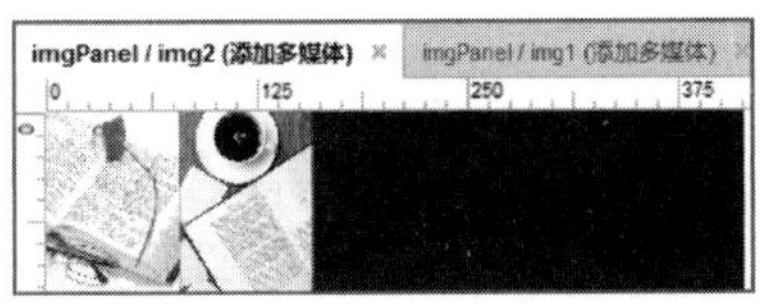

图 11-116　imgPanel 元件 img2 状态

图 11-117　imgPanel 元件 img5 状态

（2）设置“添加笔记”页面的事件

在“添加笔记”页面的 photoSpot 热区元件上添加“鼠标单击时”事件，使用“打开链接”动作打开“添加多媒体”页面，如图 11-118 所示。

（3）设置 imgCount 全局变量

为了记录当前已经拍了多少张照片（最多拍照 5 张，已满 5 张时，则在小图动态面板元件区域不再添加），这里可以设置一个 imgCount 的全局变量。在菜单栏选择“项目”→“全局变量”菜单项，在“全局变量”对话框添加名称为 imgCount 的全局变量，默认值为 0，如图 11-119 所示。

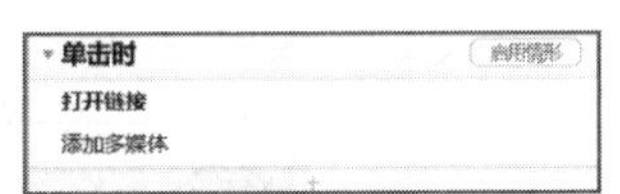

图 11-118　photoSpot 元件鼠标单击时事件

图 11-119　添加 imgCount 全局变量

（4）设置 cancelSpot2 热区元件的鼠标单击时事件

在“添加多媒体”页面设置“取消”按钮上的 cancelSpot2 热区元件的“鼠标单击时”事件，使用“打开链接”动作打开“添加笔记”页面，如图 11-120 所示。

（5）设置 photoSpot 热区元件的鼠标单击时事件

最后，是本案例的核心部分，设置“○”图标上的 photoSpot 热区元件的“鼠标单击时”事件，在该事件中添加条件 imgCount<5（已达到 5 张时，不进行后续动作）时，将 imgCount 设置为：[[imgCount+1]]，即在当前值上自增 1。并且，将拍照区域的 contentPanel 动态面板元件和小图预览区域的 imgPanel 都设置为下一个状态。photoSpot 热区元件的“鼠标单击时”事件如图 11-121 所示。

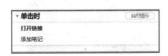

图 11-120　cancelSpot2 元件的鼠标单击时事件

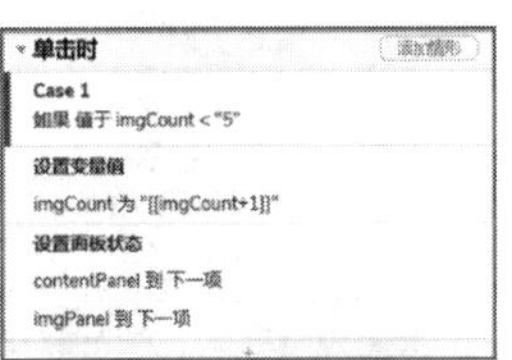

图 11-121　photoSpot 元件的鼠标单击时事件

4. 案例演示效果

按〈F5〉快捷键查看预览效果。打开“添加笔记”页面，如图 11-122 所示。

单击图 11-123 的“ ”图标，进入“添加多媒体”页面，默认情况下该页面如图 11-123 所示。第一次单击“ ”图标，下方显示第一张图片，内容区域的大图变成第二张图片，如图 11-124 所示。第二次单击“ ”图标，下方显示第一张和第二张图片，内容区域的大图变成第三张图片，如图 11-125 所示。后续操作与此类似，当单击第五次“ ”图标时，下方显示第一张～第五张图片，内容区域的大图变成第六张图片，如图 11-126 所示。而后，再继续单击，将不会触发任何实际交互效果。

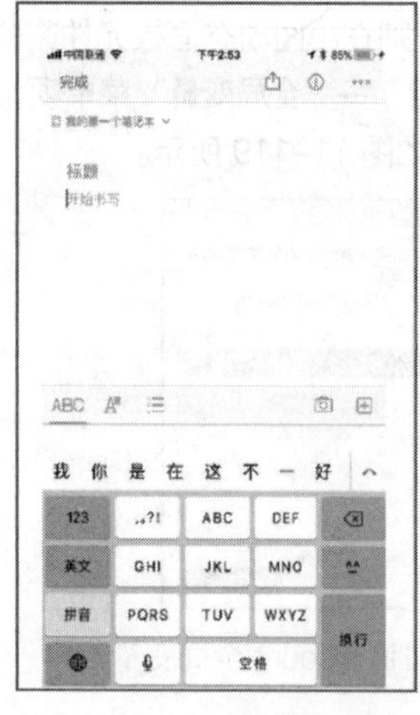

图 11-122 添加笔记页面

图 11-123 添加多媒体页面

图 11-124 单击第一次拍照按钮

图 11-125 第二次单击拍照按钮

图 11-126 第五次单击拍照按钮

11.9 航旅纵横飞行统计效果

1. 案例要求

打开航旅纵横 App，用户登录后，单击底部“行程”图标，当前默认为“当前行程”按钮，进入“行程列表”页面，单击右下角的“航线图”图标，打开飞行统计航线图。

在进入飞行统计航线图页面时，只显示来往航线，定位的红色圆点向下以弹跳方式出现，如图 11–127 所示。

2. 案例分析

该案例的关键知识点如下。

1）用手指拖动航线图的地图，地图会随着手指一起移动。可以使用两个动态面板元件相互嵌套，外层的动态面板为手机固定尺寸，里层的动态面板元件放置地图图片，尺寸根据地图的尺寸自适应，与外层的动态面板元件相比，宽度更宽，高度更高。里层动态面板元件坐标可以随意设定，但是注意所展示的内容一定要充满整个外层的动态面板，类似图如图 11–128 所示。

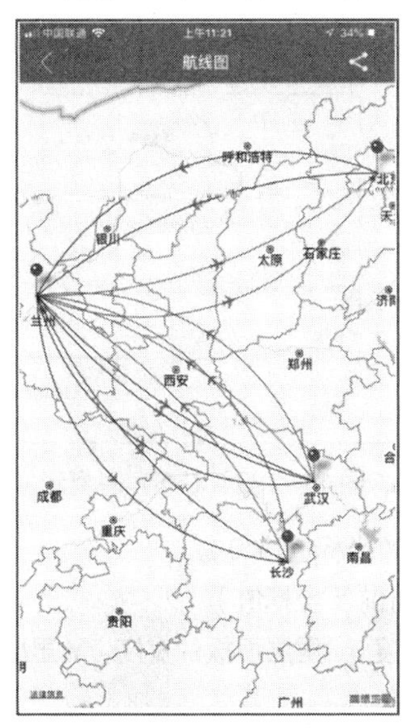

图 11–127　航旅纵横 App 的航线图效果

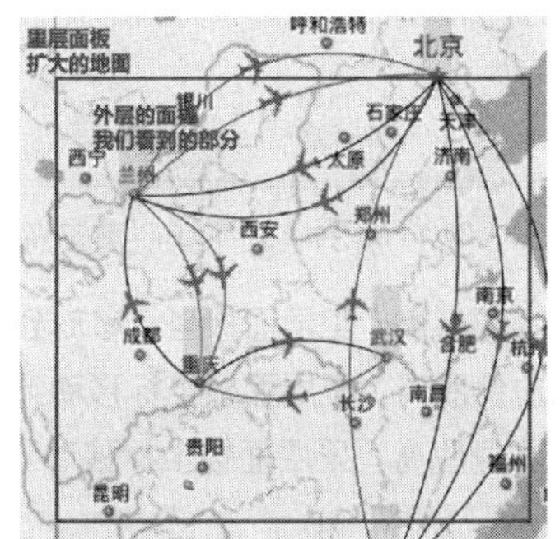

图 11–128　动态面板放置类似图

2）这里所放置的地图尺寸是固定的，在拖动里层动态面板元件时，可能会脱离可视范围。所以，在拖动结束时需要做判断，上下左右都可以拖动，就会存在 8 种情况。

左上角脱离，里层面板坐标移动到（X:0,Y:0），示意图如图 11–129 所示。

右上角脱离，里层面板坐标移动到（X:–（里层面板的宽度 – 外层面板的宽度），Y:0），也可理解为里层面板坐标移动到：（X:外层面板的宽度 – 里层面板的宽度，Y:0），示意图如图 11–130 所示。

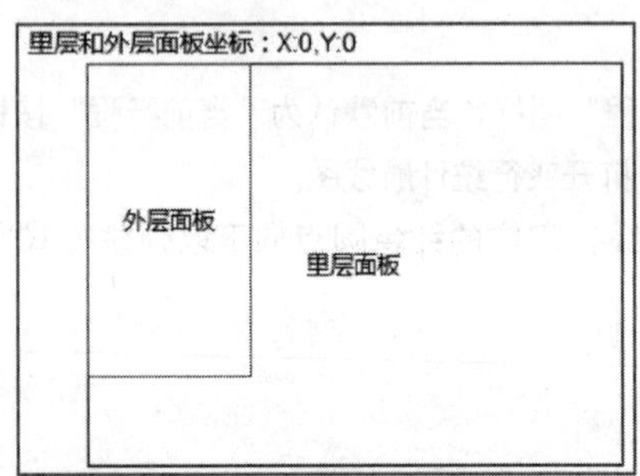

图 11–129　左上角脱离示意图

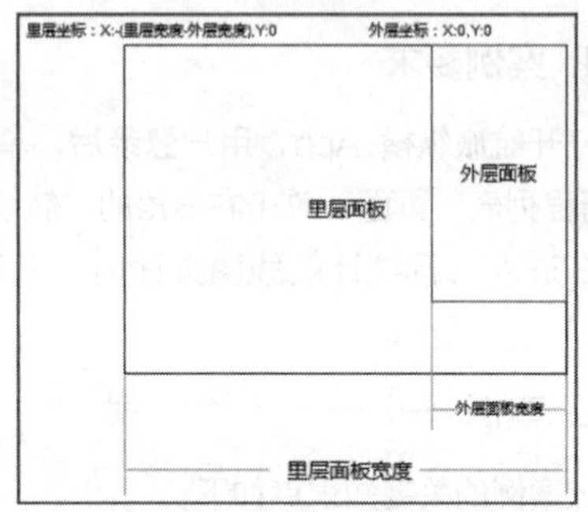

图 11–130　右上角脱离示意图

左下角脱离，里层面板坐标移动到：（X:0,Y:–（里层面板的高度 – 外层面板的高度）），也可理解为里层面板坐标移动到：（X:0,Y:外层面板的高度 – 里层面板的高度），示意图如图 11–131 所示。

右下角脱离，里层面板坐标移动到（X:外层面板的宽度 – 里层面板的宽度，Y:外层面板的高度 – 里层面板的高度），示意图如图 11–132 所示。

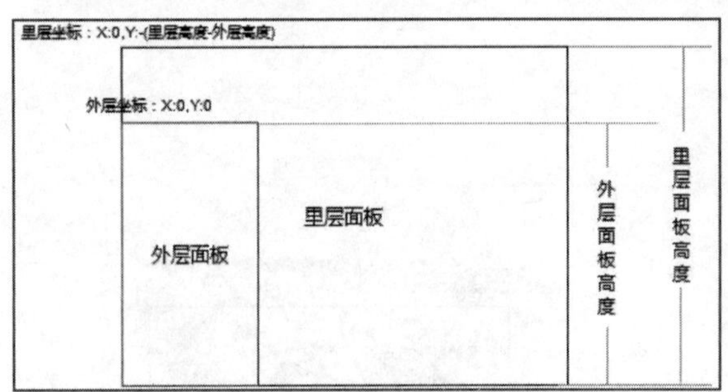

图 11–131　左下角脱离示意图

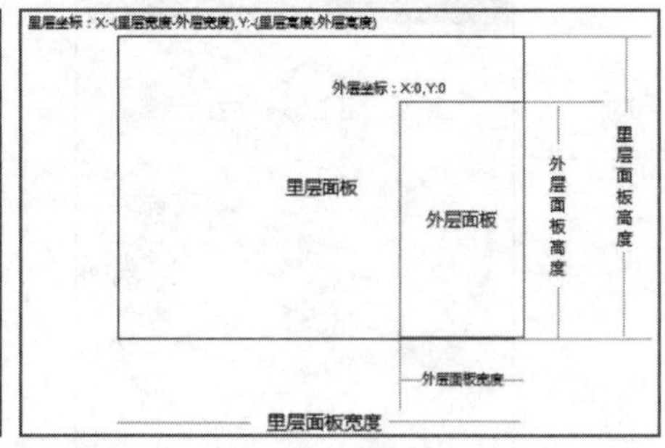

图 11–132　右下角脱离示意图

仅仅顶部脱离，里层面板坐标移动到（X:里层面板当前 X 坐标值, Y:0）。

仅仅左侧脱离，里层面板坐标移动到（X:0,Y:里层面板当前 Y 坐标值）。

仅仅右侧脱离，里层面板坐标移动到（X:外层面板的宽度 – 里层面板的宽度，Y:里层面板当前 Y 坐标值）。

仅仅底部脱离，里层面板坐标移动到（X:里层面板当前 X 坐标值，Y:外层面板的高度 – 里层面板的高度）。

3）航线是以曲线的方式存在，可以将水平线元件或者垂直线元件右击选择“转换为自定义形状”选项，将其转换为自定义形状，在中间添加边界点，而后进行拖动操作，在选中边界点的情况下，右击选择“曲线”菜单项，就可以形成一条航线，如图 11–133 所示。

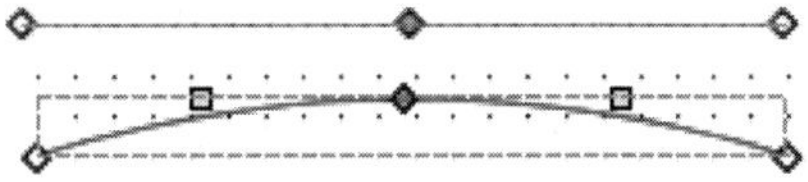

图 11–133　制作航线

4）定位点的弹跳，将定位点全部放置于里层面板的顶部，在载入时显示该定位点，并且移动至所要求的地点坐标即可。

5）因为地图的尺寸是固定的，放大地图的时候，在不影响清晰度的情况下，可以以固定值放大；在缩小地图的时候，不能小于外层面板的尺寸，并且需要略微大于该尺寸。

3. 案例实现

（1）元件准备

1）页面的主要元件如图 11–134 所示，元件属性如表 11–14 所示。

表 11–14　页面的主要元件属性

元件名称	元件种类	坐标	尺寸	备注	可见性
rightHotspot	热区	X365;Y10	W10;H624	无	Y
leftHotspot	热区	X0;Y10	W10;H624	无	Y
bottomHotspot	热区	X0;Y634	W375;H10	无	Y
topHotspot	热区	X0;Y0	W375;H10	无	Y
enlargeBtn	图标	X325;Y544	W40;H40	填充颜色	Y
narrowBtn	图标	X325;Y594	W40;H40	填充颜色	Y
outMapPanel	动态面板	X0;Y0	W375;H644	一个 State1 状态	Y
inMapPanel	动态面板	X–548;Y–78	W1278;H800	嵌套在 outMapPanel 中，一个 State1 状态	Y

2）inMapPanel 动态面板元件内部的主要元件如图 11–135 所示，元件属性如表 11–15 所示。

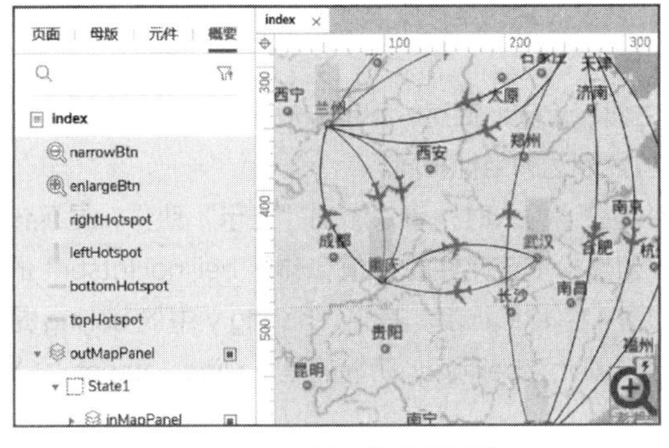

图 11–134　页面的主要元件

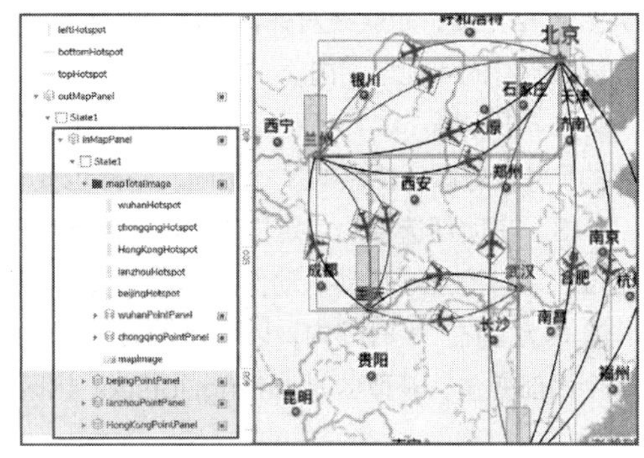

图 11–135　inMapPanel 内部的主要元件

表 11-15 inMapPanel 动态面板元件内部主要元件属性

元件名称	元件种类	坐标	尺寸	备注	可见性
beijingPointPanel	动态面板	X802;Y0	W20;H51	一个 State1 状态	N
wuhanPointPanel	动态面板	X766;Y0	W20;H51	一个 State1 状态	N
HongKongPointPanel	动态面板	X765;Y0	W20;H51	一个 State1 状态	N
chongqingPointPanel	动态面板	X636;Y0	W20;H51	一个 State1 状态	N
lanzhouPointPanel	动态面板	X592;Y0	W20;H51	一个 State1 状态	N
beijingHotspot	热区	X802;Y296	W20;H51	无	Y
lanzhouHotspot	热区	X802;Y376	W20;H51	无	Y
wuhanHotspot	热区	X766;Y485	W20;H51	无	Y
chongqingHotspot	热区	X636;Y500	W20;H51	无	Y
HongKongHotspot	热区	X765;Y633	W20;H51	无	Y
mapImage	图片	X0;Y0	W1278;H800	无	Y

（2）实现拖动地图效果

1）选中外层 outMapPanel 动态面板元件，在“拖动时”事件添加“移动”动作，移动里层 inMapPanel 动态面板元件，事件交互如图 11-136 所示。

2）继续选中 outMapPanel 动态面板元件，在“拖动结束时”事件，判断 inMapPanel 动态面板元件是否脱离可视范围时，根据 inMapPanel 元件是否接触 outMapPanel 元件周围的热区来判断，并根据案例分析的 8 种情况添加条件。注意条件的顺序，两个未接触的热区一定要在单个未接触的热区之前判断，事件交互如图 11-137 所示。

（3）实现航线和定位点效果

1）双击进入 inMapPanel 动态面板元件的 State1 状态，在地图随机添加几条来往航线，调整飞机图标角度，跟航线对齐，如图 11-138 所示。需要注意的是：所添加的航线，最好添加在页面加载时所看的可视地图内。

2）根据图 11-138 所示的航线图，在北京、兰州、重庆、武汉、香港，放置 5 个热区元件，元件的尺寸最好跟定位点的尺寸相同，坐标也要和定位点到达的坐标相同。

3）在顶部选中北京定位点 beijingPointPanel，在“载入时”事件添加“显示”动作，显示该定位点，再添加“移动”动作，移动该元件至相应的坐标（该元件的 X 值，热区 beijingHotspot 的 Y 值），动画在 1s 时间内，以弹跳的方式移动，如图 11-139 所示。其中，beijing.y 中的 beijing 是一个局部变量，获取的是 beijingHotspot 热区元件，因此，beijing.y 获取的是 beijingHotspot 的 Y 坐标。

图 11-136　outMapPanel 拖动时事件

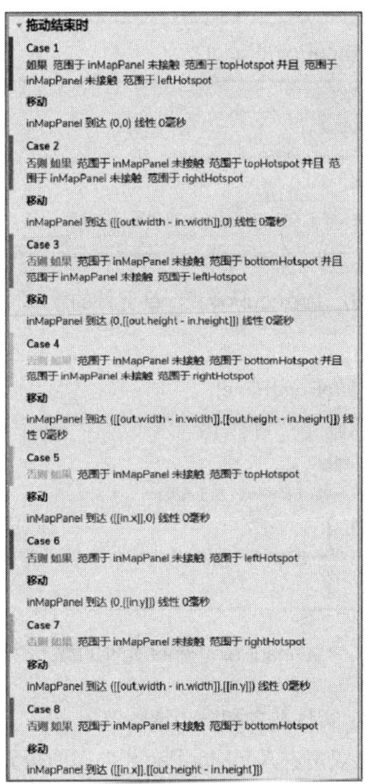

图 11-137　outMapPanel 拖动结束时事件

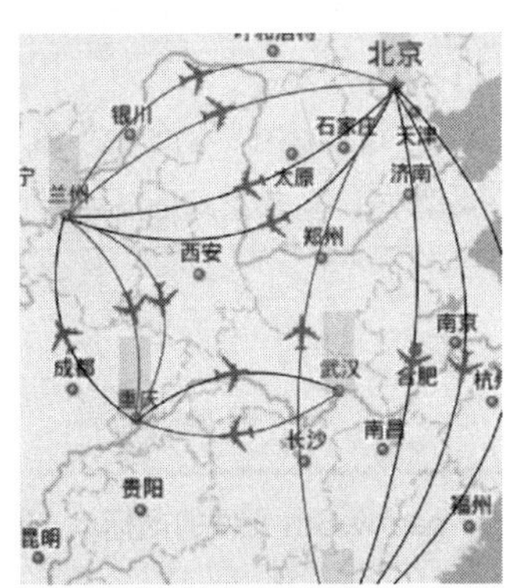

图 11-138　航线图的效果

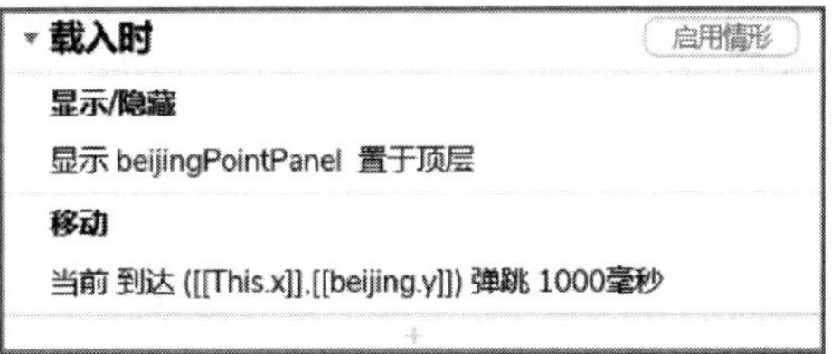

图 11-139　beijingPointPanel 载入时事件

4）其他的定位点事件与 3）类似，只是各定位点移动的事件和坐标不同，分别如图 11-140～图 11-143 所示。

图 11–140　lanzhouPointPanel 元件的载入时事件

chongqingPointPanel
载入时　启用情形
显示/隐藏
显示 chongqingPointPanel 置于顶层
移动
当前 到达 ([[This.x]],[[chongqing.y]]) 弹跳 2000毫秒

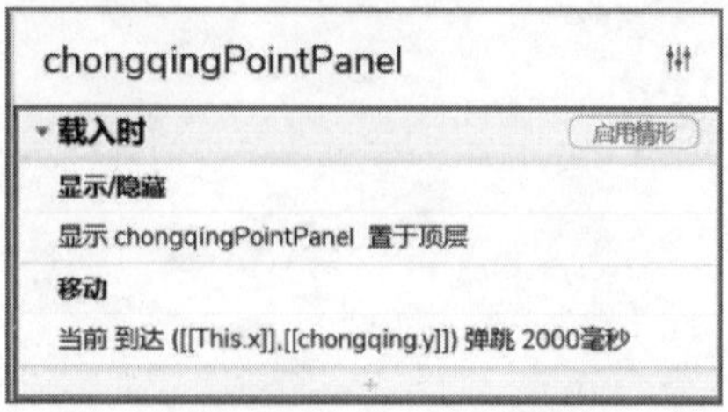

图 11–141　chongqingPointPanel 元件的载入时事件

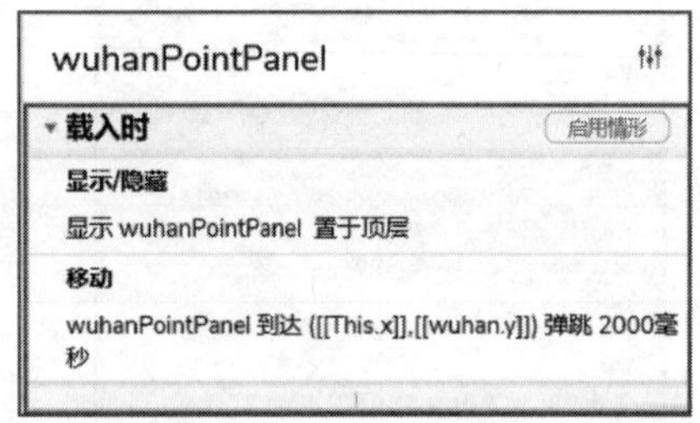

图 11–142　wuhanPointPanel 元件的载入时事件

图 11–143　HongKongPointPanel 元件的载入时事件

（4）实现放大和缩小地图效果

1）双击进入 inMapPanel 动态面板元件的 State1 状态，选中所有的元件，右击选择“组合”菜单，设置名称为 mapTotalImage。

2）选中放大图标 enlargeBtn 元件，在“鼠标单击时”事件添加“设置尺寸”动作，设置地图组合 mapTotalImage 的尺寸从中心点扩大至 1598×1000，如图 11–144 所示。

3）选中缩小图标 narrowBtn 元件，在“鼠标单击时”事件添加“设置尺寸”动作，设置地图组合 mapTotalImage 尺寸从中心点缩小至 1278×800，如图 11–145 所示。

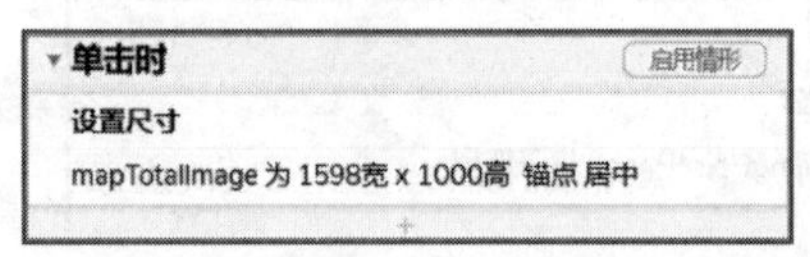

图 11–144　enlargeBtn 元件的鼠标单击时事件

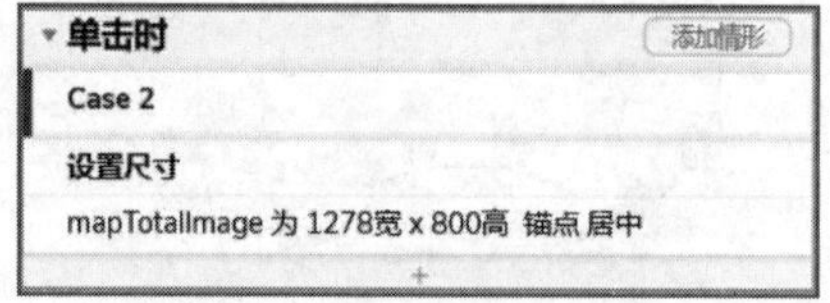

图 11–145　narrowBtn 元件的鼠标单击时事件

4. 案例演示效果

按〈F5〉快捷键查看预览效果。刚打开时、定位点载入完毕后分别如图 11–146 和图 11–147 所示。

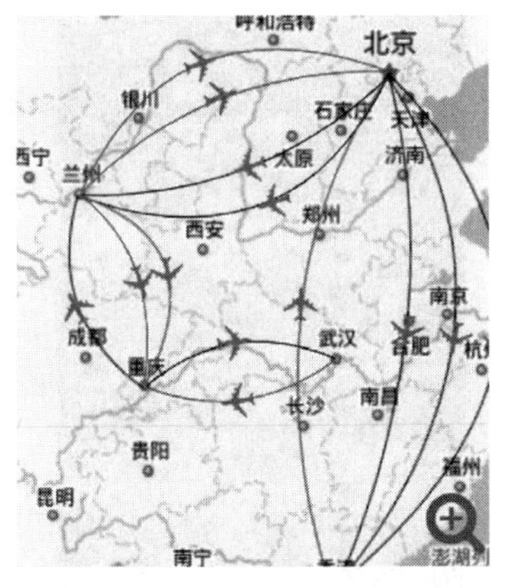

图 11-146　航线效果（初始时）

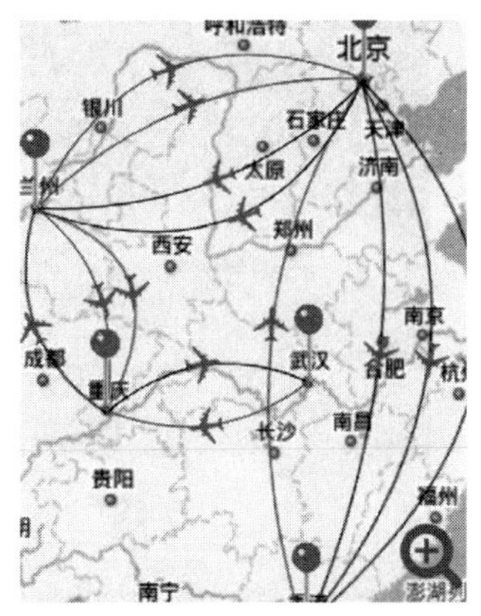

图 11-147　航线效果（定位点加载结束时）

单击“”（放大）按钮，显示效果如图 11-148 所示。

单击“”（缩小）按钮，又缩放为原始尺寸。拖动地图时，将移动地图，显示效果如图 11-149 所示。

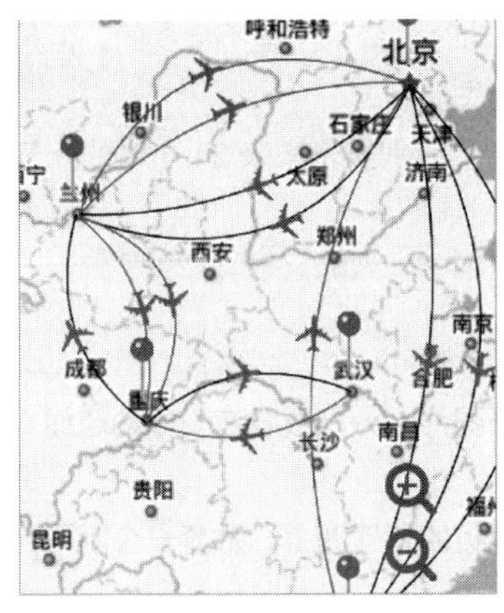

图 11-148　航线效果（放大时）

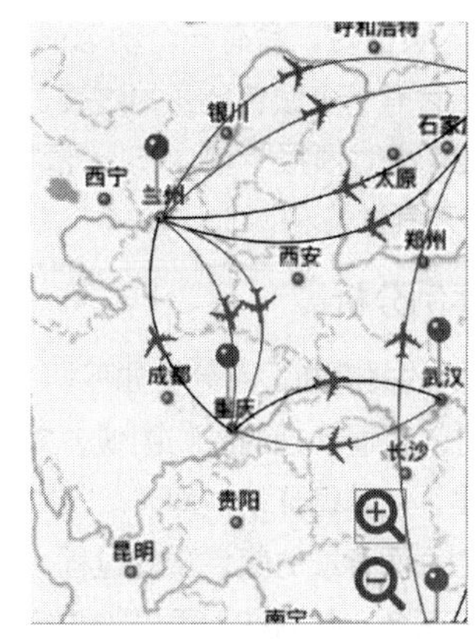

图 11-149　航线效果（拖动后）

11.10　墨迹天气显示效果

1. 案例要求

打开墨迹天气 App，定位某个城市，本例中首页展示的是兰州当时的天气情况，如图 11-150 所示。当向上滑动页面时，会滚动到“24 小时预报”和“15 天预报”页面，如图 11-151 所示。

图 11-150　墨迹 App 首页

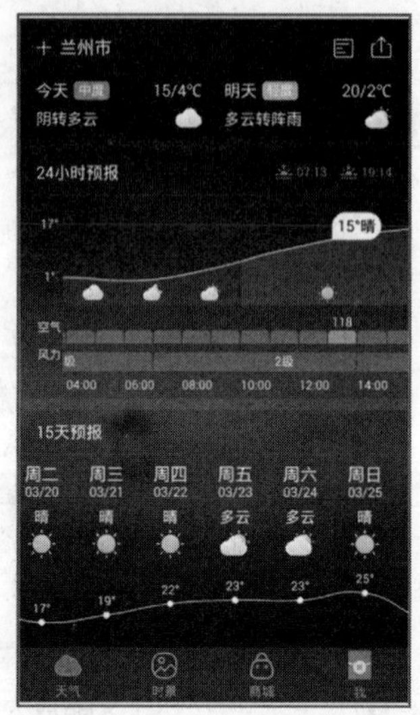

图 11-151　天气预报详情

在进入页面时，会有一个动态的人物图像。在向下滑动时，背景图是不会变的，但是，在背景图的上一层会有一个颜色渐变的过程，欢迎的人物图像会消失。

在“24 小时预报”和“15 天预报”，在向右滑动时，会分别显示未来 24 小时的天气详情和未来 15 天的天气详情。

2. 案例分析

本案例的关键知识点分析如下。

1）进入页面欢迎的人物图像，需要找同一人物的几张图片，分别放置在一个动态面板元件中的几个状态里，让其循环切换即可。

2）主页面背景的颜色渐变过程，其实，就是在里层面板的背景图上，放置一个矩形元件，填充颜色为渐变颜色，然后在上面添加内容。

3）为了实现欢迎人物图像的隐藏，需要判断里层面板拖动至什么位置，满足条件就对人物进行隐藏；当里层面板离开了那个位置，再显示即可。

4）在本章“航旅纵横的飞行统计效果”案例中，提到两个动态面板互相嵌套可以达到拖动效果。在本案例中，会多次用到该功能。使用该功能的场景包括：主页面的垂直拖动、“24 小时预报”的水平拖动和“15 天预报”的水平拖动。

3. 案例实现

（1）元件准备

1）页面中的主要元件如图 11-152 所示，元件属性如表 11-16 所示。

表 11-16　页面中的主要元件属性

元件名称	元件种类	坐标	尺寸	备注	可见性
topPanel	动态面板	X0;Y0	W375;H42	两个状态，State1 和 State2	Y
bottomImage	图片	X0;Y591	W375;H53	无	Y
outPanel	动态面板	X0;Y644	W375;H10	一个 State1 状态	Y

2）outPanel 动态面板元件的 State1 状态的主要元件如图 11-153 所示，元件属性如表 11-17 所示。

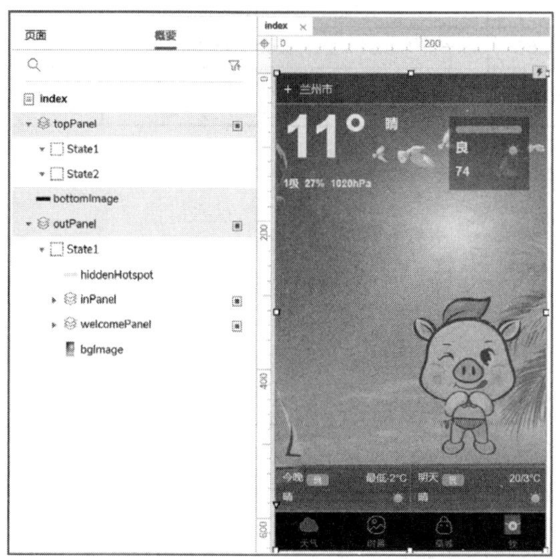

图 11-152　页面中的主要元件

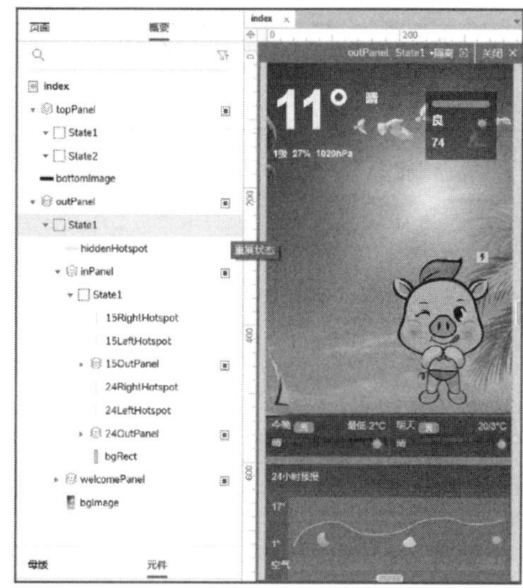

图 11-153　outPanel 动态面板中的主要元件

表 11-17　outPanel 动态面板中的主要元件属性

元件名称	元件种类	坐标	尺寸	备注	可见性
hiddenHotspot	热区	X0;Y-300	W375;H20	无	Y
inPanel	动态面板	X0;Y0	W375;H1290	一个 State1 状态	Y
welcomePanel	动态面板	X190;Y300	W150;H221	置于 bgImage 上一层	Y
bgImage	图片	X0;Y0	W375;H644	置于最底层	Y

3）inPanel 动态面板元件的 State1 状态的主要元件如图 11-154 所示，元件属性如表 11-18 所示。

表 11-18　inPanel 动态面板中的主要元件属性

元件名称	元件种类	坐标	尺寸	备注	可见性
24LeftHotspot	热区	X35;Y651	W8;H157	无	Y
24RightHotspot	热区	X365;Y651	W8;H157	无	Y
24OutPanel	动态面板	X43;Y651	W322;H157	一个 State1 状态	Y
24InPanel	动态面板	X0;Y0	W743'H157	一个 State1 状态；嵌套在 24OutPanel	Y
15LeftHotspot	热区	X0;Y889	W8;H351	无	Y
15RightHotspot	热区	X361;Y889	W8;H351	无	Y
15OutPanel	动态面板	X8;Y879	W353;H361	一个 State1 状态	Y
15InPanel	动态面板	X0;Y0	W722;H359	一个 State1 状态；嵌套在 15OutPanel	Y
bgRect	矩形	X0;Y0	W375;H1260	填充颜色为渐变	Y

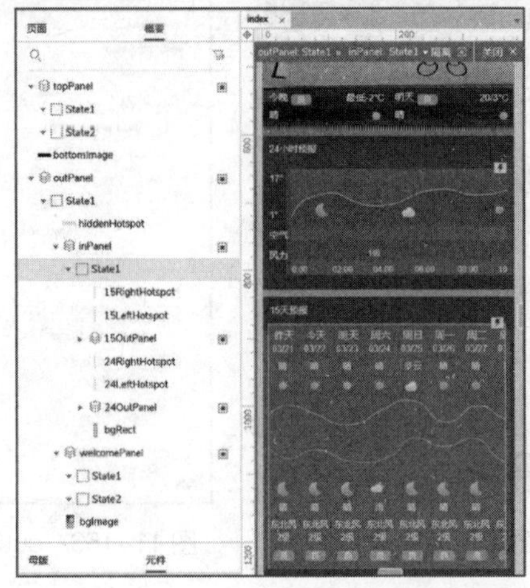

图 11-154　inPanel 动态面板元件中的主要元件

（2）设置欢迎人物图像

1）进入外层 outPanel 动态面板元件的 State1 状态中，选中 welcomePanel 动态面板元件，在“载入时”事件添加“等待”动作，延迟 1000 毫秒（即 1 秒），再添加“设置面板状态”动作，设置该面板状态切换至 State2 状态，并且选择“如果隐藏则显示面板”，如图 11-155 所示。

2）继续选中 welcomePanel 元件，在“状态改变时”事件添加 Case1 用例，设定“如果状态为 State2”触发条件，在该条件下添加“等待”动作，延迟 3000 毫秒，再添加“设置面板状态”动作，切换至 State1 状态。继续添加 Case2 用例，即设定“如果状态不等于 State2”的触发条件，在该条件下添加“等待”动作，延迟 1000 毫秒（即 1 秒），再添加“设置面板状态”动作，状态切换至 State2，事件交互如图 11-156 所示。

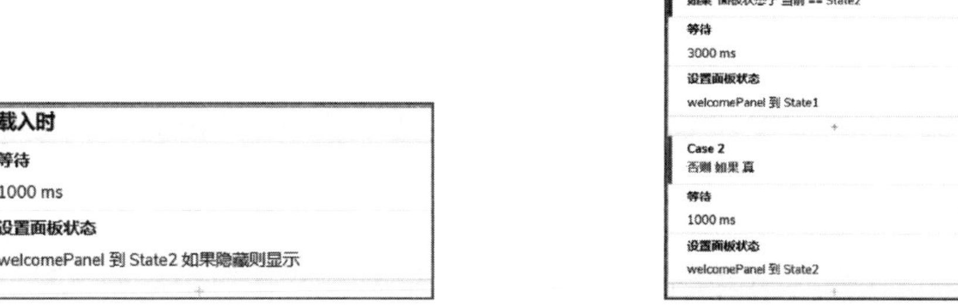

图 11–155　welcomePanel 元件的载入时事件　　图 11–156　welcomePanel 元件状态改变时事件

（3）设置背景渐变颜色

进入 inPanel 动态面板元件的 State1 状态，选中 bgRect 矩形元件，另外，添加两个色标，拖至合适位置，然后设置颜色，如图 11–157 所示。

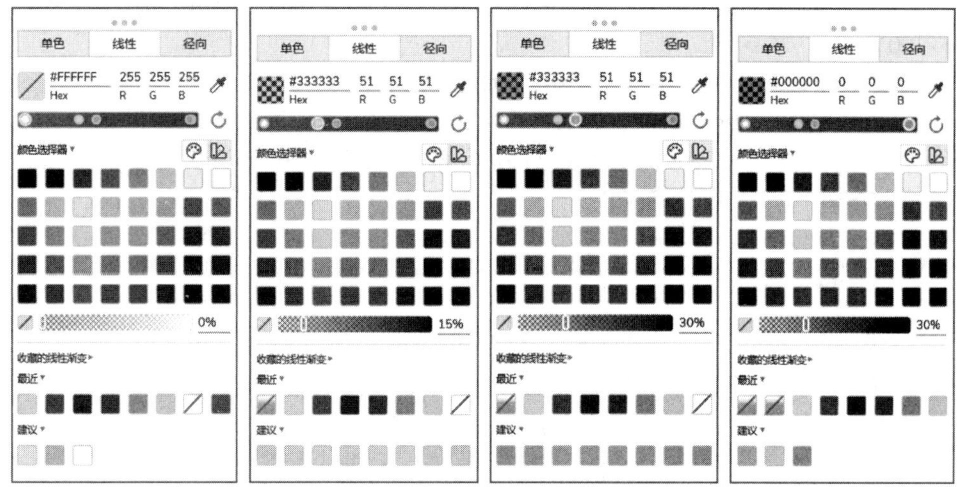

图 11–157　设置 bgRect 元件的渐变颜色

（4）设置主页面的拖动效果

1）在主页面中，选中外层 outPanel 动态面板元件，在“拖动时”事件，添加“移动”动作，移动里层 inPanel 动态面板元件为垂直移动，如图 11–158 所示。

2）继续选中 outPanel 元件，在“拖动结束时”事件添加 Case1 用例，设定“inPanel 元件未接触 topPanel 元件”触发条件，添加“移动”动作，将 inPanel 动态面板元件的坐标移至（X0;Y0）；继续添加 Case2 用例，设定“inPanel 元件未接触 bottomImage 图片，而且接触 topPanel 元件”的触发条件，添加“移动”动作，将 inPanel 动态面板元件的坐标移至（X0;Y（outPanel 的高度 – inPanel 的高度）），事件交互如图 11–159 所示。

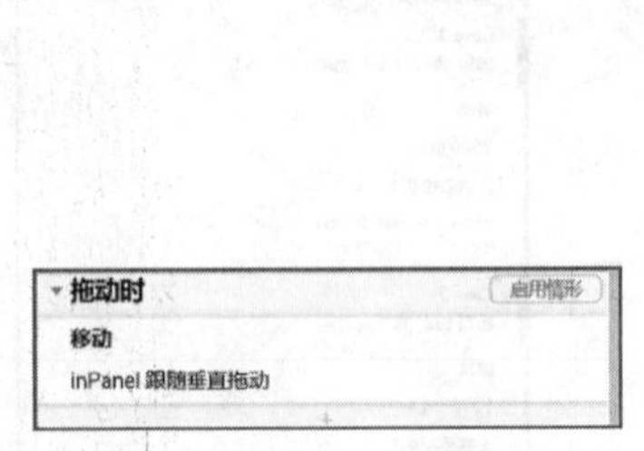

图 11-158　outPanel 元件的拖动时事件

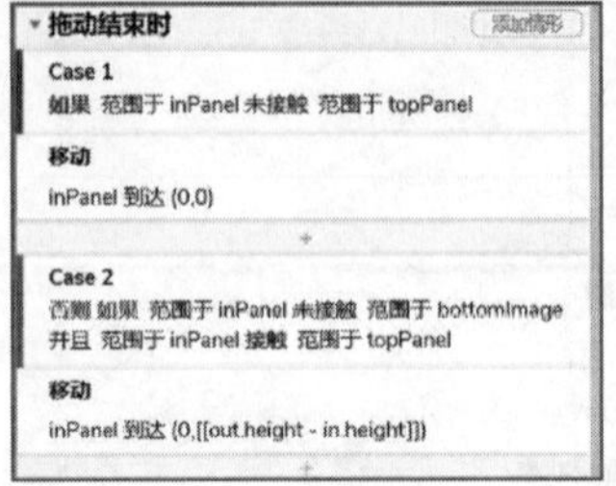

图 11-159　outPanel 元件的拖动结束时事件

3）选中里层 inPanel 动态面板元件，在“移动时”事件添加 Case1 用例，设定“该动态面板元件接触 hiddenHotspot 热区元件”的触发条件，添加“隐藏”动作，逐渐隐藏面板 welcomePanel，添加“设置面板状态”动作，将 topPanel 的状态逐渐切换至 State2 状态；添加 Case2 用例，设定条件为“该面板未接触 hiddenHotspot 热区元件”，添加“显示”动作，逐渐显示 welcomePanel 元件，添加“设置面板状态”动作，将 topPanel 元件的状态逐渐切换至 State1 状态，事件交互如图 11-160 所示。

（5）设置“24 小时预报”和“15 天预报”的拖动效果

1）双击进入里层 inPanel 动态面板元件，选中 24OutPanel 动态面板元件，在“拖动时”事件添加“移动”动作，移动里层 24InPanel 动态面板元件为水平移动，如图 11-161 所示。

图 11-160　inPanel 动态面板元件的移动时事件　图 11-161　24OutPanel 动态面板元件拖动事件

2）继续选中 24OutPanel 元件，在“拖动结束时”事件添加 Case1 用例，设定“面板 24InPanel 未接触热区 24LeftHotspot”的触发条件，添加“移动”动作，24InPanel 动态面板元件的坐标移至（X0;Y0）；添加 Case2 用例，设定“24InPanel 动态面板元件未接触热区 24RightHotspot 元件，但是接触 24LeftHotspot 元件”的触发条件，添加“移动”动作，将 24InPanel 动态面板元件的坐标移至（X（24OutPanel 的宽度– 24InPanel 的宽度），Y0），事件交互如图 11-162 所示。

3）双击进入里层 inPanel 动态面板元件，选中 15OutPanel 动态面板元件，在“拖动时”事件添加“拖动时”动作，移动里层 15InPanel 动态面板元件为水平移动，如图 11-163 所示。

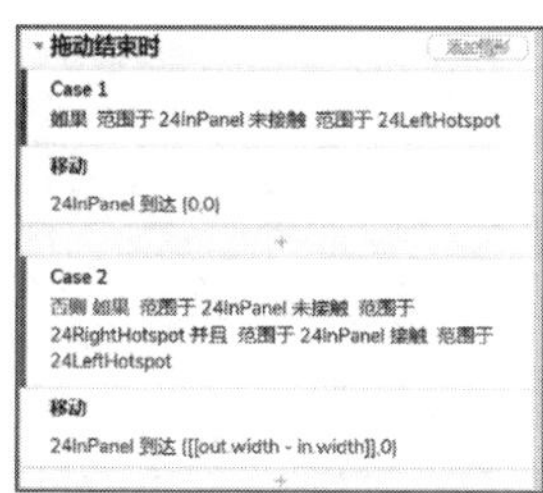

图 11–162　24OutPanel 元件的拖动结束时事件

图 11–163　15OutPanel 动态面板拖动事件

4）继续选中 15OutPanel 元件，在“拖动结束时”事件添加 Case1 用例，设定条件为“15InPanel 元件未接触 15LeftHotspot 热区元件”，添加“移动”动作，将 15InPanel 动态面板元件的坐标移至（X0;Y0）；添加 Case2 用例，设定条件为“15InPanel 元件未接触 15RightHotspot 热区，但是接触 15LeftHotspot 元件”，添加“移动”动作，将 15InPanel 动态面板元件的坐标移至（X（15OutPanel 的宽度 – 15InPanel 的宽度），Y0），事件交互如图 11–164 所示。

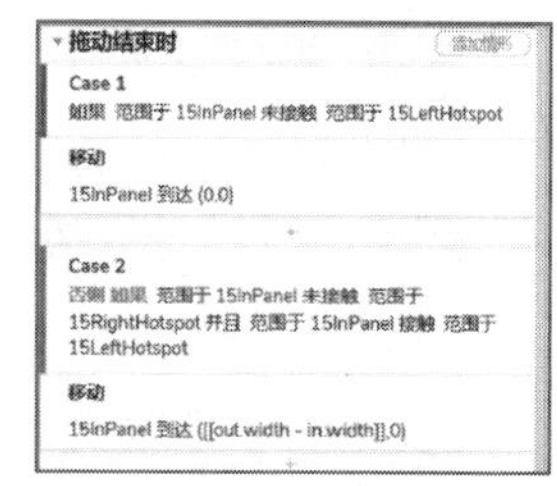

图 11–164　15OutPanel 动态面板元件拖动结束时事件

4. 案例演示效果

按〈F5〉快捷键查看预览效果。默认时效果如图 11–165 所示。当向上拖动到一定位置时，小猪图像会被隐藏，背景会发生渐变，如图 11–166 所示。

图 11–165　墨迹天气案例效果（默认时）

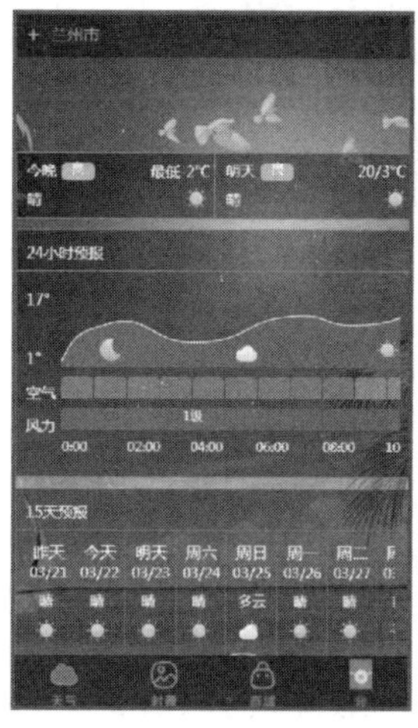

图 11–166　向上拖动时效果

在“24 小时预报”区域向左拖动，会展示更多小时内的天气信息，如图 11–167 所示。继续向上移动，接着，向左拖动 15 天预报区域，会展示后续几天的天气预报，如图 11–168 所示。

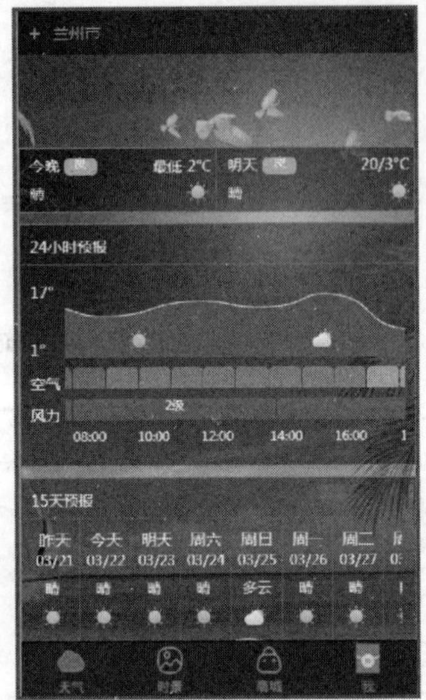

图 11–167　24 小时预报向左拖动

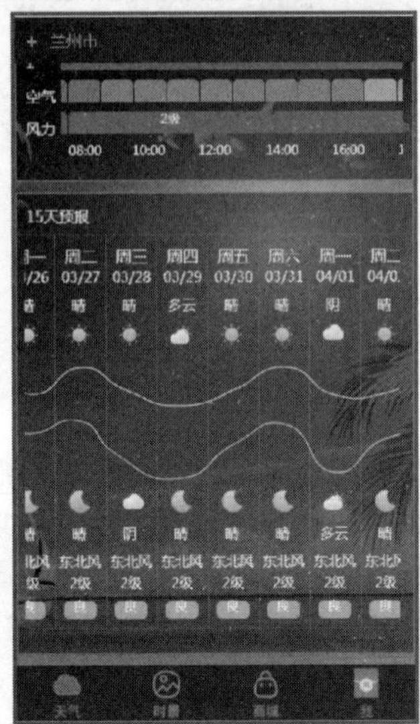

图 11–168　15 天预报向左拖动

11.11　移动建模场景模拟效果

设计 App 原型后，如果在计算机上进行访问，同时，又想带有逼真的手机终端访问效果，可以在所有页面的内容区域外，根据需要添加不同型号的手机图片（例如 iPhone 11 手机）作为背景，让其看起来更像一个真实的 App，将这种情况称之为移动建模场景模拟效果。

1. 案例要求

本案例以微信读书为例，向大家展示在桌面浏览器中浏览 App 页面时，通过模拟手机真实效果，给大家带来更直观的感受。

本案例的具体要求如下。

1）在网页浏览器中浏览 App 页面，模拟手机真实效果。

2）场景模拟时，以真实的场景打开微信读书 App 的“发现”页面。

2. 案例分析

本案例的关键知识点分析如下。

1）准备比较常用的 iPhone 11 的手机图片作为背景。

2）在中间的内容区域添加动态面板元件，并且，在动态面板元件添加内联框架元件，内联框架元件引入的页面地址是真实的页面地址。

3. 案例实现

（1）准备 iPhone 11 手机图片

在移动 App 产品原型设计过程中，存在多种设备尺寸适配问题，过去这个难题只属于 Android 阵营的头疼事儿，只是很多设计师选择性地忽视了 Android 手机的适配问题，只出一套 iOS 平台设计稿。

苹果的移动设备有多种尺寸，iOS 平台尺寸适配问题随之而来。仅看下面四款 iPhone 的物理分辨率、逻辑分辨率、屏幕尺寸，就知道屏幕适配问题有多繁杂，如图 11-169 所示。

图 11-169　四款 iPhone 手机的尺寸

手机型号、物理分辨率、逻辑分辨率和物理尺寸等详细信息如表 11-19 所示。

表 11-19　四款 iPhone 手机分辨率和尺寸

手机型号	物理分辨率	逻辑分辨率	屏幕尺寸	像素密度
iPhone 11	828×1792 像素	414×896pt	6.1 英寸	326ppi
iPhone 11 Pro MAX	1242×2688 像素	414×896pt	6.5 英寸	458ppi
iPhone 12 mini	1080×2340 像素	390×844pt	6.1 英寸	460ppi
iPhone 12 Pro MAX	1284×2778 像素	428×926pt	6.7 英寸	458ppi

虽然，iPhone 11 之后已经出了很多机型，但是，只需要选择一种尺寸作为设计和开发基准，定义一套适配规则，自动适配其他的尺寸即可。

（2）导入手机机身图片

可在原型设计时添加手机背景，使得在网页浏览器中跟在手机上浏览看似一样。

在此选择 iPhone 11 作为场景模拟案例的尺寸，对应的设计尺寸为宽度为 414 像素，高度为 896 像素。

在 Axure RP 中添加 iPhone 11 手机背景图片，在本章案例目录中提供了各种手机设备模型元件库，大家可自行拖动使用。

在“元件”面板使用“+”按钮，选择该元件库，实现该元件库的导入，导入成功后如图 11-170 所示，将该元件拖入“场景模拟”页面中，删除不需要的模型，留下 iPhone 11 模型即可，如图 11-171 所示。

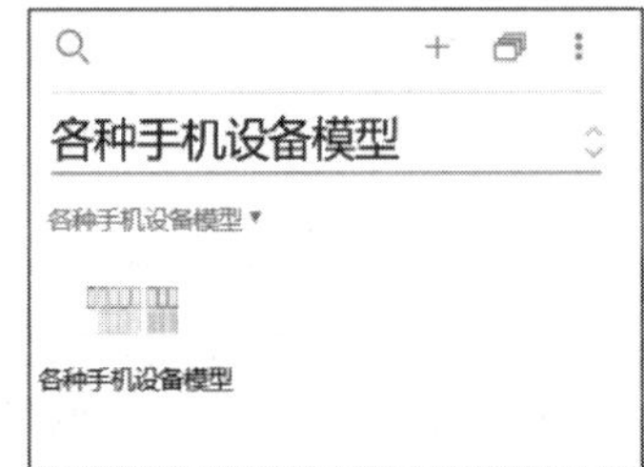

图 11-170　导入 iPhone 元件库

（3）放置搜索栏和 tab 栏

我们以微信读书的“阅读”页面为例，需要固定顶部的搜索栏和底部 tab 栏，手机状态栏和 App 的搜索栏高度为 104 像素，底部 tab 栏的高度为 84 像素，确定滑动的可视内容的高度为 708 像素。

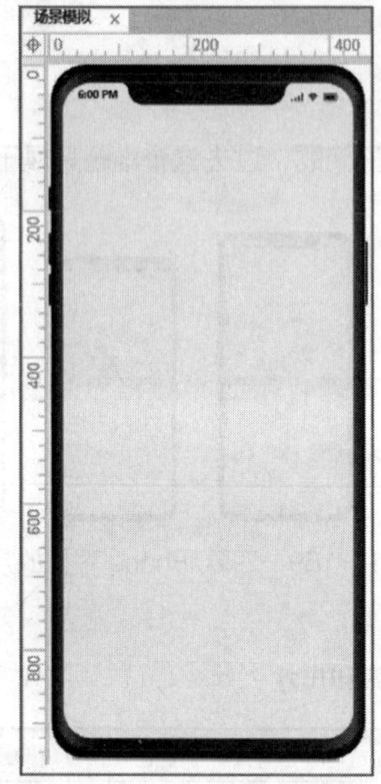

图 11-171　准备 iPhone 11 元件

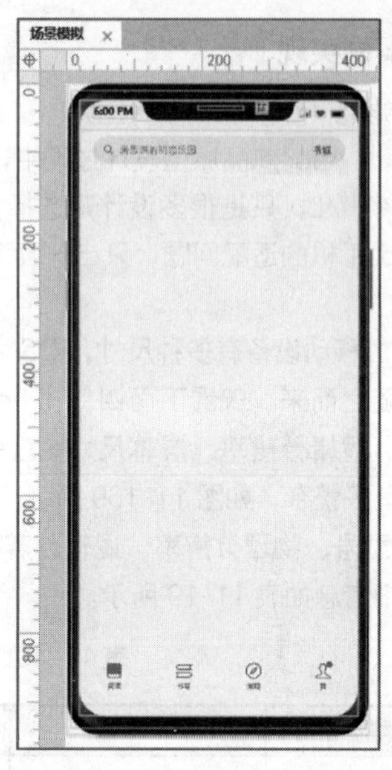

图 11-172　放置搜索栏和 tab 栏

（4）准备内容区域元件

在搜索栏下方，准备内容区域动态面板元件，并在内部放置内联框架元件，放置完成后，该页面的主要元件如表 11-20 所示。

表 11-20　场景模拟页面的主要元件

元件名称	元件种类	坐标	尺寸	备注	可见性
iPhoneImg	图片	X0;Y0	W454;H950	iPhone 11 手机模型元件	Y
searchBarImg	图片	X20;Y70	W414;H64	搜索栏图片	Y
bottomTabImg	图片	X20;Y838	W414;H53	底部 tab 栏图片	Y
contentPanel	动态面板	X20;Y133	W414;H708	内容区域动态面板元件	Y
contentFrame	内联框架	X0;Y0	W431;H725	在 contentPanel 的 State1 内部	Y

（5）准备场景模拟内部页面

在"页面"面板添加场景模拟内部页面，在其中加入微信读书的"阅读"页面（去掉搜索栏和底部 tab 栏），调整宽度为 414 像素，高度为 1352 像素，如图 11-173 所示。

（6）设置内联框架元件指向地址

在"场景模拟"页面，进入 contentPanel 动态面板元件的内部，双击 contentFrame 内联框架元件，设置"链接属性"对话框指向"场景模拟内部"页面，如图 11-174 所示。

4. 案例演示效果

按〈F5〉快捷键查看预览效果，可看到接近真实场景的浏览效果，如图 11-175 所示。

图 11-173　场景模拟内部页面

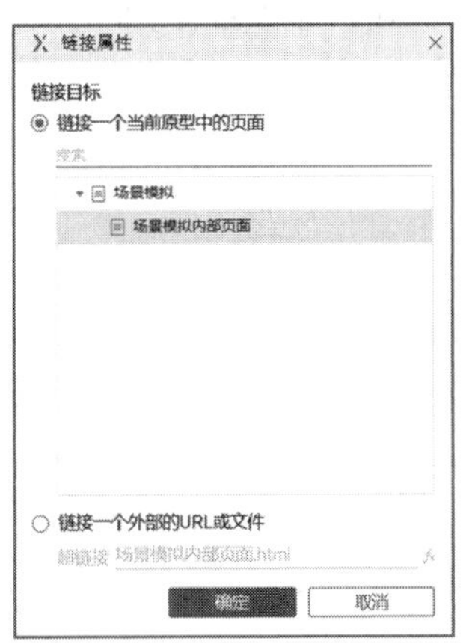

图 11-174　内联框架元件链接属性

图 11-175　场景模拟效果

11.12　移动建模真实模拟效果

在设计 App 原型时，为了更好地给客户或领导进行逼真的演示，Axure RP 允许在手机上进行真实模拟，其中部分设置是针对于 Axure RP 8 版本的。在手机上访问设计好的 App 原型，利用移动建模真实模拟功能，虽然没有后台程序，没有提供数据存储和访问操作，但是，看起来就如同访问已开发完毕的 App 效果一样，我们将这种情况称之为移动建模真实模拟效果。

1. 案例要求

在 iPhone 11 手机上真实模拟“移动建模场景模拟”中的内容区域的内容。

2. 案例分析

本案例的关键知识点分析如下。

1）如何设置发布参数。

2）为了让我们通过手机访问演示效果，我们需要一个外部环境，可以考虑将项目发布到 Axure Share 官网来获得外部的访问地址。

3）如何在手机上浏览我们真实模拟的 App。

3. 案例实现

（1）编辑内容界面

创建“移动建模场景模拟效果”案例中内容页面的内容，包括搜索栏、底部 tab 栏和动态面板内容，如图 11-176 所示。

（2）设置发布参数

因为需要在手机上真实模拟，所以不需要带有手机背景，而且需要做一些参数设置，在菜单栏元件的“发布”→“预览选项”命令，或者按〈Ctrl+F5〉快捷键，打开“预览选项”对话框，如图 11-177 所示。

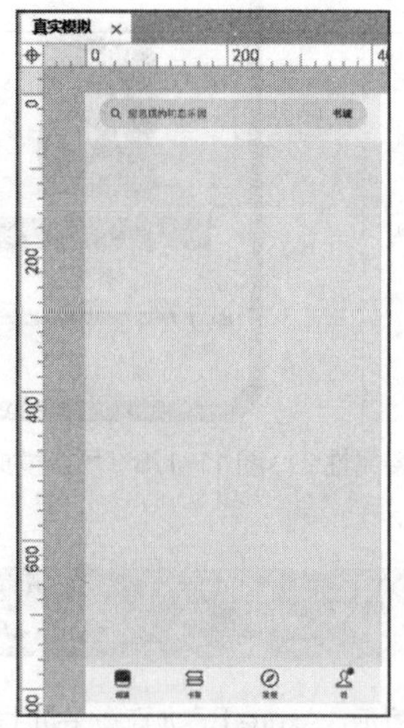

图 11-176　真实模拟页面

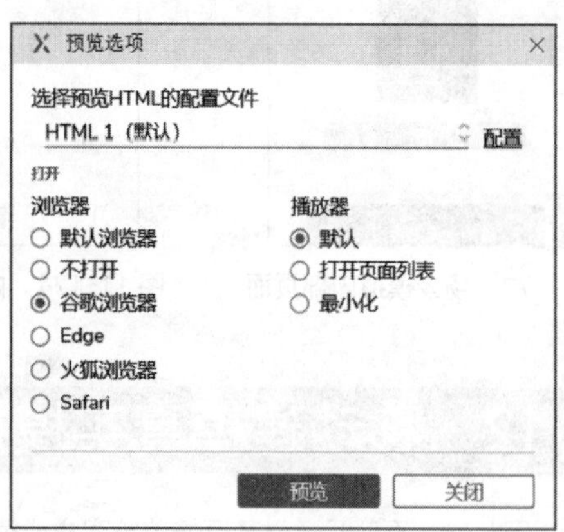

图 11-177　“预览选项”对话框

单击预览参数设置页面的“配置”按钮（该设置是在 Axure RP 8 版本基础上，还在使用 Axure RP 8 的用户可参考此设置），在“生成 HTML”对话框选择“移动设备”选项卡，可设置在移动设备上的发布参数。

1）包含视口标签：添加视图标签，勾选它后，才能定义宽度、高度等参数。

2）宽度：像素值或根据设备宽度自动设置。这里创建的 iPhone 11 原型都设置为 414 像素。

3）高度：像素值或根据设备高度自动设置，一般不需要设置。

4）初始缩放倍数（0～10.0）：默认为 1.0，即不进行缩放。iPhone 可通过双指的缩放来放大和缩小页面，该参数用于指定打开时的缩放比例。

5）最小缩放倍数（0～10.0）：能够被缩放的最小缩放比例。默认为空，一般不需要设置。

6）最大缩放倍数（0～10.0）：能够被缩放的最大缩放比例。默认为空，一般不需要设置。

7）允许用户缩放（no or blank）：用户是否能放大或缩小页面，默认为空，即允许放大或缩小，若不允许放大或缩小，可将其设置为 no。

8）禁止页面垂直滚动：禁止垂直滚动（也阻止 iOS 的弹性滚动）。

9）自动检测并链接电话号码（iOS）：针对 iOS 设备，是否自动检测并链接手机号码。当包含手机号码文字时，单击后将出现“拨打该电话”选项。

10）主屏图标（114 像素 × 114 像素）：主屏幕图标，推荐尺寸为 114 像素 × 114 像素，单击“导入”按钮后导入图片。

11）iOS 启动界面：过渡页面，即在打开 App 图标后，应用程序正式运行前的过渡页面。

勾选“包含视口标签”，设置宽度为 414 像素，并设置主屏图标，如图 11-178 所示。

（3）将项目发布到 Axure Share 共享官网

在菜单栏选择“发布”→“发布到 Axure 云...”命令，点击“发布为新的项目”，将项目发布到 Axure Share 官方共享网站，笔者发布后，该项目的访问地址为https://ci5rvg.axshare.com。

浏览器访问效果如图 11-179 所示。

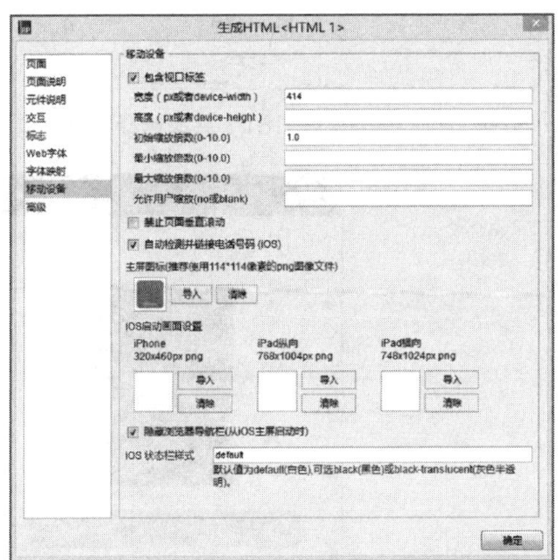

图 11-178　“生成 HTML”对话框“移动设备”选项卡

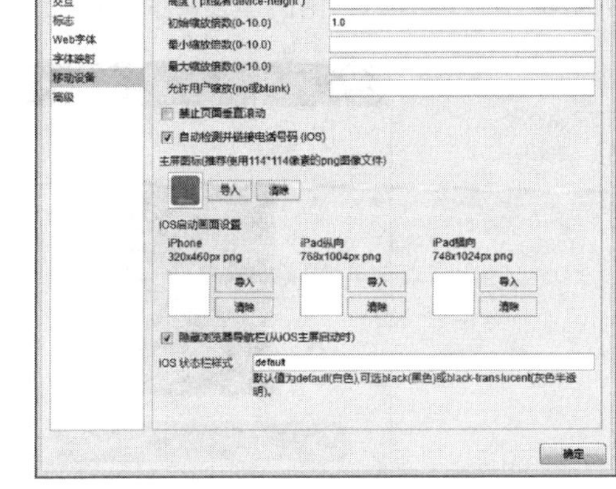

图 11-179　真实模拟浏览器显示效果

4. 案例演示效果

使用真实的 iPhone 11 手机，可使用默认的 Safari 浏览器访问复制的真实模拟页面的不加载工具栏的地址，如图 11-180 所示。

单击“⬆”按钮，打开共享选择项菜单，如图 11-181 所示。

单击“添加到主屏幕”菜单，可查看图标、标题和链接地址，单击“添加”按钮将“真实模拟”页面添加到主屏幕，如图 11-182 所示。添加成功后可在主屏幕看到该 App 图标。

在主屏幕单击真实模拟 App 的图标，直接进入后，页面的访问效果如图 11-183 所示。

图 11-180　使用 iPhone 自带 Safari 浏览器访问效果

图 11-181　共享选择项菜单页面

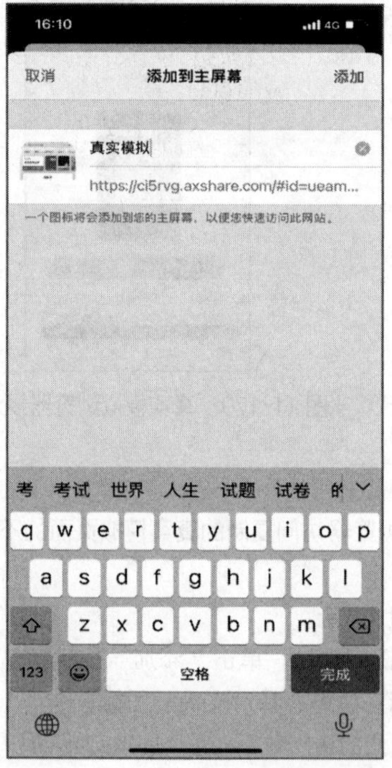

图 11-182　添加到主屏幕页面

图 11-183　直接从主屏图标进入时效果

11.13　自适应视图效果

1. 案例要求

当将 iPhone 手机切换横屏/竖屏时，有些应用程序的界面会随之变化，这是 iPhone 等手机终端常见的交互方式，可以采用 Axure RP 9 的自适应视图实现。另外，针对 iPhone 不同机型、iPad 和计算机等不同宽度的显示终端，我们也可以使用 Axure RP 9 的自适应视图实现不同终端的兼容性。

如当前在 App 单击小图浏览大图时：当为竖屏时，图片宽度为 414 像素；当切换为横屏时，即屏幕宽度切换为 896 像素时，图片宽度将自动切换为 896 像素。

图 11-184　自适应视图页面布局

2. 案例分析

本案例的关键知识点是 Axure RP 9 中自适应视图功能的使用。

3. 案例实现

（1）准备元件和全局辅助线

创建“自适应视图”页面，并创建两条全局辅助线，垂直辅助线的 X 坐标为 414 像素，水平辅助线的 Y 坐标为 896 像素。在内部添加矩形元件作为状态栏，并添加一张内容图片，完成后页面布局如图 11-184 所示。该页面的主要元件如表 11-21 所示。

表 11-21　自适应视图页面的主要元件

元件名称	元件种类	坐标	尺寸	备注	可见性
contentImg	图片	X0;Y0	W414;H896	内容区域图片	Y

（2）设置自适应视图

在菜单栏选择“项目”→“自适应视图”命令，打开“自适应视图”对话框，如图 11-185 所示。单击“+ 添加”按钮，新建名称为“横屏视图”的视图，设置宽度大于等于 896 像素时的视图，如图 11-186 所示。

在图 11-186 中单击“确定”按钮完成设置，之后单击“样式”面板，勾选启用自适应选项，此时，在“页面设计”面板可看到除了“基本”外，还提供了名为“横屏视图”，如图 11-187 所示。将图片等比缩小到 414 像素的高度，宽度为 241 像素，并将其设置到“896”视图的页面中间位置，并在下方放置一个黑色矩形元件，如图 11-188 所示。

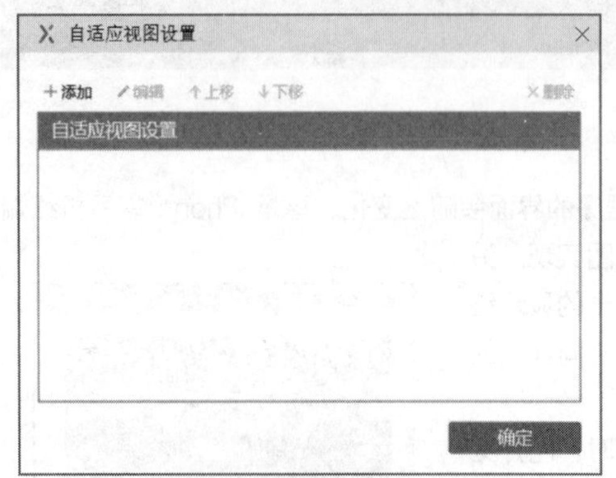

图 11-185 “自适应视图”对话框（默认）

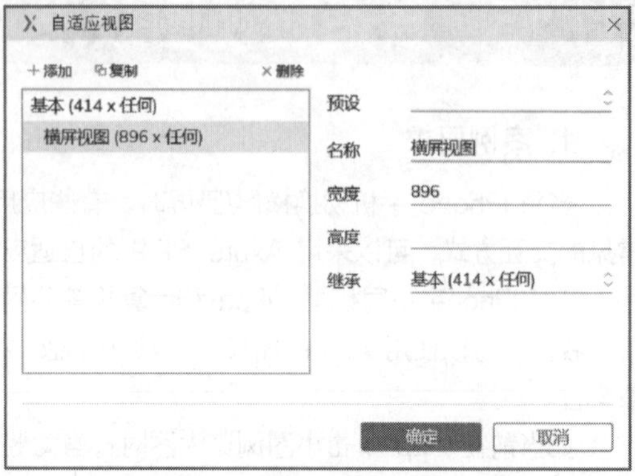

图 11-186 新增横屏视图设置

图 11-187 横屏视图（初始时）

图 11-188 横屏视图（调整后）

（3）设置发布参数

在菜单栏选择“发布”→“预览选项”命令，或者按〈Ctrl+F5〉快捷键，打开“预览选项”对话框，采用“移动建模真实模拟效果”中。

（4）将项目发布到 Axure 云

采用“移动建模真实模拟效果”中的方法将该项目发布到 Axure 云，访问地址为https://lkw4yi.axshare.com。

4. 案例演示效果

使用 iPhone 11 手机默认的 Safari 浏览器访问复制的真实模拟页面的地址，也可在浏览器中访问，当页面宽度小于 896 像素或大于等于 896 像素时会有不同的显示效果。例如在 iPhone 11 手机使用默认的 Safari 浏览器，而后将打开的页面添加到主屏幕，单击主屏幕图标，竖屏时的页面显示效果如图 11-189 所示，切换为横屏时，页面显示效果如图 11-190 所示。

图 11-189　竖屏显示效果

图 11-190　横屏显示效果

11.14　本章小结

本章通过讲解 13 个 App 原型设计实践案例，可以让大家更加精通 Axure RP 基础元件和高级元件的使用。本章通过 App 经典案例讲解了自定义形状，以及合并、去除等图形处理操作，可参考配套资料中“第 11 章 App 原型设计实践”文件夹下面的案例文件。另外，还重点讲解了“拖动时”“向左拖动结束时”“向右拖动结束时”和“移动时”等实现手机终端操作的具体示例。此外，还详细讲解了如何在计算机桌面进行手机终端的场景模拟，以及在手机终端进行真实模拟。最后，讲解了如何通过自定义视图功能适配横屏、竖屏，以及不同的屏幕尺寸的内容。

第 12 章
菜单原型设计实践

手机屏幕相对较小，分辨率也相对较低，因此，在设计手机网站或 App 时，对导航菜单的要求比 Web 网站更高，除功能考虑周全外，还需尽量保持简约和易用性高的特点。

在手机 App 中，常用的导航菜单如标签式菜单、顶部菜单、九宫格菜单、抽屉式菜单、分级菜单、下拉列表式菜单和多级导航菜单，大部分的 App 菜单设计都带有这几种常用菜单的影子。Axure RP 可以轻松实现这些常用菜单的原型设计，本章就将对这些内容进行介绍。

12.1 标签式菜单

标签式菜单是 App 中最常见的导航方式，如微信、QQ、QQ 空间、京东等都采用此种方式，微信的“通讯录”菜单如图 12-1 所示，“发现”菜单如图 12-2 所示。标签式菜单适合 3~5 个导航菜单的情况，它的特点是比较直观，而且可以通知用户有多少内容已更新，如微信的朋友圈的动态更新条数、未读聊天数量等。

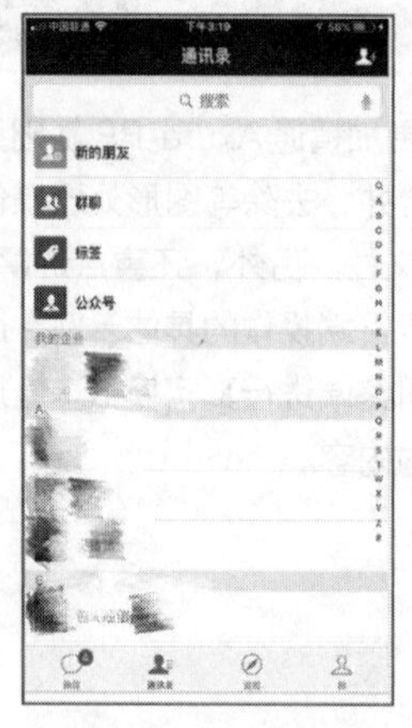

图 12-1 微信通讯录菜单

图 12-2 微信发现菜单

1. 案例要求

本案例需要实现标签式菜单的通用布局，如图 12-3 所示。

要求切换不同的菜单时，顶部的菜单名称需要进行切换，另外，中间的内容也需要进行切换，例如切换到“导航菜单 2”时，页面如图 12-4 所示。

图 12-3　标签式菜单的通用布局–导航菜单 1

图 12-4　标签式菜单的通用布局–导航菜单 2

2. 案例分析

本案例的关键知识点分析如下。

1）页头、菜单和内容区域都可采用动态面板元件实现，其中，菜单区域的动态面板元件对应 4 个不同的一级导航菜单，有 4 个状态。内容区域的动态面板元件，内部包含一个在需要时有滚动条的内联框架元件（内容可能需要滚动）。

2）在菜单的动态面板元件的 4 个菜单上方，添加 4 个热区元件。

3）设置 4 个导航菜单热区元件的“鼠标单击时”事件，改变菜单元件的状态，改变内容区域内部框架元件的链接地址，更改页头动态面板元件矩形元件的值。

3. 案例实现

（1）添加页面

在“页面”面板添加“标签式菜单案例”页面，并添加“导航菜单 1”～“导航菜单 4”的 4 个子页面。

（2）添加主页面上的元件

1）从上到下依次添加 1 个黑色矩形元件、3 个动态面板元件（页头区域、内容区域和标签式导航区域），分别命名为：topPanel、contentPanel 和 menuPanel。4 个元件的宽度假设都设置为 320 像素，高度分别为：20 像素、60 像素、430 像素和 58 像素。

2）开始设置动态面板内部元件，在 topPanel 动态面板元件内部添加一个矩形元件，命名为：topRect（宽度和高度分为 320 像素、60 像素）。

3）contentPanel 动态面板元件内部添加一个内联框架元件，命名为：contentFrame（宽度和高度分为 338 像素、448 像素），并在"样式"面板设置隐藏边框，自动显示或隐藏框架滚动条，默认指向地址为"导航菜单 1"页面。

4）为 menuPanel 动态面板元件添加 4 个状态，"导航菜单 1"～"导航菜单 4"，每个状态横向并排添加 4 个矩形元件，例如，"导航菜单 1"状态添加的第一个矩形元件（文字为"导航菜单 1"）设置填充色为绿色，另外 3 个矩形元件设置为白色填充色。其余 3 个状态与此类似。

5）在 menuPanel 元件上方，按照 4 个矩形元件的位置添加 4 个热区元件，分别命名为：menuSpot1～ menuSpot4。

（3）添加子页面的元件

在 4 个子页面添加对应内容，添加一个有边框的矩形元件，为了测试多种情况，部分页面的内容所占据的高度可以设置为大于 430 像素（内容显示区域高度）。

（4）设置元件交互效果

最后，开始设置元件交互效果，开始设置"导航菜单 1"上的 menuSpot1 热区元件的"鼠标单击时"事件，选择该元件后，添加"鼠标单击时"事件进行设置，设置完成后如图 12-5 所示。

menuSpot2 热区元件的"鼠标单击时"事件如图 12-6 所示。menuSpot3 元件和 menuSpot4 元件与此类似，不再赘述。

图 12-5　menuSpot1 元件的鼠标单击时事件

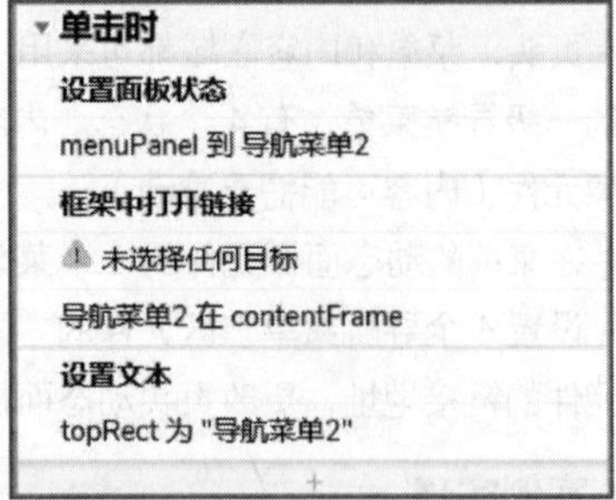

图 12-6　menuSpot2 元件的鼠标单击时事件

4. 案例演示效果

按〈F5〉快捷键进行预览。该案例默认时如图 12-7 所示。单击"导航菜单 2"时，顶部的导航名称、中间的显示内容，以及下方的导航菜单选中状态都会发生改变，而且当页面内容超过中间内容的显示高度时，可以上下滚动，如图 12-8 所示。

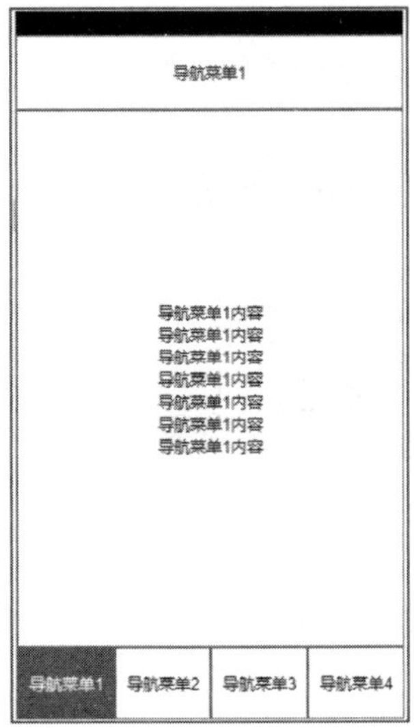

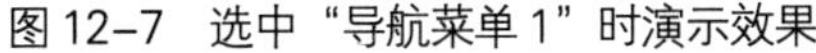

图 12-7　选中“导航菜单 1”时演示效果

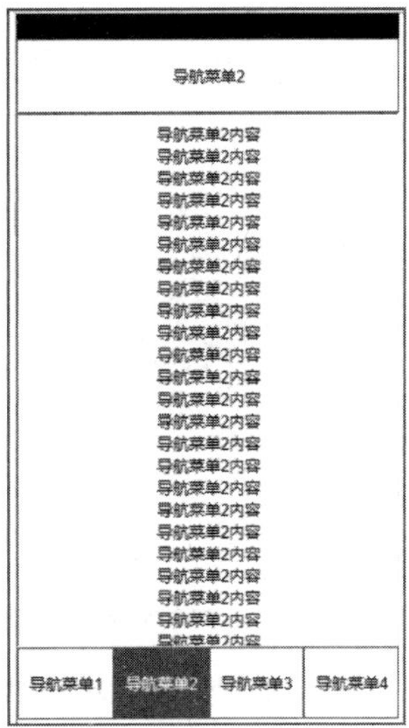

图 12-8　选中“导航菜单 2”时演示效果

12.2　顶部菜单

顶部菜单的特点是应用的导航菜单在顶部，用户可单击某个菜单，将该菜单设置为选中，其余菜单变成未选中，并且内容区域显示对应菜单的内容。用户也可在内容区域向左或向右滑动，切换内容区域的内容和菜单的选中状态。

今日头条、腾讯新闻客户端等新闻类 App 都是这种顶部导航菜单（如图 12-9 和图 12-10 所示），这种 App 布局适应于一级菜单较多的情况。新闻类 App 定制栏目都作为一级菜单，所以可能有很多一级菜单项。

1. 案例要求

本案例需要实现类似今日头条顶部菜单的效果，案例具体要求如下。

1）当单击顶部导航菜单项时，对应的菜单项设置为选中交互样式，其余菜单项设置为非选中交互样式，并且新闻内容区域需要对应更换为所选菜单项的内容。

2）当在新闻内容区域向左拖动结束时，如果不是最后一个菜单项（案例中只有 7 个菜单项），则移动内容区域，使得显示区域为右侧菜单项新闻内容，并且，右侧菜单项设置为选中交互样式，其余菜单项设置为非选中交互样式。

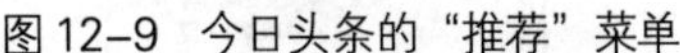
图 12-9　今日头条的“推荐”菜单

图 12-10　今日头条的“热点”菜单

3）当在新闻内容区域向右拖动结束时，如果不是第一个菜单项，则移动内容区域，使得显示区域为左侧菜单项新闻内容，并且，左侧菜单项设置为选中交互样式，其余菜单项设置为非选中交互样式。

4）因为有 7 个菜单项，而只有 5 个菜单项在视野范围内，所以切换菜单项选中状态时，根据需要调整菜单元件的位置。如果左侧和右侧都有两个菜单项，要移动菜单元件，将所选菜单项设置到屏幕中间区域。如果左侧少于等于两个菜单项（对应第 1、2、3 个菜单项），则将菜单元件（包含 7 个菜单项）移动到 X0;Y0 位置。如果右侧少于两个菜单项（对应第 6、7 个菜单项），则将菜单元件（包含 7 个菜单项）移动到 X-134;Y0 位置。

2. 案例分析

本案例的关键知识点分析如下。

1）将 7 个菜单项文本框元件转换到一个 menuPanel 动态面板元件，文本框元件设置“选中”样式，并将其设置为同样的组（当某个的选中状态设置为 true 时，其余默认会变成 false）。

2）将新闻内容区域设置为动态面板元件，并设置宽度为 320 像素，在内部添加 320 像素×7 像素的 contentInnerPanel 动态面板元件，contentInnerPanel 内部添加对应第 1～第 7 个菜单项的显示内容。

3）设置 7 个菜单项文本框元件的“鼠标单击时”事件，将当前元件的“选中”状态设置为 true，并移动菜单的动态面板元件到合适位置，移动内容区域到合适位置，将需要显示的新闻内容移动到屏幕 320 像素区域。

4）设置包含 7 个菜单项新闻真实内容的 contentInnerPanel 动态面板元件的“向左拖动结束时”事件，如果 contentInnerPanel 坐标大于-1920 像素，即显示的不是随后一个菜单项内容，根据当前哪个菜单项文本框元件项为“选中”状态，将右侧的菜单项文本框元件的“选中”属性设置为 true，并移动菜单元件到合适位置，将内部 contentInnerPanel 元件向左移动 320 像素。

5）设置包含 7 个菜单项新闻真实内容的 contentInnerPanel 动态面板元件的“向右拖动结束时”事件，如果 contentInnerPanel 元件的 X 坐标小于 0 像素，即显示的不是第一个菜单项内容，根据当前哪个菜单项文本框元件项为选中状态，将左侧的菜单项文本框元件的“选中”状态设置为 true，并移动菜单元件到合适位置，将 contentInnerPanel 元件向右移动 320 像素。

3. 案例实现

（1）添加页面和元件

添加“顶部菜单案例”页面，并在内部添加图片和动态面板元件，菜单区域和内容区域采用的都是动态面板元件，元件分别命名为：menuPanel（宽度 455 像素，高度 35 像素）和 contentPanel（宽度 320 像素，高度 459 像素），添加完成后，如图 12–11 所示。

在“概要”面板可看到该页面的所有元件信息，如图 12–12 所示。

图 12–11　今日头条顶部菜单页面布局

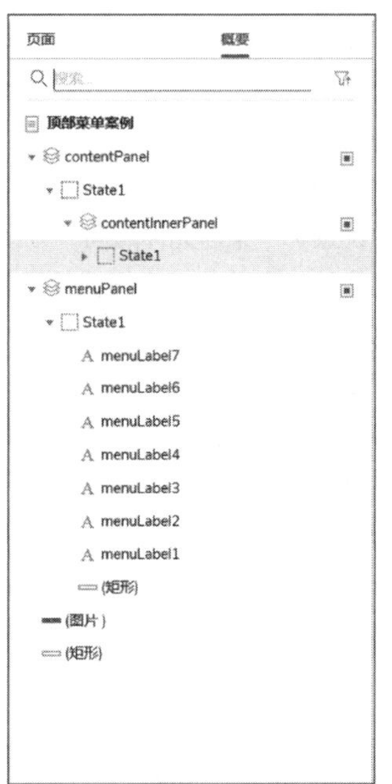

图 12–12　今日头条顶部菜单案例的“概要”面板

需要注意的是，在 menuPanel 动态面板元件的 State1 状态时，在矩形元件上方有 7 个文本框元件，分别代表“推荐”“热点”“本地”“视频”“问答”“娱乐”和“科技”。contentPanel 动态面板元件内部还有一个动态面板元件，名称为 contentInnerPanel，高度为 469 像素，与 contentPanel 保持一致，但是，宽度为 2240 像素（是 contentPanel 元件宽度的 7 倍）。在 contentInnerPanel 元件的内部，从左往右依次放置 7 个图片元件，分别对应“推荐”“热点”“本地”“视频”“问答”“娱乐”和“科技”7 个菜单项的内容，如图 12-13 所示。

图 12-13　contentInnerPanel 元件内部的 7 个图片元件

（2）设置 7 个菜单元件的选中时样式

进入 menuPanel 动态面板元件的 State1 状态，将 menuLabel1～ menuLabel7 的 7 个文本框元件的交互样式设置为选中时为颜色“#CC3031”（深红色），如图 12-14 所示。

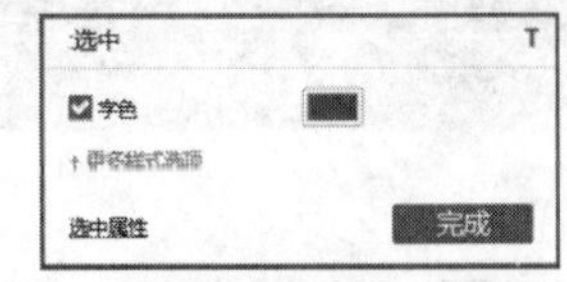

图 12-14　设置菜单文本框元件选中时的样式

（3）设置 7 个菜单元件为同一分组

为了使某一个菜单文本框元件设置为“选中”状态时，另外 6 个为未选中状态的样式，需要将这 7 个菜单元件设置为同一个分组。选择 7 个菜单文本框元件后，右击选择“设置选项组”菜单项，设置为分组：menuGroup。

（4）设置 7 个菜单元件的鼠标单击时事件

1）设置 7 个菜单元件的“鼠标单击时”事件，menuLabel1～menuLabel3 3 个元件的鼠标单击时事件如 图 12-15 所示。

图 12-15　menuLabel1～menuLabel3 的鼠标单击时事件

a) menuLabel1 元件属性　b) menuLabel2 元件属性　c) menuLabel3 元件属性

该事件比较简单，实现的操作是：将当前菜单文本框元件设置为选中状态（对应该菜单会变成选中时样式，其余 6 个菜单会变成未选中时样式），将 contentInnerPanel 这个包含 7 个图片并排排列的动态面板元件进行移动操作，将对应的图片移动到外部动态面板元件 contentPanel 的显示区域，将 menuPanel 移动到原始位置。

2）menuLabel4 元件和 menuLabel5 元件的“鼠标单击时”事件如图 12-16 所示。

a)

b)

图 12-16　menuLabel4 元件和 menuLabel5 元件的鼠标单击时事件

a) menuLabel4 元件属性　b) menuLabel5 元件属性

在此，需要注意的是，menuPanel 动态面板元件移动的位置稍有不同，以便将当前选择的菜单置为屏幕中间区域。

3）menuLabel6 元件和 menuLabel7 元件的“鼠标单击时”事件如图 12-17 所示。

a)

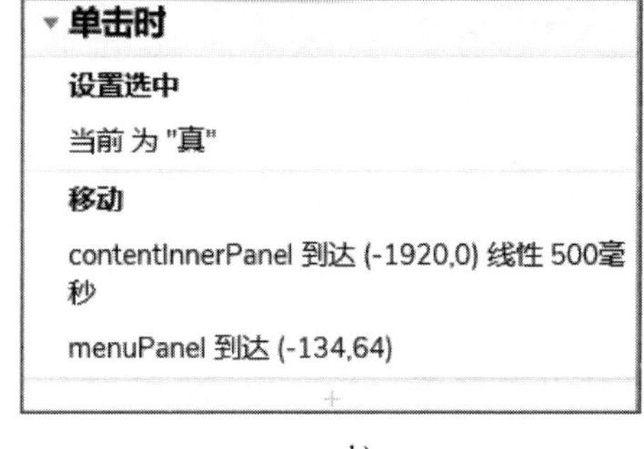

b)

图 12-17　menuLabel6 元件和 menuLabel7 元件的鼠标单击时事件

a) menuLabel6 元件属性　b) menuLabel7 元件属性

（5）设置 contentInnerPanel 元件的向左和向右拖动结束时事件

1）若要实现向左拖动或向右拖动内容区域达到切换菜单项的效果，需要通过向左或向右拖动 contentInnerPanel 元件时事件，可设置该元件的“向左拖动结束时”事件，如图 12-18 所示。

2）该事件判断的条件是需要满足拖动后 X 坐标大于-1920 像素，即移动到了最左边再往左的位置，另外根据当前选中的是 menuLabel1～menuLabel7 中的哪一个，设置菜单项后一个为当前的选中菜单元件，并将 menuPanel 移动到正确的位置。

3）设置 contentInnerPanel 元件的“向右拖动结束时”事件，如图 12-19 所示。

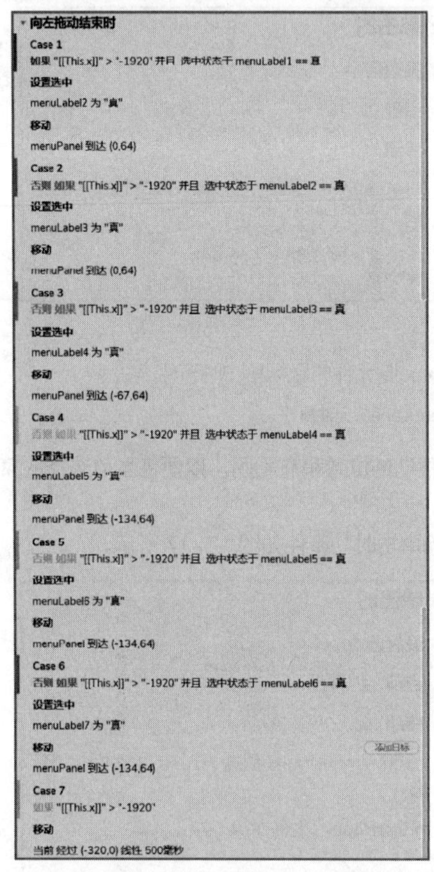

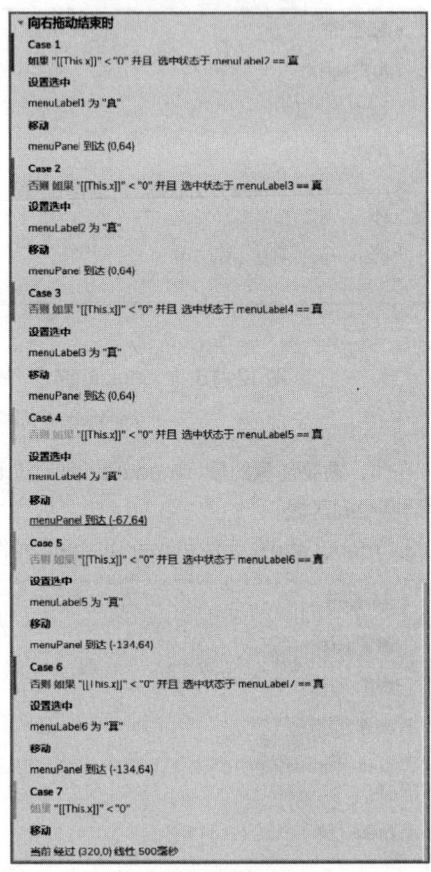

图 12-18　contentInnerPanel 向左拖动结束时事件　　图 12-19　contentInnerPanel 向右拖动结束时事件

4. 案例演示效果

按〈F5〉快捷键进行预览。在手机屏幕上页面显示区域，此时显示的是“推荐”菜单如图 12-20 所示。单击“热点”菜单时的显示效果如图 12-21 所示。单击“视频”菜单时的显示效果如图 12-22 所示。单击“问答”菜单时的显示效果如图 12-23 所示。

可向左或向右拖动内容区域，也可切换菜单。

图 12-20　选中“推荐”时的显示效果

图 12-21　选中“热点”时的显示效果

图 12-22　选中“视频”时的显示效果

图 12-23　选中“问答”时的显示效果

12.3　九宫格菜单

九宫格菜单不一定是 9 个一级菜单，而只是针对那种将大菜单放在首页，内容都需要在单击一级菜单后才能看到。这种 App 布局的缺点是经常需要返回到首页。

美图秀秀就是比较典型的九宫格菜单（不过它的多个一级菜单分布在两屏中），第一屏如

图 12–24 所示，第二屏如图 12–25 所示。

图 12–24　美图秀秀第一屏菜单

图 12–25　美图秀秀第二屏菜单

1. 案例要求

本案例需要实现的主要功能如下。

1）当单击每一个一级菜单项时，进入对应一级菜单页面。

2）单击一级菜单页面的“首页”按钮返回首页。

3）在第一屏时，向左拖动结束时移动到第二屏。

4）在第二屏时，向右拖动结束时移动到第一屏。

2. 案例分析

主页面可采用动态面板元件实现，在动态面板内部添加一个内层动态面板元件，宽度是外层动态面板元件的两倍，在其里面添加第一屏和第二屏的两张图片。设置内层动态面板元件的“向左拖动结束时”事件和“向右拖动结束时”事件，响应向左拖动和向右拖动。当前是第一屏时，向左拖动，移动到第二屏显示，并带有线性效果；当前是第二屏时，向右拖动，移动到第一屏显示，并带有线性效果。

设置“美化图片”图标上的热区元件，并设置鼠标单击时事件，进入“美化图片”页面。

3. 案例实现

（1）添加页面

添加“九宫格菜单案例”页面和“美化图片”子页面。

（2）添加页面元件

在“九宫格菜单案例”页面添加一个动态面板元件，X0;Y0，宽度这里采用的是 512 像素，高度为 910 像素，命名为 indexPanel 。在 indexPanel 元件的 State1 状态添加 indexInnerlPanel 元件，宽度为 1024 像素，高度为 910 像素，在内部横向排列两张宽度为 512 像素，高度为 910 像素的图片，分别使用美图秀秀第一屏和第二屏的图片。在“美化图片”图标上方添加一个热区元件，命名为：menuSpot1，页面元件如图 12–26 所示。

图 12–26　“九宫格菜单案例”页面元件

“美化图片”页面比较简单，添加单击美化图片按钮后的一张截图即可。

（3）添加 inexInnerlPanel 元件的向左和向右拖动结束时事件

设置 indexInnerlPanel 动态面板元件的“向左拖动结束时”事件，如图 12–27 所示。

该事件表示的是，当前选择是第一屏时（该元件 X 坐标此时为 0，大于–512 像素位置），将 indexInnerlPanel 元件线性移动到 X –512; Y 0，即移动到第二屏。

类似设置 indexInnerlPanel 元件的“向右拖动结束时”事件，如图 12–28 所示。表示的是当前选择是第二屏时（该元件 X 坐标此时为–512 像素，即小于 0 的位置），将 indexInnerlPanel 元件线性移动到 X0;Y0，即移动到第一屏。

图 12–27　indexInnerPanel 元件的向左拖动时结束时事件

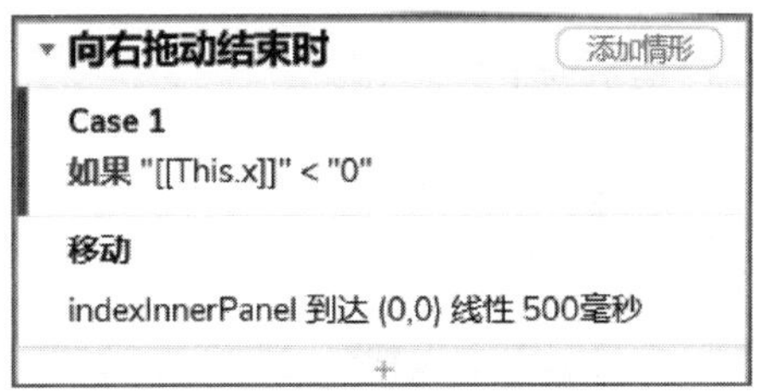

图 12–28　indexInnerPanel 元件的向右拖动时结束时事件

4. 案例演示效果

按〈F5〉快捷键进行预览。默认时演示效果如图 12–29 所示。当在默认页面向左拖动结束时，线性效果移动到第二屏，如图 12–30 所示；在第二屏状态下，向右拖动结束时，效果如图 12–29 所示；单击“美化图片”按钮，打开“所有照片”页面，选择需要美化的照片，如图 12–31 所示。

图 12-29　九宫格菜单默认效果　图 12-30　默认情况下向左拖动　图 12-31　单击“美化图片”按钮时

12.4　抽屉式菜单

抽屉式菜单也算是比较常用的一种 App 导航菜单，之所以叫抽屉式，是因为它的菜单默认是被隐藏状态。当单击主页面显示菜单的按钮后，在左侧显示菜单，并且主页面和显示菜单按钮位于右侧边缘；当单击主页面内容区域，或将主页面内容区域往左拖动并达到屏幕中线左侧时，将主页面移动到屏幕显示区域。

1. 案例要求

本案例要实现类似 189 邮箱的抽屉式菜单，页面在菜单关闭状态如图 12-32 所示。在抽屉式菜单打开状态如图 12-33 所示。

图 12-32　抽屉式菜单关闭状态

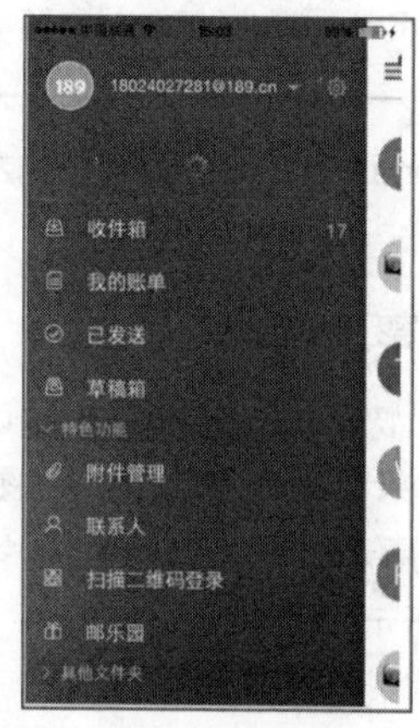

图 12-33　抽屉式菜单打开状态

2. 案例分析

该案例的关键知识点分析如下。

1）将主页面内容的元件设置到动态面板元件中，并将菜单的元件放置在动态面板元件的下方。

2）当单击显示菜单按钮时，将主页面内容的动态面板元件向右边移动，从而将菜单内容显示出来。

3）设置主页面内容动态面板元件的“鼠标单击时”事件，当主页面内容的动态面板元件显示在右侧时，在鼠标单击时，将主页面内容的动态面板元件向左侧移动到 X0;Y0，将菜单区域隐藏。

4）设置主页面内容动态面板元件的“拖动时”事件，当将该元件向左拖动时跟随拖动。并设置“拖动结束时”事件，判断是否移动超过屏幕距离的一半，如果没超过，将拖动事件回退，否则，将主页面内容的动态面板元件向左侧移动到 X0;Y0，将菜单区域隐藏。

3. 案例实现

（1）添加页面

添加“抽屉式菜单案例”页面。

（2）添加页面中的元件

在添加的页面中添加元件，如图 12-34 所示。

该页面的布局如图 12-35 所示。在该页面没看到抽屉式菜单打开时的蓝色图片 navImg，是因为它不在显示区域，而是在 contentPanel 动态面板元件的下方。

图 12-34　页面的元件列表

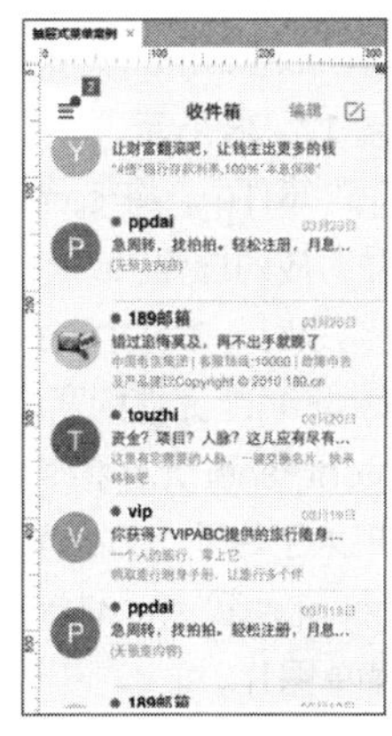

图 12-35　页面的布局

（3）设置 showHideMenuImg 元件的鼠标单击时事件

首先设置（showHideMenuImg）元件的“鼠标单击时”事件，如图 12-36 所示。

在该事件中，如果这个图片元件当前位置的 X 坐标为 0，则将 contentPanel 元件向右边移动 290 个像素，此时，动态面板元件下方的菜单图片 navImg 会显示出来，同时，showHideMenuImg 的位置也要对应向右边移动 290 个像素。

当该元件的 X 坐标不等于 0，也就是说当前抽屉菜单已经是打开状态时，此时，将 contentPanel 和 showHideMenuImg 的 X 坐标移动到 0 处，也就是初始位置，将下方的 navImg 掩盖住。

（4）设置 contentPanel 元件的鼠标单击时事件

接着，开始设置 contentPanel 元件的“鼠标单击时”事件，如图 12-37 所示。表示的是当前该元件的 X 坐标为 290，即 navImg 菜单图片显示出来时，将该元件和 showHideMenuImg 元件移动到初始状态，将菜单元件遮盖住。

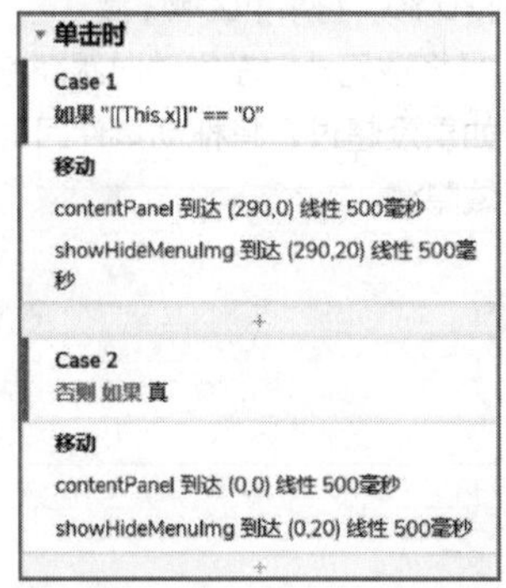

图 12-36　showHideMenuImg 元件的鼠标单击时事件

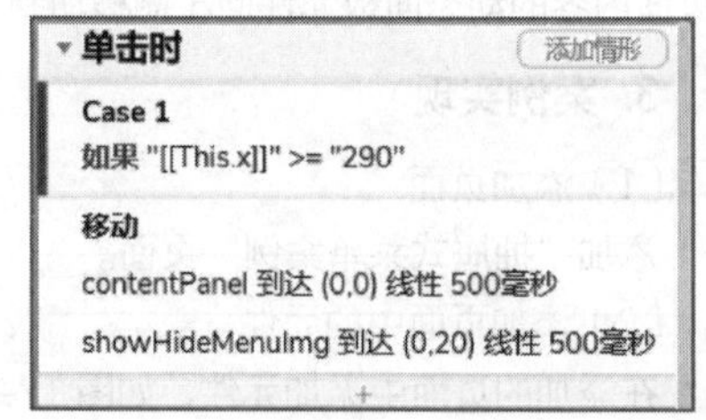

图 12-37　contentPanel 的鼠标单击时事件

（5）设置 contentPanel 元件的拖动时和拖动结束时事件

最后，设置 contentPanel 元件的“拖动时”事件和“拖动结束时”事件，如图 12-38 所示。

在“拖动时”事件中，将 contentPanel 元件和 showHidMenuImg 元件都水平移动对应的位置。

在“拖动结束时”事件中，如果发现拖动的总距离小于 160 像素（整个 contentPanel 元件的宽度为 320 像素，即没有拖动超过中线时），将 contentPanel 元件和 showHidMenuImg 元件移动到拖动前的位置。如果大于等于 160 像素（即达到一半或超过一半时），则将 contentPanel 元件和 showHidMenuImg 元件移动到初始位置，覆盖 navImg 菜单图片。

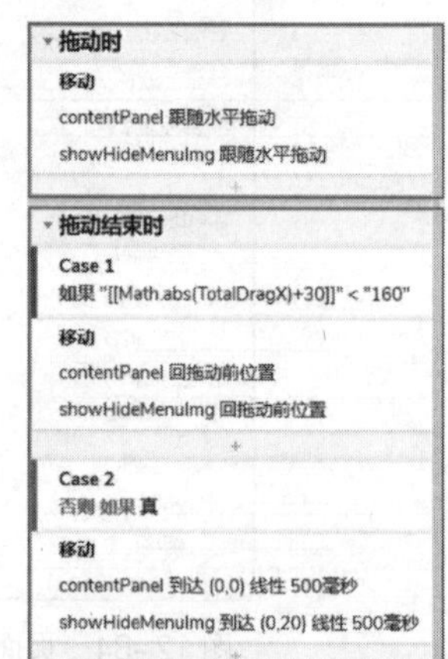

图 12-38　contentPanel 元件的拖动时、拖动结束时事件

4. 案例演示效果

按〈F5〉快捷键预览该案例。默认如图 12-32 所示，当单击“ ”后，如图 12-33 所示，再次单击，如图 12-32 所示。在图 12-33 所示状态，拖动内容面板超过 160 像素时，又恢复到如图 12-32 所示的默认状态，如果没有超过 160 像素，则回退到如图 12-33 所示的状态。

12.5 分级菜单

分级菜单是指不止包括一级菜单项，还具有二级、三级菜单项，例如包括二级菜单的菜单就是很常见的一种分级菜单，一般用在菜单项比较多的时候。

当菜单项比较多时，一般将菜单分组，单击分组时，切换菜单的展开/关闭状态，在展开时，需要将下方的元件全部下移，当关闭时，需要将下方的元件全部上移。

如 189 邮箱的“特色功能”是分级菜单，如图 12-39 所示，“其他文件夹”同样是分级菜单，如图 12-40 所示。

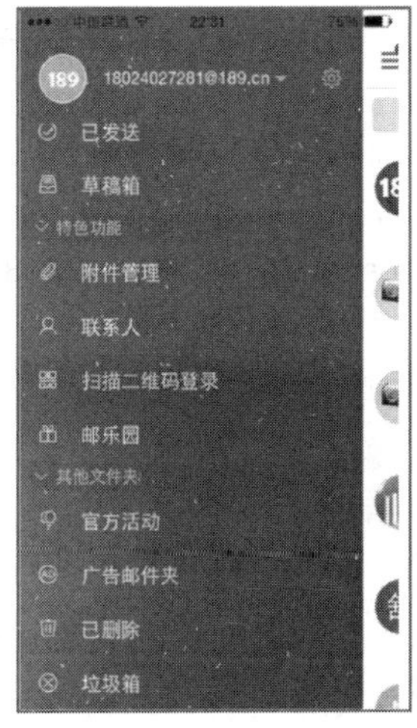

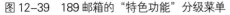

图 12-39　189 邮箱的“特色功能”分级菜单

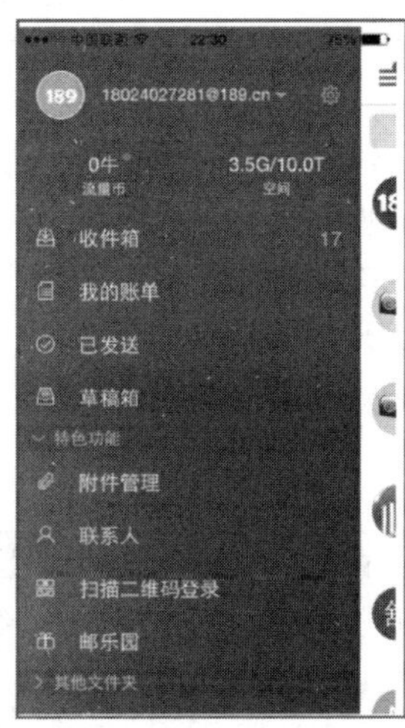

图 12-40　189 邮箱的“其他文件夹”分级菜单

1. 案例要求

本案例要实现的主要功能如下。

1）在默认情况下“特色功能”的子菜单是显示状态，“其他文件夹”的子菜单是隐藏状态。

2）当单击“特色功能”菜单时，如果当前子菜单是显示状态，将其设置为隐藏，如果当前子菜单是隐藏状态，将其设置为显示，并自动将下方元件上移或下移。

3）当单击“其他文件夹”菜单时，如果当前子菜单是显示状态，将其设置为隐藏，如果当前子菜单是隐藏状态，将其设置为显示，并自动将下方元件上移或下移。

2. 案例分析

本案例的关键知识点分析如下。

1）将两个子菜单都设置为动态面板元件，“特色功能”的子菜单动态面板元件默认为显示，“其他文件夹”的子菜单动态面板元件默认为隐藏。

2）设置“特色功能”菜单矩形元件的“鼠标单击时”事件，根据其子菜单当前的显示/隐藏状态，进行隐藏/显示操作，为了实现下方元件的自动上移/下移效果，需要带有“拉动/推动元件”效果。

3）设置“其他文件夹”菜单矩形元件的鼠标单击时事件，与“特色功能”元件类似。

3. 案例实现

（1）添加页面

添加“分级菜单案例”页面。

（2）添加页面中的元件

添加一级菜单“收件箱”“我的邮件”“已发送”“草稿箱”“特色功能”和“其他文件夹”的矩形元件。将“特色功能”的矩形元件命名为：menu1Rect，将“其他文件夹”的矩形元件命名为：menu2Rect。

添加“特色功能”子菜单的动态面板元件，命名为：submenu1Panel，里面包括 4 个子菜单矩形元件，分别表示：附件管理、联系人、扫描二维码登录和邮乐园。

添加“其他文件夹”子菜单的动态面板元件，命名为：submenu2Panel，里面包括 3 个子菜单矩形元件，分别表示：官方活动、广告文件夹和已删除。

页面布局如图 12-41 所示。该案例的元件名称和包含关系可在“概要”面板查看，如图 12-42 所示。

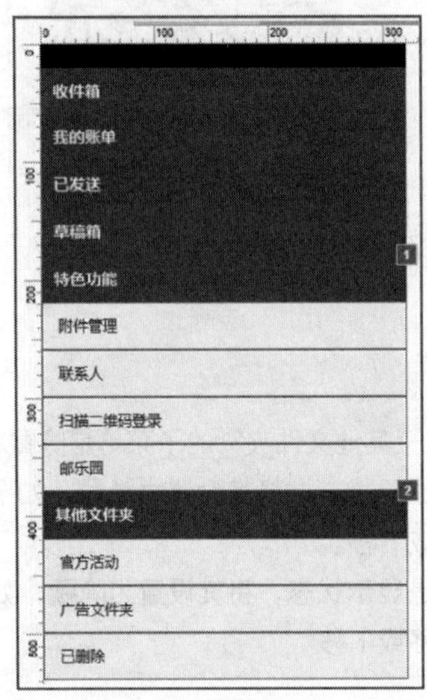

图 12-41　分级菜单案例页面布局

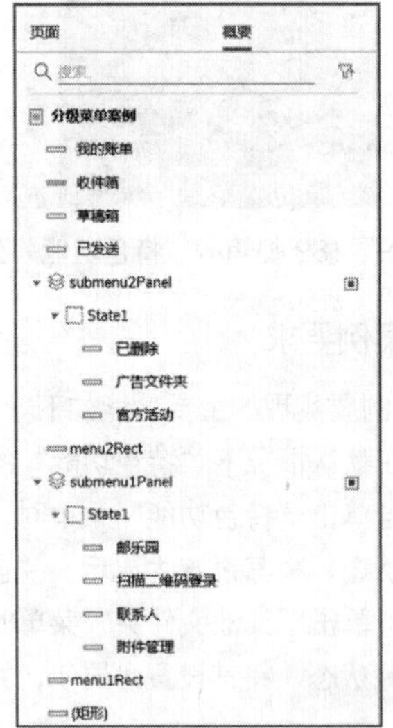

图 12-42　分级菜单案例所有元件

（3）设置“特色功能”元件的鼠标单击时事件

设置“特色功能”菜单矩形元件（名称为 menu1Rect）的“鼠标单击时”事件，如图 12-43

所示。

该事件表示的意思是，当单击“特色功能”菜单时：

1）如果下方的子菜单当前为显示状态时，隐藏下方的子菜单，并带有拉动效果，即将下方的元件都往上移动对应位置。

2）如果下方的子菜单当前为隐藏状态时，显示下方的子菜单，并带有推动效果，即将下方的元件都往下移动对应位置。

（4）设置“其他文件夹”元件的鼠标单击时事件

最后，设置“其他文件夹”菜单矩形元件（名称为 menu2Rect）的“鼠标单击时”事件，如图 12-44 所示。事件的触发条件和动作与 menu1Rect 类似，不再赘述。

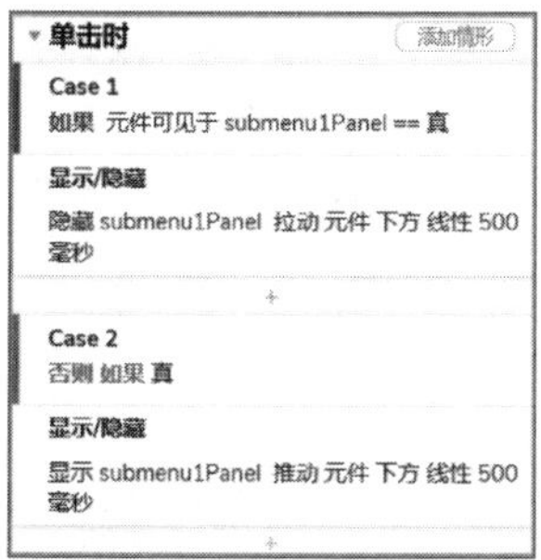

图 12-43　“特色功能”矩形元件的鼠标单击时事件

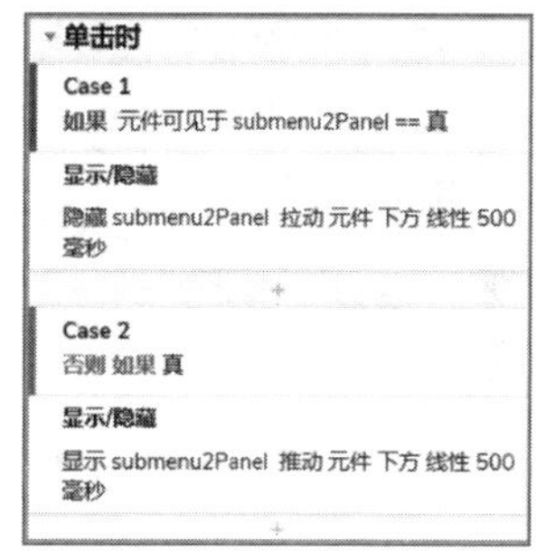

图 12-44　“其他文件夹”矩形元件的鼠标单击时事件

4. 案例演示效果

按〈F5〉快捷键预览该案例。默认如图 12-45 所示。单击“特色功能”时，下方子菜单被隐藏，“其他文件夹”以及子菜单上移，如图 12-46 所示。接着，单击“其他文件夹”菜单，它下方的子菜单将被隐藏，如图 12-47 所示。

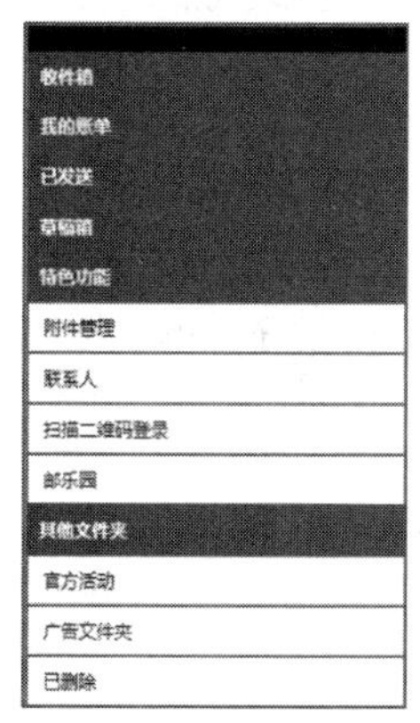

图 12-45　分级菜单默认状态

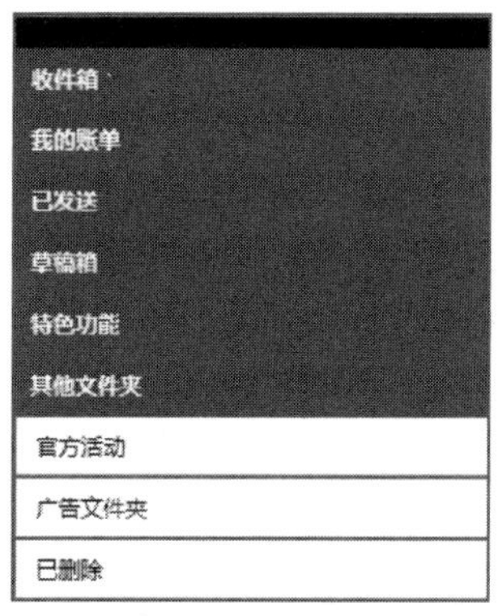

图 12-46　单击“特色功能”菜单

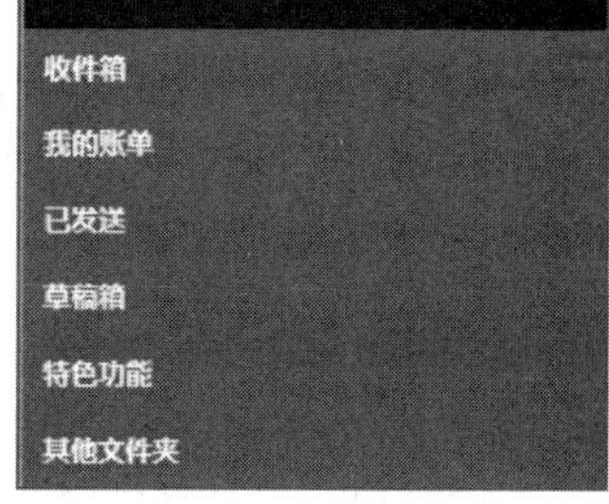

图 12-47　单击“其他文件夹”菜单

12.6 下拉列表式菜单

在下拉列表式菜单布局中，菜单项默认是隐藏状态，当单击打开菜单按钮时，将菜单设置为显示状态。下拉列表式菜单作为一级菜单很少见，一般用于作为小菜单项。

如数米基金宝显示 7 日收益的子菜单关闭状态如图 12-48 所示，7 日收益的子菜单的打开状态如图 12-49 所示。

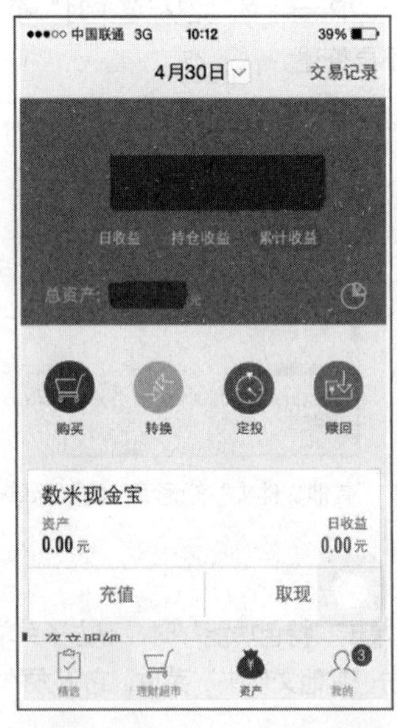

图 12-48 “数米基金宝”下拉列表式菜单关闭状态

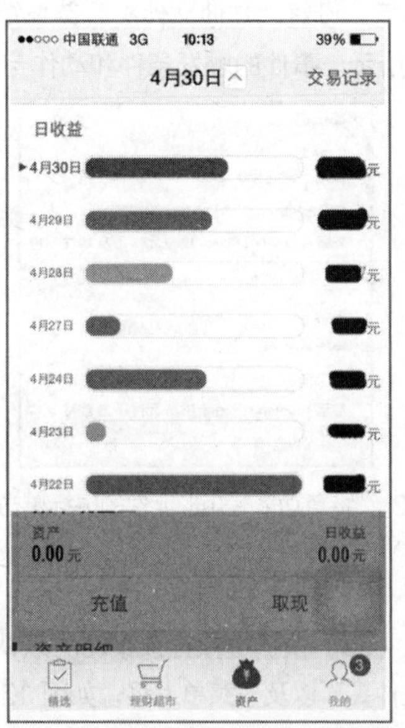

图 12-49 “数米基金宝”下拉列表式菜单打开状态

1. 案例要求

本案例的下拉列表式菜单项需要实现的主要功能如下。

1）单击“打开菜单”按钮，显示子菜单项，此时，“打开菜单”按钮切换成“关闭菜单”按钮。

2）单击打开的子菜单项，子菜单项变成选中状态，并且内容区域变成所选择子菜单项的内容，并且，“关闭菜单”按钮切换成“打开菜单”按钮。

3）子菜单是打开状态时，单击“关闭菜单”按钮，关闭菜单。

2. 案例分析

本案例的关键知识点分析如下。

1）将打开、关闭菜单按钮设置为动态面板元件，包括“open”（打开，内有“关闭菜单”的图片）和“close”（关闭，内有“打开菜单”的图片）两个状态。

2）将子菜单设置为动态面板元件，默认隐藏，包括子菜单项文本框元件（案例模拟 3 个子菜单，分别为：子菜单 1～子菜单 3），并设置交互样式，以及属于同样的分组。

3）将内容区域设置为动态面板元件，对应多个子菜单项，包括多个内容。

4）设置打开、关闭菜单按钮的动态面板元件的“鼠标单击时”事件，将打开、关闭菜单按钮动态面板元件设置为下一个状态，切换子菜单动态面板元件的显示和隐藏状态。

5）设置子菜单项矩形元件的“鼠标单击时”事件，将当前的选中状态设置为 true，将内容区域动态面板元件设置为所选择子菜单项的内容，隐藏子菜单动态面板元件，将页头区域显示子菜单项名称的文本框元件设置为所选择子菜单项的名称。

3. 案例实现

（1）添加页面

添加“下拉列表式菜单案例”页面。

（2）添加页面中的元件

添加页面中的矩形元件和动态面板元件，需要注意的是，打开和关闭下拉列表式菜单的按钮因为有“close”（关闭，默认状态）和“open”（打开）两个状态，设置为动态面板元件，命名为：openClosePanel。3 个子菜单项矩形元件也封装到一个动态面板元件，命名为：submenuPanel，默认为不可见状态。内容区域因为要响应 3 个子菜单的不同显示内容，也设置为动态面板元件，命名为：contentPanel。页面布局如图 12-50 所示，“概要”面板中显示的元件列表和包含关系如图 12-51 所示。

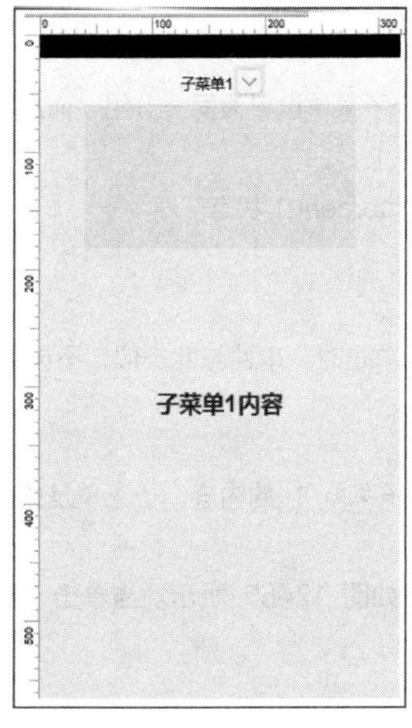

图 12-50　下拉列表式菜单的页面布局

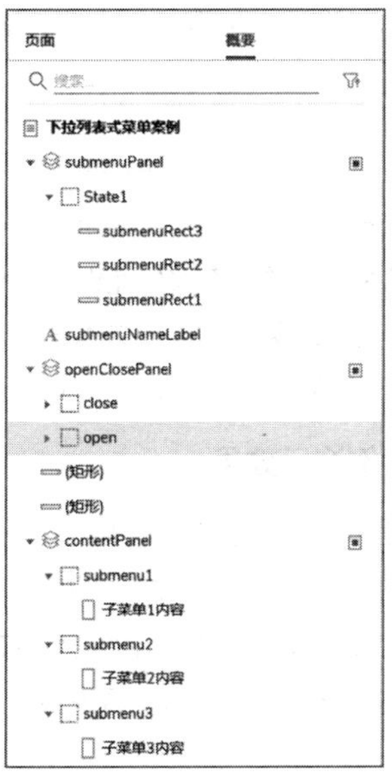

图 12-51　下拉列表式菜单的元件

（3）设置打开和关闭菜单按钮的鼠标单击时事件

设置打开和关闭按钮的动态面板元件（名称为：openClosePanel）的“鼠标单击时”事件，如图 12–52 所示。

包含两个动作：切换 openClosePanel 动态面板元件的状态（即当前为 open，则 close；当前为 close，则 open）。切换子菜单 submenuPanel 动态面板元件的显示/隐藏状态（当前为隐藏则显示，当前为显示则隐藏），并带有逐渐的动态效果。

（4）设置子菜单矩形元件的鼠标单击时事件

设置 3 个子菜单元件的“鼠标单击时”事件，其中，submenuRect1 元件的“鼠标单击时”事件如图 12–53 所示。包含 4 个动作，分别如下。

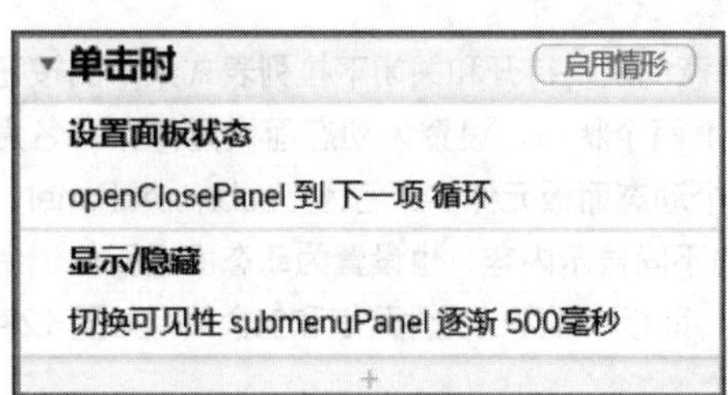

图 12–52　openClosePanel 元件的鼠标单击时事件

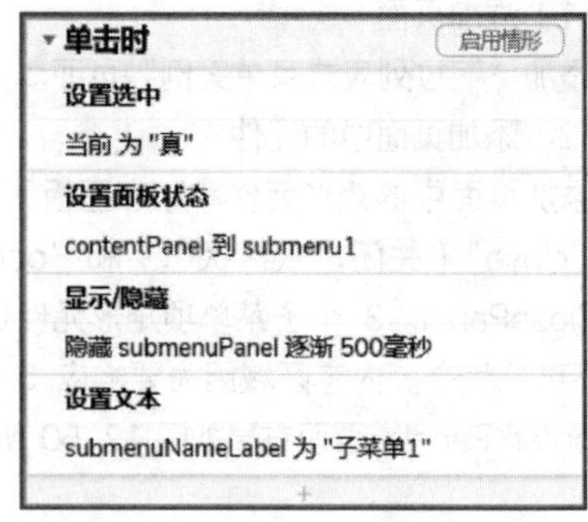

图 12–53　submenuRect1 元件的鼠标单击时事件

1）设置当前的选中状态为 true（在此之前需要将 3 个子菜单设置为同一分组，而且设置选中时的背景颜色有所改变，在这里设置的样式是选中时是鲜红色）。

2）将 contentPanel 动态面板元件的内容区域设置为 submenu1 状态。

3）隐藏子菜单动态面板元件 submenuPanel。

4）设置显示菜单名称的文本框元件的值为“子菜单 1”。

submenuRect2 元件和 submenuRect3 元件的“鼠标单击时”事件与此类似，不再赘述。

4. 案例演示效果

按〈F5〉快捷键预览该案例。在默认情况下显示的是子菜单 1 的内容，子菜单是关闭状态，如图 12–54 所示。

单击“⌄”（打开子菜单图标）按钮，打开子菜单，如图 12–55 所示。当单击“子菜单 2”时，如图 12–56 所示，显示子菜单 2 内容。

图 12-54　下拉列表式菜单默认状态

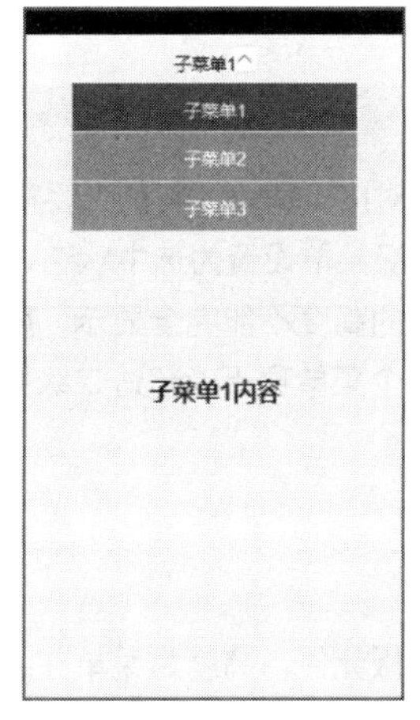

图 12-55　子菜单打开状态

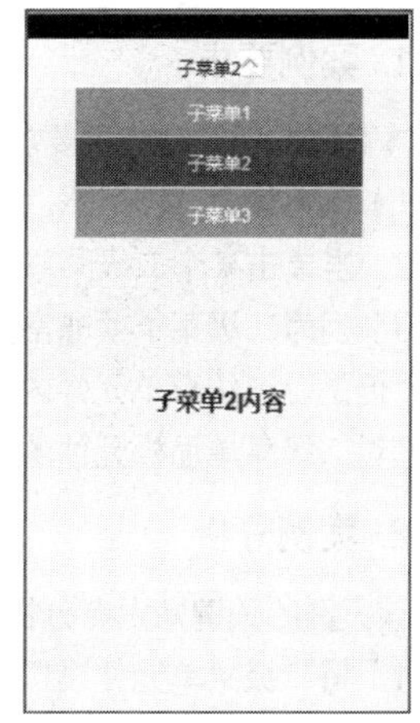

图 12-56　子菜单 2 被选择状态

12.7　多级导航菜单

电商网站如京东和天猫，因为其分类繁多，所以除一级菜单外，一般都带有二级和三级分类菜单。如京东 App 的三级导航菜单“推荐分类”和“京东超市”，分别如图 12-57 和图 12-58 所示。

图 12-57　京东导航菜单——推荐分类

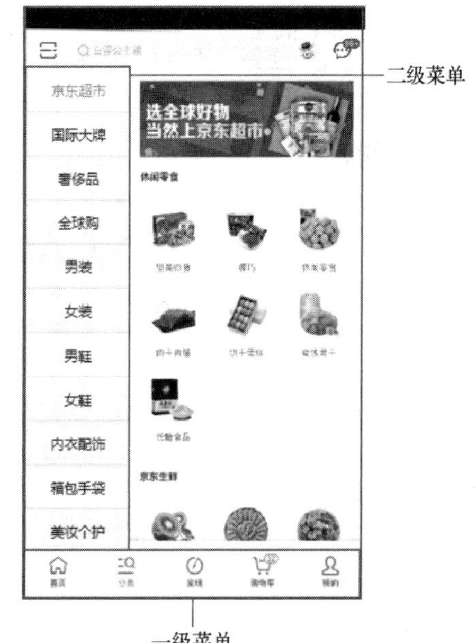

图 12-58　京东导航菜单——京东超市

1. 案例要求

本案例需要实现的主要功能如下。

1）选中某个一级菜单，将跳转到对应页面，并将所选择的一级菜单设置为选中状态。

2）当单击某个二级菜单，将该二级菜单设置为选中状态，并且，自动切换显示内容。

3）因为二级菜单项非常多，一屏的高度不能完全显示，所以，可以拖动二级菜单项的动态面板元件，但是，二级菜单元件内部的第一个菜单项不能超过二级菜单面板元件的顶端，最后一个菜单项不能超过二级菜单面板元件的顶部。

2. 案例分析

该案例的关键知识点分析如下。

1）将二级菜单元件设置为动态面板元件，高度为菜单在屏幕的可显示范围，在该动态面板元件的内部添加包含所有菜单项的动态面板元件（高度大于菜单在屏幕的可显示范围）。

2）所有菜单项设置为矩形元件，并设置交互样式，以及设置同样的分组。

3）将内容显示区域设置为动态面板元件，有多少二级菜单项，该元件就有多少个状态。

4）设置所有菜单项矩形元件的鼠标单击时事件，在单击某个菜单项时，将该菜单项元件的选中状态设置为 true，并将包含所有菜单项的动态面板元件移动到合适位置，将内容显示区域动态面板元件设置为对应的显示内容。

5）设置包含所有菜单项的动态面板元件的拖动时事件，在拖动时跟随鼠标沿着 Y 轴进行拖动。

6）设置包含所有菜单项的动态面板元件的拖动结束时事件，如果将元件拖动到 Y 坐标大于 0 的位置，则将其 Y 坐标重新设置为 0。如果将元件拖动到 Y 坐标小于-440 的位置，则将其 Y 坐标重新设置为-440 像素（此时最后一个菜单位于底部）。

3. 案例实现

（1）添加页面

添加该案例的“多级导航菜单案例”页面。

（2）添加页面中的元件

添加页面中的图片（使用截图）、动态面板元件和热区元件，页面布局如图 12-59 所示，元件和元件的包含关系如图 12-60 所示。

（3）添加二级菜单动态面板元件中的拖动时事件

设置二级菜单动态面板元件 submenuPanel 的“拖动时”事件，在拖动时跟随鼠标沿着 Y 坐标轴进行拖动，如图 12-61 所示。

（4）添加二级菜单动态面板元件中的拖动结束时事件

接着，设置二级菜单 submenuPanel 动态面板元件的“拖动结束时”事件，如果将元件拖动到 Y 坐标大于 0 的位置，则将其 Y 坐标重新设置为 0。如果将元件拖动到 Y 坐标小于-440 的位置，则将其 Y 坐标重新设置为-440 像素（此时最后一个菜单位于底部），如图 12-62 所示。

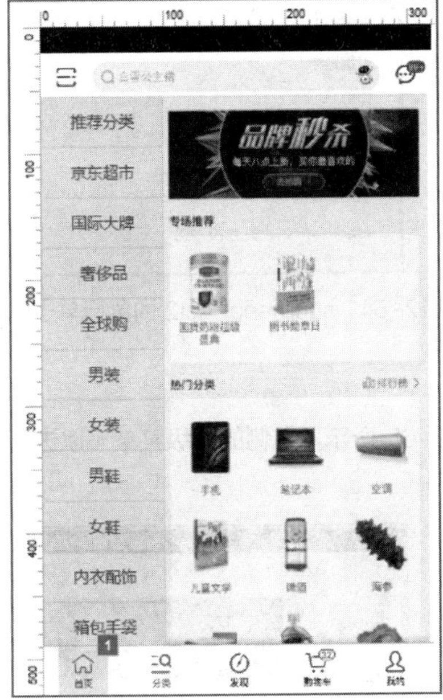

图 12-59　多级导航菜单的页面布局

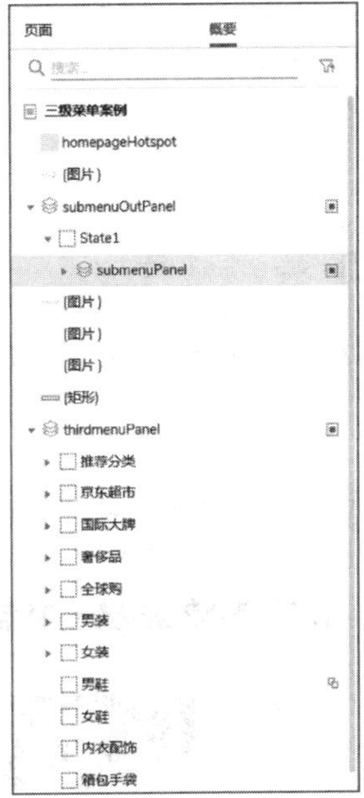

图 12-60　多级导航菜单的元件

图 12-61　submenuPanel 的拖动时事件

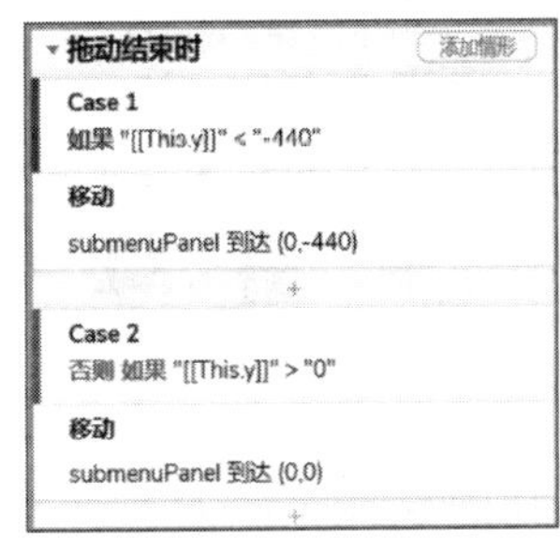

图 12-62　submenuPanel 的拖动结束时事件

（5）添加“推荐分类”元件中的鼠标单击时事件

设置“推荐分类”文本框元件 submenuRect1 的鼠标单击时事件，如图 12-63 所示。

在这里，用到了一个 LVAR1 局部变量，它赋值为“推荐分类”矩形元件的文本值，即将内容显示区域切换到“推荐分类”状态。

（6）添加“京东超市”元件中的鼠标单击时事件

设置“京东超市”文本框元件 submenuRect2 的“鼠标单击时”事件，如图 12-64 所示，动作和“推荐分类”矩形元件类似，不再赘述。

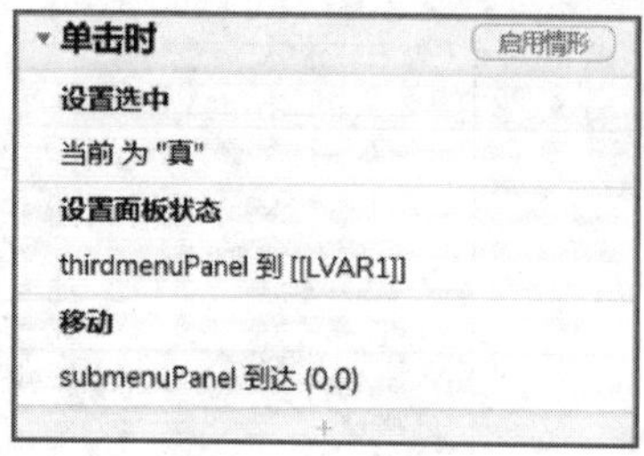

图 12–63　submenuRect1 的鼠标单击时事件

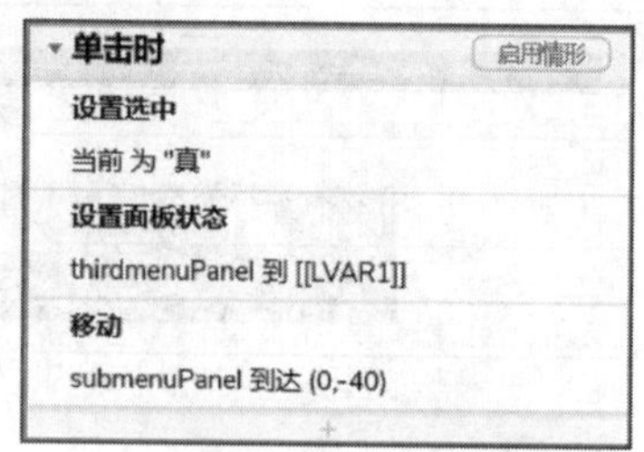

图 12–64　submenuRect2 的鼠标单击时事件

4. 案例演示效果

按〈F5〉快捷键预览该案例。在默认情况下如图 12–65 所示。左侧的二级菜单可以进行上下拖动操作，如图 12–66 所示。

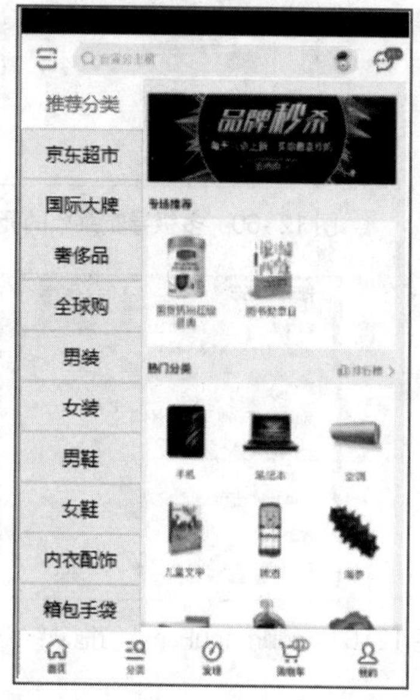

图 12–65　多级导航菜单——推荐分类

图 12–66　拖动二级菜单

12.8　本章小结

本章介绍了如何通过 Axure RP 实现常用菜单和特色菜单的设计，常用菜单包括标签式菜单、顶部菜单、九宫格菜单、抽屉式菜单、分级菜单、下拉列表式菜单和三级导航菜单。另外还讲解了 iPhone 中用到过的一款特色菜单，这几款菜单虽然实现方式有所不同，但用到的高级元件主要都是动态面板元件、热区元件和内联框架元件，另外，还用到了一些拉动、推动元件的效果。

第 13 章 整站原型设计——默趣书城

前 12 章详细介绍了 Axure RP 的基础功能和高级功能。本章通过一个整站原型设计综合案例，详细讲解默趣书城的 Web 网站和 App 原型设计，通过本章案例，可贯穿前面章节学到的知识，达到融会贯通的效果。本章案例以微信读书和掌阅书城等国内知名的阅读类服务平台为蓝本，为了简化案例，只实现了其中有关首页、分类（书城）、书圈和个人中心的内容。

13.1 需求分析

默趣书城是个电子书网站，需要实现类似于微信读书和掌阅书城平台的功能，App 设计因其屏幕比较小等原因，需要考虑一些特殊需求。

13.1.1 首页

首页提供首页幻灯，以及精选圈子、男生频道和女生频道三个模块。

13.1.2 分类（书城）

分类（书城）是将电子书可按照如下条件进行筛选，还可按照热门、最新和好评进行排序。

筛选条件如下。

1）**频道**：可以按照男频和女频分别筛选，或者搜索全部。

2）**类型**：包括文学、历史、传记、青春、社科、心理、经济、管理和小说，或者搜索全部。

3）**其他**：包括免费、特价和 VIP，或者搜索全部。

查询全部，或者筛选后进行查询，可查询出所有符合条件的电子书信息，并可按照“热门”“最新”和“好评”进行降序排序。在电子书列表页显示该电子书的图片、书名、作者和简介。

单击电子书列表页某个电子书的任何一个区域进入该电子书的详情页面，详情页显示的信息主要内容如下。

1）**电子书图片**：显示电子书的图片。

2）**电子书信息**：包括书名、作者、字数、粉丝数、点赞数、价格和内容简介等。

3）**评论**：根据评论时间降序排序当前电子书的所有评论，评论列表展示信息包括评论人头像、评论人昵称、评论人等级、评价星级、评论时间、评论内容和点赞数。

4）**发表评论**：当前用户可发表评论。

5）**同类热销榜**：根据当前电子书的类型推荐同一类型并且热销的电子书。

13.1.3 书圈

书圈主要是用户创建的各种圈子的列表信息，在书圈列表页显示该圈子的头像、圈名、成员数、帖子数和简介，另外还需要加入按钮。

单击书圈列表页某个圈子的任何一个区域进入该圈子的详情页面，详情页显示的信息主要内容如下。

1）**书圈头像**：显示书圈的头像。

2）**书圈信息**：包括圈名、成员数和帖子数等。

3）**帖子列表**：所有帖子的列表，包括用户、主题、发标时间和点赞数。

4）**圈内热读榜**：根据当前书圈内，推荐用户比较喜欢读的电子书。

13.1.4 个人中心

个人中心提供如下功能。

1）**个人资料**：查看个人资料，个人资料包括昵称、用户名、手机号码和邮箱。

2）**我的书架**：显示用户阅读过的电子书列表，包括电子书的图片、书名、作者和内容简介，以及用户已阅读的百分比。

3）**我的书圈**：显示用户加入的书圈列表，包括头像、圈名、成员数和帖子数，并且每个用户最多只能加入 5 个书圈。

4）**退出登录**：点击“退出登录”，直接退出至登录页面。

13.1.5 App 设计特别需求

考虑到智能终端屏幕小等特点，App 原型设计需要考虑如下一些特殊需求。

1. 原型设计尺寸

本案例使用比较通用的 iPhone 8 Plus 作为原型适配手机，设计时，按照宽度为 414 像素，高度为 736 像素进行设计。

2. 菜单数量

菜单数量不宜太多或太少，以 4～5 个为宜，本章 App 提供 4 个菜单，包括：“首页”“书城”（电子书列表）、“书圈”（书圈列表）、“我”（进入个人中心的入口），建议采用如微信、京东等 App 类似的底部标签式菜单。

3. 新手引导页面

为了对新用户有所指引，第一次进入时，需要提供首次引导效果，可选取新功能或特色功能的图片作为启动引导页面的图片，当看完引导页面后，进入首页。

4. 启动过渡页面

开始启动原型后，会有类似掌阅书城的启动过渡页面，或者有些 App 会展示广告信息作为启动过渡页面。

13.2　网站高保真线框图

根据 13.1 的需求分析，需要创建 9 个 Web 网站页面，如图 13-1 所示。

13.2.1　首页

首页主要包括首页幻灯，以及精选圈子、男生频道和女生频道三个模块。

1. 准备母版

（1）准备页面顶部 headMaster 母版

headMaster 母版的主要元件如图 13-2 所示，headMaster 母版的主要元件属性如表 13-1 所示。

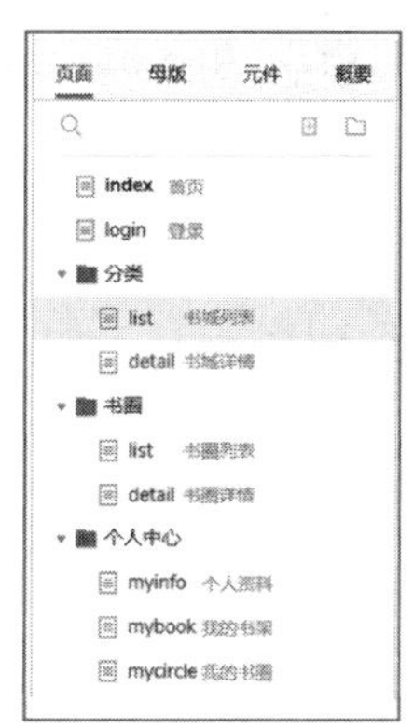

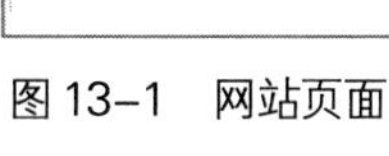
图 13-1　网站页面

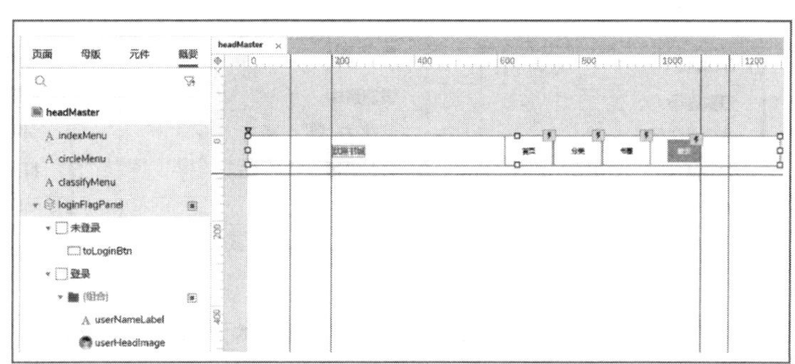

图 13-2　headMaster 母版的主要元件

表 13-1　headMaster 母版的主要元件属性

元件名称	元件种类	坐标	尺寸	备注	可见性
indexMenu	矩形	X620;Y0	W120;H70	填充颜色无；边框无；字体颜色# 333333 鼠标悬停/按下/选中填充颜色# 02A7F0;字体颜色白色	Y
circleMenu	矩形	X860;Y0	W120;H70	填充颜色无；边框无；字体颜色# 333333 鼠标悬停/按下/选中填充颜色# 02A7F0;字体颜色白色	Y
classifyMenu	矩形	X740;Y60	W120;H70	填充颜色无；边框无；字体颜色# 333333 鼠标悬停/按下/选中填充颜色# 02A7F0;字体颜色白色	Y
loginFlagPanel	动态面板	X1022;Y10	W78;H50	包括“未登录”和“登录”两个状态	Y
toLoginBtn	矩形	X0;Y0	W78;H50	填充颜色# 02A7F0;字体颜色白色 loginFlagPanel“未登录”状态内元件	Y
userNameLabel	文本标签	X-45;Y16	W68;H19	loginFlagPanel“登录”状态内元件	Y
userHeadImage	图片	X28;Y0	W50;H50	loginFlagPanel“登录”状态内元件	Y

（2）页面底部 bottomMaster 母版准备

网页底部的母版，为了简化，只标识了“默趣书城”，其他元素没有添加。

（3）主菜单效果设置

选中 indexMenu、circleMenu 和 classifyMenu，设置选项组，如图 13-3 所示。分别在上述元件的“鼠标单击时”事件设置链接到不同的页面：indexMenu 链接到首页 index，classifyMenu 链接到分类下的 list 页面，circleMenu 链接到书圈列表 list 页面，如图 13-4 所示。

图 13-3　设置菜单选项元件为同一选项组

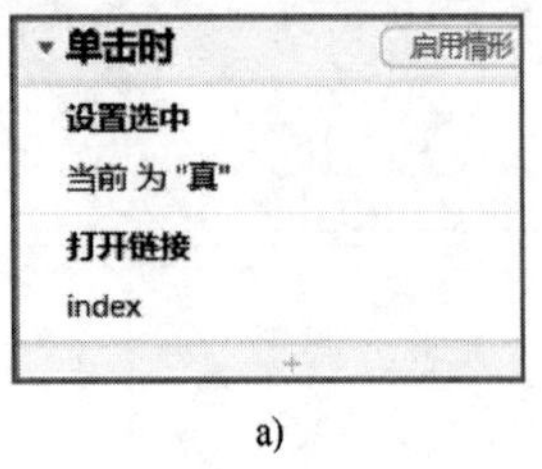

a)

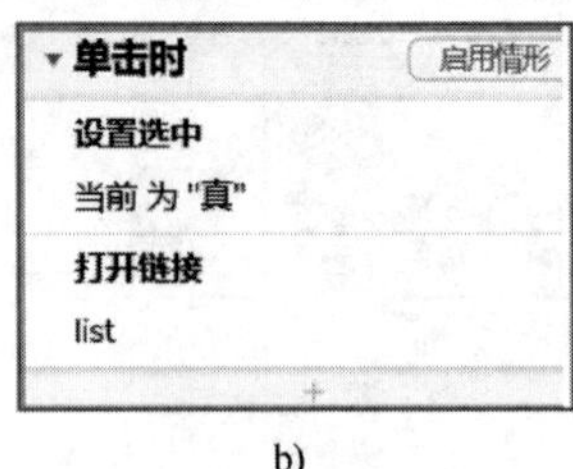

b)

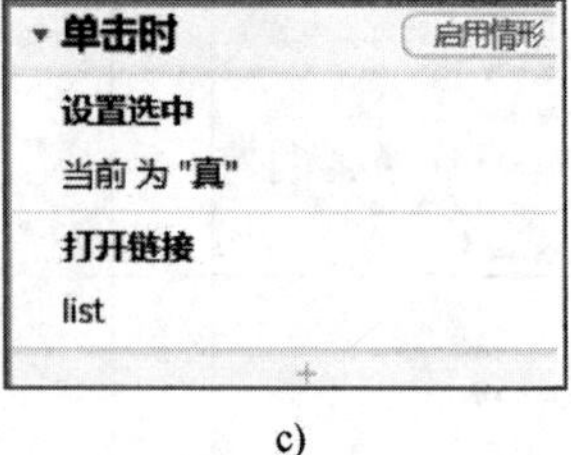

c)

图 13-4　菜单元件的鼠标单击时事件

a) 链接到 index　b) 链接到分类下的 list　c) 链接到书圈下的 list

（4）动态面板 loginFlagPanel 设置

首先添加全局变量 userNameValue，如图 13-5 所示。选中 loginFlagPanel 动态面板，在“载入时”事件，在全局变量 userNameValue 为""的情况下，设置动态面板状态为“未登录状态”；反之，则设置动态面板状态为“登录”，并且设置文本标签 userNameLabel 的文本值为全局变量 userNameValue 的值，如图 13-6 所示。

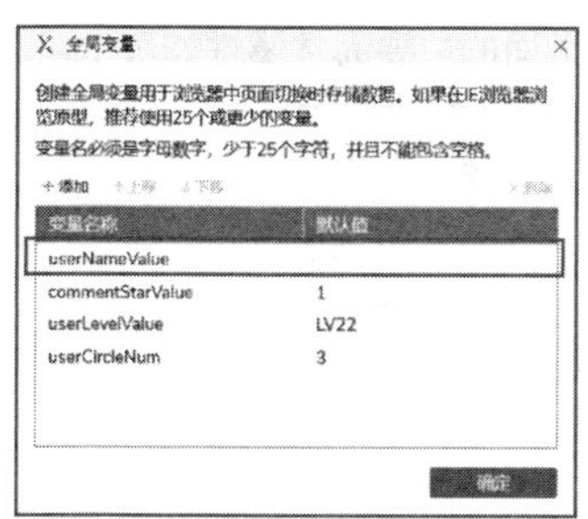

图 13-5　添加 userNameValue 全局变量

图 13-6　loginFlagPanel“载入时”事件

选中按钮 toLoginBtn，在“单击时”时间，设置链接到登录页面 login，如图 13-7 所示。

（5）未登录提示 loginMaster 母版

loginMaster 母版的主要元件如图 13-8 所示，loginMaster 母版的主要元件属性如表 13-2 所示。

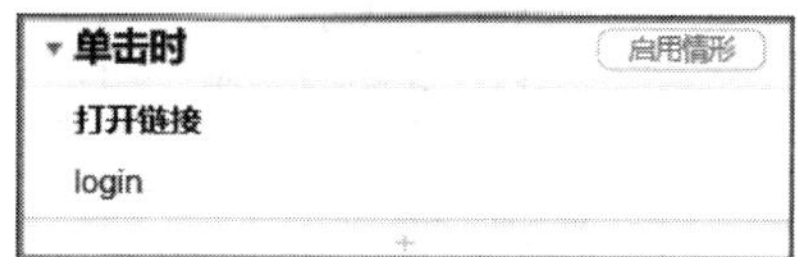

图 13-7　toLoginBtn 鼠标单击事件

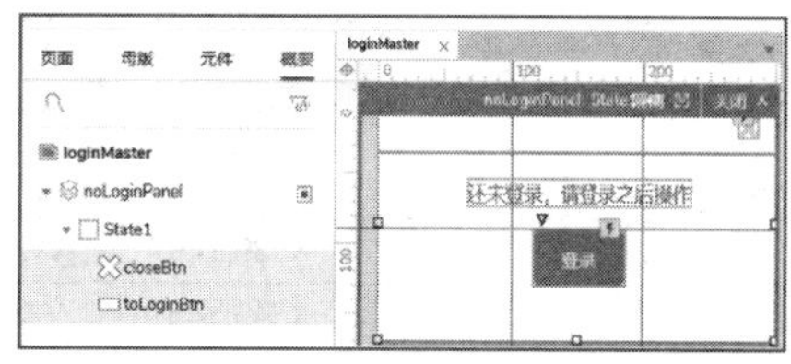

图 13-8　登录母版 loginMaster 主要元件

表 13-2　loginMaster 母版的主要元件属性

元件名称	元件种类	坐标	尺寸	备注	可见性
noLoginPanel	动态面板	X0;Y0	W300;H170	一个状态	N
closePanel	形状	X271;Y9	W15;H15	填充颜色# DDDBDB	Y
toLoginBtn	矩形	X117;Y90	W70;H40	填充颜色# F57442，字体颜色白色	Y

（6）未登录提示 loginMaster 母版设置

选中按钮 closePanel，在“单击时”事件设置逐渐隐藏动态面板 noLoginPanel，如图 13-9 所示。选中按钮 toLoginBtn，在“单击时”事件设置在当前窗口中打开链接 login，如图 13-10 所示。选中动态面板 noLoginPanel，在“载入时”事件设置移动至 X 为(当前窗口的宽度-当前元件的宽度)/2，Y 为(当前窗口的高度-当前元件的高度)/2，如图 13-11 所示。

图 13-9　cloasePanel 单击事件

图 13-10　toLoginBtn 单击事件

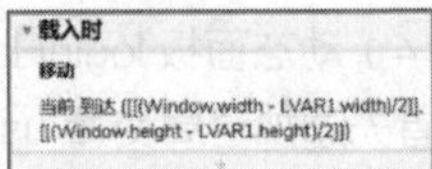

图 13-11　noLoginPanel 载入事件

2. 准备 index 首页元件

index 首页页面的主要元件如图 13-12 所示，index 首页页面的主要元件属性如表 13-3 所示。

图 13-12　index 页面的主要元件

表 13-3　index 首页页面的主要元件属性

元件名称	元件种类	坐标	尺寸	备注	可见性
rightBtn	形状	X1052;Y183	W29;H50	填充颜色# 000000,不透明度 50%	Y
leftBtn	形状	X213;Y183	W29;H50	填充颜色# 000000,不透明度 50%	Y
circleGroup2	组合	X536;Y457	W230;H265	精选圈子组合 2	Y
circleGroup3	组合	X840;Y457	W230;H265	精选圈子组合 3	Y
circleGroup1	组合	X240;Y457	W230;H265	精选圈子组合 1	Y
bookGroup10	组合	X850;Y1782	W230;H223	女生频道电子书组合 10	Y
bookGroup9	组合	X570;Y1782	W230;H223	女生频道电子书组合 9	Y
bookGroup8	组合	X850;Y1521	W230;H223	女生频道电子书组合 8	Y
bookGroup7	组合	X570;Y1521	W230;H223	女生频道电子书组合 7	Y
bookGroup6	组合	X235;Y1586	W281;H405	女生频道电子书组合 6	Y
bookGroup5	组合	X850;Y1153	W230;H223	男生频道电子书组合 5	Y
bookGroup4	组合	X570;Y1153	W230;H223	男生频道电子书组合 4	Y
bookGroup3	组合	X849;Y884	W232;H220	男生频道电子书组合 3	Y
bookGroup2	组合	X569;Y884	W231;H220	男生频道电子书组合 2	Y
bookGroup1	组合	X236;Y946	W281;H402	男生频道电子书组合 1	Y
indexPanel	动态面板	X200;Y90	W900;H235	包括 state1、state2 和 state3 三个状态	Y
headMaster	母版	X0;Y0			Y
bottomMaster	母版	X0;Y2088			Y

3．首页幻灯

1）首先设置首页的“页面载入时”事件，选中母版中的 indexMenu 为选中状态，如图 13-13 所示。

2）选中动态面板 indexPanel，在“载入时”事件，设置面板状态循环间隔 3 秒并且向左滑动进入下一个状态，如图 13-14 所示。

图 13-13　首页“页面载入时”事件

图 13-14　indexPanel“载入时”事件

3）选中按钮 leftBtn，在“单击时”事件，设置动态面板向右滑动切换至上一个状态，如图 13-15 所示。选中按钮 rightBtn，在“单击时”事件，设置动态面板向左滑动切换至下一个状态，如图 13-16 所示。

图 13-15　leftBtn 鼠标单击事件

图 13-16　rightBtn 鼠标单击事件

4．设置组合链接

设置所有圈子的组合的“单击时”事件，设置在当前窗口打开圈子详情页面 detail 页面；设置所有电子书的组合的“单击时”事件，设置在当前窗口打开电子书详情页面 detail 页面。

13.2.2　登录

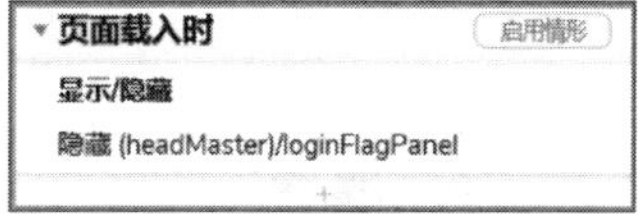

图 13-17　login“页面载入时”事件

登录页面 login 拖入 headMaster 模板，并且在“页面载入时”事件设置隐藏动态面板 loginFlagPanel，如图 13-17 所示。登录页面 login 的主要元件如图 13-18 所示，主要元件属性如表 13-4 所示。

表 13-4　登录页面 login 主要元件属性

元件名称	元件种类	坐标	尺寸	备注	可见性
passwordErrorLabel	文本标签	X491;Y401	W300;H16	字体颜色# E2231A	Y
userNameErrorLabel	文本标签	X491;Y318	W300;H16	字体颜色# E2231A	Y
loginBtn	矩形	X491;Y428	W300;H40	填充颜色# 169BD5，字体颜色白色	Y
passwordField	文本框	X491;Y348	W300;H47	提示文字：密码	Y
userNameField	文本框	X491;Y268	W300;H47	提示文字：用户名	Y
headMaster	母版	X0;Y0			Y

选中文本框 userNameField，在“失去焦点时”事件判断当前元件 userNameField 的文本值是否为""，如果等于""，则设置文本 userNameErrorLabel 的文本值为“请输入用户名”；反之，则设置为""，如图 13-19 所示。

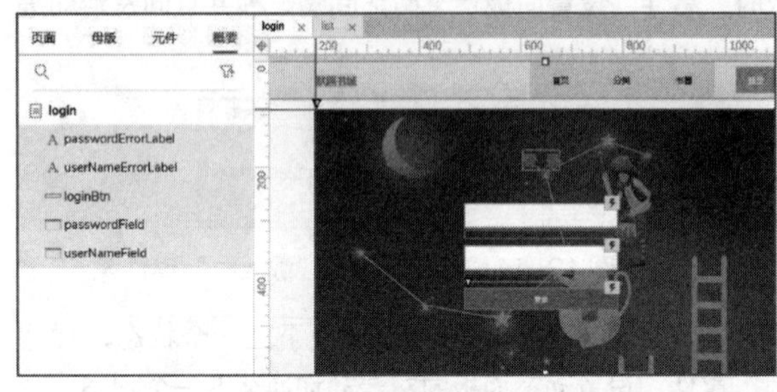

图 13-18　login 页面的主要元件

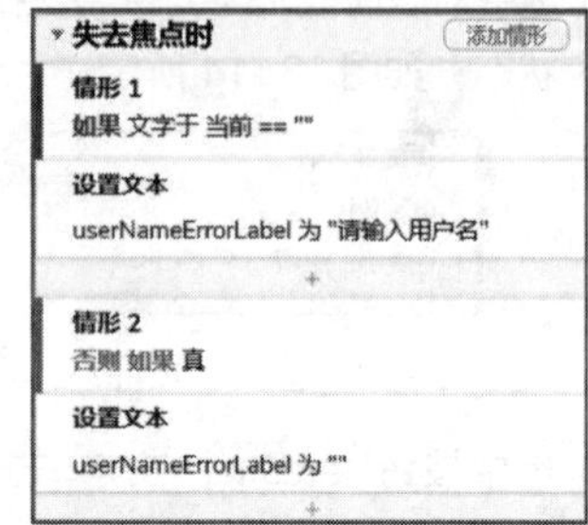

图 13-19　userNameField “失去焦点时”事件

选中文本框 passwordField，在“失去焦点时”事件判断当前元件 passwordField 的文本值是否为""，如果等于""，则设置文本 passowordField 的文本值为“请输入密码”；反之，则设置为""，如图 13-20 所示。

选中按钮 loginBtn，在“单击时”事件判断 userNameField 和 passwordField 的文本值是否为""，如果都不为""，则设置全局变量 userNameValue 的值等于元件 userNameField 的文本值，并在当前窗口打开链接首页 index，如图 13-21 所示。

图 13-20　passwordField “失去焦点时”事件

图 13-21　loginBtn 鼠标单击事件

13.2.3　分类

分类的所有页面都得拖入 headMaster 和 bottomMaster 母版。所有页面的“页面载入时”事件，都添加“选中”动作，选中 headMaster 母版中的 classifyMenu 元件，设置“页面载入时”事件如图 13-22 所示。

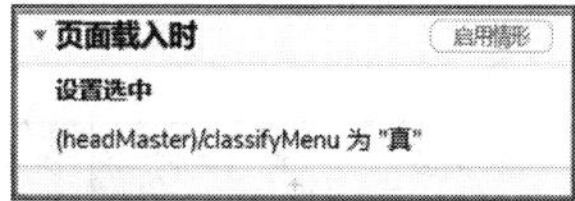

图 13-22　“分类”页面载入时事件

1. 准备电子书列表 list 页面元件

“分类” list 页面的主要元件如图 13-23 所示，“分类” list 的主要元件属性如表 13-5 所示。

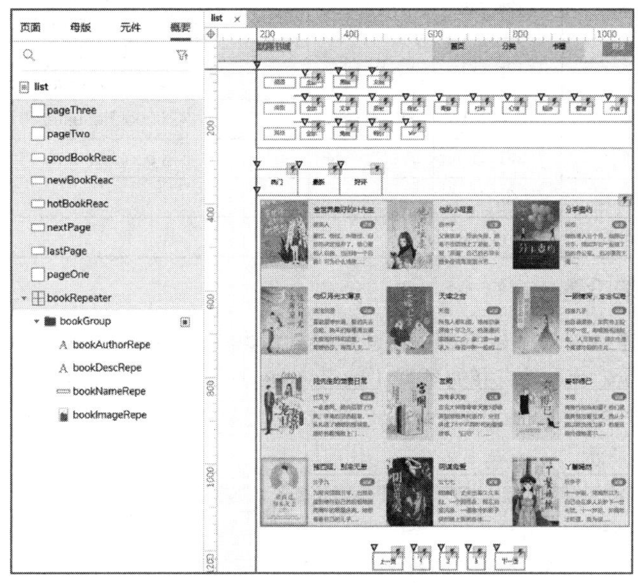

图 13-23　“分类” list 页面主要元件

表 13-5　“分类” list 页面的主要元件属性

元件名称	元件种类	坐标	尺寸	备注	可见性
pageThree	矩形	X705;Y1205	W40;H40	边框颜色#02A7F0 悬停、按下、选中填充样色#02A7F0;字体颜色白色	Y
pageTwo	矩形	X640;Y1205	W40;H40	边框颜色#02A7F0 悬停、按下、选中填充样色#02A7F0;字体颜色白色	Y
goodBookReac	矩形	X400;Y320	W100;H60	填充颜色# F9F9F9 悬停、按下、选中填充颜色白色	Y
newBookReac	矩形	X300;Y320	W100;H60	填充颜色# F9F9F9 悬停、按下、选中填充颜色白色	Y
hotBookReac	矩形	X200;Y320	W100;H60	填充颜色# F9F9F9 悬停、按下、选中填充颜色白色	Y
nextPage	矩形	X770;Y1205	W70;H40	边框颜色#02A7F0	Y
lastPage	矩形	X480;Y1205	W70;H40	边框颜色#02A7F0	Y
pageOne	矩形	X575;Y1205	W40;H40	边框颜色#02A7F0 悬停、按下、选中填充样色#02A7F0;字体颜色白色	Y

（续）

元件名称	元件种类	坐标	尺寸	备注	可见性
bookRepeater	中继器	X212;Y392		包括 10 个字段	Y
bookGroup	组合	X0;Y0	W279;H158	可添加链接动作	Y
bookAuthorLabel	文本标签	X125;Y46	W89;H25	字体颜色# 797979 中继器 bookRepeater 内元件	Y
bookDescLabel	文本标签	X125;Y71	W154;H87	字体颜色# 797979 中继器 bookRepeater 内元件	Y
bookNameReac	矩形	X124;Y0	W155;H40	中继器 bookRepeater 内元件	Y
bookImage	图片	X0;Y0	W112;H158	中继器 bookRepeater 内元件	Y
headmaster	母版	X0;Y0			Y
bottomMaster	母版	X0;Y1400			Y

2. 电子书列表设置

1）选中中继器，添加字段书的图片（book_image）、书名（book_name）、作者（book_author）、简介（book_desc）、书的类型（book_type）、其他限制（book_limit）、书所属频道（book_channel）、好评数（good_comment_num）、上架时间（create_time）、浏览量（skan_num），如图 13-24 所示。

book...	book_image	book_name	book_aut...	book_desc	book_type	book_limit	book_channel	good_co...	create_time	skan_num
1	CmQUOV9F3je...	全世界最好的叶	虞美人	爱过，伤过，	青春	免费免费	男频	856	2020-02-14	52684
2	CmQUOF9F4Fa...	他的小哑妻	曲木子	父亲被杀、母	小说	特价	女频	453	2020-03-14	21345
3	CmQUOV2dhw...	分手契约	禾维	做他情人三个	小说	免费	女频	5489	2020-04-14	12546
4	CmQUOF87WR...	他似月光太薄凉	浅浅浅浬	霍宸爱溥云	小说	特价	男频	543	2020-05-14	85234
5	CmQUOF2dhl2...	天嫁之合	禾维	所有人都知	小说	免费	女频	53	2020-06-14	9563
6	CmQUOF9ysp-	一颗情深，念念	四喜丸子	他霸道强势，	青春	特价	男频	53	2020-07-14	45434
7	CmQUOF8ztDS...	陆先生的宠妻日	杜灵兮	一夜春风，陆	青春	免费	女频	568	2020-08-14	2545
8	CmQUOVzUHO...	宫阙	海青拿天鹅	古言大神海青	青春	特价	男频	2321	2020-09-14	5464

图 13-24　中继器 bookRepeater 字段数据

2）选中中继器元件，设置中继器水平排列，每行项数量为 3，多页显示，每页项数量为 12，如图 13-25 所示。在"每项加载时"事件，设置 bookAuthorLabel、bookDescLabel 和 bookNameReac 元件的文本值分别等于字段 book_author、book_desc 和 book_name，设置图片 bookImage 为字段 book_image 的图片，如图 13-26 所示。

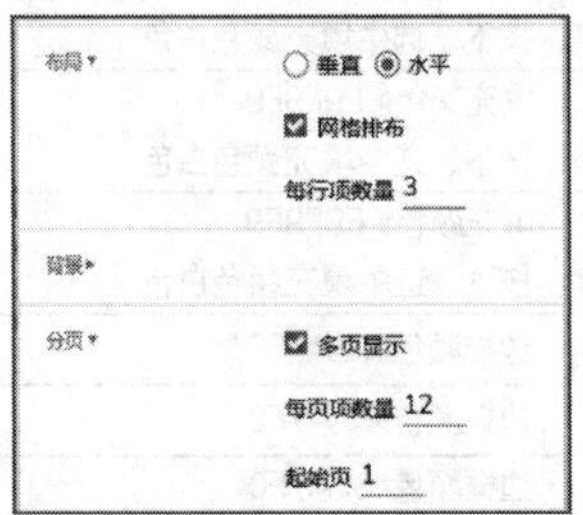

图 13-25　bookRepeater 样式设置

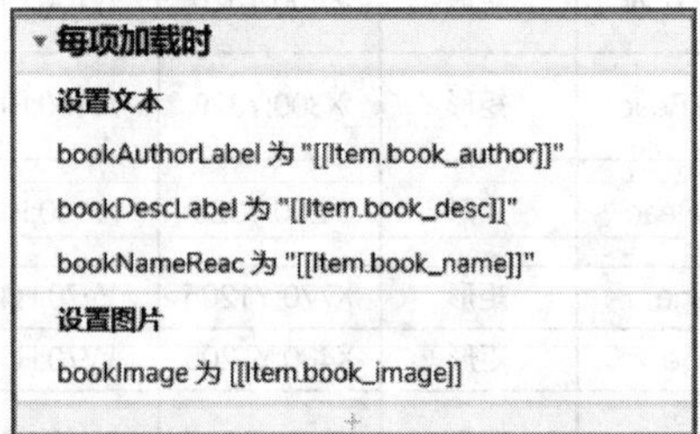

图 13-26　bookRepeater "每项加载时" 事件

3）同时选中按钮 pageOne、pageTwo 和 pageThree，设置选项组为“pageGroup”，默认选中按钮 pageOne，如图 13-27 所示。

分别选中按钮 pageOne、pageTwo 和 pageThree，在“单击时”事件，设置选中当前元件，并且设置中继器 bookRepeater 的当前显示页面为当前元件的文本值，如图 13-28 所示。

图 13-27　设置选项组

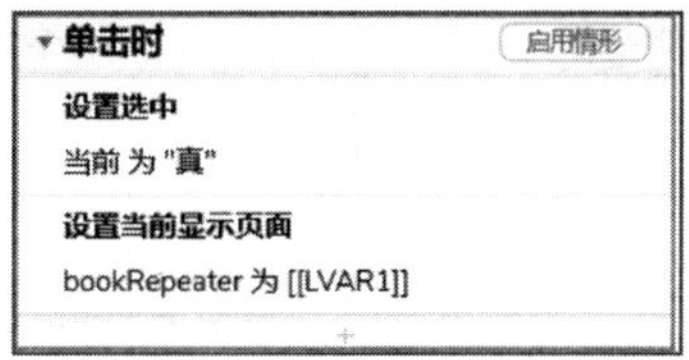

图 13-28　页面按钮鼠标单击事件

选中按钮 lastPage，在“单击时”事件，判断 bookRepeater 中继器当前页面如果等于 3，则选中按钮 pageTwo，并且设置当前显示页面为 2；如果当前页面等于 2，则选中按钮 pageOne，并且设置当前显示页面为 1，如图 13-29 所示。

选中按钮 nextPage，在“单击时”事件，判断 bookRepeater 中继器当前页面如果等于 1，则选中按钮 pageTwo，并且设置当前显示页面为 2；如果当前页面等于 2，则选中按钮 pageThree，并且设置当前显示页面为 3，如图 13-30 所示。

图 13-29　lastPage 鼠标单击事件

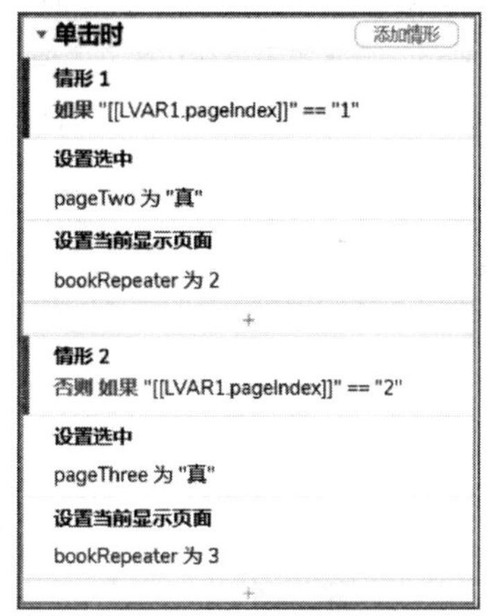

图 13-30　nextPage 鼠标单击事件

3. 电子书列表筛选与排序

1）选中所有频道按钮，设置选项组为“bookChannelGroup”；选中所有类型按钮，设置选项组为“bookTypeGroup”；选中所有其他按钮，设置选项组为“bookLimitGroup”，如图 13-31 所示。

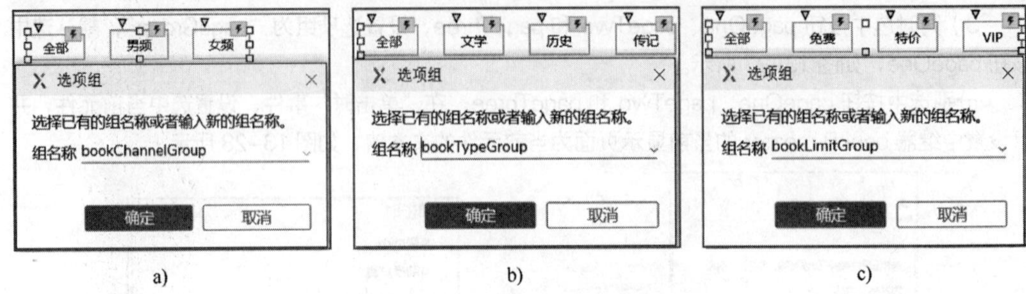

图 13-31　筛选按钮的设置选项组

a) 频道选项组　b) 类型选项组　c) 其他选项组

2）频道筛选：选中“全部”按钮，在“单击时”事件除了选中当前按钮时，还需要添加“移除筛选”；同样，设置其他按钮，在“单击时”事件添加“移除筛选”，然后再添加“添加筛选”，规则为筛选出列 book_channel 等于该按钮的文本值，如图 13-32 所示。

3）类型筛选：选中“全部”按钮，在“单击时”事件除了选中当前按钮时，还需要添加“移除筛选”；同样，设置其他按钮，在“单击时”事件添加“移除筛选”，然后再添加“添加筛选”，规则为筛选出列 book_type 等于该按钮的文本值，如图 13-33 所示。

4）其他筛选：选中“全部”按钮，在“单击时”事件除了选中当前按钮时，还需要添加“移除筛选”；同样，设置其他按钮，在“单击时”事件添加“移除筛选”，然后再添加“添加筛选”，规则为筛选出列 book_limit 等于该按钮的文本值，如图 13-34 所示。

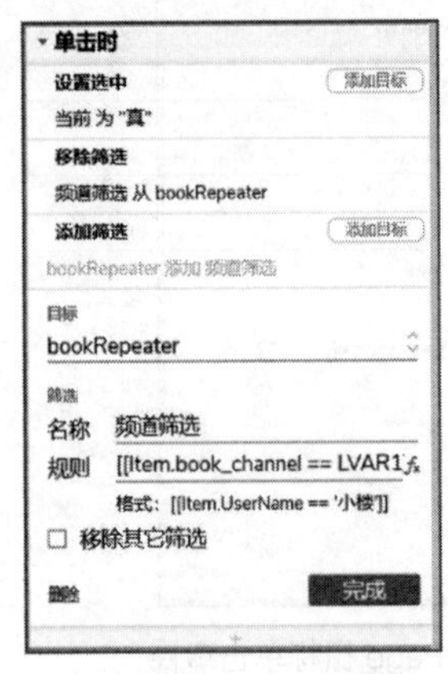

图 13-32　频道筛选

图 13-33　类型筛选

图 13-34　其他筛选

5）选中中继器 bookRepeater，在“载入时”事件设置默认“热门排序”，以列 skan_num 降序排序，如图 13-35 所示。

6）选中排序按钮 goodBookReac、newBookReac 和 hotBookReac，设置选项组为“sortGroup”，并且默认选中 hotBookReac，如图 13-36 所示。

图 13-35　bookRepeater“载入时”事件

图 13-36　设置选项组 sortGroup

7）热门排序：选中按钮 hotBookReac，在“单击时”事件中设置，选中当前元件，同时移除其他排序，然后添加“热门排序”，以列 skan_num 降序排序，排序类型为 Number，如图 13-37 所示。

8）最新排序：选中按钮 newBookReac，在“单击时”事件中设置，选中当前元件，同时移除其他排序，然后添加“最新排序”，以列 create_time 降序排序，排序类型为 Date-YYYY-MM-DD，如图 13-38 所示。

9）好评排序：选中按钮 goodBookReac，在“单击时”事件中设置，选中当前元件，同时移除其他排序，然后添加“好评排序”，以列 good_comment_num 降序排序，排序类型为 Number，如图 13-39 所示。

图 13-37　热门排序

图 13-38　最新排序

图 13-39　好评排序

4. 准备电子书详情 detail 页面元件

1）“分类” detail 页面的主要元件如图 13-40 所示，“分类” detail 的主要元件属性如表 13-6 所示。

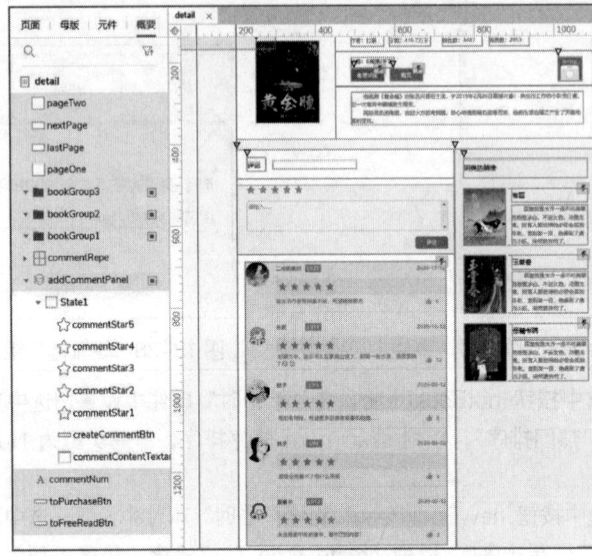

图 13–40　电子书详情页面主要元件

表 13–6　电子书详情页主要元件属性

元件名称	元件种类	坐标	尺寸	备注	可见性
pageTwo	矩形	X501;Y1449	W40;H40	边框颜色#02A7F0 悬停、按下、选中填充样色#02A7F0;字体颜色白色	Y
nextPage	矩形	X566;Y1449	W70;H40	边框颜色#02A7F0	Y
lastPage	矩形	X341;Y1449	W70;H40	边框颜色#02A7F0	Y
pageOne	矩形	X436;Y1449	W40;H40	边框颜色#02A7F0 悬停、按下、选中填充样色#02A7F0;字体颜色白色	Y
bookGroup3	组合	X772;841	W311;H140		Y
bookGroup2	组合	X772;Y675	W311;H140		Y
bookGroup1	组合	X772;Y512	W311;H140		Y
commentRepe	中继器	X220;Y690			Y
addCommentPanel	动态面板	X200;Y502	W550;H170	包括一个状态	Y
commentStar5	形状	X146;Y0	W20;H20	选中填充颜色# F57442	Y
commentStar4	形状	X116;Y0	W20;H20	选中填充颜色# F57442	Y
commentStar3	形状	X86;Y0	W20;H20	选中填充颜色# F57442	Y
commentStar2	形状	X56;Y0	W20;H20	选中填充颜色# F57442	Y
commentStar1	形状	X26;Y0	W20;H20	选中填充颜色# F57442	Y

（续）

元件名称	元件种类	坐标	尺寸	备注	可见性
createCommentBtn	矩形	X450;Y127	W83;H30	填充颜色# 169CD5;字体颜色白色	Y
commentContentTextarea	文本域	X26;Y38	W507;H75	提示文字：请输入……	Y
commentNum	文本标签	X290;Y442	W214;H20	字体颜色# 797979	Y
toPurchaseBtn	矩形	X588;Y218	W83;H30	填充颜色# F57442;字体颜色白色	Y
toFreeReadBtn	矩形	X490;Y218	W83;H30	填充颜色# 169CD5;字体颜色白色	Y
headMaster	母版	X0;Y0			Y
bottomMaster	母版	X0'Y1608			Y
loginMaster	母版	X0;Y0			Y

2）中继器 commentRepe 的主要元件如图 13–41 所示，中继器 commentRepe 的主要元件属性如表 13–7 所示。

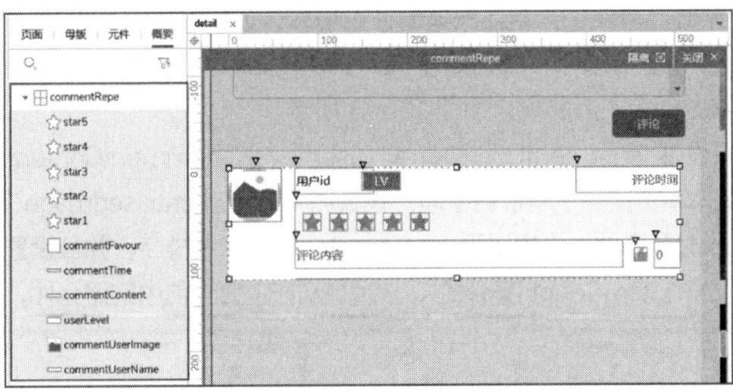

图 13–41　中继器 commentRepe 主要元件

表 13–7　中继器 commentRepe 主要元件属性

元件名称	元件种类	坐标	尺寸	备注	可见性
star5	形状	X204;Y50	W20;H20	选中填充颜色# F57442	Y
star5	形状	X174;Y50	W20;H20	选中填充颜色# F57442	Y
star5	形状	X144;Y50	W20;H20	选中填充颜色# F57442	Y
star5	形状	X114;Y50	W20;H20	选中填充颜色# F57442	Y
star5	形状	X84;Y50	W20;H20	选中填充颜色# F57442	Y
commentFavour	矩形	X478;Y82	W29;H30	字体颜色# 767575	Y
commentTime	矩形	X389;Y0	W118;H30	字体颜色# 767575	Y
commentContent	矩形	X75;Y81	W367;H30	字体颜色# 767575	Y
userLevel	矩形	X150;Y5	W43;H21	填充颜色# F57442;字体颜色白色	Y
commentUserImage	图片	X0;Y0	W60;H60	圆角半径 60	Y
commentUserName	矩形	X75;Y0	W88;H30		Y

5．步骤五：评论列表设置

1）选中中继器 commentRepe，创建字段评论人（comment_user）、评论人头像（user_image）、评论用户等级（user_level）、评论星级（comment_star）、评论内容（comment_content）、评论时间（comment_time）和评论点赞数（comment_favour），并且设置该中继器多页显示，每页项数量为 5，如图 13-42 所示。

comment_id	comment_user	user_image	user_level	comment_star	comment_co...	comment_time	comment_fa
4	桃子	61a3df6e1...	LV4	4	超级会员看不	2020-08-02	9
5	爱看书	878bac5f3...	LV12	3	永远是读不完的	2020-07-12	3
6	我爱看书	912f12eaa...	LV18	3	以前看还不要	2020-07-11	4
7	书中颜如玉	8307c3096...	LV3	5	以前看还不要	2020-07-07	8
8	书海	ad9f94628...	LV6	3	我还没开始	2020-06-18	10
9	遨游	cc5074bc2...	LV7	3	从草原惊魂开	2020-06-13	11
10	遨游书海	e73777ef9...	LV8	4	怎么老是缺章	2020-06-10	15
添加行							

图 13-42　中继器 commentRepe 字段数据

2）在“每项加载时”事件，判断当前项的评论星级，如果等于 4，设置 star5 取消选中；如果等于 3，star5 和 star4 取消选中；如果等于 2，star5、star4 和 star3 取消选中；如果等于 1，star5、star4、star3 和 star2 取消选中，如图 13-43 所示。

除此之外，需要设置 commentUserName、userLevel、commentContent、commentTime 和 commentFavour 的文本值分别等于对应的字段，设置图片 commentUserImage 等于字段 user_image 导入的图片。在“载入时”事件，设置以列 comment_time 降序排序，并且设置文本 commentNum 的文本值为“总共[[LVAR1.itemCount]]条评论”，其中 LVAR1 为当前中继器元件，如图 13-44 所示。

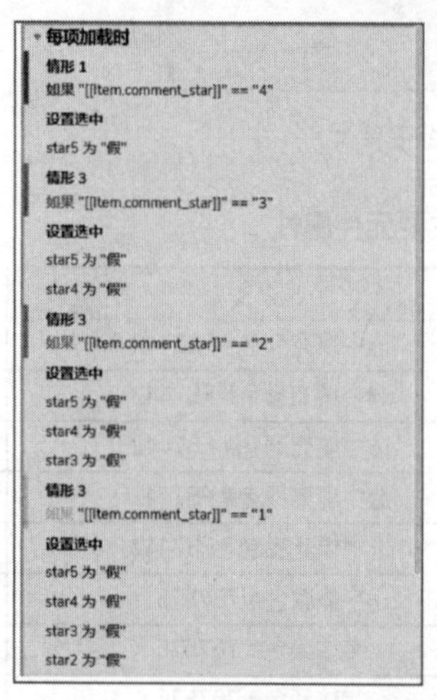

图 13-43　commentRepe“每项加载时”事件

图 13-44　commentRepe 事件（后续）

3）同时选中按钮 pageOne 和 pageTwo，设置选项组为“pageGroup”，默认选中按钮 pageOne，如图 13-45 所示。

分别选中按钮 pageOne 和 pageTwo，在“单击时”事件，设置选中当前元件，并且设置中继器 bookRepeater 的当前显示页面为当前元件的文本值，如图 13–46 所示。

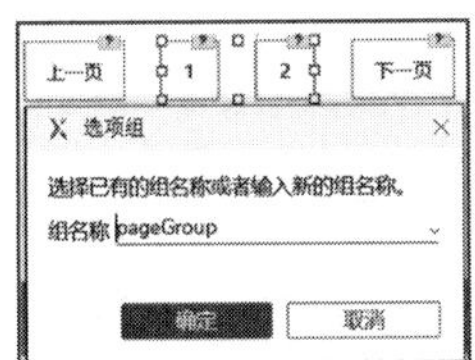

图 13–45　设置选项组

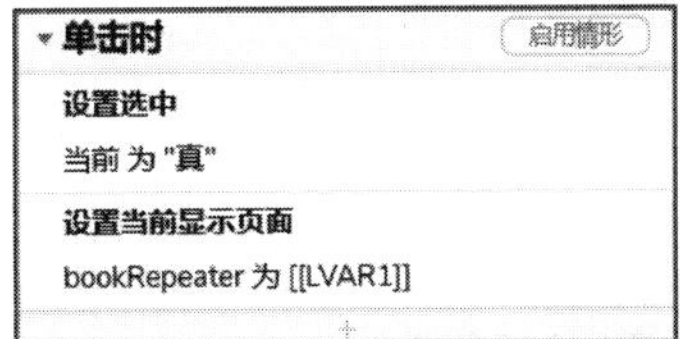

图 13–46　页面按钮鼠标单击事件

选中按钮 lastPage，在“单击时”事件，判断 commentRepe 中继器当前页面等于 2，则选中按钮 pageOne，并且设置当前显示页面为 1，如图 13–47 所示。

选中按钮 nextPage，在“单击时”事件，判断 commentRepe 中继器当前页面等于 1，则选中按钮 pageTwo，并且设置当前显示页面为 2，如图 13–48 所示。

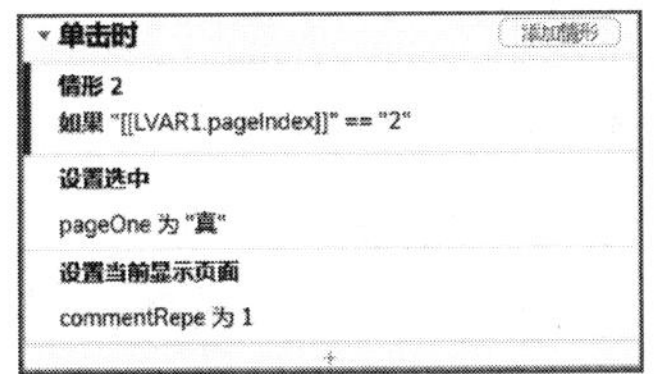

图 13–47　lastPage 鼠标单击事件

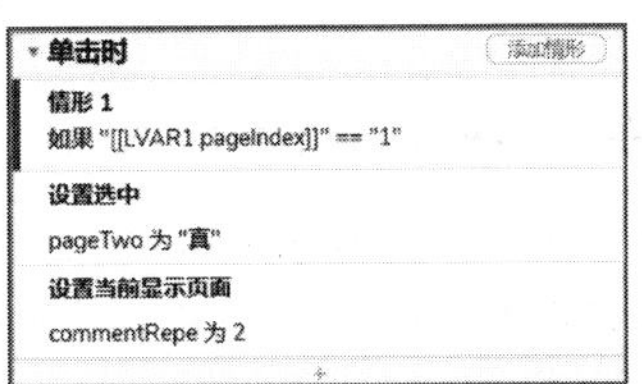

图 13–48　nextPage 鼠标单击事

6. 步骤六：创建评论设置

1）添加全局变量 commentStarValue 和 userLevelValue，分别设置默认值为 1 和 LV22，如图 13–49 所示。其中 commentStarValue 的值用于创建评论时的评论星级，userLevelValue 的值用于创建评论时显示用户的等级。

2）设置评论星级，要求是用户点击第几颗星星，需要设置这颗星星之前的都选中，后面的都取消选中。

选中 commentStar1，在“单击时”事件设置选中当前元件，取消选中 commentStar2～5，并且设置变量值 commentStarValue 值为 1，如图 13–50 所示。

选中 commentStar2，在“单击时”事件设置选中当前元件和 commentStar1，取消选中 commentStar3～4，并且设置变量值 commentStarValue 值为 2，如图 13–51 所示。

选中 commentStar3，在“单击时”事件设置选中当前元件、commentStar1～2，取消选中 commentStar4～5，并且设置变量值 commentStarValue 值为 3，如图 13–52 所示。

选中 commentStar4，在“单击时”事件设置选中当前元件、commentStar1～3，取消选中 commentStar5，并且设置变量值 commentStarValue 值为 4，如图 13–53 所示。

选中 commentStar5，在“单击时”事件设置选中当前元件、commentStar1～4，并且设置变量值 commentStarValue 值为 5，如图 13–54 所示。

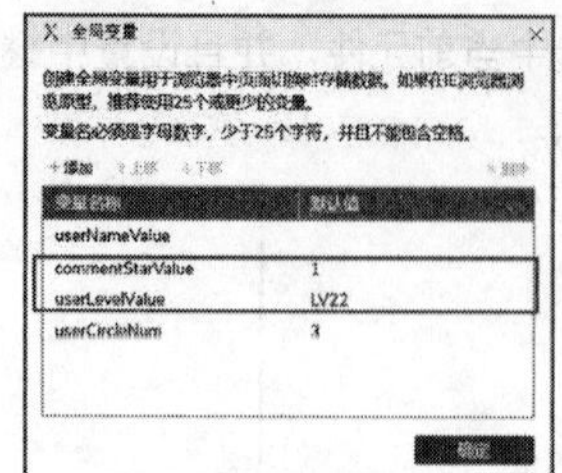

图 13-49　添加全局变量　　图 13-50　commentStar1 单击事件　　图 13-51　commentStar2 单击事件

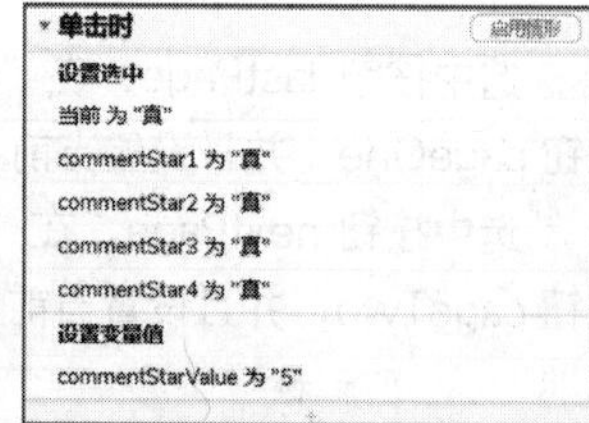

图 13-52　commentStar3 单击事件　图 13-53　commentStar4 单击事件　图 13-54　commentStar5 单击事件

3）选中按钮 createCommentBtn，在“单击时”事件，首先判断用户是否登录，如果未登录，则弹出提示用户未登录，引导用户去登录的弹出框；反之，添加中继器 commentRepe 中 1 行。

需要注意的是，添加的一行数据如下。

字段 comment_user 等于当前登录的用户名，也就是全局变量 userNameValue；

字段 user_Level 等于全局变量 userLevelValue 的值；

字段 comment_star 等于全局变量 commentStarValue 的值；

字段 comment_content 等于文本域 commentContentTextarea 的文本值；

字段 comment_time 的值等于当前时间，表达式为“[[Now.getFullYear()]]-[[(0.concat(Now.getMonth())).substr((0.concat(Now.getMonth())).length-2,2)]]-[[(0.concat(Now.getDate())).substr((0.concat(Now.getDate())).length-2,2)]]”

添加行数据，如图 13-55 所示。

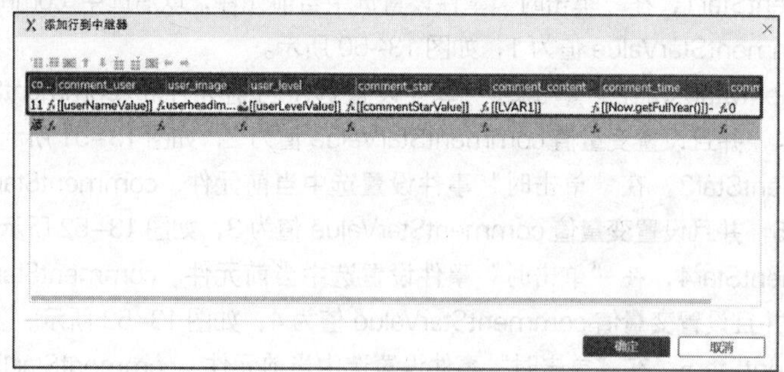

图 13-55　添加行数据

同时设置中继器以时间降序排序，设置文本 commentNum 的文本值为 “”，其中 LVAR1 为中继器 commentRepe，设置文本 commentContentTextarea 为""，最后触发 commentStar1 的 “单击时” 事件，如图 13-56 所示。

7. 同类热销榜

同类热销榜显示了当前类型相同并且热销的三本电子书，只需要在组合 bookGroup1、bookGroup2 和 bookGroup3 的 “单击时” 事件，设置在当前窗口打开详情页面。

8. 免费试读和购买

免费试读和购买，用户鼠标单击时，都需要判断用户是否当前已登录，如果未登录，则弹出提示用户未登录，引导用户去登录的弹出框，如图 13-57 所示。

图 13-56　createCommentBtn 鼠标单击事件

图 13-57　“免费试读” 和 “购买” 单击事件

13.2.4　书圈

书圈的所有页面都得拖入 headMaster 和 bottomMaster 母版。所有页面的 “页面载入时” 事件，都添加 “选中” 动作，选中 headMaster 母版中的 circleMenu 元件，设置 “页面载入时” 事件如图 13-58 所示。

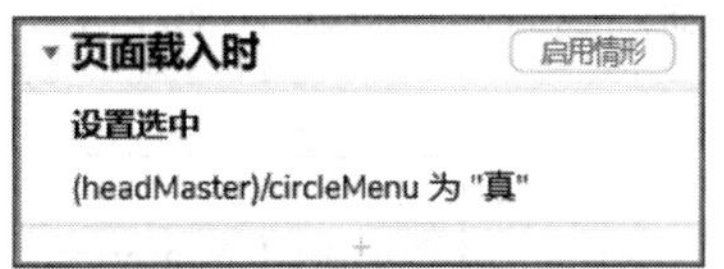

图 13-58　“书圈” 页面载入事件

1. 准备书圈列表 list 页面元件

“书圈” list 页面的主要元件如图 13-59 所示，“书圈” list 的主要元件属性如表 13-8 所示。

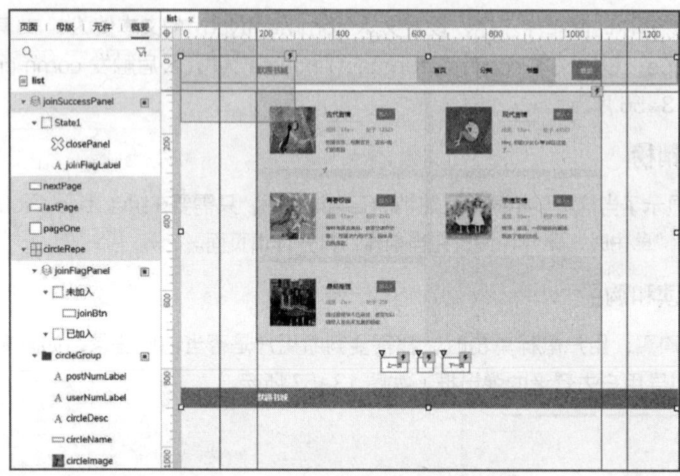

图 13-59 “书圈”list 页面主要元件

表 13-8 “书圈”list 页面的主要元件属性

元件名称	元件种类	坐标	尺寸	备注	可见性
joinSuccessPanel	动态面板	X0;Y0	W300;H170	包括一个状态	N
closePanel	形状	X271;Y9	W15;Y15	填充颜色# DDDBDB	Y
joinFlagLabel	文本标签	X0;Y76	W300;H19	字体颜色# 797878	Y
nextPage	矩形	X687;Y770	W70;H40	边框颜色#02A7F0	Y
lastPage	矩形	X527;Y770	W70;H40	边框颜色#02A7F0	Y
pageOne	矩形	X622;Y770	W40;H40	填充颜色# F9F9F9 悬停、按下、选中填充颜色白色	Y
circleRepe	中继器	X200;Y90			Y
joinFlagPanel	动态面板	X315;Y44	W50;H30	包括“未加入”和“已加入”两种状态 中继器 circleRepe 内元件	Y
joinBtn	矩形	X0;Y0	W50;H30	填充颜色# 00CBA6;字体颜色白色 中继器 circleRepe 内元件	Y
circleGroup	组合	X35;Y40	W330;Y120	中继器 circleRepe 内元件	Y
postNumLabel	文本标签	X321;Y89	W44;H24	字体颜色# AAAAAA 中继器 circleRepe 内元件	Y
userNumalabel	文本标签	X220;Y89	W44;H24	字体颜色# AAAAAA 中继器 circleRepe 内元件	Y
circleDesc	文本标签	X181;Y120	W184;H40	字体颜色# AAAAAA 中继器 circleRepe 内元件	Y
circleName	矩形	X181;Y40	W92;H38	中继器 circleRepe 内元件	Y
circleImage	图片	X35;Y40	W120;H120	中继器 circleRepe 内元件	Y

（续）

元件名称	元件种类	坐标	尺寸	备注	可见性
headmaster	母版	X0;Y0			Y
bottomMaster	母版	X0;Y1400			Y
loginMaster	母版	X0;Y0			Y

2. 书圈列表设置

1）选中中继器 circleRepe，创建字段书圈名（circle_name）、书圈描述（circle_desc）、书圈头像（circle_image）、书圈成员数（circle_user_num）和书圈帖子数（circle_post_num），并且设置中继器样式水平排列，每行项数量为 2，每页项数量 10，如图 13-60 所示。

2）在“每项加载时”事件中，设置文本 circleName、circleDesc、userNumLabel 和 postNumLabel 分别等于对应字段的值，设置图片 circleImage 为字段 circle_image 导入的图片，如图 13-61 所示。

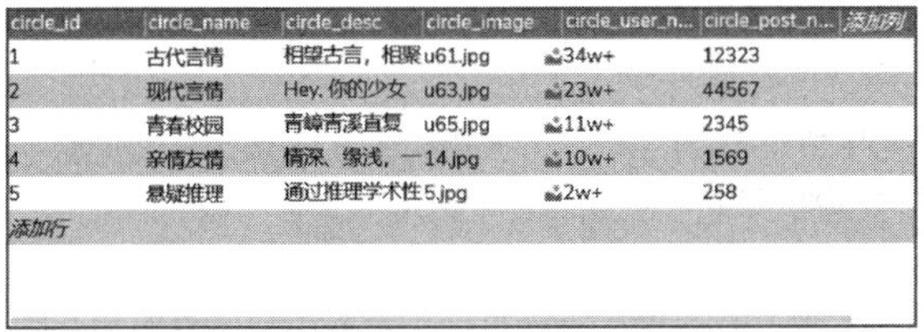

circle_id	circle_name	circle_desc	circle_image	circle_user_n...	circle_post_n...	添加列
1	古代言情	相望古言，相聚	u61.jpg	34w+	12323	
2	现代言情	Hey, 你的少女	u63.jpg	23w+	44567	
3	青春校园	青嶂青溪直复	u65.jpg	11w+	2345	
4	亲情友情	情深、缘浅，一	14.jpg	10w+	1569	
5	悬疑推理	通过推理学术性	5.jpg	2w+	258	
添加行						

图 13-60　中继器 circleRepe 字段数据

图 13-61　circleRepe“每项加载时”事件

3）选中按钮 lastPage，设置中继器 circleRepe 当前显示页面为 previous，如 13-62 所示。选中 pageOne，设置中继器 circleRepe 设置选中当前按钮，设置当前显示页面为当前元件的文本值，如图 13-63 所示。选中 nextPage，设置中继器 circleRepe 当前显示页面为 next，如图 13-64 所示。

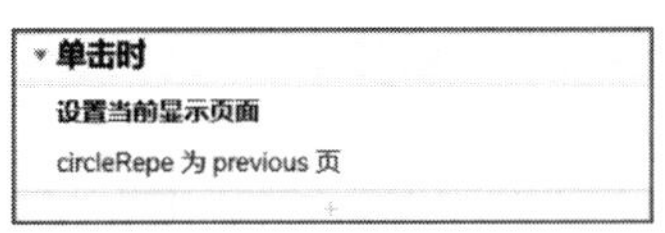

图 13-62　lastPage 单击事件

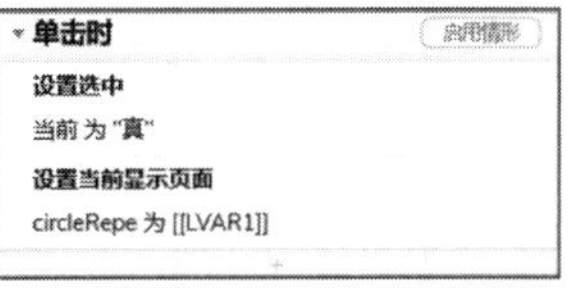

图 13-63　pageOne 单击事件

图 13-64　nextPage 单击事件

3. 加入提示 joinSuccessPanel 设置

选中按钮 closePanel，在“单击时”事件设置逐渐隐藏动态面板 joinSuccessPanel，如图 13-65 所示。选中动态面板 joinSuccessPanel，在“载入时”事件设置移动至 X 为(当前窗口的宽度-当前元件的宽度)/2，Y 为(当前窗口的高度-当前元件的高度)/2，如图 13-66 所示。

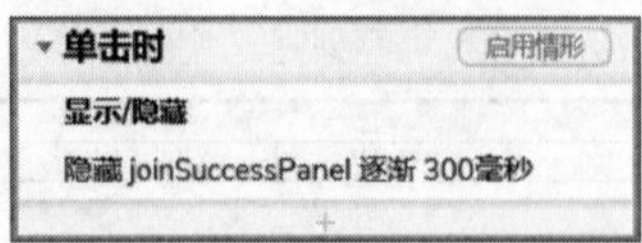

图 13-65 closePanel 单击事件

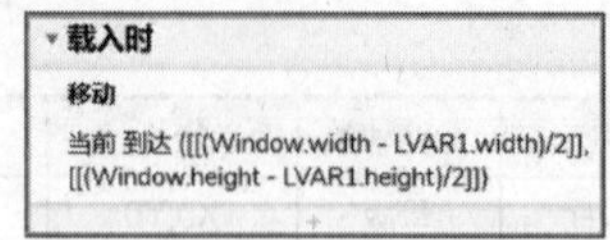

图 13-66 joinSuccessPanel 载入事件

4.“加入”书圈设置

1）添加全局变量 userCircleNum，设置默认值为 3，如图 13-67 所示。表示当前登录用户加入的圈子数量为 3。

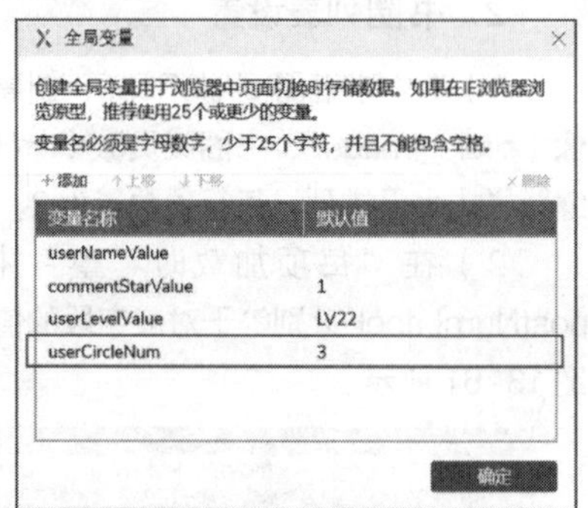

图 13-67 添加全局变量

2）选中按钮 joinBtn，在“单击时”事件，判断当前用户的登录，如果全局变量 userNameValue 值为""，显示未登录提示弹出框；如果登录并且全局变量值大于等于 5，设置文本 joinFlagLabel 的文本值“您已加入 5 个圈子，不能再加入”，显示 joinSuccessPanel，设置至于顶层和灯箱效果；如果登录并且全局变量小于 5，设置文本 joinFlagLabel 的文本值“已成功加入”，显示 joinSuccessPanel，设置至于顶层和灯箱效果，并且设置变量值 userCircleNum 等于“[[userCircleNum + 1]]”，同时设置动态面板 joinFlagPanel 的状态为“已加入”，如图 13-68 所示。

3）选中按钮 joinFlagPanel，在“载入时”事件，判断中继器每项，当前用户是否加入，默认圈子 id 为 1、2 和 3 的圈子登录用户已加入，如果没有登录用户，则默认显示状态为“未加入”，如图 13-69 所示。

图 13-68 joinBtn 鼠标单击事件

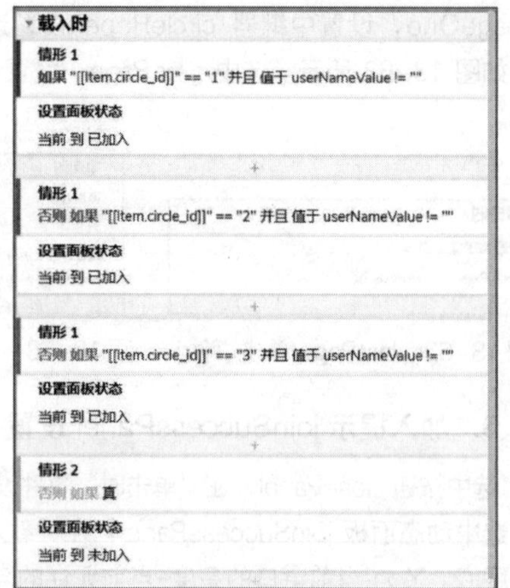

图 13-69 joinFlagPanel“载入时”事件

5. 准备书圈详情 detail 页面元件

“书圈” detail 页面的主要元件如图 13-70 所示，“书圈” detail 的主要元件属性如表 13-9 所示。

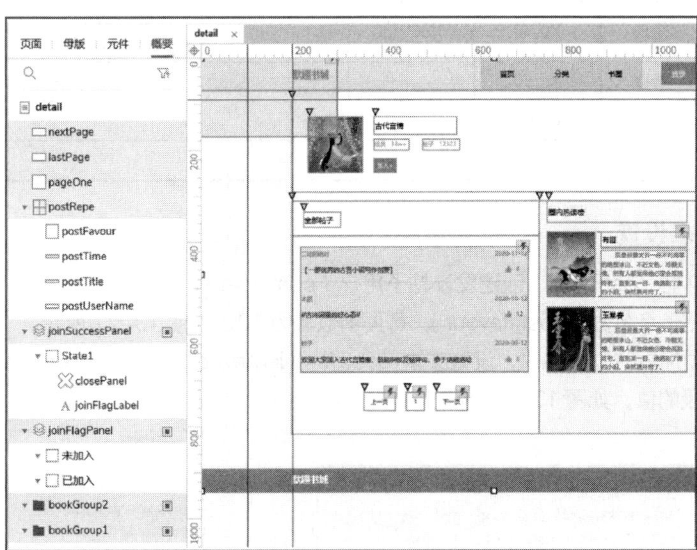

图 13-70　“书圈” detail 页面的主要元件

表 13-9　“书圈” detail 页面的主要元件属性

元件名称	元件种类	坐标	尺寸	备注	可见性
joinSuccessPanel	动态面板	X0;Y0	W300;H170	包括一个状态	N
closePanel	形状	X271;Y9	W15;Y15	填充颜色# DDDBDB	Y
joinFlagLabel	文本标签	X0;Y76	W300;H19	字体颜色# 797878	Y
nextPage	矩形	X520;Y726	W70;H40	边框颜色#02A7F0	Y
lastPage	矩形	X360;Y726	W70;H40	边框颜色#02A7F0	Y
pageOne	矩形	X455;Y726	W40;H40	填充颜色# F9F9F9	Y
joinFlagPanel	动态面板	X383;Y218	W50;H30	包括“未加入”和“已加入”两种状态	Y
bookGroup1	组合	X769;Y379	W311;H140		Y
bookGroup2	组合	769;Y542	W311;H140		Y
postRepe	中继器	X220;Y410			Y
postFavour	矩形	X478;Y35	W29;H30	字体颜色# 797878 中继器 postRepe 内元件	Y
postTime	矩形	X389;Y0	W118;H30	字体颜色# 797878 中继器 postRepe 内元件	Y

（续）

元件名称	元件种类	坐标	尺寸	备注	可见性
postTitle	矩形	X0;Y35	W431;H30	字体加粗 中继器 postRepe 内元件	Y
postUserName	矩形	X0;Y0	W88;H30	字体颜色# 797878 中继器 postRepe 内元件	Y
headmaster	母版	X0;Y0			Y
bottomMaster	母版	X0;Y892			Y
loginMaster	母版	X0;Y0			Y

6．帖子列表设置

1）选中中继器 postRepe，创建发表帖子用户（post_user）、帖子主题（post_title）、帖子时间（post_time）和帖子点赞数（post_favour），每页项数量为 10，如图 13–71 所示。

2）在“每项加载时”事件中，设置文本 postUserName、postTitle、postTime 和 postFavour 分别等于对应字段的值，如图 13–72 所示。

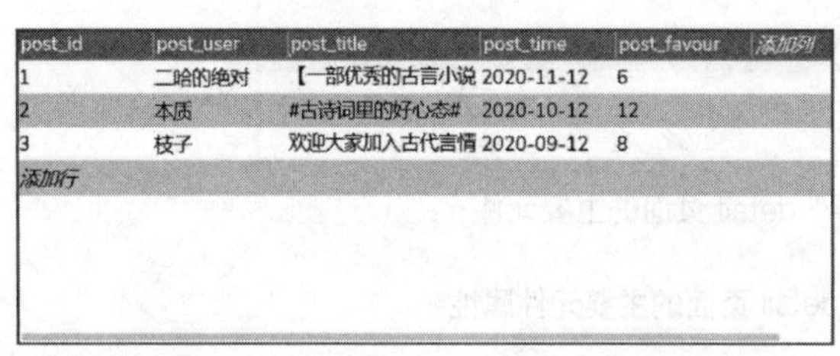

图 13–71　中继器 postRepe 字段数据

图 13–72　postRepe　“每项加载时”事件

3）选中按钮 lastPage，设置中继器 postRepe 当前显示页面为 previous，如 13–73 所示。选中 pageOne，设置中继器 postRepe 设置选中当前按钮，设置当前显示页面为当前元件的文本值，如图 13–74 所示。选中 nextPage，设置中继器 postRepe 当前显示页面为 next，如图 13–75 所示。

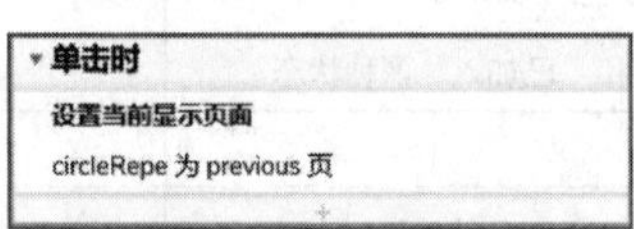

图 13–73　lastPage 单击事件

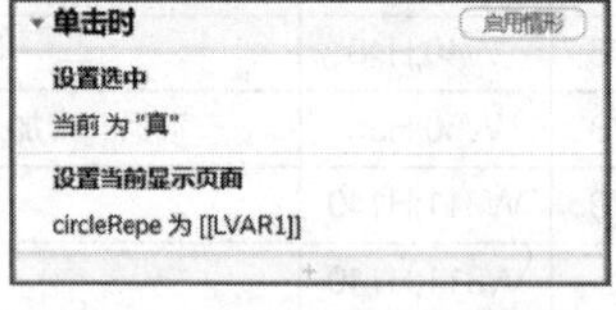

图 13–74　pageOne 单击事件

图 13–75　nextPage 单击事件

7．加入圈子设置

选中按钮 joinBtn，在“单击时”事件，判断当前用户是否登录，如果全局变量 userNameValue

值为""，显示未登录提示弹出框；如果登录并且全局变量值大于等于 5，设置文本 joinFlagLabel 的文本值“您已加入 5 个圈子，不能再加入”，显示 joinSuccessPanel，设置至于顶层和灯箱效果；如果登录并且全局变量小于 5，设置文本 joinFlagLabel 的文本值“已成功加入”，显示 joinSuccessPanel，设置至于顶层和灯箱效果，并且设置变量值 userCircleNum 等于“[[userCircleNum + 1]]”，同时设置动态面板 joinFlagPanel 的状态为“已加入”，如图 13-76 所示。

8. 圈内热度榜

圈内热度榜显示了当前书圈电子书热读的两本电子书，只需要在组合 bookGroup1 和 bookGroup2 的“单击时”事件，设置在当前窗口打开详情页面。

13.2.5　个人中心

个人中心主要包括个人资料、我的书架和我的书圈这几个模块。本案例关于个人中心主要创建了 3 个页面：myinfo（个人资料）、mybook（我的书架）和 mycircle（我的书圈）。其中，每个页面都需要加入 headMaster 母版。

1. 准备个人中心菜单 userMenuMaster 母版元件

userMenuMaster 个人中心菜单母版的主要元件如图 13-77 所示，userMenuMaster 个人中心菜单母版主要元件属性如表 13-10 所示。

图 13-76　joinBtn 鼠标单击事件

图 13-77　userMenuMaster 的主要元件

表 13-10　userMenuMaster 的主要元件属性

元件名称	元件种类	坐标	尺寸	备注	可见性
exitBtn	矩形	X10;Y327	W180;H49	边框#DADADA，显示底部边框 悬停、按下边框颜色#169BD5;字体颜色#169BD5	Y
toMycircleBtn	矩形	X10;Y278	W180;H49	边框#DADADA，显示底部边框 悬停、按下边框颜色#169BD5;字体颜色#169BD5	Y
toMybookBtn	矩形	X10;Y229	W180;H49	边框#DADADA，显示底部边框 悬停、按下边框颜色#169BD5;字体颜色#169BD5	Y
toMyinfoBtn	矩形	X10;Y180	W180;H49	边框#DADADA，显示底部边框 悬停、按下边框颜色#169BD5;字体颜色#169BD5	Y

2. 设置 userMenuMaster 母版菜单的事件

选中矩形 toMyinfoBtn，在“单击时”事件，添加“打开链接”动作，单击该按钮，链接到 myinfo 页面。类似地，分别给矩形 toMybookBtn 和 toMycircleBtn 的“单击时”事件，链接到个人中心的 mybook 页面和 mycircle 页面，选中 exitBtn，设置全局变量 userNameValue 的值为""，并且链接到页面 login，如图 13-78 示。

图 13-78　userMenuMaster 母版中的菜单事件

a) 链接到 myinfo 页面　b) 链接到 mybook 页面　c) 链接到 mycircle 页面　d) 链接到 login 页面

3. 设置个人资料页面 myinfo

myinfo 个人资料页面的效果图，如图 13-79 所示。需要设置用户名那一栏 userNameTxt 的值等于全局变量 userNameValue 的值。

4. 设置我的书架页面 mybook

1）mybook 我的书架页面的主要元件如图 13-80 所示，mybook 我的书架页面主要元件属性如表 13-11 所示。

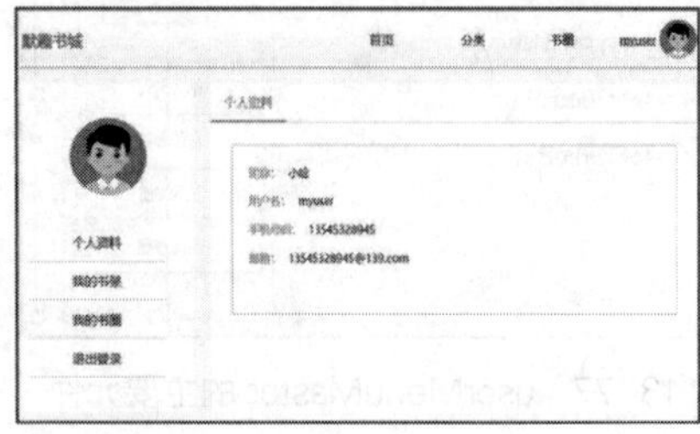

图 13-79　个人资料效果图

图 13-80　mybook 页面的主要元件

表 13-11　mybook 页面的主要元件属性

元件名称	元件种类	坐标	尺寸	备注	可见性
nextPage	矩形	X820;Y972	W70;H40	边框颜色#02A7F0	Y
lastPage	矩形	X660;Y972	W70;H40	边框颜色#02A7F0	Y
pageOne	矩形	X755;Y972	W40;H40	边框颜色#02A7F0 悬停、按下、选中填充样色#02A7F0;字体颜色白色	Y
bookRepeater	中继器	X470;Y160		包括 10 个字段	Y
bookGroup	组合	X0;Y0	W295;H158	可添加链接动作	Y
finishedReac	矩形	X225;Y46	W70;H20	填充颜色#6F6E6E;字体颜色白色 中继器 bookRepeater 内元件	Y
bookAuthorLabel	文本标签	X125;Y46	W89;H25	字体颜色# 797979 中继器 bookRepeater 内元件	Y
bookDescLabel	文本标签	X125;Y71	W170;H87	字体颜色# 797979 中继器 bookRepeater 内元件	Y
bookNameReac	矩形	X124;Y0	W171;H40	中继器 bookRepeater 内元件	Y
bookImage	图片	X0;Y0	W112;H158	中继器 bookRepeater 内元件	Y
headmaster	母版	X0;Y0			Y

2）选中中继器 bookRepeater，在电子书列表中继器 bookRepeater 的基础上，再添加字段 finished，如图 13-81 所示。

3）选中中继器，在“每项加载时”事件，设置 bookAuthorLabel、bookDescLabel 和 bookNameReac 的文本值分别等于字段 book_author、book_desc 和 book_name，设置图片 bookImage 为字段 book_image 的图片，设置 finishedReac 的值为“已读[[item.finished]]”如图 13-82 所示。

channel	good_comm...	create_time	skan_num	finished	添加列
	53	2020-07-14	45434	60%	
	777	2021-01-14	54353	12%	
	752	2020-10-18	5400	54%	
	852	2020-02-28	4593	76%	
	533	2020-12-24	21459	100%	
	863	2020-12-25	23576	26%	
	876	2020-12-08	1586	49%	

图 13-81　中继器 bookRepeater 字段数据

图 13-82　bookRepeater 每项加载事件

4）选中按钮 lastPage，设置中继器 circleRepe 当前显示页面为 previous，如 13-83 所示。选中 pageOne，设置中继器 circleRepe 设置选中当前按钮，设置当前显示页面为当前元件的文本值，如图 13-84 所示。选中 nextPage，设置中继器 circleRepe 当前显示页面为 next，如图 13-85 所示。

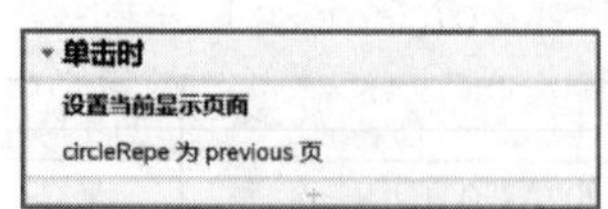

图 13-83　lastPage 单击事件

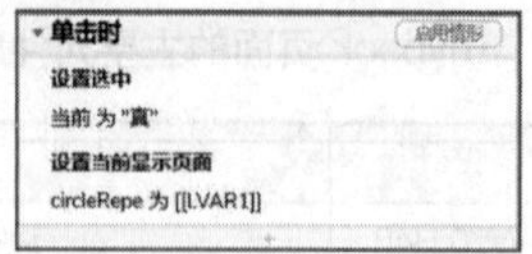

图 13-84　pageOne 单击事件

图 13-85　nextPage 单击事件

5. 设置我的圈子页面 mycircle

mycircle 我的圈子页面的主要元件如图 13-86 所示，mycircle 我的圈子页面主要元件属性如表 13-12 所示。

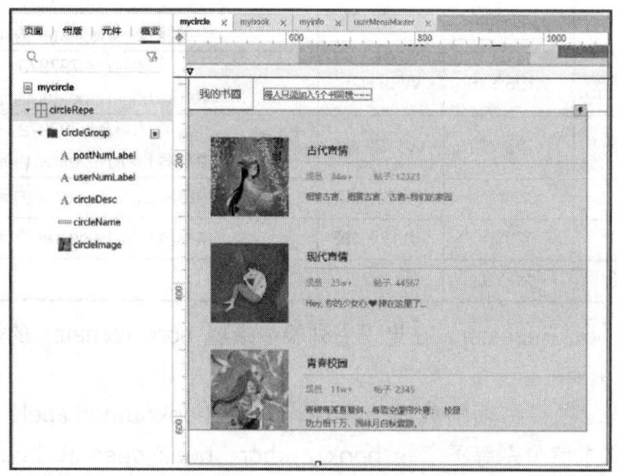

图 13-86　mycircle 页面的主要元件

表 13-12　mycircle 页面的主要元件属性

元件名称	元件种类	坐标	尺寸	备注	可见性
circleRepe	中继器	X450;Y140			Y
circleGroup	组合	X35;Y40	W583;Y120	中继器 circleRepe 内元件	Y
postNumLabel	文本标签	X321;Y89	W44;H24	字体颜色# AAAAAA 中继器 circleRepe 内元件	Y
userNumalabel	文本标签	X220;Y89	W44;H24	字体颜色# AAAAAA 中继器 circleRepe 内元件	Y
circleDesc	文本标签	X181;Y120	W247;H40	字体颜色# AAAAAA 中继器 circleRepe 内元件	Y
circleName	矩形	X181;Y40	W437;H38	中继器 circleRepe 内元件	Y
circleImage	图片	X35;Y40	W120;H120	中继器 circleRepe 内元件	Y
headmaster	母版	X0;Y0			Y

1）选中中继器 circleRepe，创建字段圈名（circle_name）、书圈描述（circle_desc）、书圈头像（circle_image）、书圈成员数（circle_user_num）和书圈帖子数（circle_post_num），并且设置中继器样式水平排列，每行项数量为 2，每页项数量 10，如图 13-87 所示。

2）在“每项加载时”事件中，设置文本 circleName、circleDesc、userNumLabel 和 postNumLabel 分别等于对应字段的值，设置图片 circleImage 为字段 circle_image 导入的图片，如图 13-88 所示。

circle_id	circle_name	circle_desc	circle_image	circle_user_n...	circle_post_n...	添加列
1	古代言情	相望古言，相聚	u61.jpg	34w+	12323	
2	现代言情	Hey, 你的少女	u63.jpg	23w+	44567	
3	青春校园	青峥青溪直复	u65.jpg	11w+	2345	
4	亲情友情	情深、缘浅，一	14.jpg	10w+	1569	
5	悬疑推理	通过推理学术性	5.jpg	2w+	258	
添加行						

图 13-87　中继器 circleRepe 字段数据

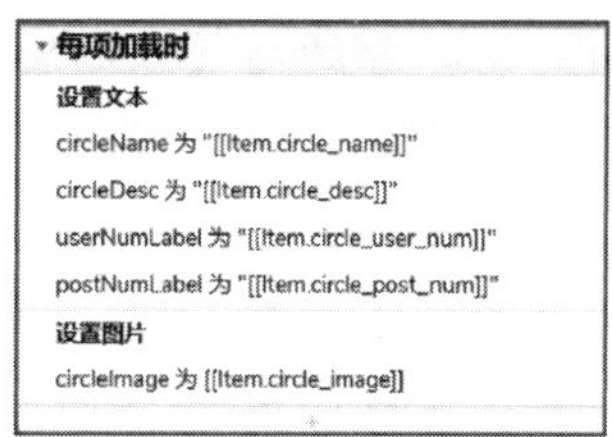

图 13-88　circleRepe“每项加载时”事件

13.2.6　网站演示效果

按〈F5〉快捷键查看预览效果。首页页面效果图，点击圈子任何一个地方，都可以进入圈子详情页面，点击频道的电子书任何一个地方，都可以进入电子书详情页面，如图 13-89 所示。

点击主菜单“分类”，进入“分类”列表页面，点击频道“男频”和类型“青春”按钮，可以看到筛选出的电子书列表，如图 13-90 所示。

图 13-89　首页效果图

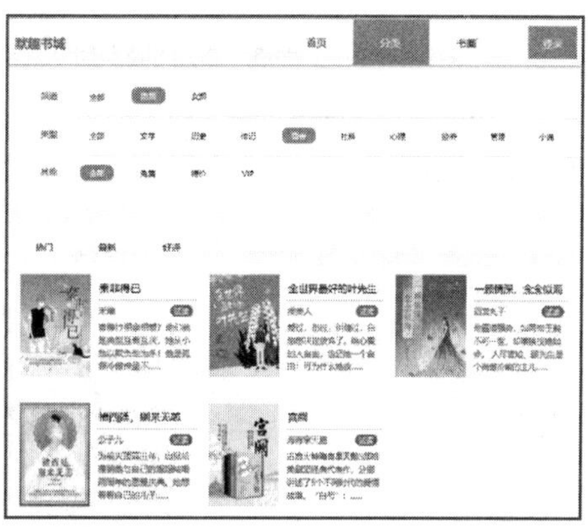

图 13-90　电子书筛选效结果效果图

点击任何一个电子书，进入电子书详情页面，用户可以添加评论，点击“评论”按钮，检测出当前是未登录用户，弹出未登录提示框，如图 13-91 所示。点击“登录”按钮，进入登录页面，如图 13-92 所示。

图 13-91　未登录提示效果图

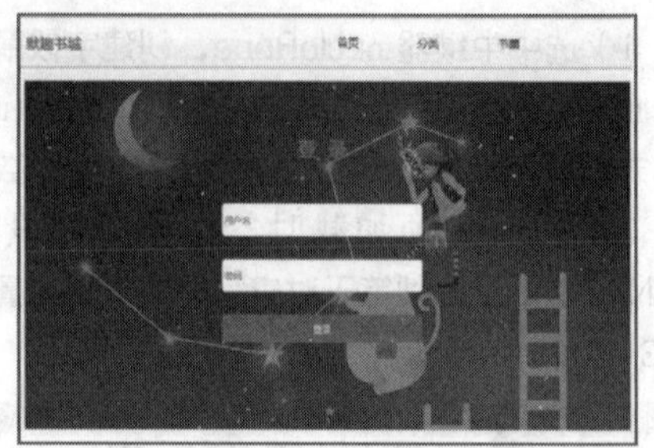

图 13-92　登录页面效果图

点击主菜单“书圈”，进入书圈列表页面，如图 13-93 所示。如果用户是登录状态，书圈列表页面部分显示“已加入”，如图 13-94 所示。如果点击“加入”按钮，就会弹出“成功加入”提示框，如图 13-95 所示。

图 13-93　书圈列表页面效果图

图 13-94　用户登录书圈列表效果图

点击任何一个圈子，进入圈子详情页面，如图 13-96 所示。点击加入按钮，如果当前登录用户已加入 5 个圈子，会提示“您已加入 5 个圈子，不能再加入”，如图 13-97 所示。

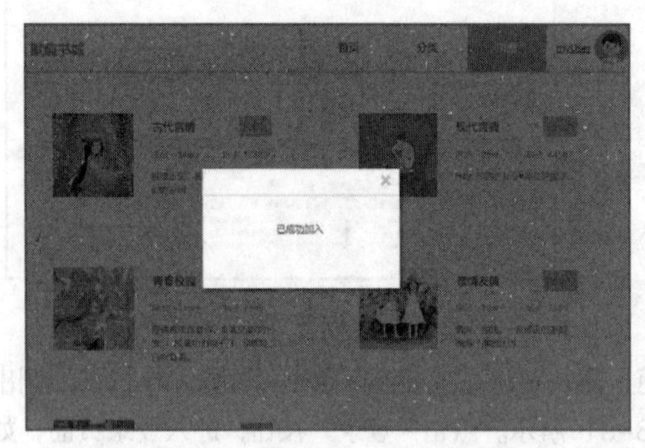

图 13-95　成功加入提示效果图

图 13-96　书圈详情页面效果图

输入用户名和密码，登录成功之后，跳转至个人中心页面，点击“我的书架”，跳转至我的书架页面，点击“我的书圈”跳转至我的书圈页面，如图 13-98～100 所示。

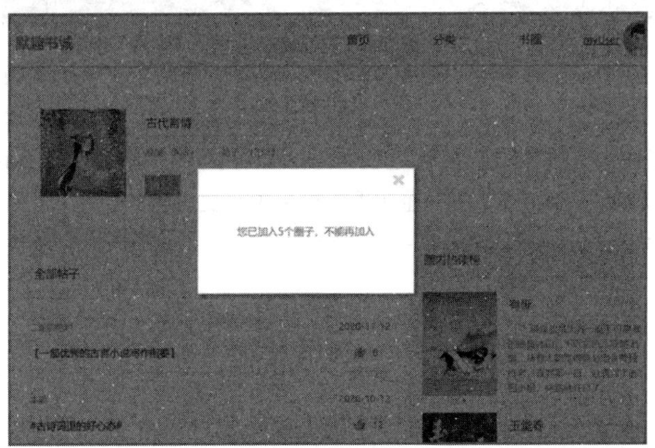

图 13-97　提示不能再加入多余圈子效果图

图 13-98　个人资料效果图

图 13-99　我的书架效果图

图 13-100　我的书圈效果图

13.3 App 高保真线框图

本案例的 App 以 iPhone 8 Plus 作为设计尺寸，内容区域宽度使用 414 像素，高度使用 709 像素（总高度为 736 像素，状态栏 27 像素，因此内容区域高度为 736−27=709 像素）。

本案例中，为了在浏览器中预览展示更真实效果，利用手机模型（如图 13-101 所示）。制作手机状态栏，如图 13-102 所示。为了使页面在手机模型中有更真实的效果，可以利用双层动态面板，所有内容放置在内层动态面板中，如图 13-103 所示。

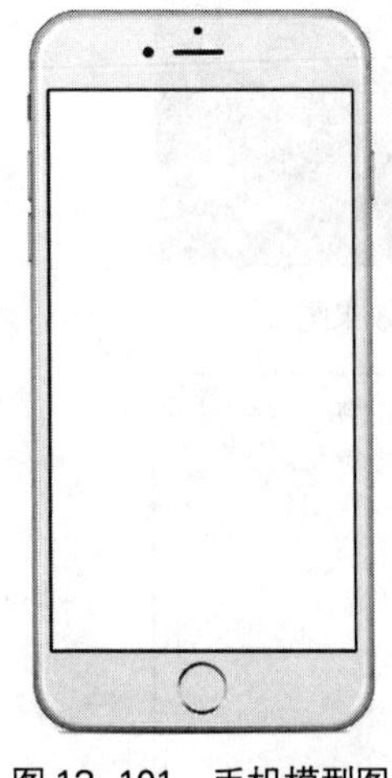

图 13-101　手机模型图

VIRGIN　12:00　50%

图 13-102　手机状态栏

页面　母版　元件　概要

login

outer

State1

inner

State1

图 13-103　双层动态面板结构图

13.3.1　新手引导

为了给新手用户以引导，在“页面”面板创建“新手引导”页面。

1. 准备元件

首先创建一个 contentPanel 的动态面板元件，包括 img1 和 img2 两个状态。页面的主要元件如图 13-104 所示。

2. 设置 contentPanel 元件的向左拖动结束时事件

设置 contentPanel 动态面板元件的“向左拖动结束时”事件，只有当该动态面板元件为 img1 状态时，才需要将其切换到 img2 状态，如图 13-105 所示。

3. 设置 contentPanel 元件的向右拖动结束时事件

设置 contentPanel 动态面板元件的“向右拖动结束时”事件，只有当该动态面板元件为 img2

状态时，才需要将其切换到 img1 状态，如图 13-106 所示。

图 13-104　新手引导页面主要元件

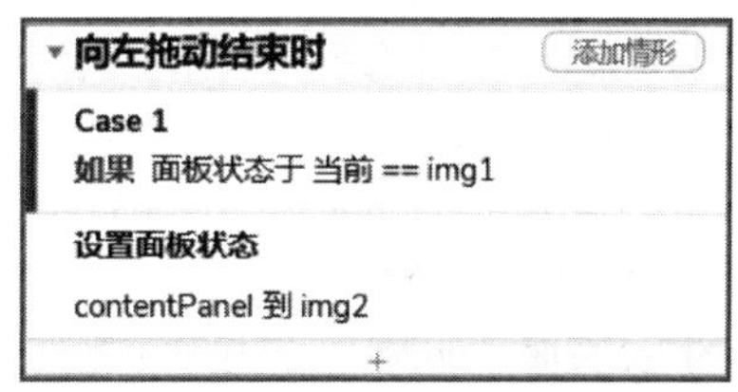

图 13-105　contentPanel“向左拖动结束时”事件

4. 设置 homeRect 元件的鼠标单击时事件

最后，在 contentPanel 动态面板元件的 img2 状态，单击“立即体验”矩形元件，设置“鼠标单击时”事件，当单击时跳转到首页，如图 13-107 所示。

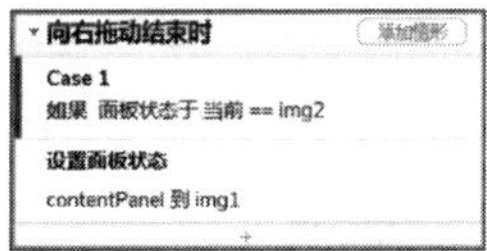

图 13-106　contentPanel“向右拖动结束时”事件

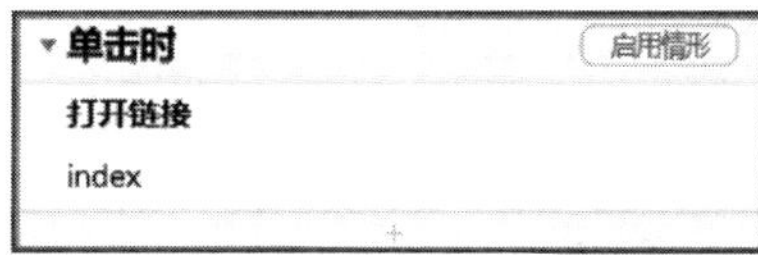

图 13-107　homeRect 鼠标单击事件

13.3.2　首页

首页主要包括精选圈子、男频和女频三个模块，并可切换标签式菜单进入其他功能，另外，在首页中还将实现启动过渡页面，可以单击跳过启动过渡页面，如果不单击，在此进行模拟，默认 3 秒后展示首页内容。

1. 准备母版

（1）准备母版页面底部标签 bottomMaster 母版

bottomMaster 母版的主要元件如图 13-108 所示。bottomMaster 母版的主要元件属性如表 13-13 所示。

表 13-13　bottomMaster 母版的主要元件属性

元件名称	元件种类	坐标	尺寸	备注	可见性
indexBtn	组合	X40;Y13	W24;H40	填充颜色# 797878;字体颜色# 797878 选中填充颜色# 02A7F0;字体颜色# 02A7F0	Y
circleBtn	组合	X244;Y11	W24;H42	填充颜色# 797878;字体颜色# 797878 选中填充颜色# 02A7F0;字体颜色# 02A7F0	Y
userBtn	组合	X258;Y10	W17;H43	填充颜色# 797878;字体颜色# 797878 选中填充颜色# 02A7F0;字体颜色# 02A7F0	Y
bookBtn	组合	X140;Y13	W24;H40	填充颜色# 797878;字体颜色# 797878 选中填充颜色# 02A7F0;字体颜色# 02A7F0	Y

（2）页面底部 phoneHead 母版准备

手机元素状态栏的母版，包括网络状态、时间、手机电池元素等。

（3）标签菜单效果设置

选中 indexBtn、circleBtn、userBtn 和 bookBtn，设置选项组，如图 13-109 所示。分别在上述元件的“鼠标单击时”事件，设置链接到不同的页面：indexBtn 链接到首页 index，bookBtn 链接到书城下的 list 页面，circleBtn 链接到书圈列表 list 页面，如图 13-110 所示。

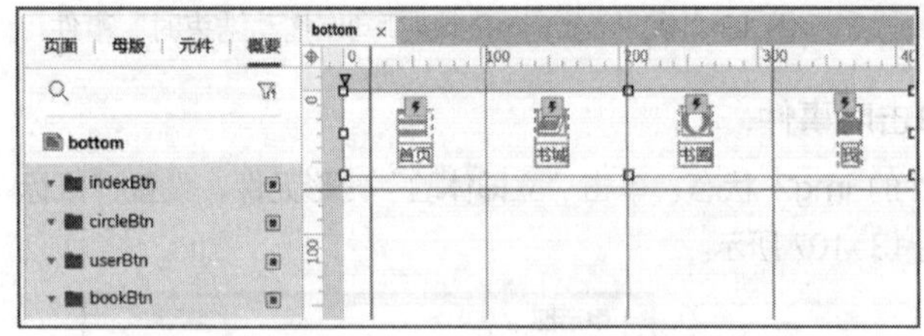

图 13-108　bottomMaster 母版的主要元件

图 13-109　标签菜单设置选项组

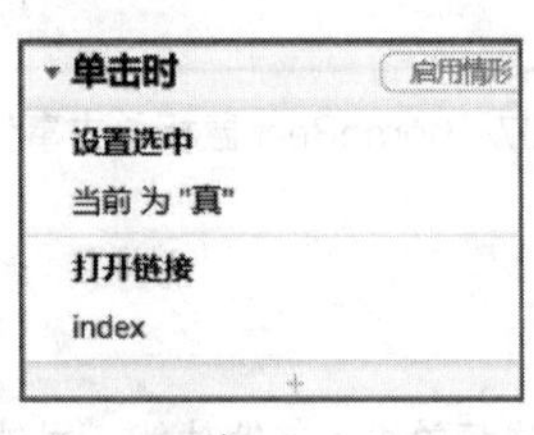

a)

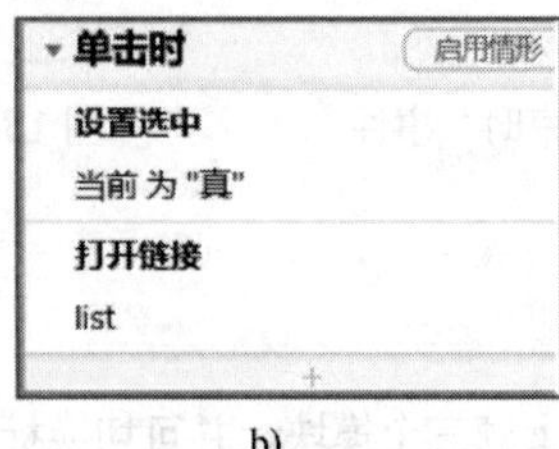

b)

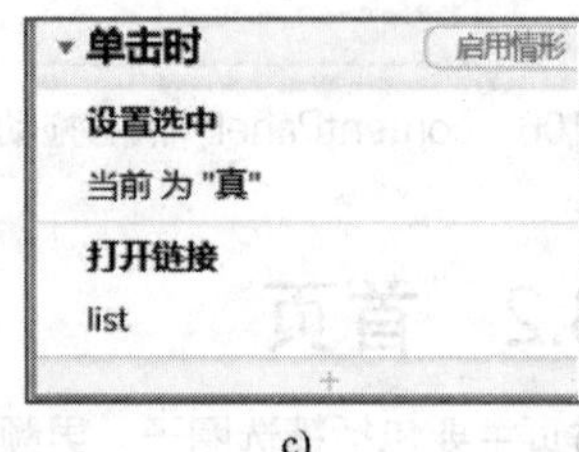

c)

图 13-110　菜单元件的鼠标单击时事件

a) 链接到 index　b) 链接到书城下的 list　c) 链接到书圈下的 list

选中“userBtn”按钮，判断用户是否登录，如果未登录，在当前窗口链接到 login 页面；如果已登录，设置选中当前按钮，并打开个人资料页面，如图 13-111 所示。

2. 准备首页 index 元件

index 首页页面的主要元件如图 13–112 所示，index 首页页面的主要元件属性如表 13–14 所示。

图 13–111　userBtn 鼠标单击事件

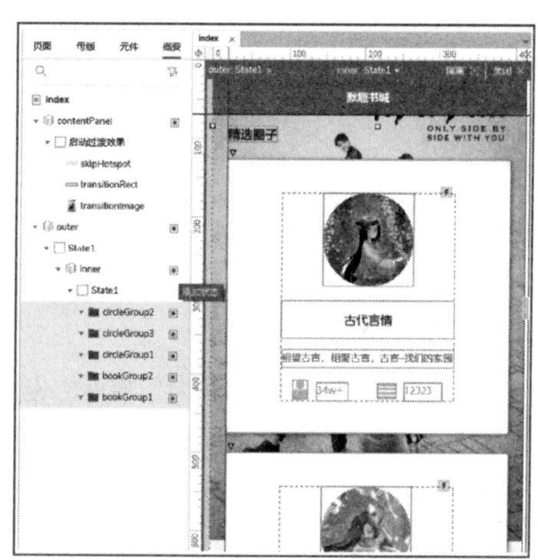

图 13–112　index 页面的主要元件

表 13–14　index 页面的主要元件属性

元件名称	元件种类	坐标	尺寸	备注	可见性
circleGroup2	组合	X92;Y543	W230;H265	精选圈子组合 2	Y
circleGroup3	组合	X92;Y915	W230;H265	精选圈子组合 3	Y
circleGroup1	组合	X92;Y169	W230;H265	精选圈子组合 1	Y
bookGroup2	组合	X77;Y1878	W281;H405	女生频道电子书组合 6	Y
bookGroup1	组合	X77;Y1343	W281;H402	男生频道电子书组合 1	Y
contentPanel	动态面板	X0;Y0	W414;H735	包括“启动过渡效果”状态	Y
skipHotspot	热区	X320;Y18	W82;H34		Y
transitionRect	矩形	X0;Y612	W414;H123		Y
transitionImage	图片	X0;Y0	W414;H612		Y
phoneHead	母版	X0;Y0			Y
bottomMaster	母版	X0;Y675			Y

3. 启动过渡效果

1）首先设置首页的“页面载入时”事件，选中母版中的 indexBtn 为选中状态，同时显示面板 contentPanel 并置于顶层，等待 3 秒，然后隐藏面板 contentPanel，如图 13–113 所示。

2）选中热区 skipHotspot，在“单击时”事件，设置隐藏面板 contentPanel，如图 13-114 所示。

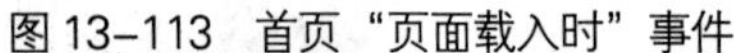

图 13-113　首页“页面载入时”事件

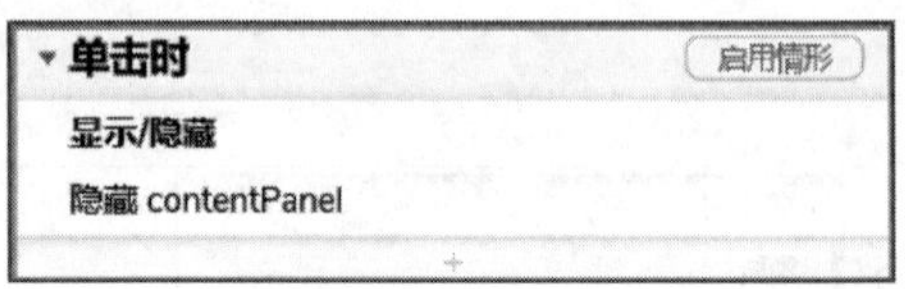

图 13-114　contentPanel 鼠标单击事件

4. 设置组合链接

设置所有圈子的组合的“单击时”事件，设置在当前窗口打开圈子详情页面 detail 页面；设置所有电子书的组合的“单击时”事件，设置在当前窗口打开电子书详情页面 detail 页面。

13.3.3　登录

登录页面 login 跟网站的登录页面相似，只不过使用母版和元件属性不同，拖入 phoneHead 模板，登录页面 login 的主要元件属性，如表 13-15 所示。具体实现步骤，参考“13.2.2 登录”。

表 13-15　登录页面 login 主要元件属性

元件名称	元件种类	坐标	尺寸	备注	可见性
passwordErrorLabel	文本标签	X57;Y249	W300;H16	字体颜色# E2231A	Y
userNameErrorLabel	文本标签	X57;Y166	W300;H16	字体颜色# E2231A	Y
loginBtn	矩形	X57;Y276	W300;H40	填充颜色# 169BD5，字体颜色白色	Y
passwordField	文本框	X57;Y196	W300;H47	提示文字：密码	Y
userNameField	文本框	X57;Y116	W300;H47	提示文字：用户名	Y
phoneHead	母版	X0;Y0			Y

13.3.4　书城

分类的所有页面都得拖入 phoneHead 和 bottomMaster 母版。所有页面的“页面载入时”事件，都添加“选中”动作，选中 bottomMaster 母版中的 bookBtn 元件，设置“页面载入时”事件如图 13-115 所示。

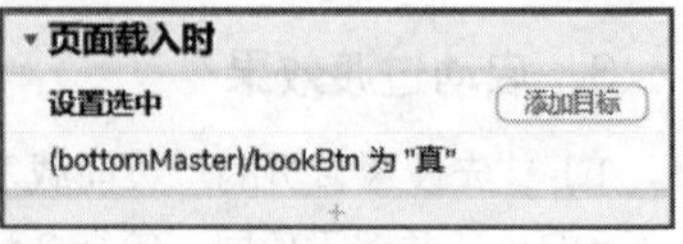

图 13-115　“书城”页面载入时事件

1. 准备电子书列表 list 页面元件

“书城”list 页面的主要元件如图 13-116 所示，“书城”

list 的主要元件属性如表 13-16 所示。

图 13-116　“书城” list 页面主要元件

表 13-16　“书城” list 页面的主要元件属性

元件名称	元件种类	坐标	尺寸	备注	可见性
conditionPanel	动态面板	X81;Y69	W333;H538	包括一个状态	N
selectPanelBtn	矩形	X341;Y80	W53;H21		Y
bookHot	热区	X0;Y1959	W413;H90		Y
bookMoreBtn	矩形	X20;Y1919	W374;H40	填充颜色#F4F1F1	Y
goodBookReac	矩形	X220;Y70	W100;H40	选中字体颜色# 02A7F0	Y
newBookReac	矩形	X120;Y70	W100;H40	选中字体颜色# 02A7F0	Y
hotBookReac	矩形矩形	X20;Y70	W100;H40	选中字体颜色# 02A7F0	Y
bookPanel	动态面板	X20;Y125	W374;H1760		
bookRepeater	中继器	X0;Y0		包括 10 个字段	Y
bookGroup	组合	X0;Y0	W174;H158	可添加链接动作	Y
bookAuthorLabel	文本标签	X125;Y54	W89;H25	字体颜色# 797979 中继器 bookRepeater 内元件	Y
bookDescLabel	文本标签	X125;Y89	W249;H69	字体颜色# 797979 中继器 bookRepeater 内元件	Y
bookNameReac	矩形	X124;Y0	W250;H40	中继器 bookRepeater 内元件	Y
bookImage	图片	X0;Y0	W112;H158	中继器 bookRepeater 内元件	Y
phoneHead	母版	X0;Y0			Y
bottomMaster	母版	X0;Y675			Y

2. 电子书列表设置

1）中继器的添加字段、样式设置、“每项加载时”事件参考“13.2.3 分类”的步骤二。

2）APP 的列表翻页跟网页的不同，APP 的呈现方式是一直向下显示。

添加全局变量，repeStartHeightValue，表示中继器向下加载项数量之前的高度，用于计算加载完成之后，计算按钮向下移动的中间值计算，如图 13–117 所示。需要注意的是，因为是中间变量，如果当前页面用到该中间变量，需要在“页面加载时”事件，设置该变量的初始值为 0。

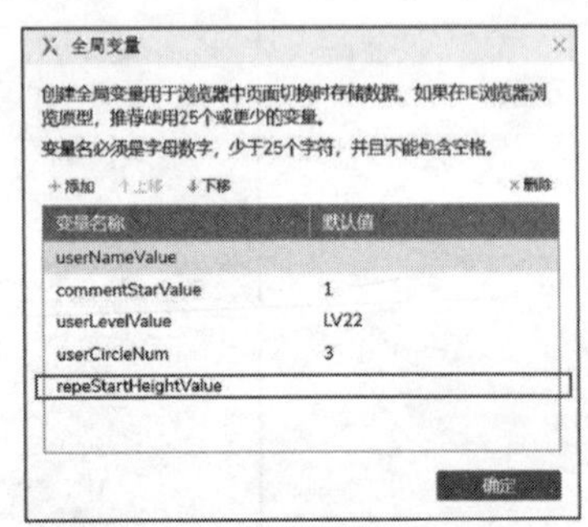

图 13–117　添加全局变量

选中 bookPanel，在“尺寸改变时”事件，移动 bookMoreBtn 和 bookHot 经过(0, LVAR1. height – repeStartHeightValue)，LVAR1 表示的是动态面板 bookPanel，如图 13–118 所示。

选中 bookMoreBtn 按钮，在“单击时”事件，设置变量值 repeStartHeightValue 的值等于动态面板 bookPanel 的高度，并设置中继器 bookRepeater 的当前显示项目数量等于之前的显示数量加 10，如图 13–119 所示。

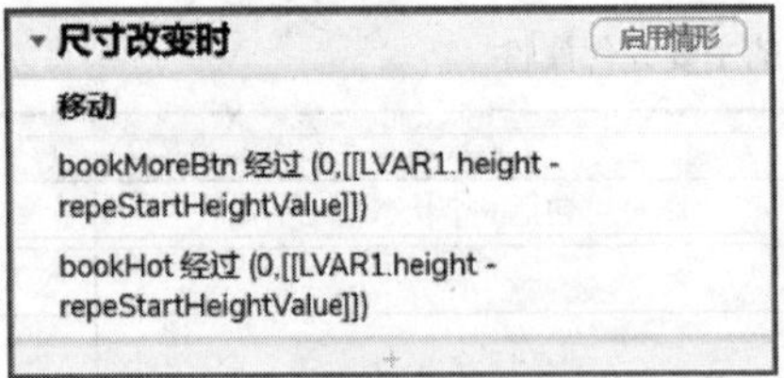

图 13–118　bookPanel 尺寸改变事件

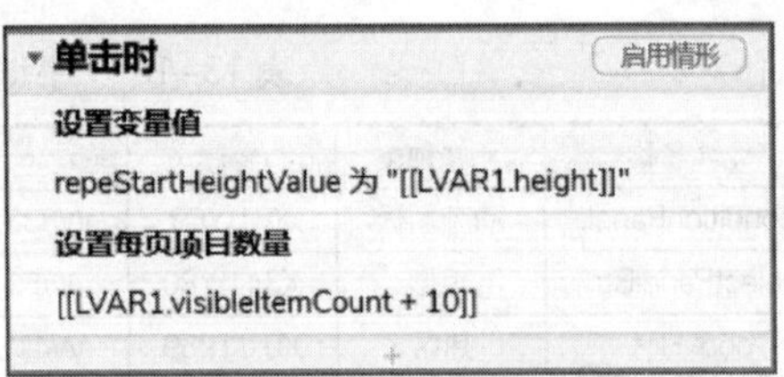

图 13–119　bookMoreBtn 鼠标单击事件

3. 电子书列表筛选与排序

1）选中组合 selectPanelBtn，在“单击时”事件设置向左滑动显示动态面板 conditionPanel，并且灯箱效果，如图 13–120 所示。

图 13–120　selectPanelBtn 鼠标单击事件

2）电子书列表筛选与排序步骤参考“13.2.3 分类”的步骤三。

4. 准备电子书详情 detail 页面元件

1）“书城”detail 页面的主要元件如图 13–121 所示，“书城”detail 的主要元件属性如表 13–17 所示。

图 13-121　电子书详情页面主要元件

表 13-17　电子书详情页主要元件属性

元件名称	元件种类	坐标	尺寸	备注	可见性
commentMoreBtn	矩形	X20;Y710	W374;H40	填充颜色# F4F1F1	Y
commentHot	热区	X1;Y750	W413;H90		Y
commentPanel	动态面板	X22;Y684	W373;H787	包括一个状态	Y
commentRepe	中继器	X0;Y0		动态面板 commentPanel 内元件	Y
addCommentPanel	动态面板	X20;Y469	W374;H170	包括一个状态	Y
commentStar5	形状	X146;Y0	W20;H20	选中填充颜色# F57442	Y
commentStar4	形状	X116;Y0	W20;H20	选中填充颜色# F57442	Y
commentStar3	形状	X86;Y0	W20;H20	选中填充颜色# F57442	Y
commentStar2	形状	X56;Y0	W20;H20	选中填充颜色# F57442	Y
commentStar1	形状	X26;Y0	W20;H20	选中填充颜色# F57442	Y
createCommentBtn	矩形	X291;Y123	W83;H30	填充颜色# 169CD5;字体颜色白色	Y
commentContentTextarea	文本域	X26;Y38	W348;H75	提示文字：请输入……	Y
commentNum	文本标签	X110;Y436	W214;H20	字体颜色# 797979	Y
toPurchaseBtn	矩形	X46;Y340	W83;H30	填充颜色# F57442;字体颜色白色	Y
toFreeReadBtn	矩形	X46;Y301	W83;H30	填充颜色# 169CD5;字体颜色白色	Y
phoneHead	母版	X0;Y0			Y
bottomMaster	母版	X0'Y675			Y

2）中继器 commentRepe 的主要元件跟网站类似，如图 13-41 所示。中继器 commentRepe

的主要元件属性如表 13-18 所示。

表 13-18　中继器 commentRepe 主要元件属性

元件名称	元件种类	坐标	尺寸	备注	可见性
star5	形状	X204;Y50	W20;H20	选中填充颜色# F57442	Y
star5	形状	X174;Y50	W20;H20	选中填充颜色# F57442	Y
star5	形状	X144;Y50	W20;H20	选中填充颜色# F57442	Y
star5	形状	X114;Y50	W20;H20	选中填充颜色# F57442	Y
star5	形状	X84;Y50	W20;H20	选中填充颜色# F57442	Y
commentFavour	矩形	X344;Y81	W29;H30	字体颜色# 767575	Y
commentTime	矩形	X254;Y0	W118;H30	字体颜色# 767575	Y
commentContent	矩形	X75;Y81	W238;H45	字体颜色# 767575	Y
userLevel	矩形	X150;Y5	W43;H21	填充颜色# F57442;字体颜色白色	Y
commentUserImage	图片	X0;Y0	W60;H60	圆角半径 60	Y
commentUserName	矩形	X75;Y0	W88;H30		Y

5. 评论列表设置

1）中继器 commentRepe 的添加字段、样式设置、“每项加载时”事件参考“13.2.3 分类”的步骤五。

2）选中 commentPanel，在“尺寸改变时”事件，移动 commentMoreBtn 和 commentHot 经过(0, LVAR1.height - repeStartHeightValue)，LVAR1 表示的是动态面板 commentPanel，如图 13-122 所示。

选中 commentMoreBtn 按钮，在“单击时”事件，设置变量值 repeStartHeightValue 的值等于动态面板 commentPanel 的高度，并设置中继器 commentRepe 的当前显示项目数量等于之前的显示数量加 5，如图 13-123 所示。

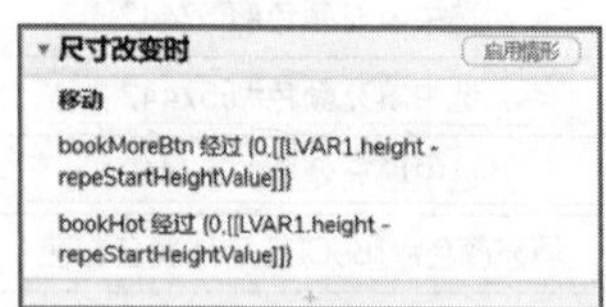

图 13-122　commentPanel 尺寸改变事件

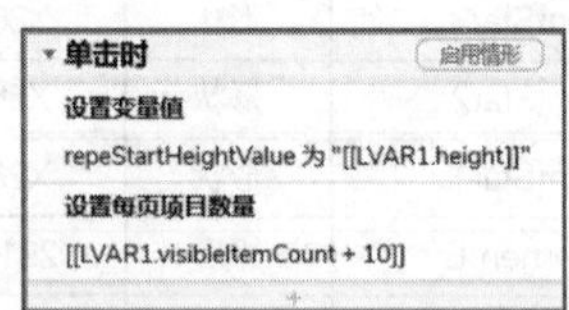

图 13-123　commentMoreBtn 鼠标单击事件

6. 创建评论设置

APP 的创建评论跟网站的创建评论相差不大，区别就在于如果未登录的情况下，点击“评论”按钮，直接跳转至登录页面，如图 13-124 所示。具体步骤参考“13.2.3 分类”的步骤六。

7. 免费试读和购买

免费试读和购买，用户鼠标单击时，都需要判断用户是否当前登录，如果未登录，则跳转至登录页面，如图 13–125 所示。

图 13–124　createCommentBtn 鼠标单击事件

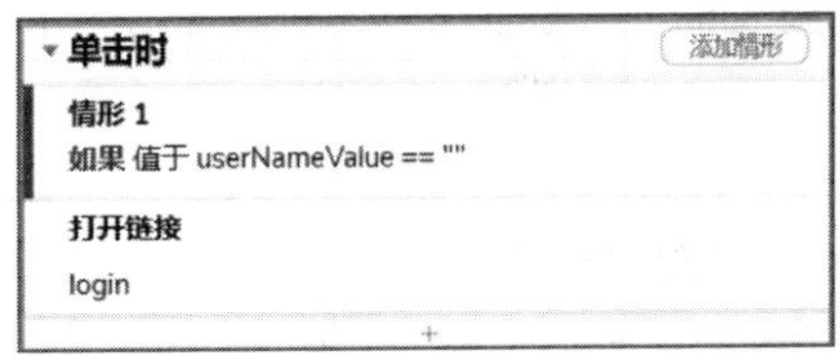

图 13–125　“免费试读”和“购买”单击事件

13.3.5　书圈

书圈的所有页面都得拖入 phoneHead 和 bottomMaster 母版。所有页面的“页面载入时”事件，都添加“选中”动作，选中 bottomMaster 母版中的 circleBtn 元件，设置“页面载入时”事件如图 13–126 所示。

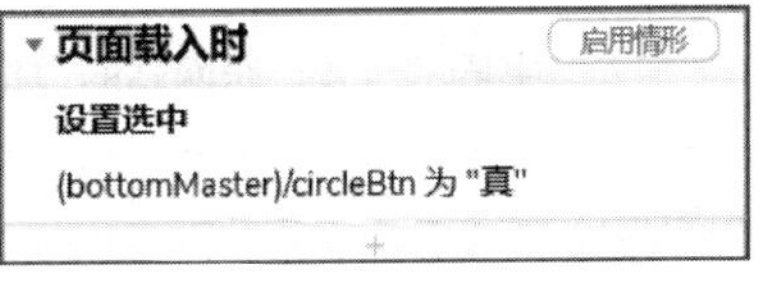

图 13–126　“书圈”页面载入事件

1. 准备书圈列表 list 页面元件

“书圈” list 页面的主要元件，如图 13–127 所示。“书圈” list 的主要元件属性，如表 13–19 所示。

表 13–19　“书圈” list 页面的主要元件属性

元件名称	元件种类	坐标	尺寸	备注	可见性
joinSuccessPanel	动态面板	X0;Y0	W300;H170	包括一个状态	N
closePanel	形状	X271;Y9	W15;Y15	填充颜色# DDDBDB	Y
joinFlagLabel	文本标签	X0;Y76	W300;H19	字体颜色# 797878	Y
circleRepe	中继器	X20;Y90			Y
joinFlagPanel	动态面板	X315;Y4	W50;H30	包括“未加入”和“已加入”两种状态 中继器 circleRepe 内元件	Y
joinBtn	矩形	X0;Y0	W50;H30	填充颜色# 00CBA6;字体颜色白色 中继器 circleRepe 内元件	Y
circleGroup	组合	X0;Y0	W365;Y120	中继器 circleRepe 内元件	Y
postNumLabel	文本标签	X286;Y49	W44;H24	字体颜色# AAAAAA 中继器 circleRepe 内元件	Y
userNumalabel	文本标签	X185;Y49	W44;H24	字体颜色# AAAAAA 中继器 circleRepe 内元件	Y

（续）

元件名称	元件种类	坐标	尺寸	备注	可见性
circleDesc	文本标签	X146;Y80	W219;H40	字体颜色# AAAAAA 中继器 circleRepe 内元件	Y
circleName	矩形	X146;Y0	W92;H38	中继器 circleRepe 内元件	Y
circleImage	图片	X0;Y0	W120;H120	中继器 circleRepe 内元件	Y
circleHot	热区	X1;Y856	W413;H90		
circleMoreBtn	矩形	X20;Y790	W366;H40	填充颜色# F4F1F1	
phoneHead	母版	X0;Y0			Y
bottomMaster	母版	X0;Y675			Y

2. 书圈列表设置

选中中继器 circleRepe 的添加字段、样式设置、“每项加载时”事件参考“13.2.4 书圈”的步骤二。

3. 加入提示 joinSuccessPanel 设置

APP 端和网站也相差不大，请参考“13.2.4 书圈”的步骤三。

4.“加入”书圈设置

“加入”书圈的设置，跟网站的也相差不大，唯一的区别就是按钮 joinBtn 单击事件，在判断用户未登录的情况下，是直接跳转至登录页面，如图 13-128 所示。具体步骤请参考“13.2.4 书圈”的步骤四。

图 13-127 “书圈”list 页面主要元件图

图 13-128 joinBtn 鼠标单击事件

5. 准备书圈详情 detail 页面元件

“书圈” detail 页面的主要元件如图 13–129 所示，“书圈” detail 的主要元件属性如表 13–20 所示。

图 13–129　“书圈” detail 页面的主要元件

表 13–20　“书圈” detail 页面的主要元件属性

元件名称	元件种类	坐标	尺寸	备注	可见性
postMoreBtn	矩形	X20;Y695	W366;H40	填充颜色# F4F1F1	Y
joinSuccessPanel	动态面板	X0;Y0	W300;H170	包括一个状态	N
closePanel	形状	X271;Y9	W15;Y15	填充颜色# DDDBDB	Y
joinFlagLabel	文本标签	X0;Y76	W300;H19	字体颜色# 797878	Y
joinFlagPanel	动态面板	X383;Y218	W50;H30	包括“未加入”和“已加入”两种状态	Y
joinBtn	矩形	X167;Y182	W50;H30	填充颜色# 00CBA6;字体颜色白色	Y
postRepe	中继器	X20;Y296			Y
postFavour	矩形	X346;Y77	W29;H30	字体颜色# 797878 中继器 postRepe 内元件	Y
postTime	矩形	X257;Y0	W118;H30	字体颜色# 797878 中继器 postRepe 内元件	Y
postTitle	矩形	X0;Y35	W373;H30	字体加粗 中继器 postRepe 内元件	Y
postUserName	矩形	X0;Y0	W88;H30	字体颜色# 797878 中继器 postRepe 内元件	Y
phoneHead	母版	X0;Y0			Y
bottomMaster	母版	X0;Y675			Y

6. 帖子列表设置

选中中继器 postRepe 的添加字段、样式设置、“每项加载时”事件参考“13.2.4 书圈”的步骤六。

7. 加入圈子设置

选中按钮 joinBtn，在“单击时”事件，判断当前用户是否登录，如果全局变量 userNameValue 值为""，跳转至登录页面 login；如果登录并且全局变量值大于等于 5，设置文本 joinFlagLabel 的文本值“您已加入 5 个圈子，不能再加入”，显示 joinSuccessPanel，设置至于顶层和灯箱效果；如果登录并且全局变量小于 5，设置文本 joinFlagLabel 的文本值“已成功加入”，显示 joinSuccessPanel，设置至于顶层和灯箱效果，并且设置变量值 userCircleNum 等于“[[userCircleNum+1]]”，同时设置动态面板 joinFlagPanel 的状态为“已加入”，如图 13–130 所示。

图 13–130　joinBtn 鼠标单击事件

13.3.6　个人中心

个人中心主要包括个人资料、我的书架和我的书圈这几个模块。本案例关于个人中心主要创建了 3 个页面：myinfo（个人资料）、mybook（我的书架）和 mycircle（我的书圈）。其中，每个页面都需要加入 phoneHead 和 bottomMaster 母版。所有页面的“页面载入时”事件，都添加“选中”动作，选中 bottomMaster 母版中的 userBtn 元件，设置“页面载入时”事件如图 13–131 所示。

1. 设置个人资料页面 myinfo

myinfo 个人资料页面的主要元件如图 13–132 所示，主要元件属性如表 13–21 所示。需要设置用户名那一栏 userNameTxt 的值等于全局变量 userNameValue 的值。

图 13–131　页面载入事件

图 13–132　userMenuMaster 的主要元件

表 13–21　myinfo 页面的主要元件属性

元件名称	元件种类	坐标	尺寸	备注	可见性
exitBtn	矩形	X20;Y340	W373;H49	边框#DADADA，显示底部边框 悬停、按下边框颜色#169BD5;字体颜色#169BD5	Y
toMycircleBtn	矩形	X20;Y291	W373;H49	边框#DADADA，显示底部边框 悬停、按下边框颜色#169BD5;字体颜色#169BD5	Y
toMybookBtn	矩形	X20;Y242	W373;H49	边框#DADADA，显示底部边框 悬停、按下边框颜色#169BD5;字体颜色#169BD5	Y
userNameTxt	文本标签	X10;Y180	W180;H49		Y

分别给矩形 toMybookBtn 和 toMycircleBtn 的“单击时”事件，链接到个人中心的 mybook 页面和 mycircle 页面，选中 exitBtn，设置全局变量 userNameValue 的值为""，并且链接到页面 login，如图 13–133 示。

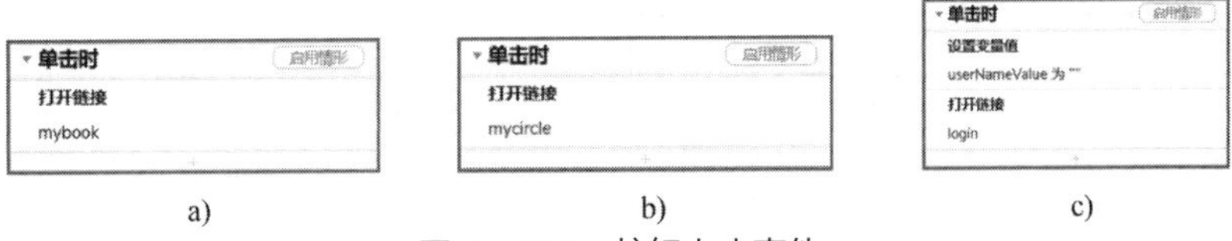

图 13–133　按钮点击事件

a) 链接到 mybook 页面　b) 链接到 mycircle 页面　c) 链接到 login 页面

2. 设置我的书架页面 mybook

1）mybook 我的书架页面的主要元件如图 13–134 所示，mybook 我的书架页面主要元件属性如表 13–22 所示。

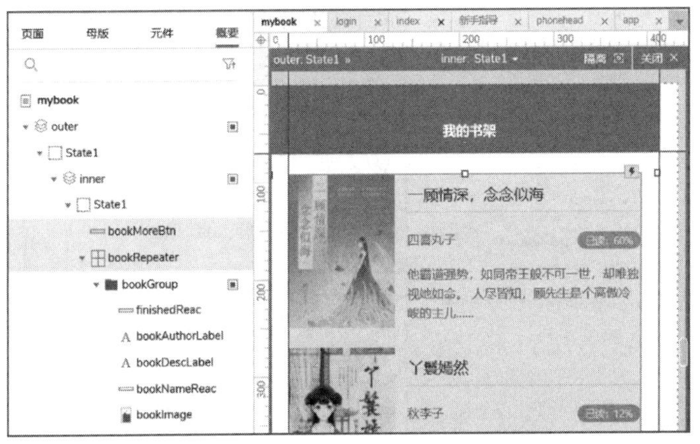

图 13–134　mybook 页面的主要元件

表 13-22　mybook 页面的主要元件属性

元件名称	元件种类	坐标	尺寸	备注	可见性
bookMoreBtn	矩形	X20;Y1350	W374;H40	填充颜色# F4F1F1	Y
bookRepeater	中继器	X20;Y92			Y
bookGroup	组合	X0;Y0	W375;H158	可添加链接动作	Y
finishedReac	矩形	X305;Y59	W70;H20	填充颜色#6F6E6E;字体颜色白色 中继器 bookRepeater 内元件	Y
bookAuthorLabel	文本标签	X125;Y57	W89;H25	字体颜色# 797979 中继器 bookRepeater 内元件	Y
bookDescLabel	文本标签	X125;Y92	W250;H66	字体颜色# 797979 中继器 bookRepeater 内元件	Y
bookNameReac	矩形	X124;Y0	W251;H40	中继器 bookRepeater 内元件	Y
bookImage	图片	X0;Y0	W112;H158	中继器 bookRepeater 内元件	Y
phoneHead	母版	X0;Y0			Y
bottomMaster	母版	X0;Y675			Y

2）选中中继器 circleRepe 的添加字段、样式设置、“每项加载时”事件参考“13.2.5 个人中心”的步骤四。

3. 设置我的圈子页面 mycircle

mycircle 我的圈子页面的主要元件，如图 13-135 所示，mycircle 我的圈子页面主要元件属性，如表 13-23 所示。

图 13-135　mycircle 页面的主要元件

表 13-23　mycircle 页面的主要元件属性

元件名称	元件种类	坐标	尺寸	备注	可见性
circleRepe	中继器	X20;Y120			Y
circleGroup	组合	X0;Y0	W370;Y120	中继器 circleRepe 内元件	Y
postNumLabel	文本标签	X286;Y49	W44;H24	字体颜色# AAAAAA 中继器 circleRepe 内元件	Y
userNumalabel	文本标签	X185;Y49	W44;H24	字体颜色# AAAAAA 中继器 circleRepe 内元件	Y
circleDesc	文本标签	X146;Y80	W224;H40	字体颜色# AAAAAA 中继器 circleRepe 内元件	Y
circleName	矩形	X146;Y0	W192;H38	中继器 circleRepe 内元件	Y
circleImage	图片	X0;Y0	W120;H120	中继器 circleRepe 内元件	Y
phoneHead	母版	X0;Y0			Y
bottomMaster	母版	X0;Y675			Y

选中中继器 circleRepe 的添加字段、样式设置、“每项加载时”事件参考“13.2.5 个人中心”的步骤五。

13.3.7　App 演示效果

按〈F5〉快捷键查看预览效果。打开页面 App，“新手指导”页面效果图，如图 13-136 所示。点击“立即体验”，首页首先展示的启动过渡页，如图 13-137 所示。

首页页面效果图，点击圈子任何一个地方，都可以进入圈子详情页面，点击频道的电子书任何一个地方，都可以进入电子书详情页面，如图 13-138 所示。

图 13-136　新手指导

图 13-137　启动过渡页

图 13-138　首页效果图

点击主菜单“分类”，进入“分类”列表页面，点击频道“男频”和类型“青春”按钮，可以看到筛选出的电子书列表，如图 13–139 所示。

点击任何一个电子书，进入电子书详情页面，用户可以添加评论，点击“评论”按钮，检测出当前是未登录用户，弹出未登录提示框。点击“登录”按钮，进入登录页面，如图 13–140 所示。

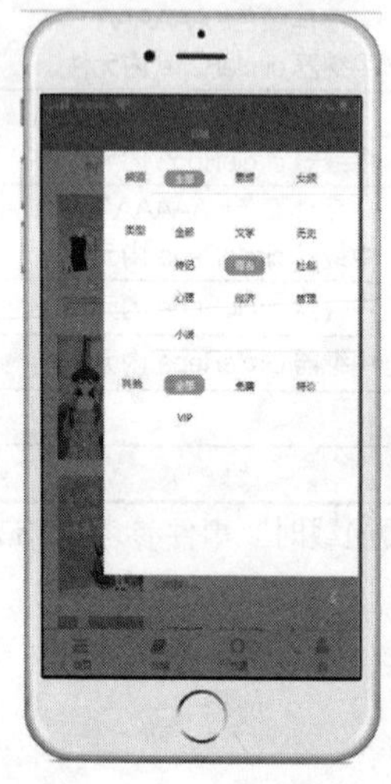

图 13–139　电子书筛选

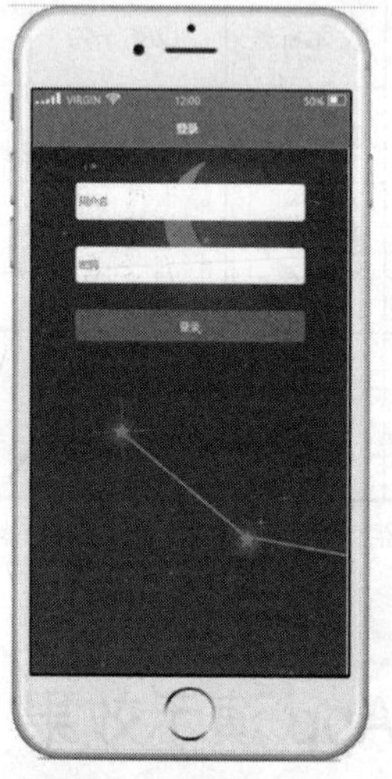

图 13–140　登录页面

点击主菜单“书圈”，进入书圈列表页面，如图 13–141 所示。如果用户是登录状态，书圈列表页面部分显示“已加入”。如果点击“加入”按钮，就会弹出“成功加入”提示框，如图 13–142 所示。

图 13–141　书圈列表页

图 13–142　成功加入书圈提示

点击任何一个圈子，进入圈子详情页面。点击加入按钮，如果当前登录用户已加入 5 个圈子，会提示“您已加入 5 个圈子，不能再加入”，如图 13-143 所示。

输入用户名和密码，登录成功之后，跳转至个人中心页面，如图 13-144 所示。点击“我的书架”，跳转至我的书架页面，点击“我的书圈”跳转至我的书圈页面。

图 13-143　超过加入圈子数提示

图 13-144　个人中心

13.4　本章小结

本章以一个整站设计的原型综合案例——默趣书城为案例，详细讲解如何使用 Axure RP 设计带有网站和 App 的产品原型。本章重温了基础元件、高级元件和元件交互的内容，相信大家通过本章介绍的这个整站综合案例，能快速上手完成实际项目中的整站设计。